普通高等学校地理与城乡规划类专业教材

经济地理学专创融合探索
——乡村振兴规划竞赛实践

林雄斌　乔观民　马仁锋　曹罗丹　李加林　编著

ZHEJIANG UNIVERSITY PRESS
浙江大学出版社
·杭州·

图书在版编目（CIP）数据

经济地理学专创融合探索：乡村振兴规划竞赛实践／林雄斌等编著. —杭州：浙江大学出版社，2023.6

ISBN 978-7-308-23570-9

Ⅰ. ①经… Ⅱ. ①林… Ⅲ. ①乡村规划－研究－中国
Ⅳ. ①TU982.29

中国国家版本馆 CIP 数据核字（2023）第 040248 号

经济地理学专创融合探索——乡村振兴规划竞赛实践

林雄斌　乔观民　马仁锋　曹罗丹　李加林　编著

责任编辑　杜希武
责任校对　董雯兰
封面设计　刘依群
出版发行　浙江大学出版社
（杭州市天目山路 148 号　邮政编码 310007）
（网址：http://www.zjupress.com）
排　　版　杭州好友排版工作室
印　　刷　杭州钱江彩色印务有限公司
开　　本　710mm×1000mm　1/16
印　　张　22.5
字　　数　404 千
版 印 次　2023 年 6 月第 1 版　2023 年 6 月第 1 次印刷
书　　号　ISBN 978-7-308-23570-9
定　　价　89.00 元

浙江大学出版社市场运营中心联系方式：(0571) 88925591；http://zjdxcbs.tmall.com

本研究为宁波大学“专创融合”特色示范课程建设项目“经济地理学”、宁波市重大科技任务攻关项目（2021Z104、2022Z181）、中国高等教育学会“2022年度高等教育科学研究规划课题”（22NL0405）、浙江省一流本科课程建设项目“区域分析与规划”等资助成果。

编者简介

林雄斌，男，1988 年出生，宁波大学教授，农业硕士（农村发展领域）学位点负责人，北京大学理学博士（硕博连读），华盛顿大学联合培养博士（国家公派），研究方向为城市与区域规划、交通规划与政策、城市与区域治理，主持国家自然科学基金青年项目/面上项目、国家社科基金重大项目子课题、浙江省自然科学基金、教育部人文社会科学基金等项目 10 余项，在 *Transportation Research Part D* 以及《地理学报》《地理科学》《地理研究》《城市规划》等期刊发表论文 70 余篇，主讲“经济地理学”“城市与区域交通地理”等地理学本科生与硕士生课程，指导学生获得浙江省乡村振兴创意大赛金奖 2 项、银奖 3 项，浙江省“挑战杯”大学生课外学术科技作品竞赛二等奖、三等奖各 1 项，全国大学生土地国情调查大赛三等奖 2 项。

乔观民，男，1971 年出生，宁波大学副教授，华东师范大学人文地理学博士，研究方向为社会地理、城乡发展与规划，主讲“文化地理与中国文化旅游”“计量地理学”“中国地理（二）”“人口地理”等地理学本科生与硕士生课程，指导学生获得浙江省乡村振兴创意大赛金奖 2 项、铜奖 1 项。

马仁锋，男，1979 年出生，宁波大学教授，华东师范大学人文地理学博士，中国科学院地理科学与资源研究所地理学博士后，从事经济与文化地理学、海洋资源环境经济与港城人居环境演化研究，在国内外核心期刊发表论文百余篇，独著专著 4 部，主持完成国家自然科学基金项目 2 项、省部级科研项目 6 项，主讲“区域分析与规划”“世界地理（二）”“人文地理学进展”“国土空间规划理论与实践”“海岸带人地关系调控学”“文化经济地理学”“海洋经济与海域规划”等地理学本科生与硕士生课程。

曹罗丹，女，1990 年出生，宁波大学讲师，南京农业大学土壤学博士，主要从事海岸带资源调查、洪涝灾害风险评估等研究，主讲“教育见习”“教育技能考核”“中学地理教育前沿”“中学地理校本教材设计”等地理学本科生与硕士生课程，指导学生获得浙江省乡村振兴创意大赛银奖1项。

李加林，男，1973年出生，宁波大学教授，南京师范大学自然地理学博士，宁波大学土木工程与地理环境学院党委书记，曾任宁波大学昂热大学联合学院副院长、地理科学与旅游文化学院副院长，主要从事海岸带资源开发、遥感与GIS应用、陆海统筹等研究，在SCI/SSCI期刊及国内重要期刊上发表论文100多篇，出版专著10余部，相关科研成果获得包括浙江省哲学社会科学一等奖在内的多项科研奖励，多项研究成果获得省部级领导肯定性批示。主持国家自然科学基金6项(其中重点基金1项)，浙江省自然科学基金、浙江省社科重点基金等省部级科研项目10余项。宁波大学地理学一级硕士点负责人，渔业经济管理专业博士生导师、地理学硕士生导师。主讲“地理学与生活”“地理学研究方法与论文写作”等地理学本科生与硕士生课程，指导学生获得浙江省乡村振兴创意大赛银奖1项。

前　言

随着我国城市化以及社会经济的快速发展,优化城乡关系、统筹城乡发展、促进城乡融合、实现乡村振兴,已经成为新时期推动城乡共同富裕的重要基石。尤其在国家大力推动“乡村振兴”的战略背景下,推动乡村产业兴旺、生态宜居、乡风文明、治理有效、生活富裕,已经成为乡村实现跨越式发展的重要内涵与核心路径。总体上,乡村振兴是乡村社会、经济、文化、资源、产业、服务、人才等多维度的全面振兴。然而,我国乡村的数量多、分布广、差异大,而且不同乡村发展所面临的难点、痛点各有差异。如何根植于不同乡村发展的特点,制定行之有效的空间规划、产业导则和发展方案,成为切实提高乡村吸引力的重要问题。

伴随我国城市化的加速转型,乡村发展普遍面临产业转型、基础设施质量提升、公共服务均等化与乡村治理多样化等时代趋势,并进一步提出了探寻将乡村的绿水青山变成金山银山的转化路径和转化通道的诉求。为了克服乡村振兴这一难题,建立一支高层次的人才队伍,通过对乡村深入的观察、调研、访谈和思考,提出有效的乡村振兴方案和路径,成为促进乡村振兴不可或缺的环节。地理科学、人文地理与城乡规划(原为“资源环境与城乡规划管理”)、地理信息科学等地理学本科专业的大学生,能通过地理学综合知识,以及大量的调研访谈,为乡村产业发展、乡村基础设施建设、乡村文化挖掘、乡村空间规划等方面提出一些相对可行的乡村振兴方案。“经济地理学”是研究企业、产业、城市、国家和全球等多尺度经济活动空间分布规律的学科,是地理科学、人文地理与城乡规划等地理学本科专业的核心课程。一方面,经济地理学与城乡关系、乡村发展、乡村振兴具有紧密的联系,运用经济地理学企业区位选择、产业集群与发展、城乡区域经济等理论和思维有助于理解乡村产业、乡村发展、城乡关系、区域关系;另一方面,经济地理学与大学生创新创业具有很好的联系,通过与时俱进的经济地理学的理论、方法、案例等,可以推动大学生的科研创新与专业竞赛。由此可见，经济地理学在推动专业与创新融合（简称“专创融合”）探索具有很好的学科土壤与实践场域。

宁波大学地理学科的前身是宁波师范学院1982年创建的地理系，1983年招首届专科生，1994年招地理教育本科生；1996年“三校合并”设置宁波大学地理学系，招收地理科学（师范）专业本科生，1999年开始资源环境与城乡规划管理专业招收本科生；2000年3月与宁波大学其他系合并组建宁波大学建筑工程与环境学院城市科学系（2016年1月复名为地理与空间信息技术系），2003年获批课程与教学论硕士学位授权点并设地理方向、2006年获批人文地理学、学科教学（地理方向）硕士学位授权点；2010年地理学获批浙江省重点学科建设点；2018年获批地理学一级学科硕士学位授权点，设自然地理学、人文地理学、地图学与地理信息系统、海岸海洋地理学四个二级学科硕士研究生招生专业，在海洋经济及港航交通地理、海岸带智能遥感、海岸带资源环境演化与自然灾害模拟、地理课程与教学论等领域形成了鲜明特色。

宁波大学地理学科拥有地理科学（师范）、人文地理与城乡规划两个本科专业。其中，地理科学（师范）为国家一流本科专业建设点，是浙江省仅有的两个地理科学（师范）本科专业之一，以高中地理创新型师资为人才培养目标。人文地理与城乡规划专业为浙江省一流本科专业建设点、宁波市重点专业、宁波大学重点专业。两个本科专业围绕乡村振兴、土地利用、国土空间规划、资源环境管理3S技术等方面积极开展学生科研训练，在国家级、省部级专业竞赛中多次取得佳绩。

2018年浙江省开展首届浙江省大学生乡村振兴创意大赛。大赛由浙江省教育厅、浙江省农业农村厅、浙江省农村信用社联合社、浙江省文化和旅游厅、中国建设银行浙江省分行等单位主办。据统计，2019年全省共有1203支团队，上万名师生参加大学生乡村振兴创意大赛，选出金奖71项、银奖141项、铜奖212项；2020年全省共有85所高校、1221支团队、1.5万余名师生参赛，评出金奖82项、银奖158项、铜奖191项；2021年共有337所院校、4817支团队、3万余名师生参赛，总计4817件参赛作品，评出金奖242项、银奖478项、铜奖218项，2022年主体赛共有86所高校、972支团队参赛，评出金奖58项，银奖117项，铜奖175项。

2019年，宁波大学地理学科第一次组织地理科学（师范）、人文地理与城乡规划专业的本科生参加浙江省大学生乡村振兴创意大赛。截至当前，这两个专业的本科生共参加了4届浙江省大学生乡村振兴创意大赛(2019年至2022年),为推动经济地理学的"专创融合"探索提供了良好的实践阵地。其中,宁波大学地理学学科共有16组学生参加了浙江省大学生乡村振兴创意大赛(主体赛),共有9组获得奖项,包括金奖4项、银奖4项、铜奖1项,获奖率超过50%。(1)金奖4项:《千年古村的振兴:文化与旅游导向的宁波韩岭村规划与发展策略研究》(参赛学生:吴定逸、夏菁、徐梦缘、洪逸群、管敏沙、吴佳欣、李良婷;指导教师:林雄斌)、《"山水尚田·留竹莓好":尚田街道产业发展概念规划与策略》(参赛学生:管敏莎、夏菁、叶盛威、应超、孙晓睿;指导教师:林雄斌)、《"橘香·田园·海":定塘镇发展全域旅游创意策划设计》(参赛学生:俞静怡、陈曦、陆亦婷、方宇倩;指导教师:乔观民)、《亲水乐土"趣"黄湖,智旅英才"游"未来》(参赛学生:管敏莎、郭宇祺、徐浩、陈曦、王玉育、白璐玮,指导教师:乔观民、徐皓)。(2)银奖4项:《"云尚生活·浪漫一生":安吉县山川乡产业发展创意规划与策略》(参赛学生:张照熙、周玲艺、蒋雨琦、张旖芯、黄仪、项禾欣、陈静;指导教师:林雄斌)、《朝花稀石·茗动越乡:下王镇全域产业创意规划设计》(参赛学生:王彩依、马艺槿、白雪丹、汪丽婧、范文亮、张琳洁、孙郅;指导教师:林雄斌、牟嘉琪)、《"古榕·雁居·云养":陈岙村田园式旅居养老创意策划设计》(参赛学生:黄仪、杨莹、张旖芯、叶子雨、李瑜萱、周玲艺、王婉婷;指导教师:曹罗丹、李加林、高梅香)、《"潮涨映山海,梅尽现人家":泗洲头镇农渔文旅协同共富示范镇建设路径设计》(参赛学生:梁雅轩、杨震杰、付誉佳、叶君伟、倪诗颖、陈宇骏、张凯文;指导教师:林雄斌、李加林、牟嘉琪)。(3)铜奖1项:《"荷梅山水·状元田居":梅溪村业态提升总体设计》(参赛学生:李瑜萱、陈宇昕、罗旭悦、李丹丽、叶子雨、刘岩;指导教师:乔观民、徐晓宇)。

这些获奖项目体现了宁波大学地理学科师生为乡村振兴领域推动经济地理学"专创融合"所取得的丰硕成果。基于此,我们选取了一些较为优秀的竞赛文本进行编著,以供更多有志于参加乡村振兴大赛,以及"专创融合"探索的师生参考。

为了考虑参赛风格的统一性以及参加地域的覆盖性,本书共选取了9个案例,分别为①《一抹窑韵绘现代·半望乡野半望红:窑北村农旅产业创意规划与策略》;②《云尚生活·浪漫一生:安吉县山川乡产业发展创意规划与策略》;③《朝花稀石·茗动越乡:下王镇全域产业创意规划设计》;④《"橘香·田园·海”:定塘镇发展全域旅游创意策划设计》;⑤《“荷梅山水·状元田居”:梅溪村业态提升总体设计》;⑥《“唐韵染钱塘·以诗画前峰”:大都市郊区村农业创意与文化规划策略》(参赛学生:刘雨莹、盛欣悦、陈睿齐、富鸿远、吕金涵、张洪康;指导教师:马仁锋);⑦《“山腰胜景·世外桃源”:下外山村民宿产业规划》(参赛学生:刘陈曦、沈晴天、吴周鹏、徐文杰、张佳丽、俞静怡、陈曦;指导教师:马仁锋);⑧《“古榕·雁居·云养”:陈岙村田园式旅居养老创意策划设计》;⑨《“智汇橘香”:涌泉镇延恩村柑橘产业数字农业创意策划》(参赛学生:赵书琪、杨涵西、张佳悦、丁旭、胡文琪、薛文靖、杨莹;指导教师:曹罗丹、李加林、陈阳)。

本书共分为13章,在上述学生竞赛参赛文本的基础上进行编著。其中,林雄斌负责前言以及第1、2、3、4、5、6、13章的撰写工作;乔观民负责第7、8章的撰写工作;马仁锋负责第9、10章的撰写工作;曹罗丹、李加林负责第11、12章的撰写工作。2021级学科教学(地理)硕士研究生窦茜茜、2019级人文地理与城乡规划(中法合作)本科生孙郅参与了本书部分内容的撰写、格式编辑与校对工作。全书由林雄斌统稿。本书在编写过程中查阅和参考了大量资料、图件和案例,限于篇幅未能一一列出,在此,编者对原作者表示真诚的感谢和歉意。由于时间仓促,编者水平有限,书中难免有疏漏和不足之处,敬请广大专家和读者指正。本书的出版还得到宁波大学地理学科、第七批浙江省协同创新中心宁波大学“陆海国土空间利用与治理协同创新中心”的大力支持,在此也一并感谢。

最后,特别感谢参加浙江省大学生乡村振兴创意大赛的全体本科生队伍,正是你们对专业的热爱、对课程的热爱、对乡村的热爱,以及你们的努力、探索、坚持与协作,才能让乡村振兴创意大赛的各项任务顺利完成,并取得优异成绩!祝你们学业有成、前程似锦!

目　　录

第1章　经济地理学及其创新训练应用

1.1　新时期大学生创新训练的重要性

每个时代有每个时代的特点，从原始社会到现代社会，创新始终在其中扮演重要角色，引领时代发展的方向。当今社会，创新被作为国家工作的重点，天宫上天，蛟龙下海，中国已然大步向前追赶着世界发展的脚步。创新人才是国家发展的重要资源，创新意识则引导着国家的战略布局和计划规划。在当今日益激烈的国际竞争中，创新是制胜的关键因素。大学生作为新生代力量，是创新的主力军，培养学生的创新思维、创新能力显得格外重要。

当今世界正处于百年未有之大变局，新冠肺炎疫情加速了这一变局。面对激烈竞争和复杂国际形势，“十三五”期间我国实现了全面建成小康社会的目标，进入新的发展阶段。2021年，“十四五”规划和2035年远景目标纲要指出，要坚持创新驱动发展，以改革创新为根本动力，全面塑造发展新优势，坚持创新在我国现代化建设全局中的核心地位，培养具有国际竞争力的青年科技人才后备军。可见，新时期的政策方针无不显示出创新与创新人才在国家发展中的重要地位。

自2014年国家提倡“大众创业、万众创新”以来，高校对于学生创新能力培养的重视程度不断提升。其后，国务院办公厅印发《关于深化高等学校创新创业教育改革的实施意见》，将高校创新创业教育改革摆在推动国家战略发展的新高度，认为它是促进经济提质增效升级的迫切需要，同时能够助推高等教育综合改革，促进高校毕业生更高质量的创业就业。2021年，国务院办公厅《关于进一步支持大学生创新创业的指导意见》再次强调，“大学生是大众创业万众创新的生力军”，支持大学生创新创业具有重要意义，要将创新教育融入人才培养的全过程，课堂教学是高校人才培养的基础和主要方式，通过学生自主学习、结合实践等多样化的学习方式，并在学习过程中予以指导帮扶，以文化对学生发展方向进行引领，打造新型高校创新创业教育体系，培养具有创新创业思维、具备创新创业能力的新时代大学生。目前，常见的大学生创新训练做法既有从顶层设计上进行整体调整以满足学生创新培养的需求，也有国家政府层面举办的创新竞赛让学生在实践中提升创新能力。

“专创融合”是指专业教育与创新创业教育的有机融合，是一种符合现代经济社会发展对所需人才提出新要求的人才培养方式。党的十七大制定了《国家中长期人才发展规划纲要(2010—2020年)》，指出人才是我国经济社会发展的第一资源，面对世界所处的大发展大变革的调整时期，加快人才发展是在激烈的国际竞争中赢得主动的重大战略选择。而我国人才发展的总体水平同世界先进国家相比仍存在较大差距，其中高层次创新型人才匮乏、人才创新创业能力不强是当前存在的主要问题之一。因此，对于人才队伍建设，首先提出的就是突出培养造就创新型科技人才，这是我国由人口大国转变为人才强国的必由之路。大学是高级人才培养的主阵地，当前高等教育中专业知识的传授无疑是占主导地位的，创新创业能力的培养常常受到忽视。部分高校对于创新创业课程并不重视，只是单纯设置相关课程作为必选性选修课，学校缺乏有相关创新创业经验的教师，更多采取网络课程的形式，引进校外的网络课程供学生学习，学生在学习过程中缺少与教师的互动和相关的实践活动，课程流于形式，产生的实际效果不佳。高校中虽有举办创新创业竞赛，学生也参与其中，但竞赛覆盖的广度较小，仅靠竞赛难以使全部学生受到创新创业能力上的训练。同时，参赛学生难以得到专业教师指导，特别是创业类竞赛。创新竞赛能够通过结合专业科研内容加以改进参加，而创业竞赛则是大部分高校教师较少涉及的领域，难以对学生形成客观高效的指导。学生在参赛过程中或是选择和自己专业不相关的内容以寻求专业教师指导或是闭门造车，以低质量的成果完成比赛，导致竞赛成为一个“过场”。这种情况显然难以满足培养创新型人才的需要，于是“专创融合”就显得格外重要。就是要强化将创新性和创业性的培养融入当前高校已经较成熟的专业性理论知识教育中，优先培育一批从事不同学科教学的懂双创、能双创、会指导学生双创的教师，在此基础上逐步推进课程体系改革，将学生双创能力的培养落到实处。

1.2 经济地理学对大学生创新训练的意义

经济地理学作为地理学的重要分支，属于经济学与地理学的交叉领域，是一个不断演变的交叉学科。它强调各种经济活动在空间的布局、组织与演变规律，以及地理环境与经济活动的相互作用关系[1]。在学科分类中，该学科既属于地理学的二级学科也是经济学的二级学科，因此经济地理学与经济学、地理学的关系十分密切。随着经济社会的发展，经济地理学关注的焦点随着问题的出现不断变化，所研究的影响因素日益丰富，思维方式也不断进行调整。相同经济发展阶段的国家经济地理学的发展可能会有所不同，不同的地理背景下经济地理学也可能存在共性[1]。

西方经济地理学将地理学的空间视角应用于经济活动的研究，关注经济活动的区域综合、空间差别和空间分异[2]。经济地理学在1980年代进入发展繁荣期，主流经济学家推动经济学中的地理学研究，形成了“新经济地理学”，关注经济集中和不均衡发展；同时，地理学中的主流经济地理学家则努力关注现实世界和现实生活，逐渐形成定性和定量研究方法[3]。在最近三十年的研究中，创新成为西方经济地理学关注最多的热点问题[4]。此外，经济地理学的政策研究作为经济地理学和公共政策学相互借鉴的产物，日益受到西方学者的关注，成为西方经济地理学研究的新方向[5]。在我国，经济地理学与地理学同步发源，历经百年形成了发展特色。相较于西方，中国经济地理学有较强的问题导向性，是区别于“学院派”的“实践派”，同时具有较强的政策研究导向性[6]。在我国以经济建设为中心的战略取向中，经济地理学的应用需求旺盛[7]，取得了一系列成就。回顾经济地理学的发展，区域发展与区域差异等传统研究方向始终是中国经济地理学研究的重点，同时，能源与碳排放、全球化、贸易与投资等新的研究内容也不断涌现[8]，经济地理学的发展势头强劲。

经济地理学以经济活动为直接的研究对象，与人们的生产生活密切相关。能够让学生对国家及世界各区域经济发展、产业建设等有更为清晰的认识。该学科在“专创融合”中具有独特优势。经济地理学具有专业性。作为地理学的重要分支学科，“经济地理学”是地理类本科生的核心课程之一，旨在通过系统知识与理论的教学，使学生掌握经济地理学的基本理论、基本知识以及学习经济地理的基本方法，培养学生运用所学理论分析经济地理实际问题的能力，为区域地理等学习打下扎实的专业基础[9]。

经济地理学适合开展创新创业活动。作为经济学与地理学的交叉学科，经济地理学在宏观层面可以指导国家和地方的经济建设，学生能通过课程的学习为创新创业提供思路指导。例如，经济地理学与乡村振兴密切相关，许多乡村在景观、产业等方面具有自己的独特之处，但由于缺乏相应的开发而处于贫困落后的状态，丰富的旅游资源、文化资源难以得到开发利用。而学生通过经济地理学的学习和教师的指导，可选取该类乡村中的典型案例，结合自身优势及兴趣，通过实地考察、问卷调查和访谈等方式对当地进行全面了解，探究并发掘其中存在的经济和其他方面的开发价值，合理分析可以开发利用的资源，撰写研究报告，为乡村发展提出合理建议，助力乡村振兴。这样不仅能够锻炼学生的创新创业思维能力，甚至可以在国家政策的支持下促进成果的转化，真正实现“大众创业、万众创新”。

第2章　地理学大学生创新训练理论基础

2.1　地理学大学生创新训练计划与类型

2.1.1　学术训练

本科生科研训练计划是为使在校本科生更好更广泛地参与到科研项目之中，从而锻炼学生的创新精神和实践能力而设计的项目资助计划，国内众多高校均有开展。本科生科研训练计划支持在完成基本课程学习的基础上仍有余力的本科生开展科研训练，让学生在直接参与科学研究的过程中进行探究式学习，能够自己发现问题、提出问题进而解决问题。它并不给学生设定过高的要求，如能够产出原创性的成果，而是希望能够在训练中引起学生对科研的兴趣，激发学生的创新思维，加强学生创新精神和实践能力的培养。过去大学以专业知识教学为主，往往忽视实践创新能力的培养，使得学生的眼界不够开阔而局限于书本之中。由于地理学科具有较强的实践性，更应该让学生走出书本，走出课堂，真正在实践中观察自然和社会现象并应用所学解决实际问题，独立思考，激发创新意识。这样学生才能够更加深入地理解地理学的学科价值，认为自己所学是真正对生活有用的知识和能力，而不仅仅是书上枯燥的理论概念，才能产生一种获得知识后的满足感。

2.1.2　学科竞赛

(1)浙江省大学生乡村振兴创意比赛

2017年党的十九大报告首次提出了乡村振兴战略，2018年发布的中央一号文件《中共中央 国务院关于实施乡村振兴战略的意见》将乡村振兴作为"三农"工作的总抓手，此后有关乡村振兴的配套政策不断出台，以助力乡村发展。浙江省作为国家政策实施的排头兵，也是全国第一个部省共建乡村振兴示范省，自2018年起举办大学生乡村振兴创意大赛，率先探索"政校企村"四位一体助力乡村振兴的浙江模式，旨在为高校助力乡村脱贫提供新经验。

该项赛事不仅助推了乡村发展，也为大学生的创新创业提供了良好的平台。比赛提供可选择的招标村名单，一方面减小了开展创新创业活动前期选择合适目标的难度，另一方面，使比赛与浙江省乡村振兴建设密切相关，有利于推动比赛成果的转化，使研究真正产生能够应用于实践的成果。乡村振兴与地理学息息相关，经济地理学、城市地理学、人文地理学、区域地理等课程理论均能应用于助推乡村振兴发展。乡村既有的发展基础如何，优势区位条件有哪些，如何充分利用当地的优势条件促进经济发展，如何处理经济发展和环境保护之间的关系等问题，都能够在地理学中找到合理的答案。因此，地理学相关专业的大学生可依托学科优势广泛参与其中，将理论真正与实践相结合，助推国家乡村振兴战略。

(2)中国高校地理科学展示大赛

地理科学展示大赛最早由中山大学地理科学与规划学院开办，是覆盖面较窄的"华南高校地理科学展示大赛"。随着各高校对该赛事关注度的提高和竞赛影响力的增强，2015年，大赛扩展为"中国高校地理科学展示大赛"，面向我国所有高校的地理专业本科生开放。自举办以来，大赛主题分别定为"重新发现地理学""我身边的地理学""从地理看中国""新时代的地理学""地理学与国土空间规划"，可见关注点逐渐聚焦，重视地理学在新时代的发展与国家建设之间的关系。大赛旨在令地理学专业的学生通过参加比赛，能够锻炼口头表达能力，通过展示地理科学，真正体会到地理学在国家社会建设中的作用。大赛不仅加强了各高校间地理学专业的交流，也能够让学生在比赛的过程中提高对地理学的兴趣，在学习过程中培养创新意识，发现有价值的新问题，认识到地理学在社会发展和国家建设中的重要地位。

(3)全国大学生土地国情调查大赛

土地国情调查大赛开展时间较其他比赛晚，是在新时代推进农村土地制度改革、提出乡村振兴战略的大背景下开展的。2019年举办第一届大赛，主题为"土地制度改革与城乡发展转型"；2020年举办的第二届大赛，主题为"土地政策创新与高质量发展"；2021年举办的第三届大赛，主题为"国土空间优化与区域协调发展"；2022年举办的第四届大赛，主题为"国土空间治理与乡村振兴"。该项赛事与人文地理学及其分支学科密切相关，地理学专业的本科生也广泛参与其中。第二届大赛中入围决赛和优秀作品获奖队伍中四分之一以上队伍来自地理学相关专业。

新中国成立初期，党和政府对国家的国土资源及其他资源情况不甚了解，为此在20世纪八九十年代开展了第一次全国土地利用现状调查，摸清了土地利用类型、分布等多方面信息。当今，土地利用特别是在土地可持续利用、国土空间优化等方面受到极大的重视，土地国情调查大赛不仅契合当今国家发展战略，也能够使地理学专业本科生从书本走进实践，真正运用所学理论和方法，加强对国家政策和国情的理解，在比赛中增强实践能力，激发创新意识。

(4)“互联网＋”大学生创新创业大赛

中国“互联网＋”大学生创新创业大赛自2015年开始举办，至今已经举办了六届。大赛旨在落实高等学校创新创业教育改革的实施意见，为高校在校生提供实践锻炼机会，在实践中培养学生创新创业能力的同时，发挥竞赛作用促进“互联网＋”新业态的形成。地理学专业的本科生依托学科特色和优势也广泛参与其中。

2.2　地理学大学生创新训练思维技能

2.2.1　核心思维

(1)系统思维

所谓系统思维就是要求在思考问题、解决问题时从全局出发，顾全整体和局部的关系，不能简单地就事论事。地理学是研究水、土壤、大气、生物、人类等地理要素或是地理综合体的一门学科，其中任何一方面内容的改变都可能会对其他方面产生影响，使整体发生变化。不只自然生态系统这样，人类社会也是如此。正是因为地理学所具有的这一特点，更加需要加强培养地理学学生的系统思维。地理学大学生进行创新训练也要着眼于全局，例如在乡村振兴创意比赛中，各招标村往往具有多方面的优势和不足，这些因素之间相互影响，既要充分发挥其优势，迎接发展机遇，也要考虑存在的不足，合理规划应对接下来的挑战，将各要素置于一个完整系统之中统筹考虑。

(2)合作思维

地理学专业本科生创新训练往往是通过一个完整项目的推进来进行的。受知识储备、时间规划等方面的限制，学生难以独自完成，因此创新训练的开展往往以小组为单位并配备指导教师，通过组内、组间或学生与教师间的合作完成创新创业训练，成员为实现相同的目标而彼此配合，共同努力。成员间的分工合作不仅能够提高工作效率，同时能够做到集思广益，通过思想的交流碰撞产生更多创新的火花。在这种情况下，合作思维能够使创新训练进行得更加顺利。当然，在合作过程中不可避免地也会遇到一些问题，这些问题不仅会在人际交往过程中出现，如缺少交流或理解能力上的差异而导致的信息不统一、进度不一致，同时在合作过程中也常会有意见不一致的情况出现。如何选择正确或是适合的想法是需要加以判断的，这就需要另一种核心思维的帮助，也就是批判思维。

(3)批判思维

在创新创业活动训练过程中，特别是在当今这个信息爆炸的时代，常常会遇到被当作常识的、不可推翻和轻易更改的观点，若将它们视作真理而不加以审视和深入探索，创新的过程必然受到阻碍。批判思维(critical thinking)则要求在实践过程中，不轻信已有的经验，不迷信权威，勇于坚持自己的观点并在实践中验证它，在实践中严谨理性地分析问题、解决问题。在创新训练合作过程中，也要对所提出的各项建议抱有怀疑的态度，既要对他人的观点进行理性的思考，同时也要辩证地对待自己的认识，既不盲从也不盲目自信，正因如此，批判性思维的培养和运用同样有利于创新精神的培养，学者将批判思维当作创新思维的“原动力”和“催化剂”[10]。

2.2.2 核心技能

(1)选题技能

确定所要研究的目标内容是创新训练的开端，不知道如何选择合适的课题成为学生不参与创新训练的主要原因之一。创新训练所选的题目首先需要具有创新性，同时研究对象和内容的确定要基于对社会实际和国情需要的分析，使选题真正具有理论价值和实践价值。为了在本科生课堂教学中培养学生的选题技能，教师要注重对其发现问题能力的培养，从生活中的现象入手，激发学生的好奇心和研究兴趣，使其能够主动发现问题、提出问题并最终解决问题。在生活中除了通过对社会现象和国家政策的关注和研究来拓宽视野和知识面，思维的发散性也在选题中发挥重要作用。在了解前人研究的基础上，举一反三并从中借鉴经验、激发灵感也是选题的方法之一。

(2)实践技能

中国科学院院士潘际銮曾讲到，任何创新都要有两个条件，一个是前人的基础，第二个是自己的实践，而实践被认为是创新的源泉。可见实践在创新中的重要性[11]。选定良好的题目后就需要通过实践来对它进行研究。实践既包括通过收集资料或实地观察对所选题目获得更为深入的认识以便后续工作的开展，也包括深入社会为完成项目所进行的访谈、实验、调查等活动，在活动当中真正将课堂中所学的理论与实际相结合，运用理论解决所遇到的问题。在这些活动中所运用的技能也就是实践技能。良好的实践技能能够使学生在同样的实践活动中获得更多的信息，提高工作效率，使实践活动顺利开展。提高实践技能不是一蹴而就的，不是通过一次两次的课外实践、野外调查就能实现的，需要与整个本科学习阶段相结合。学生要时刻保持对学科的热情，在生活中遇到地理问题积极与所学知识相结合，尝试自己给出答案，必要时可请教教师。当遇到的问题较为典型且具有教学意义时，教师可组织本专业学生进行探讨，在日常生活中提升学生的实践能力。

(3)分析技能

实践中获得的资料信息在未经处理的情况下往往是比较杂乱的，特别是通过访谈所获得的信息。虽然访谈问题经过预设，但由于被访谈者的理解能力和对问题的了解程度不一，在回答上存在的随机性，导致获得的信息是非结构化的，需要经过多次分析处理才能被使用。同时，实践中获得的初始信息是大多数人都能够获得并理解的，是比较浅层次的，单纯地对这些信息进行描述显然是不能达到创新训练目的的，对创新能力的培养发挥的作用较低。要想利用这些信息解决课题中遇到的问题，并通过创新训练切实锻炼创新思维、提高创新能力，就需要对所获得的信息进行深层次的加工处理并加以分析。分析技能既包括对已有信息资料的梳理与理解并分析其与所研究课题的关系，也包括学习使用 SPSS 等数据分析软件，利用其高效精确的特点协助分析。地理学专业本科生在分析技能的锻炼中有独特优势，随着信息技术的发展，地理信息科学依托 3S 技术发展起来，充分发挥地理信息系统在数据分析中的强大功能，是提高分析能力的重要方式。

(4)绘图技能

绘图是地理学科中不可或缺的重要技能，特别是在科技发展程度较低的时期，地理学者在野外考察过程中往往通过手绘的方式记录沿途的风貌。即使在科技高度发展的今天，绘图技能仍然是地理学大学生必须掌握的重要技能。创新训练过程中往往需要对一地区的自然和社会经济因素进行综合考量。自然要素中的地形地貌、植被土壤、自然景观，社会经济要素中的功能区划、产业布局等均可通过绘制简图的形式进行记录。绘图能够将复杂的景观进行简化，让其他人更为直观地了解该地区的多方面情况。培养绘图技能应从本科生课堂教学着手，设置专门课程或将绘图技能的培养融入各个课程的教学当中;在地理学特有的野外实习过程中,教师应注意引导学生观察实习地的景观特点,练习并绘制当地的地形地貌图、产业布局图等,在实践中运用所学。此外,运用 ArcGIS 等专业软件进行绘图也是地理学专业本科生所要掌握的重要技能。与手绘相比,软件制图更为精确和迅速,同时能够展示某地景观在不同时间上的演化情况,为创新训练提供更多有用的信息,高校广泛开设地理信息系统课程是培养学生该项技能的有效措施。

(5)展示技能

完成了一项创新训练项目还需对成果加以展示,将调查所得重要信息及通过分析所产生的有意义的成果展示给他人。展示技能包括 PPT 的制作、项目汇报、形成文本等。网络和信息技术的发展为成果的展示提供了良好的载体,使人们能以文字、图片、动画等方式,将所要表达的内容清晰、生动地展示出来。制作简洁生动而重点突出的 PPT 能够让他人在较短的时间内了解工作内容并抓住重点。在训练过程中,可通过开展现代教育技术课程加强学生的展示技能。项目汇报对学生的语言表达能力和沟通理解能力提出了较高的要求,如何用简洁的语言介绍项目成果、以敏捷的思维应对提问是最值得锻炼的技能。本科生参与的创新训练与科研密切相关,加强写作技能的练习将训练成果转化为论文对本科生未来的学习和继续深造都有益处。该项技能的提高离不开教师的指导和学生自主练习,广泛阅读本学科的优秀期刊论文也是重要方式之一。

2.3 地理学大学生创新训练实施路径

2.3.1 选题阶段

确定良好的有实际意义并具有可行性的训练题目是开展创新训练的第一步,题目选择是否合适对于后续创新训练的开展具有至关重要的影响。不良的选题可能会导致后续项目开展过程中遇到种种问题,甚至使项目中断从而浪费前期准备的时间和精力。因此,在选题阶段需投入大量的精力为后续的创新训练打好基础。针对地理学这一理论性与实践性并存的学科,选题时学生首先可以根据自身兴趣,结合生活中观察到的地理现象或是遇到的值得探究的地理问题开展前期研究以解决实际问题。其次,可以在教师的指导和帮助下,结合专业相关的科研项目,为其中一个具体问题的解决,设计方案进行研究。最后,可通过对之前优秀选题进行研读,借鉴其中的优势,激发灵感并在此基础上探寻新的创意。除此之外,生活中的偶发事件也常蕴藏着值得探究的问题。选题阶段是创新训练的开始,学生若初次参与该类训练往往缺乏经验和认识,投入一段时间后未能找到方向容易产生焦躁的情绪甚至放弃参与,因此在这一阶段,指导教师应适时给予一定的指导,及时解决学生遇到的问题,但也不可全程包办,过犹不及。

2.3.2　调研阶段

地理学是一门与生活密切相关的课程,创新训练的开展离不开到实际生活中进行调研。开展调研活动之前,参与调研的学生要在教师的指导下提前制订和完善活动计划,合理安排调研任务,既不可过于松散而浪费时间,也不能行程安排过于紧凑使得调研过程走马观花,不能进行深入观察。同时,需要考虑到可能发生的意外情况并制定紧急预案,确保调研活动安全有序地开展。在调研活动过程中,在教师指导下结合所开展的创新项目认真观察,进行访谈并详细记录所需资料,避免出现只走不学的现象。整体按照调研计划逐步展开,但遇到特殊情况时可以灵活调整活动计划。调研活动结束后,需及时对调研所得的资料数据等进行分析整理,检查是否存在错误并及时修正,以防长时间搁置导致的遗忘和数据遗失等问题。调研阶段是整个创新活动中花费时间较长也是唯一深入自然社会之中进行探究的阶段,创新训练过程中所需的资料数据等绝大部分是由此获得的,因此要重视调研活动的开展,调研中做到细致、耐心,真正有所收获。

2.3.3　成果阶段

通过调研所获得的资料数据是有目的的,依据调研计划通过问卷、访谈等方式所获得的,含有丰富的信息,通过分析能够很好地解释课题提出时所存在的值得探究的问题,加以研究整合能够获得一定成果。创新训练所获成果可以是由调研所形成的科研论文、项目规划书、发明专利,也可以是参加竞赛所获荣誉。此外,学生在训练中所获得的创新意识、创新思维上的锻炼以及创新能力、语言表达能力、合作交往等方面能力的提高也是很重要的收获。成果阶段能够让学生感受到创新训练所带来的满足,从而提升自我效能感,但同时也并不是所有的训练项目都能获得令人满意的成果,学生要认识到创新训练的目的在于提高自身素质与能力,竞赛结果受选题等多方面因素影响并不能完全代表个人水平的高低,教师也要鼓励学生坚持参与,不断提升。

2.3.4 展示阶段

成果形成后，为了让研究成果更好地转化并让更多的人对所得成果有所了解，应对研究成果加以展示。成果的展示是多方面的，既可以是制作 PPT 向专业人士进行的最终汇报展示，或是形成科研论文发表，也可以是在创新竞赛中进行成果的展示评比。展示过程中学生始终是处于主体地位，教师应给予适时的指导和帮助。良好的成果展示有利于让更多相关人员注意到项目所具有的价值，增加成果转化的机会，将创新成果转化为创业的起点。例如乡村振兴创意大赛中各参赛小组为招标村设计的发展方案若得到良好的展示能够引起当地政府及企业的重视，真正使创新成果得到应用。展示阶段与前期选题、实践均有不同，这一阶段更多是对学生科研创新以外的如语言表达能力、交流展示能力等的培养，也是本科生在成长发展中不可缺少的重要能力。

2.3.5 总结阶段

一次创新训练往往能够给学生带来知识和技能上的双重收获，及时地总结在训练中遇到的问题及解决思路，能够为下次活动中遇到的类似问题提供解决思路，也能够启发学生在其他问题上找到解决方法。进行总结时，首先可对创新训练的全过程进行回顾，讨论分析在各个阶段的实施过程中是否出现了训练开始前制订的计划中未曾考虑到的问题，思考该类问题出现的原因，考虑是这次活动中的偶发性问题还是计划过程中被忽视的在其他训练中也有可能会出现的常见问题，并在计划中加以补充。其次，总结当问题出现后，组内成员在解决问题时所采用的措施，在问题解决过程中是否出现争议，复盘是否有更好的解决方案。教师以其专业性往往能够从宏观掌控整个训练过程，发现学生自身所忽视的问题，因此，在最后可向指导教师寻求建议，使下次训练活动进行得更为顺利。总结作为整个创新训练的最后阶段是十分值得重视的，在不断向前走的同时也要时常回头看看，通过总结不足来汲取经验，不断提升自身的创新思维、创新能力。

第3章　国家乡村振兴战略及浙江省特点

3.1　乡村振兴政策与战略要点

实施乡村振兴战略的总体要求包含产业兴旺、生态宜居、乡风文明、治理有效、生活富裕等5个维度。党的十八大以来，我国取得了改革开放和社会主义现代化建设的历史性成就，中国特色社会主义进入新时代。在党的十九大报告中，习近平总书记首次提出，要坚定实施乡村振兴战略，将解决好“三农”问题摆在重要地位，加快推进农业农村现代化。其后，该项战略受到党和国家的高度重视，2018年，李克强总理在《政府工作报告》中提到要大力实施乡村振兴战略，关于乡村振兴的政策法规也先后出台（见表3-1），如2018年9月印发了《乡村振兴战略规划（2018—2022）》，2021年2月印发了《中共中央 国务院关于全面推进乡村振兴加快农业农村现代化的意见》，3月发布了《关于实现巩固拓展脱贫攻坚成果同乡村振兴有效衔接的意见》，4月通过了《中华人民共和国乡村振兴促进法》，5月印发了《“乡村振兴 法制同行”活动方案》，在此期间国务院直属机构国家乡村振兴局也正式挂牌成立。5年间有关乡村振兴战略的配套政策及机构不断完善，国家对其重视程度持续提升。

“三农”问题一直是国家关注的重点内容，21世纪以来，国家连续发布以“三农”问题为主题的中央一号文件，足以见其重要性。党的十九大报告指出，当今我国社会的主要矛盾已经转化为人民日益增长的美好生活需要和不平衡不充分的发展之间的矛盾，其中，城乡之间在经济发展水平、基础设施建设及基本公共服务上还存在较大差距，且随着社会经济的发展这种差距不利于国家社会的长足发展。一些偏远的乡村存在基础设施不完善、村民出行不便、居住条件恶劣等问题，而也有部分乡村通过发展特色旅游业、观光农业等实现了经济的转型提升，展现出乡村振兴的可能。实施乡村振兴战略从多方面改善乡村条件进而促进乡村发展水平与质量，便成为解决当前社会主要矛盾的方

表 3-1　国家实施乡村振兴战略的政策体系

政策名称	年份	政策要点
《中共中央国务院关于实施乡村振兴战略的意见》	2018	对实施乡村振兴战略进行了全面部署:将制定顶层规划及一系列配套政策;首提宅基地“三权分置”;农业供给侧结构性改革仍是主线。
《乡村振兴战略规划(2018—2022年)》	2018	围绕乡村振兴“人、地、钱”等要素供给,规划部署了加快转移人口市民化、强化乡村振兴人才支撑、加强乡村振兴用地保障、健全多元投入保障机制、加大金融支农力度等方面的具体任务。
《数字乡村发展战略纲要》	2019	从数字化的角度,加强推动乡村数字基础设施建设与乡村振兴。
《国务院关于促进乡村产业振兴的指导意见》	2019	提到了优化乡村休闲旅游业、发展乡村信息产业、促进镇村联动发展、培育多元融合主体等多个主题。
《关于调整完善土地出让收入使用范围优先支持乡村振兴的意见》	2020	完善土地出让收入使用范围优先支持乡村振兴。
《中共中央关于制定国民经济和社会发展第十四个五年规划和二〇三五年远景目标的建议》	2020	对新发展阶段优先发展农业农村、全面推进乡村振兴作出总体部署,为做好当前和今后一个时期“三农”工作指明了方向。
《关于加快推进乡村人才振兴的意见》	2021	提到了突出抓好家庭农场经营者、农民合作社带头人培育;加强农村电商人才培育;加强乡村文化旅游体育人才队伍建设等多个主题。
《乡村振兴促进法》	2021	乡村振兴促进法规定,建立乡村振兴考核评价制度、工作年度报告制度和监督检查制度;实行永久基本农田保护制度;建立健全有利于农民收入稳定增长的机制;健全乡村人才工作体制机制;健全重要生态系统保护制度和生态保护补偿机制等。

续表

政策名称	年份	政策要点
《关于全面推进乡村振兴加快农业农村现代化的意见》	2021	明确了全面推进乡村振兴加快农业农村现代化的思路、目标与政策建议。
《最高人民法院关于为全面推进乡村振兴　加快农业农村现代化提供司法服务和保障的意见》	2021	以满足新发展阶段"三农"问题对司法工作提出的新需求为着力点，从统一思想认识、促进农业高质高效、打造乡村宜居宜业、保障农民富裕富足、坚持强基导向、深化改革创新6个方面明确司法助力乡村振兴护航新策。
《关于实现巩固拓展脱贫攻坚成果同乡村振兴有效衔接的意见》	2021	巩固拓展脱贫攻坚成果同乡村振兴的有效衔接。

式之一。2021年第七次全国人口普查数据显示，我国居住的乡村在人口超过50000万人，占总人口数的36.11%，通过乡村振兴使如此庞大的人口获得更高质量的生活，使广大农村地区各项设施更加完备，对于社会安定、国家经济持续发展都具有重要意义。而国家之所以能够实施乡村振兴战略与党的十八大以来加大强农惠农富农的政策支持，农业农村发展取得重大成就密不可分，农村发展的新变化为乡村振兴战略的实施打下了坚实的基础。

国家实施乡村振兴的总要求是"产业兴旺、生态宜居、乡风文明、治理有效、生活富裕"。党的十九大提出实施乡村振兴战略的目标任务以2020年、2035年为界分两段取得进展，至2050年实现乡村的全面振兴。

3.1.1　农村发展

(1)产业发展

"乡村振兴，产业兴旺是重点。"发展产业是农民增收的重要渠道，农业是乡村地区的主要产业，有区别于城镇的独特之处，发挥着保障国家粮食安全的重要作用。发展农业首先需要稳固的生产力基础，完备的政策制度与基础设施是农业发展的有效保障，特别是农业设施的建立与完善能够起到节约资源提高生产效率的重要作用，为乡村振兴的产业兴旺助力。小农生产在中国持续时间长但存在生产效率低、成本高的问题，乡村振兴中调整原有的小农生产方式，将其引入现代农业的发展轨道能够有效促进农户节本增效。随着经济发展和生活水平的提高，人们对高质量产品的需求不断增加，绿色、优质、特色等成为人们对农产品的新要求，农业产业的发展要随时代的变化积极调整以适应新要求，打造“一村一品”“一县一业”，结合本村优势及特色产出农产品，提高农产品质量是有效方式。较之第二、三产业，农产品的附加值小、利润低，推动农业与第二、三产业的融合，例如发展观光农业将农业与旅游业相结合，打造特色小镇、发展创意农业等构建农村一、二、三产业融合的发展体系，是农业持续发展的有效路径，不仅能够增强农村地区在旅游中的吸引力，通过增加游客数量获得更多经济效益，也能够延长农业产业链，增加附加值，在此过程中发挥信息技术的支撑功能，以科技促农不失为促进农村发展的有效措施。此外，在全球化持续发展的今天，农产品走出中国走向世界是重要趋势，在推动构建公平有序的农业国际贸易秩序的同时，也能够提升中国乡村的国际知名度，例如 2021 年 10 月中国苹果首届产销峰会在甘肃省开幕，旨在搭建合作交流平台推动中国苹果走向世界。

(2)生态发展

“乡村振兴，生态宜居是关键。”早在 2005 年，习近平总书记就提出“绿水青山就是金山银山”的理念。乡村与城镇在自然环境上存在明显差异，较之城镇，乡村往往有更多绿地，土地尚未硬化，拥有山水林田湖等多种土地利用类型。但随着城镇扩张对农村地区进行不合理开发及农业生产活动中对土地等资源的过度开发利用，乡村生态遭受到一定程度的破坏，影响乡村的可持续发展。因此，在实施乡村振兴战略中，要重视乡村的环境问题，对潜在污染进行防治，对已产生的环境破坏进行综合治理。当然，保护环境并不意味着不开发，需重点保护的地区也应保障农民的经济利益，建立多元化生态补偿机制，让村民愿意保护、主动保护生态环境。同时，不能进行农业或其他开发的地区可因地制宜进行适度的旅游观光等项目建设，打造绿色生态环保的乡村生态旅游产业链，做到既要绿水青山也要金山银山，充分合理地利用当地资源以实现乡村振兴。

(3)文化发展

“乡村振兴，乡风文明是保障。”乡村地区既有自身浓厚的优秀传统文化，也有较之城镇地区更严重的“陈规陋习”。随着社会经济的发展、收入水平提高，一些传统文化开始变味，传统节日成为大操大办的引子。此外，过分保守、因循守旧也是乡村地区存在的重要问题。因此，实现乡村振兴，在新时代必然要将精神文明和物质文明协同推进，在农村进行思想道德建设必不可少。在建设过程中，一方面对农村已有文化进行改造，此类文化往往在当地人心中的认同感较高且代代相传，对其中优秀的、符合时代潮流的内容加以传承发展，不断为其赋予时代内涵，对其丰富完善，而对其中不符合时代发展潮流、理应摒弃的部分则可通过移风易俗的方式引导村民进行调整，保留合理成分，保障乡村振兴。另一方面也要通过加强农村公共文化建设，为乡村文化注入新的活力。公共文化产品的提供需要机构和个人充分发挥创造力并结合乡村实际进行挖掘，加强农村的思想道德建设。

3.1.2　民生发展

(1)全方位保障

“乡村振兴，生活富裕是根本。”生活富裕在多个方面均有体现，教育是当今最受关注的领域之一。农村教育水平往往不及城市地区，教育公平受到影响。针对各学段的不同特点及需求，优先发展农村教育事业，以城市带动乡村的发展对于改善薄弱学校教育水平有所帮助。基础设施建设是事关民生的重要领域，部分农村地区道路未经修缮，水电气网等基础设施也与城市地区相比有较大差距，造成村民生活质量偏低，这就需要通过基础设施的提档升级来推动乡村振兴，在优化居住环境的同时提高村民的幸福感。在设施完善的同时也不能忽视人居环境的改善，建设美丽乡村。就业是民生之本，农村地区居民受教育程度普遍偏低，因此对其进行相关职业培训尤为重要，能够使其胜任更加多样化的工作，进入城市务工获取更高收益，同时可鼓励当地就业的居民充分利用当地特色，兴办新型产业提高收入。乡村与城市的差距还表现在社会保障体系上，养老保险制度、基本医疗保险制度都有较大差距，完善乡村居民社会保障，发挥其兜底功能，保障村民基本生活尤为重要。

(2)聚焦贫困群众

“乡村振兴，摆脱贫困是前提。”摆脱不了贫困，振兴也就无从说起。由于发展条件等方面存在的差异，经济发展、设施建设等方面具有明显的地区差异，自乡村振兴战略提出以来，党和国家就将目标集中于贫困人口和深度贫困地区。如何摆脱贫困？一方面要从外部给予支持，开展扶贫工程，提供专项扶贫资金，根据贫困的不同原因，通过多样化的方式，如易地搬迁、生态补偿、发展教育等有针对性地帮助农村脱贫。另一方面也要激发贫困人口的内生动力，在提高其生产技能和相关知识的同时，改变其消极思想，让其产生主动改善自身现状的动力。为确保工作的顺利落实，在贫困群众的帮扶中有效的监督必不可少，它既可保障扶贫资金的妥善使用，也能规避脱贫工作中的弄虚作假,减少和避免腐败现象的发生。到 2020 年底中国顺利完成了脱贫攻坚目标任务,消除了绝对贫困,对于实现脱贫攻坚和乡村振兴的接续发展起到良好的奠基作用。

3.1.3 保障机制

(1)制度保障

乡村振兴的相关制度包括农村基本经营制度、土地制度、农村集体产权制度和农业支持保护制度等。土地是农民最关心的内容,自 2014 年提出土地制度改革由原来"两权分置"变为所有权、承包权和经营权的"三权分置",土地制度一直在不断完善发展,土地确权、保障土地承包关系稳定等有利于农业稳定发展。农村不同于城市之处表现在其产权制度是集体产权,立足原有制度结合时代特征进行改革有利于助推乡村振兴战略发展。农业不同于第二、三产业的地方表现在受自然因素影响大、不确定程度高等方面。建设农业保险体系能够有效减轻农民负担,令农民安心从事农业生产,不必担心劳动成果因不确定因素受损,从而提高农民的生产积极性,助力乡村振兴。

(2)人才保障

人才流失一直是农村地区面临的重要问题,年轻一代走出乡村后往往不愿返乡,城市居民也极少将乡村作为自己未来的发展之地,导致农村建设缺少人才支撑,乡村振兴遭遇瓶颈。农村居民大部分从事农业生产,农民在当今不再是单纯体力劳动者,新型职业农民是其未来的发展方向。通过多样化的学习和培训,农民一方面能够获得专业知识,将其应用于农业生产而提高生产效率,另一方面也能够通过自身的提升获得参与社会保障的资格。除农民外,农村地区所需的其他专业人才如教师也需建立配套的人才统筹使用制度,推动实施相关人才引进计划,如特岗教师计划等。此外,科技人才在建设中往往能够发挥更加显著的作用,采取相关措施吸引此类人才服务乡村对于乡村振兴能够起到正向作用。同时,乡村振兴所需的人才种类多,因此要采取激励措施引导社会各界投身于乡村建设之中,助力乡村振兴。

(3)经济保障

乡村振兴战略是国家层面提出的重大战略方针,公共财政理应对战略实施提供资金支持。相关统计显示,2016—2019 年,全国财政在农业农村上的预算年均增长速度高于一般公共预算支出平均水平,资金投入向"三农"领域倾斜,凸显出国家对其重视程度。除国家财政支持外,还可通过多种方式拓宽资金的筹措渠道。推动乡村振兴在保证有充足的资金的同时,也要确保资金的配置合理，向农村经济发展的重点领域和关键环节倾斜，提高资金利用效率。

(4)组织保障

党的领导是中国特色社会主义的本质特征，也是最大的优势。在乡村振兴战略实施过程中，党依旧起到领导核心作用，完善党的农村工作领导体制机制有利于各部门分工协同配合，统筹各方提高办事效率。在实施乡村振兴战略中，如何实施、各阶段的目标任务如何都需要进行规划设计，这样才能在推进过程中目标明确且对整个过程有总体把握，这就需要发挥党的统筹管理能力进行部署。在具体实施过程中还需要强有力的工作队伍，在乡村振兴战略中已经涌现出一批"懂农业、爱农村、爱农民"的优秀"三农"工作队伍，不断向农村一线输送优秀人才。法治往往是政策推行的强有力保障，2021年4月，第十三届全国人民代表大会常务委员会第二十八次会议通过了《中华人民共和国乡村振兴促进法》，从产业发展、人才支撑等多方面做出规定，明确追究阻碍乡村振兴各主体的责任。乡村振兴的实施离不开社会群众的支持，党贯彻从群众中来到群众中去的宗旨，密切同人民的联系，加强宣传为乡村振兴形成良好的氛围。

3.2　乡村振兴新形势、新任务

农业农村发展相对滞后的"三农"问题造成地区间发展不平衡的问题，不利于社会长久健康发展，乡村振兴战略是新时期解决农业农村问题的重要战略举措。在乡村振兴战略的指导下，我国的"三农"问题正在逐步解决，农业农村现代化发展也正在逐步实现。乡村振兴的政策体系构成是实施乡村振兴战略的基础工作，而站在乡村振兴战略发展的新阶段，也应当做到认清"新形式"，明确"新任务"。

认清"新形势"。首先，全党全社会对"三农"问题非常重视，建立了中央统筹、省总负责、县抓落实、党政同责的工作机制，全国逐渐形成了关注农业、关心农村、关爱农民的浓厚氛围。其次，外部环境变化改变了农业生产布局，各地资源禀赋不同，规模化、集约化、特色化、多元化日趋成熟。同时，土地制度创新促使了农业经营方式转变，并且耕地减少、种地人员减少是不可改变的趋势，所以必须借助科技进步来引导现代农业发展方向。与此相比，在错综复杂的国内外发展环境下，农业发展也要用好两种资源，抓住两个市场，继续推进以多元化为特征的中国特色的现代农业发展道路。

明确"新任务"。产业和人口现代化是乡村振兴全面发展的关键,因此要推动农业发展面向现代化、农民发展朝向职业化。首先,通过缩小城乡居民收入差距和区域间农民收入差距实现共同富裕的目标。其次,聚焦粮食安全,抓耕地保护,抓种业革命,推动藏粮于地、藏粮于技,集中力量促进农民增收。除此之外,聚焦乡村建设,以工补农,以城带乡,塑造新型城乡关系,强化农村基础设施建设和公共服务能力。最后,通过衔接脱贫攻坚有关政策以及对脱贫地区的帮扶,明确各方责任并进行监管,防止规模性返贫。

3.3 浙江省乡村振兴发展现状与趋势

浙江省地处东海之滨,属于亚热带季风气候,因其适宜的地形及气候条件是农林牧渔全面发展的地区,在历史上孕育了灿烂的农业文化,浙江省政府也始终重视农业农村的高质量发展。作为全国第一个部省共建乡村振兴示范省,2021 年 7 月,浙江省人民代表大会常务委员会通过了《浙江省乡村振兴促进条例》,旨在结合本省实际,全面推动乡村振兴。

在战略的整体把控上,浙江省实施"省负总则、市县乡抓落实"的工作机制,其中县级以上人民政府在乡村振兴的各项工作中协调各方,发挥主要作用。将职能下放到地方有利于发现更加精确的问题,从细微处着手解决问题,从而提高办事精度与效率。

有研究表明,收入差距与经济增长有明显的负相关关系[12],而城市和乡村之间居民的收入往往有较大差距,这也是实施乡村振兴战略的重要原因之一。2020 年,中国全国的城乡收入比为 2.56,虽与 2019 年相比这一数值有所下降,但城乡居民的收入差距仍不能忽视,其中浙江省的城乡居民收入比为 1.96,在各省市中的差距较小,可见浙江省的乡村振兴战略实施获得一定成效。除收入差距外,城乡居民在日常所享受和利用的基础设施和公共服务也存在较大差距,城市往往拥有更为完备的设施及服务,相比之下农村地区基础设施建设相对滞后,设施在投入数量与质量上也与城市地区存在差距。因此,推动城乡融合缩小城乡在各方面差异,推动基本公共服务如教育、医疗等资源城乡共享,实现社会保障服务的城乡统一,是实现乡村振兴的重要方式。2021 年初发布的《国家城乡融合发展试验区浙江嘉湖片区实施方案》提出多项改革措施,旨在通过试验区的改革探索为全国城乡融合提供经验。

产业兴旺、生态宜居、乡风文明、数字乡村既是国家实施乡村振兴战略的总要求，又是战略实施的成果表现。乡村与城市相比有自身的特点和独特优势，所进行的产业活动也有所不同，农业是其主要产业。浙江省是农林牧副渔兼备的综合性农区，2020 年全省农业增加值 2224.56 亿元。产业兴旺离不开科技创新的支持，浙江省积极推动产学研融合以创新推动农业农村的发展，不断实验创新培育良种，据测算，浙江省农业科技进步贡献率已达 65.15%。推动一、二、三产业融合发展能够有效激发乡村农业的新活力，浙江省印发了《浙江省休闲农业发展"十四五"规划》，践行了"绿水青山就是金山银山"的理念，有效将农业与第三产业融合，为乡村发展注入新动力。

乡村较之城市基础设施建设相对滞后，随着为获取经济效益而进行的无序开发，给乡村生态造成极大破坏，居民生活环境也受到影响，同时不合理的超前开发也对乡村建设带来不良影响。改善当地的人居环境，不仅是建设美丽乡村的重要方式，也是提高农民幸福感和满足感的方法。2018 年浙江省发布的《全面实施乡村振兴战略高水平推进农业农村现代化行动计划（2018—2022 年）》提出要"加快农村基础设施提档升级"，从交通、网络、通信等多方面加强农村建设。在生态环境方面，习近平总书记强调，"生态环境保护是一个长期任务，要久久为功"。[①] 浙江省早在 2003 年，就推进"千村示范、万村整治"工程，在美丽乡村的建设中取得了显著成就，成为乡村振兴中值得其他省市学习的典范。

在地方风俗和传统思想的影响下，乡村往往兼有优秀传统文化，乡村振兴正是要取其精华、去其糟粕，通过推动优质文化资源的共享，引导村民践行社会主义核心价值观，既要发展物质文明也要重视精神文明，传承发展特色乡村文化，在促进乡风文明的同时也可以将其与乡村特色的地方产业相融合，为产业兴旺助力。在全国村级"乡风文明建设"优秀典型案例评选中，浙江省的下姜村、大陈村分别凭借构建优秀村规民约、传承厚重文化底蕴以及对传统节日移风易俗，建设文明新风尚等原因入选，为其他乡村构建文明乡风树立典范。

在信息技术高速发展的今天，依托互联网技术不仅能够对乡村的传统基础设施进行数字化改造，实现优质公共资源的共享，也为重点农业产业的发展提供新的机遇。乡村电子商务平台的建设在增加农产品销量，提高农民收入的同时，也吸引了更多年轻人回村创业，使乡村的人口结构更加合理。浙江省作为电子商务强省充分发挥自身优势，仅 2017 年，全省就实现农产品网络零售超 500 亿元，"淘宝村"近 800 个，占全国总数的三分之一以上。

---

① 2015 年 1 月，习近平总书记在云南洱海调研时的讲话。

乡村振兴战略的有效落实离不开各方面的保障措施。人才在各项事务的落实过程中往往起到关键性作用，乡村振兴战略实施的各方面都离不开人才的支撑。乡村工作需要领导小组统筹各方，产业创新发展过程中需要专门人员提供服务，基本公共服务中的教育、卫生服务也需要具备专业技能的人才。为各类人才提供激励机制是吸引人才返乡，引导青年人回乡创业的有效方式，例如，浙江省杭州市余杭区依托当地茶树的种植开发，因地制宜，为创业者提供创业补贴，吸引人才返乡创业。同时，各项体制机制如政府性融资担保机制、合作帮扶机制也发挥着重要作用，其中浙江省为确保乡村振兴顺利实施，发布《浙江省财政衔接推进乡村振兴补助资金管理办法》等一系列相关文件，从财政等多方面保障乡村振兴的实施。

乡村振兴战略实施以来，浙江省积极响应和落实国家政策。2019 年，国家出台关于促进乡村产业振兴的指导意见，2021 年，出台关于促进乡村人才振兴的指导意见，整体对于人才的重视程度提高，认识到人才在促进乡村振兴战略实施中的重要价值。浙江省针对乡村振兴中的重点投资项目，连实出台指导建议，使本省乡村振兴目标更加明确，同时重点关注贫困居民的生活保障，对此予以资金上的支持。据统计，浙江省近年来农业生产能力稳步提升，农民收入也保持高位持续增长，随着农民收入增长，农村消费需求持续上升，乡村建设取得显著成就。总体上，浙江省在出台相关政策保障乡村振兴战略顺利实施的同时，经过几年的发展取得一系列成就，乡村振兴发展势头正旺。

第4章 “一抹窑韵绘现代·半望乡野半望红”：窑北村农旅产业创意规划与策略

4.1 村庄基本情况

4.1.1 村庄概况

窑北村，属浙江省杭州市余杭区瓶窑镇下辖村，地处瓶窑镇老城区北郊（见图 4-1）。瓶窑镇位于杭州市北郊，北和德清县接壤，东接良渚街道，南接余杭、仓前街道，西邻黄湖镇。窑北村位于杭州市半小时经济圈内，老 104 国道穿村而过，交通极为便利。窑北全村面积 13.2 平方公里，由原毛元岭、西中、河中、六头四村合并而成，耕地面积 5007.07 亩，山林面积 10908 亩，有村民小组 33 个，农户 931 户，常住人口 3376 人，村民代表 67 人，党员 161 人，主要民族为汉族。

窑北村属于亚热带季风气候，季风显著，四季分明，气候温和，湿润多雨，拥有优越的气候和土地资源。该村北靠万亩群山，南依锦绣苕溪，湖坝河、西中两座水库宛如两颗亮丽的明珠镶嵌在绵绵群山中，自然风光秀丽（见图 4-2）。窑北村分布有良渚古城、鸡笼山遗址、柴车墓等旅游景点，文化底蕴深厚，其中，2019 年世界遗产大会宣布“瓶窑·良渚古城遗址”申遗成功。此外，窑北村还盛产花果、坐拥竹林，环良渚遗址风情旅游线路开通，窑北村“农文旅”产业融合发展，走出了一条乡村发展的特色之路。近年来，窑北村被评为浙江省善治示范村、省级卫生村、省级农村信息化示范村。瓶窑作为竹笋之乡，拥有 8786 亩的用材林、毛竹林等其他经济林，林业资源贮藏丰富。

图 4-1　窑北村地理区位图

4.1.2　区位分析

(1)交通区位

在市级大空间维度上，窑北村隶属浙江省杭州市，位于杭州市半小时经济圈内，距离杭州东站和杭州萧山国际机场均仅有一个半小时车程，交通便捷，区位优势明显，在政策上也会得到一定的财政支持。在城区街道的空间维度上，窑北村属浙江省杭州市余杭区瓶窑镇下辖村，地处瓶窑镇城镇区块北部，

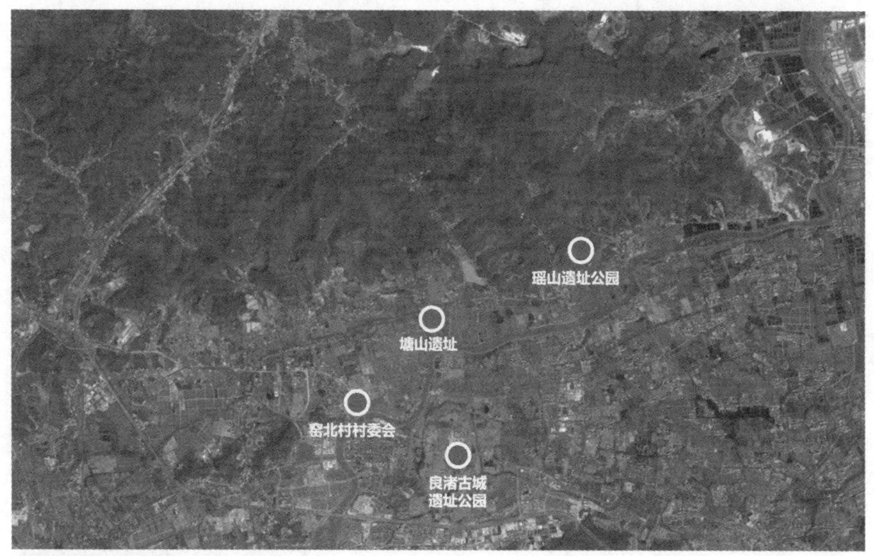

图 4-2 窑北村地图

北和德清县接壤,东接良渚街道,南接余杭、仓前街道,西邻黄湖镇。村外部交通道路主要为老 104 国道穿村而过,交通极为便利。村外部分布有多条公交线路,线路重叠性高、班次多、通达性好,可通往各处遗址,连接了窑北村和瓶窑镇乃至余杭区(见图 4-3)。

(2)旅游区位

该村地理位置优越,水系发达,生态良好,有两座水库嵌在群山中,更有北湖和大面积湿地;历史悠久,良渚文化遗址在全村有较大区域,除此之外拥有位于山茅坞自然村的鸡笼山遗址、位于骆家山南坡骆家山明墓等历史资源。窑北村发展旅游与周边经典相比,并无优势可言。但窑北村可以依托其优美环境、田园风光、历史底蕴,强调农家闲乐、历史育人,与瓶窑镇优势景点相对接,打造安憩田园,强调合作共赢,将限制变成特色。

4.1.3 发展规划定位

杭州总规确定了“一主三副、双心双轴、六大组团、六条生态带”开放式空间结构,瓶窑组团定位为生态旅游型组团。杭州总规着重明确了“一环”“两带”“四板块”的市区旅游总体布局结构,同时确定了市区建设“八个中心、二十一个旅游集散点”的旅游集散体系,瓶窑为旅游集散点之一,将窑北纳入良渚

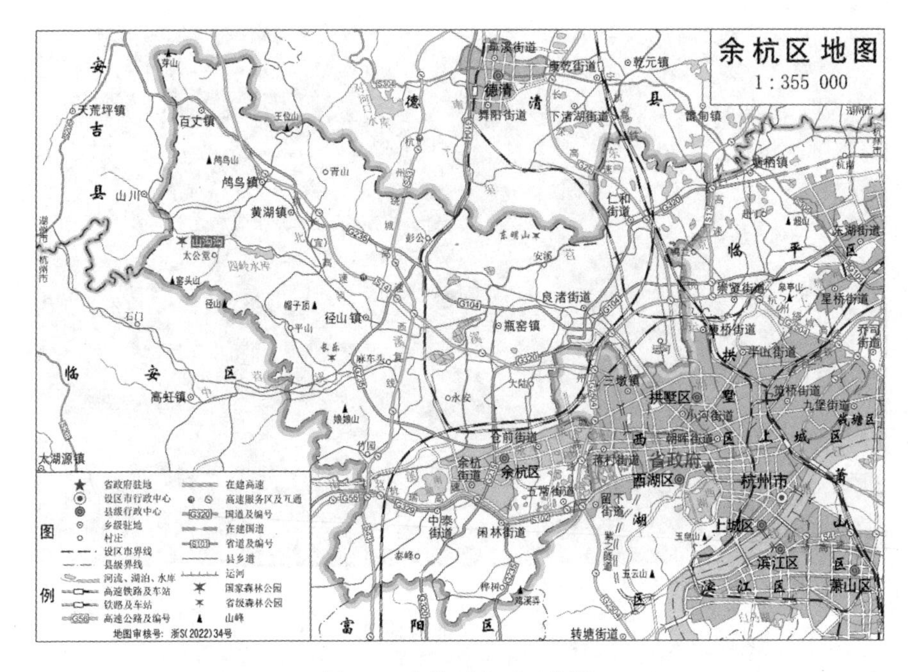

图 4-3　余杭区交通区位图

文化农趣精品线。

结合《余杭区区域总体规划修编(2015—2030 年)》,对余杭区未来空间布局结构提出了“三城一园,圈层发展”的战略布局。随着《大径山整体策划和禅茶第一镇策划》编制工作的完成,提出了“大径山乡村国家公园”的概念,即打造我国第一个以乡村为主题的国家级公园并形成一个以乡村国家级公园发展为导向的产业布局。在此影响下,《瓶窑镇总体规划》应运而生,瓶窑镇发展格局随之而变。

4.1.4　调研路线

本次创意策划设计可分为前期准备、走访调研、资料收集、汇总讨论、写作绘图、修改润色和定稿成文等不同阶段。研究方法主要包括政策分析、实地调研和访谈等。在前期准备阶段,结合相关文献资料,设计了村领导、干部访谈提纲和村民、游客调查问卷;实地调研阶段于 2021 年 7 月 19 日—22 日开展(见图 4-4),共持续 4 天,小组成员一起行动,深入当地调研,当晚组织对白天的调查内容进行深入探讨。调研结束后,通过查阅校图书馆藏书、知网,阅读农旅式田园综合体的相关期刊论文、政策规划等,明确了写作与绘图工作。

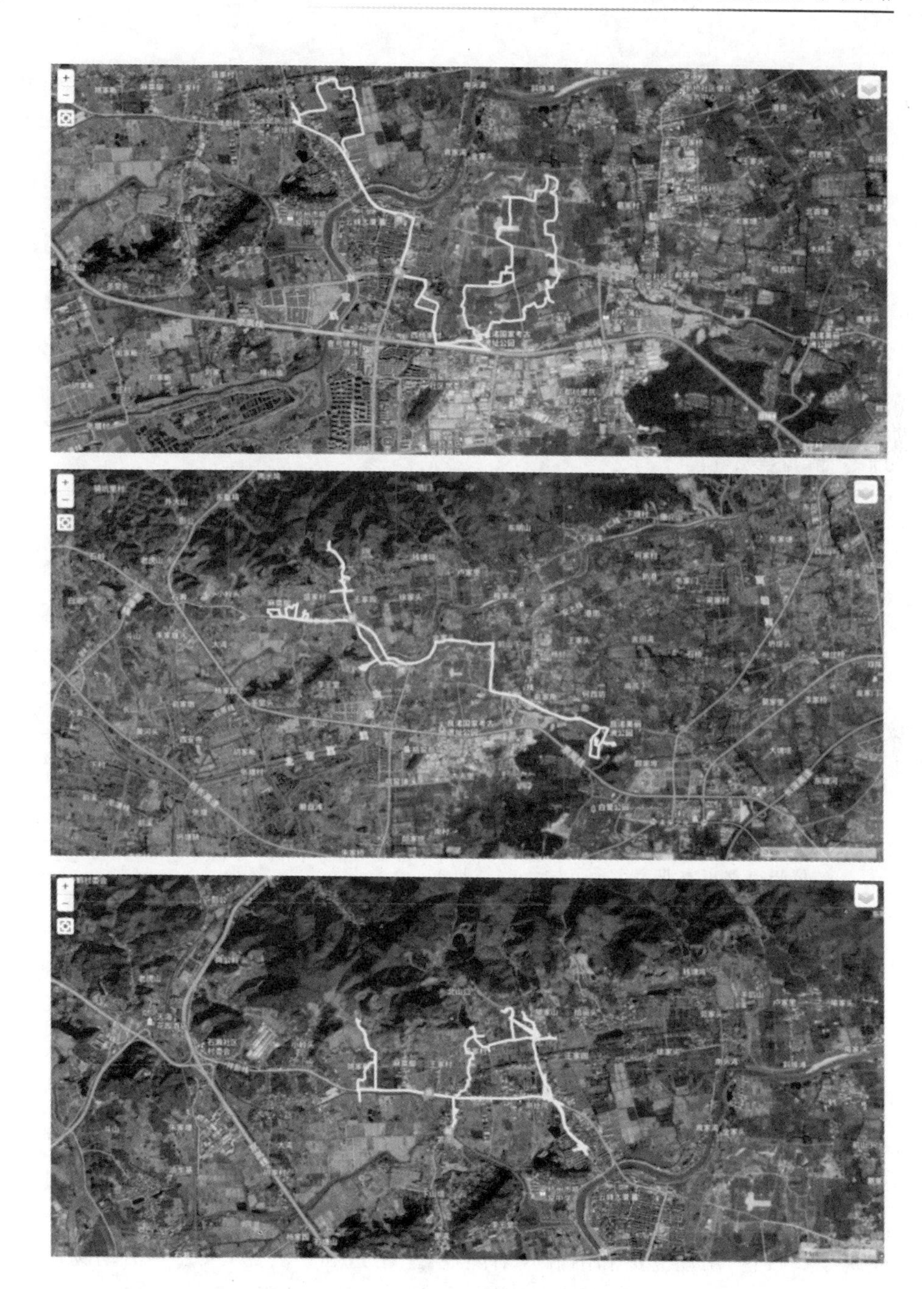

图 4-4 调研线路示意图

4.2 村庄发展基础

4.2.1 美丽乡村建设

2019年，窑北村在全村范围开展庭院整治工作，以户带片、以片带村，推动形成“美丽庭院”创建活动机制化、常态化发展。经过环境整治、五水共治，水清、路净、最美的乡村新景观初步形成，窑北村近年来获得浙江省善治示范村、省级卫生村、杭州市文明村、杭州市生态村、余杭区“庭院整治”示范村等多项荣誉（见表4-1）。

表4-1 窑北村部分荣誉表

荣誉称号	授予单位
瓶窑镇先进党组织	/
余杭区先进党组织	/
余杭区文明村	余杭区文明委
余杭区庭院整治示范村	余杭区人民政府
余杭区文物保护工作先进单位	/
余杭区新农村建设“五星级”村	/
余杭区十佳经济强村	/
杭州市都市农业市级示范村	/
杭州市生态村	杭州市生态环境局
杭州市文明村	杭州市文明委
浙江省卫生村	浙江省爱卫办
浙江省农村信息化示范村	浙江省农村信息化建设领导小组
浙江省善治示范村	浙江省乡村振兴领导小组办公室

窑北村加大农业基础建设，修建山塘水库，完善林区道路建设，实施农网改造工程，做好祥彭线污水纳管等工作，村庄基础设施得到进一步完善，通村通组道路硬化率达到100%，自来水入户率达99%。农居点布局合理，农居新建筑颇具特色，房屋立面和围墙整洁美观，主干道和主要路口、公共活动场所都安装路灯。村卫生实行长效保洁管理，有专门的物业保洁服务，对道路、河道及其他公共场由专人巡回保洁，实行垃圾袋（桶）装并上门收集，日产日清，

农户庭院实行“门前三包”,房前屋后清洁整齐。农村生态建设良好,本村辖区内无重大污染企业,建立生态林区,水土保持良好、景观优美,主要道路、河道两旁绿化美丽,打造出靓丽的村容村貌。

4.2.2 旅游资源基础

(1)农家乐:鱼佬大生态农庄

鱼佬大农庄占地1600多亩,以前是以钓鱼和农家乐为主的农庄,这几年“转型升级”,建设了百果园,蔬菜园,生态甲鱼园……从春天开始,陆续有草莓、樱桃、桑果、枇杷、桃子、葡萄、火龙果、无花果、甜柿、石榴、猕猴桃、黑布林、各种蔬菜等,是一个四季采摘园。

(2)窑北桃园

“宠光蕙叶与多碧,点注桃花舒小红。”文人墨客笔下,江南的桃花婉转多情。瓶窑镇窑北村盛产桃果,种植桃树3000多亩,产量达每年3000余吨。每年三、四月间,桃花悄然攀上枝头,迎风绽放。一时之间,窑北村的田间、山坡尽是粉红,深深浅浅,将村庄点缀得别有一番韵味。2021年,窑北村沿桃山而建的健康骑行道顺利完工,骑上单车,穿行于山色之间,更是难得的体验。

(3)窑北鸢尾花基地

说起鸢尾花,人们常常会想起印象派大师梵·高笔下动人的色彩,在瓶窑镇窑北村的嘉泰水生植物园内,人们可亲眼欣赏到花开时节成片鸢尾花海风光。嘉泰水生植物的种植总面积约500余亩,园内鸢尾品种达300余种,总量达5000万芽以上。每年四、五月是鸢尾花绽放的时节,以紫色为主的花朵盛放于青草之间,像是为草地铺上了一条精致的绒毯。

窑北村旅游区位条件优越,村内农文旅资源丰富,距离良渚古城遗址公园仅5公里,村庄基础设施完善,旅游业发展具有巨大潜力。窑北村主动接轨良渚古城,充分发挥本土特色资源,建立窑北农文旅品牌,将现有的亮点做精、做大、做强,引流古城访客,结合桃果种植农业,加强农民创业和农产品营销培训,实施“1510”旅游环线项目,带动更多农民致富,以“看点、吃点、带点、玩点、住得舒适点”五点齐进的农文旅融合发展规划方案,打造一个多彩窑北。

窑北村打造农旅式田园综合体具有较好的历史文化旅游资源。经过实地调研,得知窑北村资源丰富但表现出受集体经济约束、分布散、不成熟等问题。整合窑北村的相关产业,形成休闲旅游、现代农业、田园社会三线并行,以农旅为大核心,良渚文化区、生态观光区、农耕体验区、创意产业区为小核心的智慧社群,是窑北村发展农旅式田园综合体的关键步骤。

4.2.4 农旅式田园综合体市场需求

窑北坚持以特色产业和新兴产业发展并举为目标，着力培植产业后发增长点。农业方面，窑北村主要发展以种植业为主导的农业类型，盛产蚕茧、水稻、竹笋、茶叶、花果、水产等农副产品，并养殖甲鱼、青虾等品种。拥有塘栖枇杷、余杭径山茶、鸬鸟蜜梨、黄湖白壳哺鸡笋、中泰竹笛等特产。窑北村注重发展主导产业，抓农产品品牌建设，成立杭州市毛元岭桃果专业合作社，并被评为“杭州市级示范合作社”。注册的“毛元岭”品牌水蜜桃已经闻名遐迩，畅销市、区及周边各大城镇，年产量达1000多吨，产值300万元。对窑北村而言，农是其本，旅是其份，随着时代的发展，当地优越的自然资源如桃林成片和独特的人文景观如古城遗址，早已让窑北人担上了从单一的农向其他形式转变发展的重任，因此，发展农旅式田园综合体势不可挡。

2020年，新冠肺炎疫情席卷全球，出国旅游受到巨大阻碍，旅游需求更多转向国内市场。新冠肺炎疫情后，人们的旅游方式更多地选择自驾车游、个人游、家庭游等散客出游方式。临近于城市、交通便利的乡村旅行有着巨大的吸引力和市场，乡村旅游将迎来大批游客。农村旅游成为社会热点，各个年龄阶层对农旅的需求变得迫切，基于游客群体逐渐庞大的人次，农旅行业规模将不断扩大。随着社会经济发展，个性化的乡村旅游、文化旅游、休闲旅游、科普修学旅游的需求逐渐增长。伴随着疫情后“尊重生命”“追求健康”等观念的深入人心，以健康休闲为目的的田园乡居、户外游憩类旅游将大受追捧。可见农文旅结合的乡村旅行未来有着巨大的上升空间。在游客地域来源上，绝大部分为省内游客，以临近城市游客为主，杭州最多，宁波次之。在出游形式和出游目的上，自驾游和自由行旅客为主，主要以家庭、朋友团体形式出行，主要进行田园休闲以及观光。

4.2.5 发展农旅式田园综合体难点

(1)基础设施建设有待改善，人居品质尚待提升

近年来，窑北村加大基础设施建设，村容村貌和居民生活的便利性都有了很大提升。但是基础设施建设仍然存在不足，制约了当地产业的发展。窑北村的农业生产规模较大，但农业生产所需的山塘水库等基础设施建设不完善，此外林区道路建设存在不足，农网布局不佳，缺乏污水处理设施。

(2)资源丰富，但资源组合状况不佳

窑北村的自然条件优越，农业发展条件优越，蔬果类型多样且品质上乘，此

外窑北村拥有良渚文化,人文资源丰富。近年来,政府大力支持发展旅游业综合开发,窑北村靠山依水,拥有较好的旅游资源。但是,窑北村的旅游业开发未能立足当地特色,与当地现有的农业、人文资源结合力度不足,导致旅游业发展的创新性不足,和周围地区的同质性较高,旅游业发展的竞争力和吸引力不高。

(3)居民综合技能有待提升,农产品销售渠道不畅

大部分村民长期从事农业,缺少其他技术经验。在商业经营上也是没有什么经验,而且村民受教育程度有限,年轻人基本在就近的地方打工谋生,村中留下的老年人居多。老人们的方言口音重,难以交流,在村庄建设上无法起到显著作用。

窑北村的农业基础雄厚,农业发展水平较高,农副产品的产量较高。但是在农产品的销售渠道上,受到技术、信息等方面的制约,仍然采用的是较为传统的线下销售模式,销售方式不够灵活,受到固定市场波动的影响较大。

(4)发展进程缓慢,产业结构单一

窑北村作为良渚文化遗址,具有丰富的历史文化资源,但是出于保护传统文化的需要,窑北村未进行大规模投资开发,因此,窑北村的工业发展较为薄弱,主要以农业发展为主,产业结构较为单一,限制了窑北村经济发展进程。出于保护生态资源、自然环境和历史文化遗产的需要,窑北村不适宜大规模地开发进行工业生产。

(5)交通条件有待提高

瓶窑镇位于杭州市北郊,但和杭州老城区之间的交通联系不够紧密,仅有老 104 国道穿村而过,交通条件制约了窑北村靠近杭州市的区位优势的发挥。窑北村中出行方式单一,缺少公用租赁的代步工具,村村通公交的班次较少,时间灵活度不够,且承载量有限,居民的出行存在一定的困难。窑北村内道路以机非混合车车道为主,安全隐患较高。沿线村落必经道路狭窄,难以双向车流通过,没有安全的人行道路,对游客出行造成不便。

(6)土地流转方式待创新

窑北村的农业是其村庄发展中的重要经济支柱产业,因此,农业生产的效率至关重要。目前,窑北村的土地利用集约化程度有待进一步加强,除了几个大型的果蔬种植园和采摘园以及按照村民小组外包的用材林和桃林外,窑北村的耕地分布较为分散,且生产作物的种类多样,生产技术水平有限,制约了农产品单产和品质的改进。由于农村人口外流和农村空心化现象,农村人口老龄化现象,存在一定面积的废弃和闲置耕地,造成了良田荒废和财政减收,造成了部分农业资源的浪费。

4.3 设计策划思路

4.3.1 设计理念

坚持"两山"根本发展理念,以"两美"浙江为总体战略部署,依照农业与旅游联动发展的理念,按照美丽乡村建设"四美、三宜"具体要求,促进共同富裕,打造共同富裕现代化基本单元内,积极建设窑北村农旅式田园综合体产业。深入挖掘村庄特色资源,整合、重建村庄特色资源,延长农业产业链,打造窑北"一抹窑韵绘现代,半望乡野半望红"窑北田园综合体,打造独特的"窑韵+""乡野·红"意象田园综合体。

4.3.2 设计原则

(1)城乡共同富裕原则

共同富裕是社会主义的本质要求,也是如今乡村振兴发展的最终目的。我国的农村贫困人口已于2020年实现全面脱贫,但绝对贫困的消除并不意味着贫困的彻底消失,已脱贫人口仍存在着返贫风险高,内生动力不足的现象。因此,在构建窑北村田园综合体系的过程中,应始终坚持农民共同富裕的原则不动摇,把握住乡村经济成果共享化大方向,避免资本过度入驻带来剥削,产业兴而百姓不兴的发展割据乱象,使乡村发展果实普及到全体农民,以农民为主体激发乡村发展活力,实现财富的可持续性涌动。

(2)突出田园风情原则

整体上,窑北村农居点布局合理,农居新建筑颇具特色。北靠万亩群山,南依锦绣苕溪,有开展乡村旅游的潜质。窑北村应当开拓新的外租承包方式,将村中的土地盘活起来,推动耕地集约化,规模化使用,在实现土地质量提升的同时,不断改进生产技术和产品品质,为村庄提供新的财政收入方向。

(3)注重综合发展原则

对于工业发展,窑北村可以坚持"积极保护"和"适度开发"相结合的原则。针对产业结构,窑北村可以将农业资源和旅游业相结合,发展生态旅游,乡村旅游,打造农家乐,果蔬采摘园,花卉欣赏节等旅游活动。同时可以延长农产业生产产业链,发展农副产品加工业,提高农产品附加值,如售卖桃花酒,桃花饼,果干等农产品加工品,或借助当地特有农业文化,生产文创产品,提高农业发展的收入。将第一、第二、第三产业相融合,为窑北村经济发展创造新的增长点,丰富窑北村的产业结构,提高窑北村经济发展的韧性。深化窑北村与瓶窑镇旅游景点的旅游协作,实现共享客源、共享市场、互动发展。积极利用瓶窑镇旅游的溢出效应,协同发展。

(4)强调农旅联动原则

深入挖掘窑北村的地方特质,充分利用窑北村的现有资源和地方特色。窑北村的农业资源雄厚,盛产蚕茧、水稻、竹笋、茶叶、花果、水产等特色农副产品。可以将窑北村和农业资源和旅游业发展相融合,同时以人文资源为依托,推动农文旅协调发展。打造具有窑北特色的农文旅发展道路,推动三产融合。窑北村的农业基础雄厚,农业发展水平较高,农副产品的产量较高。但是在农产品的销售渠道上,受到技术,信息等方面的制约,仍然采用的是较为传统的线下销售模式,销售方式不够灵活,受到固定市场波动的影响较大。针对此现象,可以引入电商平台,建立农村物流,采用直播带货等线上销售方式和传统线下销售相结合的多种形式,在拓宽农产品的销售渠道和市场的同时,提高农产品的知名度。加强对窑北村农副产业的宣传,有利于打造窑北品牌,增强农业发展的韧性和经济收入,推动窑北村农业稳定持续发展。

4.3.3 目标定位

通过田园综合体的美丽乡村景观打造、农产品农家乐资源对接历史文化旅游资源、特色节事活动推介,实现田园社区、休闲旅游和现代农业的农旅融合,深入挖掘村庄特色资源,整合、重建村庄特色资源,延长农业产业链,打造窑北“一抹窑韵绘现代,半望乡野半望红”窑北田园综合体,打造独特的“窑韵+”“乡野·红”意象田园综合体(见图 4-5)。

田园社区:一方面,窑北,自然风光秀丽。另一方面,窑北拥有水清、路净、最美的乡村新景观,基础设施一较完善。依托良好基础,打造出靓丽的村容村貌和宜居的田园社区,借助优势地理区位和相关旅游资源的溢出效应,成为窑北都市后花园。

休闲旅游:依托窑北丰富的历史文化资源以及良好的生态环境,积极发展休闲旅游,在旅游新态势情况下,紧抓乡村旅游。

现代农业:窑北村的农业资源雄厚,盛产蚕茧、桃子、茶叶等农副产品,深入挖掘窑北地方特质,充分利用现有资源和地方特色,通过加入现代元素,符合时代需求,提高农产品知名度,打响品牌,在众多发展农业的乡村中脱颖而出,尽早在市场上占据有利地位。

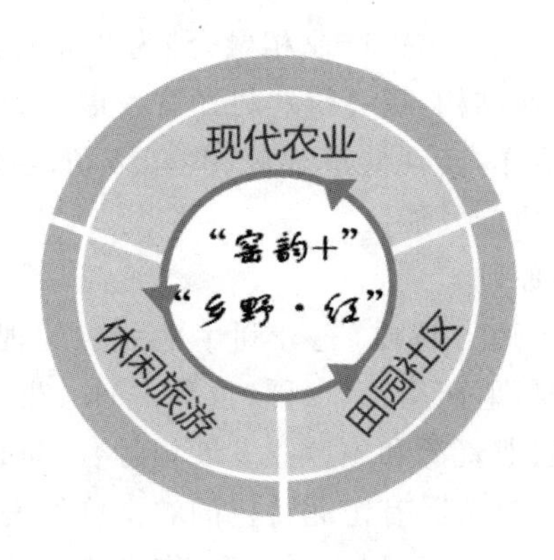

图 4-5 "窑韵+""乡野·红"意象田园综合体示意图

"窑韵+":"一抹窑韵绘现代"在窑北,古迹随处可见,其中良渚为代表文化,窑北村现已被纳入环良渚遗址风情旅游线,当地文旅主要围绕良渚展开。计划通过时代赋能,融入现代技术对窑北文旅现状进行改造,推出现代展览等新型旅游形式,在休闲同时赋予旅游更深层次内涵,带动农文旅三产融合。

"乡野·红":"半望乡野半望红"依托乡野生态和漫山桃林、良竹,让游人体验风景如画般的田园闲居。

4.3.4 技术路线(见图 4-6)

(1)统筹整合联动、共同富裕。以村庄特色为核心,强调点轴发展;建立村

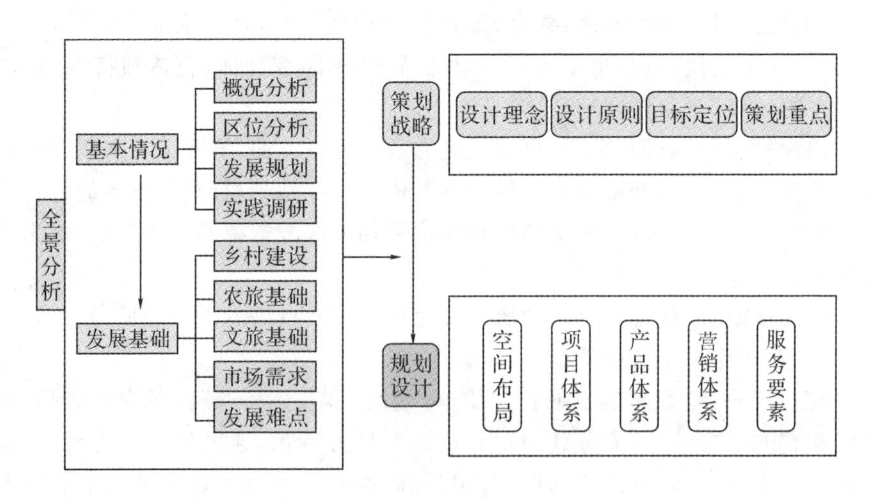

图 4-6 技术路线图

庄产业集群,强调集群效应;通过村庄示范效应,先富带后富联动周边村庄,强调示范效应,实现跨界打通融合、扁平一体高效、特色差异发展。

(2)遗址文化,打造特色发展道路。随着良渚古城遗址成功申遗,良渚古城遗址、良渚文化的影响力进一步扩大,窑北村还被纳入环良渚遗址风情旅游线。除此之外,窑北村还拥有鸡笼山遗址(其对于研究余杭陶器烧造发展史具有重要意义)以及具有较高历史研究价值的柴车墓,抓住这一特质,以人文资源为依托,大力推动农文旅协调发展,打造具有窑北特色的农文旅发展道路,推动三产融合。

(3)土地流转,盘活村庄闲置资源。在现有土地流转承包基础(用材林、桃林和公墓)上,开拓新的外租承包方式(现代农业),将村中的土地盘活起来,推动耕地集约化,规模化使用,在实现土地质量提升的同时,不断改进生产技术和产品品质,为村庄提供新的财政收入方向。

(4)结合电商平台,打造电商品牌。对居民进行文化教育、技术普及,定期开展村干部学习交流会,分享先进的生产经营,活化居民生产经营思想,推动居民思想解放,为乡村发展激发活力。引入电商平台,建立农村物流,采用线上+线下双结合的销售方式,拓宽农产品的销售渠道和销售市场,加强对窑北村农副产业的宣传,增强农业发展韧性,打造窑北品牌。

(5)塑造都市乡村形象。设置村内自行车及电瓶车租借点,增加窑北村内公交车的班次和车辆,可以增设旅游观光小巴车,方便游客在窑北村内以及在窑北村和附近村落之间游览。重新规划合理的双向道路,划分明确的人行道路,增设人行道,划分机动车道和非机动车道,保证安全。

4.4 空间布局

窑北村发展田园综合体应充分利用生态的多样性、人文资源的丰富性,凭借优越的地理位置和资源优势,着力打造城市与乡村互动“一抹窑韵绘现代,半望乡野半望红”窑北田园综合体。融现代农业、田园闲居、旅游观光、休闲度假、遗址文化为一体,拥有能满足不同旅游人群需求的多样特色旅游产品。结合田园综合体的理念,在窑北村行政管辖区域范围,将空间布局划分为“一心一带三区”(见图 4-7):提升一个核心、串联一个带,打造三大农业、旅游、居住功能区。实现传统与现代交融,打造田园闲居生活模板。

一心:以窑北村委为核心,并 104 国道以北,馒头山部分片区,共同组成的

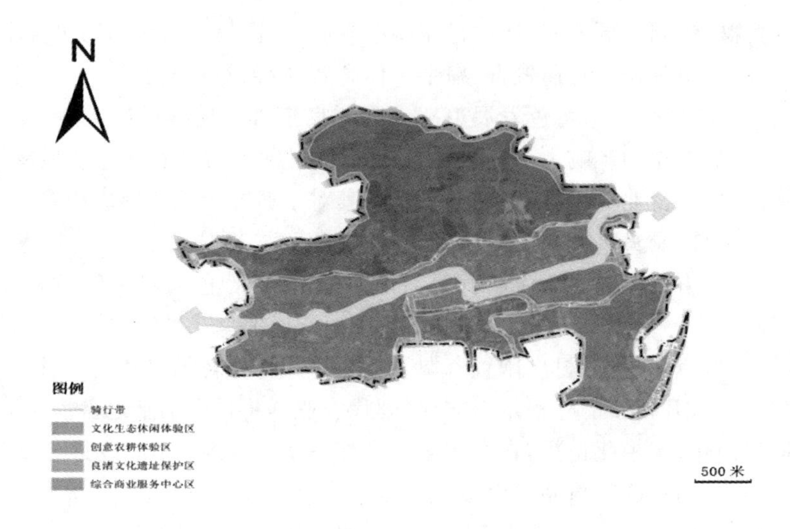

图 4-7　空间结构分布图

城镇旅游商贸综合服务中心，打造旅游集散、商贸休闲等综合发展业态，为全域提供旅游商贸综合服务功能。

一轴：以无花果基地、桃花林、恒德森林公园、兰花基地、现代农场、猕猴桃园、鱼佬大生态农庄和水生植物园等景点为基地，打造中心骑行带，并向外辐射，充分利用沿线的山水田园景观以及非遗文化景观，打造田园文化风情轴。

三区：主要包括综合良渚文化遗址保护区、创意农耕体验区、文化生态休闲体验区。充分发挥片区特色，在各区内，以特色景观为核心，构筑景点组团，以组团组织基础设施和公共服务，形成景观集群，丰富旅游内容和文化内涵。

4.5　项目体系

4.5.1　综合商业服务中心区

范围：104 国道以北，馒头山部分片区（见图 4-8）

功能：商贸创意、旅游服务、休闲娱乐

发展思路：充分利用杭州“电商之城”的产业优势，紧跟大数据时代风口，打造电子商务中心，依托电商平台形成直销产业链。充分利用交通优势，打造旅游公共服务平台；依托窑北特色农业与旅游资源，打造“良渚写意·窑望乡

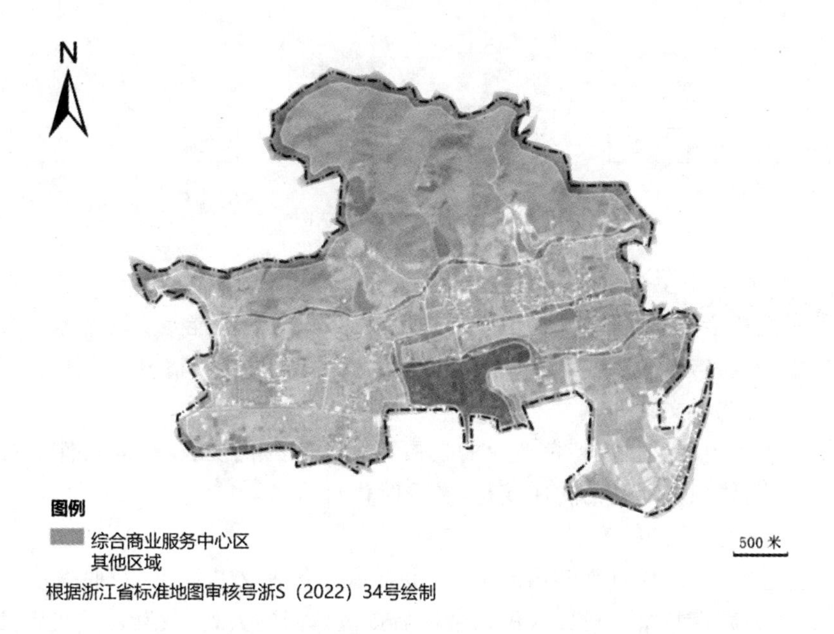

图 4-8 综合商业服务中心分布范围

野”窑北村农旅式田园综合体。通过村史文化馆、图书馆等公共空间建设,让公共文化发展更具生命力。

(1)电子商务中心

①毛元岭桃品牌:积极与浙江大学等科研院校进行对接,建立战略合作联盟,提高窑北水蜜桃品质和附加值,挖掘蜜桃文化内核,将“毛元岭”品牌推广至全国。②品牌打造基地:依托窑北特色农业,积极挖掘当地特色产品,深入研究产品优势,赋予产品文化内涵,依托“塘山”非遗文化,打造文创新势力,建立窑北系列品牌。③直播基地:利用地区发达的“互联网经济”和人才优势,通过与电商平台、卖货主播等合作,打响知名度,打造“淘宝村”,带领村民致富,引领农村经济转型升级。④物流集散中心:建设标准化的现代农产品供应链运营中心,通过提供统一的追溯、初加工、分拣、分级、检测、品控、包装、仓储、冷链、快递、售后、代销、分销、标准化、品牌化等服务(见图 4-9),快速协助地域特色农产品转化为特色网货。设计精品果蔬礼盒包装,挖掘旅游伴手礼市场。

(2)旅游服务中心

窑北美丽乡村印象展示窗口,承担着旅游集散、服务、接待、咨询、投诉等功能,实现一站式服务。集散中心内设咨询台、投诉台、休息厅、导游机构等,并结合互联网技术提供智慧服务。

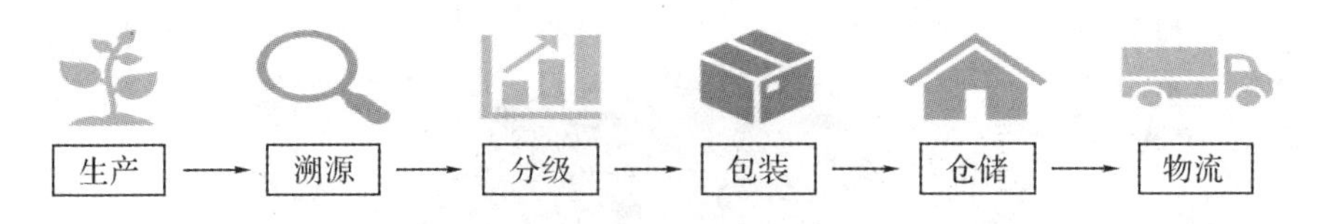

图 4-9　物流集散示意图

(3) 民宿卫生综合服务中心

引进社会资本,打造民宿卫生综合服务中心,主要功能是实现全域民宿用品集中采购、碗筷集中消毒、布草集中洗涤等,提高窑北民宿卫生水平。

(4)窑北村文化礼堂

用于集中展示村庄特色产业的发展历程。陈列传统农具、老物件及村中老照片等,体现窑北村的村庄变化,感受时代自信。

(5)窑北小剧场

打造群众、团体日常演出的平台,也可承办各种文艺演出、戏曲表演等文娱活动,为游客和窑北村民人民茶余饭后提供休闲的去处,激发公共文化发展的生命力。

(6)窑北图书馆:共建共享的乡土文化空间,打造群众日常阅读、交谈、休闲的公共平台,也可承办各种文艺活动如读书荟、阅读分享会等等。为窑北村民人民提供精神休憩的高地,吸引更多的群众共同品尝丰盛的文化大餐。

4.5.2 良渚文化遗址保护区

范围:卢家里、徐家头、王家园、麻粟脚、毛元岭(见图 4-10)

功能:遗迹观光、文化教育

区域特色:良渚水利系统包括高坝,平原低坝,还有山前长堤,而山前长堤也就是塘山遗址,是由双坝和单坝组成,其建筑年代大概在 5000—4850 年前,早于良渚古城的营建。塘山遗址,良渚文化时期的"西险大塘",位于良渚遗址的西北侧,是一条东西向的土垣,全长约 6.5 公里,宽度约在 50～70 米,高 3～5 米不等。

发展思路:在保证周边地区发展的基础上,保护良渚遗址水坝的原风貌,使游客能够领略良渚风采,在田野之中体会历史与先人智慧。打造遗址历史展示体验:水坝工程模拟复原体验馆、灌溉历史讲解教育展厅、区域发展历史中心;农耕历史展示体验;"玉见"展览、手工制作、"制衣"丝绸、麻布劳动体验、农耕历史展示厅、农耕劳动体验馆等,领略不同时期文化风貌。文物往往能够

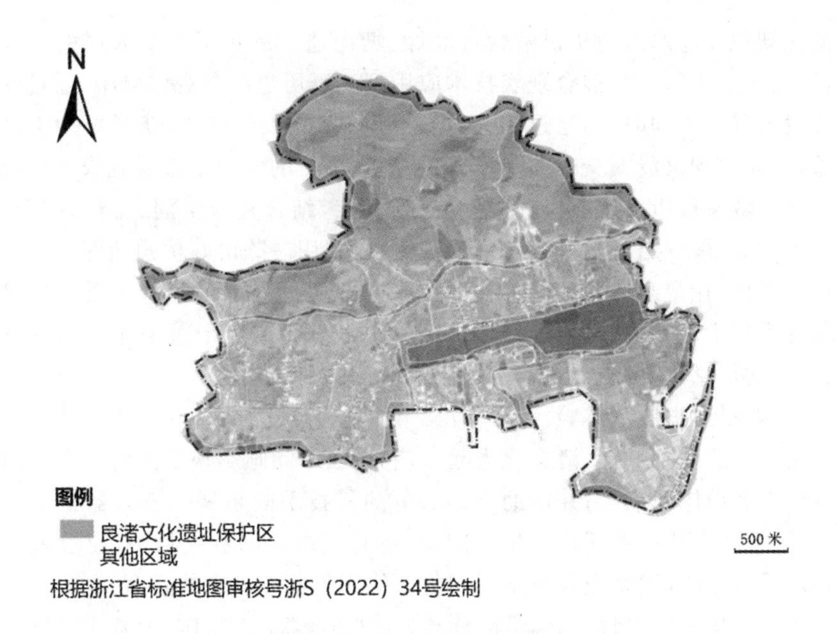

图 4-10 良渚文化遗址保护区分布范围

展现所在时期的独特风貌,同时蕴含着具有时代特色的精神文化,通过多样化形式展示考古过程,体会文物独特魅力。

(1)塘山遗址风貌

良渚古城外围水利系统是中国乃至世界最早的堤坝系统之一,展现出良渚时期高水平水利工程技术以及强有力的社会组织能力。良渚古城水利系统的坝址选择、地基处理等体现出中国早期城市与水利工程的整体规划能力及其科学性。在保证周边地区发展的基础上,保护良渚遗址水坝的原风貌,使游客能够领略良渚风采,在田野之中体会历史与先人智慧。

(2)遗址历史展示体验

①水坝工程模拟复原体验馆:利用虚拟现实等新技术应用,打造“V 塘山”项目。以塘山遗址为主体,依托虚拟现实技术在高度再现遗址原貌的同时,实现更具深度、更加具象的解析,带来沉浸式体验,使游客体会背后蕴含的时代情境和古人智慧。实现用数字科技发扬中国历史文化之美,以数字化空间和智能化体验,诠释鲜活的、移动的、数字化的良渚文化瑰宝。应用三维技术渲染光影,展现水坝在历史发展的重要作用;在虚拟世界复原塘山水坝原貌、水中游鱼等,更直观地展现当时历史风貌;此外,优化观看方式,通过大屏、小屏相结合的多屏协同互动为体验者带来更丰富的感官体验,揭示隐藏的历

史文化知识。②灌溉历史讲解教育展厅：塘山遗址展示了早期人民的治水思路，历史信息丰富。将混合现实技术应用到灌溉历史的参观体验中，通过现代科技设备置身不同时空，通过与人、场景等内容的融合互动，获得更加生动的体验，从而实现沉浸式交互参观模式，从灌溉历史的学习中感受到农业传统智慧。③区域发展历史中心：以良渚文化为起点，结合建筑空间、材料、照明、科技及美学等，展现出文物所具有的深刻内涵，利用展陈讲好杭州地区不同时期盛行的文化，让观众体验不同的文化风采。在此过程中可利用多媒体技术通过影音进行生动展现，复原出鲜活的历史文化图景，从而让观众通过所获得丰富、立体的信息，产生更加丰富的情感体验，融入其中。

(3)农耕历史展示体验

①"玉见"展览：以良渚文化为起点，利用三维动画影视手段将玉石矿的开采过程直观地体现出来；并借助声、光、电的科技手段来展示玉石器物佩戴方法、家居生活中的位置摆放等相关知识，将其点缀在展览线路中，使参观者追溯到六千多年前，领略先人在发现、制作、使用玉器过程中的意念，深入了解玉石文化与中华民族的哲学、儒学的渊源。②"玉见"手工制作：为游客提供玉石DIY手工作坊，在实践中深入领略玉石文化，从劳作中体验玉器的文化品格。不仅深入了解了文化，也是不可多得的动手体验。③"制衣"丝绸、麻布劳动体验：为游客提供丝绸、麻布等制成的衣服，上身体验，并且设置服装制成流程参观，亲自体验"制衣"过程，在实践中深入领略不同阶层人民的生活方式，体会劳作艰辛。④农耕历史展示厅：以良渚文化为起点，通过材料、照明、科技等方面，展现出不同时期不同的耕作方式，使游客深入体会文物的内涵，了解农耕技术、农耕思想的发展进程，尤其是体会当代科技为社会带来的日新月异的变化。⑤农耕劳动体验馆：设置了农耕劳动体验馆，馆内不同区域简要布置不同时期的耕作工具，以体验此地区不同时期的耕作方式。游客通过科技进行"换装"并进行互动游戏"耕种""收获"等等。通过科技体验不同时期劳动人民的衣着习惯以及不同的耕作方式，并且在历史文化的进程中体会劳动不易，珍惜粮食。

(4)考古工作坊——让文物为公众讲好考古故事

①遗址考古展示厅：在现代信息技术支持下创新展示方式，在更加真实生动且直观的展示中对文物所蕴含的时代特征、古代思潮等进行挖掘，让参与者更加深入感受文物与文化魅力，从文物承载下来的历史文化信息中探索找寻文化自信。②"小小考古学家"研学室：设置考古知识问答等，激发青少年对于考古学相关知识的好奇心，在活动中学习了解考古调查、发掘等的基本流程，

让文物不再是枯燥的展品,而成为考古知识的“传授者”。③“小小考古学家”体验室:让公众走进考古、认知考古,让文物说话,用文物讲述考古故事,动手体验考古工具的使用,参与文物复原、体验文物拓片等活动,体验考古的乐趣。

4.5.3 创意农耕体验区

范围:姚家畈、麻粟脚、湖坝河、骆家山、拾亩头、长庆湖、张家墩(见图 4-11)

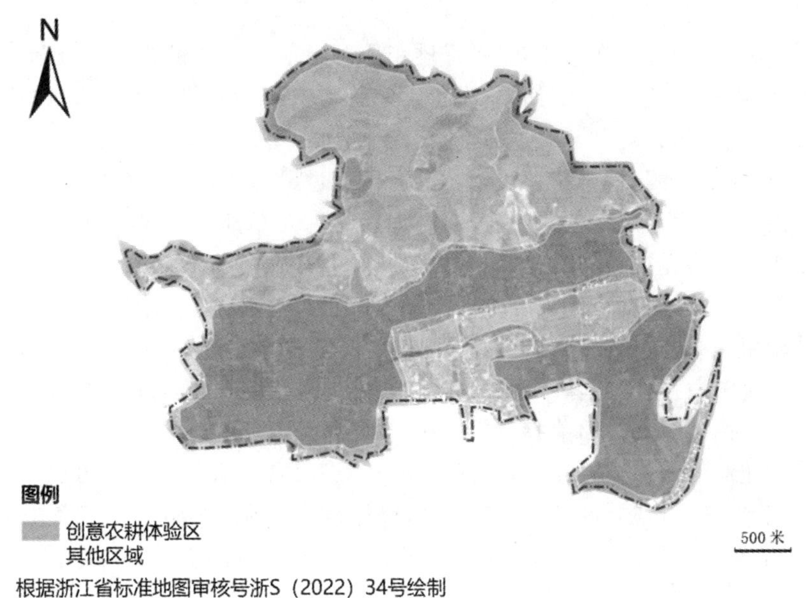

图 4-11 创意农耕体验区分布范围

功能:旅游观光、农耕体验

发展思路:打造集现代农业、农事体验、休闲观光于一体的区域,集中展现现代田园风貌。打造农业示范区,以生态为基础,以科技为支撑,发展循环农业,拉长生态循环链条,并让游客通过参与种植、采摘和学习现代农业技术等方式,身临其境体验农事。同时,开启“桃跑计划”,以窑北村特色的“桃”作为切入点,通过骑行道串联起区域内的桃花林、无花果基地、恒德森林公园、兰花基地、猕猴桃园、鱼佬大生态农庄、水生植物园等资源,让游客短暂“逃离”都市,感受“悠然见南山”的悠闲与自由。

(1)骑行道

利用新建沿山公路的优质资源,修建一条道路平坦、骑行难度低、适宜亲子有氧旅游线路的骑行道。沿途经过无花果基地、桃花林、恒德森林公园、兰花基地、现代农场、猕猴桃园、鱼佬大生态农庄和水生植物园等景点。在骑行道的起始点和中间站点提供完整的服务和标识体系,提供自行车租赁和餐饮服务,为游客的休闲提供更便捷的骑行体验。美化骑行道沿路景色,在沿途墙面进行有乡村风貌的特色涂鸦,道路从野花、绿草中穿梭,道路上铺设彩虹自行车道,令人沉浸山野之中,产生逃离都市繁忙生活的自由感。

(2)桃林公园

①桃花文化节:在每年3～4月桃花盛开时节,举办"桃花文化节"。桃花盛开之时,桃花吐妍,粉红如霞,吸引大量游客来此参观游玩。丰富以"桃"为媒介的文化活动,除已开展过的桃园交友、桃园许愿、桃园祈福等活动,添加吟桃花诗、酿桃花酒、食桃花宴活动。游客们通过参与各项活动获取积分,兑换相应的奖品,增加与桃花的互动,同时也感受古人春日踏青赏花吟诗的雅致。除了满足游客在视觉和嗅觉上对桃花的感知,还通过味觉加深印象。以传统桃花酒、桃花酥等食物作为窑北村的"春日限定"产品,满足游客味蕾的需求。②体验服务中心:在桃花林内打造桃花酒庄,根据功能进行分区:酿酒体验区展示传统酿酒技艺,游客可以在体验区酿桃花酒并带走品尝;在产品展销区展览对桃花酒进行展览和销售;在饮酒鉴赏区,游客和专业人士交流,了解更多关于桃花酒的知识。服务中心内还配备甜点制作区,家长和孩子可以一起制作桃花酥、桃子蛋糕、桃子果饮等甜品,增加亲子互动。③桃子采摘园:在每年6～7月桃子成熟的季节,桃子采摘既可以满足游客对摘桃子的兴趣和对新鲜桃子的需求,又可以解决桃子的销售。

(3)种植基地群

①水果种植基地:整合沿线的水果种植基地,高效划分各类水果的种植面积。除已有的无花果、猕猴桃、桃子,继续丰富水果种类,使水果四时俱备。春季草莓,夏季桃子、樱桃,秋季无花果、猕猴桃,冬季柑橘、冬枣,四季都可以吸引游客来此采摘体验。②水果餐厅:增设配套项目,满足游客的多样化需求。具体项目包括水果作坊DIY、水果餐厅等,游客可以自制水果拼盘、水果料理,也可以品尝当季最新鲜的水果。③兰花基地:通过现代科技手段培育多品种、中高端兰花。通过本地大型鲜花批发商、花店、电商进行售卖。基地以"兰文化"为契机,打造各类活动,具体项目为举办珍品兰花展、商贸洽谈会、兰花文艺汇演、兰花养殖培训课等活动。除了直接面向市场出售兰花,兰花基地向到此游玩参观的游客提供种植体验,游客在此亲手栽种兰花,由专业人员培植后邮寄给游客。

(4)水生植物园

①四季花海:在水生植物园内,根据花期种植不同品种的花,丰富植物园内的四季景观。从春天起,桃花、兰花、虞美人、油菜花、鸢尾花、薰衣草、向日葵、月季花、百日菊等轮番出场,每个季节都可以带给游客不同的体验。从四季花海的变化中,感受古人诗句中的四时变化:春季“儿童急走追黄蝶,飞入菜花无处寻”的童趣,夏季“田田初出水,菡萏念娇蕊”的景象,秋季“花开不并百花丛,独立疏篱趣未穷”的情操,冬季“只有梅花吹不尽,依然新白抱新红”的发现。②观景台:在花海间打造露天观景台,为游客提供最佳观赏视角和最佳摄影视角。与此同时,更高和更开阔的视角让游客在置身花海时有更为放松的心情。③饮茶区:在花海边打造休闲饮茶区,配备茶具租赁和茶叶出售服务。④露营区:提供帐篷出租、烧烤架出租等服务,配备公共厕所、小卖部等生活设施,搭建儿童游乐区为亲子游带来更多便利和趣味。在旅游旺季,组织音乐节、篝火晚会、亲子互动日等活动吸引游客。

(5)生态农庄

鱼佬大生态农庄在窑北村旅游业发展的知名度较高。农庄提供钓鱼、采摘、划船、餐饮、住宿等一系列活动,可以为游客提供一站式旅游体验。农庄现阶段提供的餐饮和住宿要提高业态,向民宿 3.0 时代发展,让农庄在提供卫生整洁的标准化服务的基础上,有情怀、有文化,让农庄更有乡土味,给予游客更好的田园生活体验。农庄内展示更多美学元素,窑北村的桃元素、瓶窑镇的陶元素都可以在空间设计中体现。

(6)现代农场

①生态农业示范基地:以“生态”为主,通过科技创新农场的发展模式,包括“畜—沼—菜”、农作物秸秆直接还田、过腹还田等循环农业模式,拉长生态循环链条,通过现代化的手段展现新农村风貌。同时打造现代化养鸡场、非转基因农产品种植基地、水稻种植基地等。②农业观光区:依托农业资源,借助相关设施,融入主体创新思维,打造旅游功能并以之为核心,形成包括旅游观光、农业体验、休闲娱乐等功能在内的综合园区,如巨型稻田画、稻草人王国、植物迷宫、水稻种植体验、鱼蟹捕捞等。

4.5.4 文化生态休闲体验区

范围:位于窑北村北部,丘陵高低有致,起伏连绵,窑北北部因地势较高,生活出行不便,故居民分布劳作较少,故此较大程度上保留了未经人类活动雕琢的自然风光,故将此处定位为生态文化体验保护区(见图 4-12)。

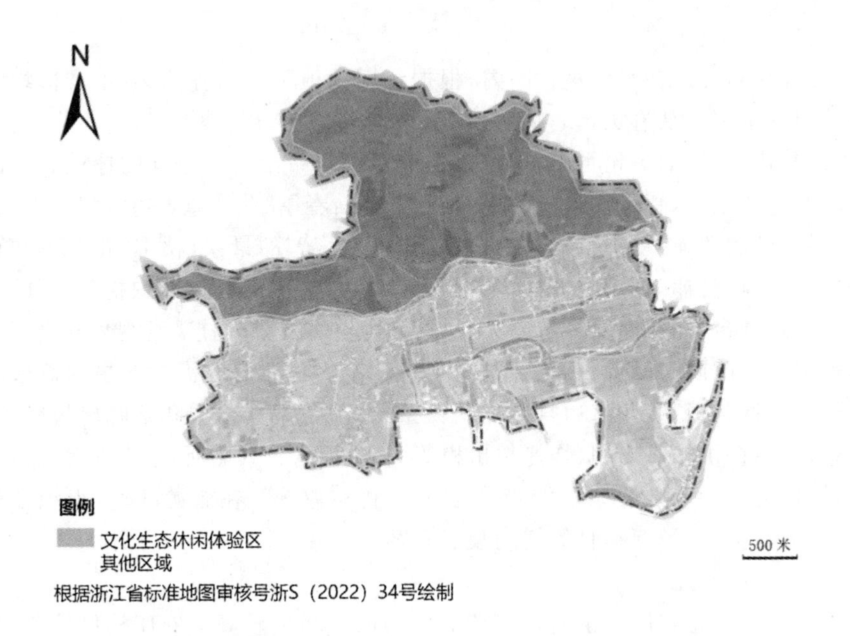

图 4-12　文化生态休闲体验区分布范围

功能：现代农业、休闲旅游、田园旅游、生态保护

发展思路：以“金山银山就是绿水青山”为指导思想和顶层设计，在保护窑北村北部的自然风光的基础上，融入中华传统优秀文化和思想理念，打造具有中华特色的生活图景，将生态、茶道、佛学、健康生活理念与都市人的生活体验交融在一起，建设富有生活气息，具有袅袅炊烟的生态文明体验保护区。所谓生活，不过是一半烟火、一半清欢。因此，在窑北村原有自然环境的基础上，尽可能地保留山明水秀的自然风光，同时融入现代的服务质量，打造现代都市人向往的返璞归真之地。

发展基础：窑北村北部山脉之中原有矿藏，开采过后，留下工业废坑，极大地破坏了此处自然风光的完整性和美观性。由于窑北村北部山地较多，树木茂密，再兼之水库分布和溪流流经，因此窑北村的北部地区具有涵养水源、净化空气、调节气候的重要生态价值，也是重要的环境保护地。通过将矿坑改造，打造出既有观赏价值又有生态保护价值的休闲娱乐生态公园，同时也是兼具体验、学习、旅游价值的工业文化博物馆。

(1)水秀山明之风景如画(矿坑改造)

①生态公园：在窑北村北部生态环境保护的功能定位上，将废弃矿坑进行

改造,将该地打造成具有生态价值和文化价值的生态文化公园。首先对矿坑进行生态恢复,即把原来的矿坑公园改造成自然生态公园,通过填埋、种树、园林建设、绿化等一系列生物工程和物理、化学工程,恢复矿坑所在地的植被和景观;同时通过地下水或周边河流引入的方式,将矿坑改造成自然湖泊。②工业博物馆:在生态恢复的基础上,保留原汁原味的矿山工业文化,充分发挥矿坑自身所具备的深厚的历史底蕴,对矿山建筑尽量保留或改造,新造的建筑也要符合整个工业文化的氛围,融入整个环境中。可以考虑结合矿坑的文化,打造一个工业文化博物馆,展示矿山历史的同时增加项目的历史底蕴。③矿区体验:在工业文化博物馆中,设立矿工生活体验馆,通过矿区生活模拟、矿石讲解、采矿工具展示等项目,再借助矿车、小火车等交通工具工具,展现出旷工的生活环境、工作环境,让游客有身临其境之体验。

(2)茂林深篁之曲径通幽

窑北村北部竹林众多,深入挖掘竹文化,以竹为文化载体,发展出既具有古韵古香又契合当代人兴趣爱好的文化旅游项目。①山间竹屋:就地取材,以竹为原料,打造出具有古色古香的山间竹屋。②竹香摄影:在充分展示中华古典美的基础上,将古风意境与现代活动相结合,借助古韵建筑和古典服饰,打造竹香主题的拍摄基地。游客仿若穿越千年,漫步于幽静竹林,嗅山间之清香,体验中华古色之美。

(3)沁著茶香之唇齿留香

窑北村北部地形以丘陵为主,独特的自然条件,加上优越的气候条件,有利于茶树的种植。在此得天独厚的环境支撑下,以茶为发展主题,打造相关旅游项目。①茶园:以土地承包流转等方式,推动茶树大规模种植,形成茶园。提高茶叶的种植效率和产量,打造特有茶品牌。②茶苑:为游客提供识茶、采茶、炒茶、品茶等一系列茶文化相关活动,让游客深入了解一杯清茗的“前世今生”。同时,结合当地特色,推出“桃花茶”“四季果茶”等各类品种的茶产品,满足不同群体游客的需求。开展“茶艺交流”“茶艺大赛”“茶品推荐会”“茶品体验会”等相关活动。同时,借助良渚文化中的窑文化、玉文化,借助世界多样文化,打造窑北品牌的茶器等相关工艺品。③茶馆:为游客普及茶文化,展示千年时光中手中那一盏清茶的漫长岁月,以茶为魂,展示中华文化之钟萃。在茶馆中,定期开展良渚文化讲座、佛学文化讲座、中华传统文化讲座等。推出“禅茶静悟”活动,静坐,沏一壶香茶,在自然山水间寻求心灵的静谧。④茶厅:就地取材,以窑北自产茶叶为原料,打造“茶”主题餐厅。按季节推出相关茶食品,季节限定产品。同时,开展茶糕点教学培训,提供亲子厨房,让游客可以感受体验一片茶叶转变为美味佳肴的过程。举办茶香创意活动，提供食物原料，吸引游客、厨师创新开创茶叶相关食物，并及时更新菜单。

（4）归去来兮之枕石漱流

①树屋民宿：打造山间树屋民宿集群，以木为架，抛弃传统的建筑法制，遵循内心对大自然的亲近，融汇原始与现代的精髓，令游客连空间都被赋予了一种宁静、质朴的气质。从紧张忙碌的工作、生活中抽离出来，感受一种自然而质朴的美。②民宿体验节：推出不同价格等级的民宿类型，满足游客的不同需求，分类推出赏景度假型民宿、艺术体验型民宿、农村体验型民宿。举办轰趴、烧烤节、音乐节等相关活动。同时，依据窑北村旅游资源，和各大旅游景点合作，打造窑北特色旅游，提供接送服务。③采菊东篱：可以与当地农民配合，设立“窑北村采菊东篱”活动，旅客可租赁田地，通过“云承包”形式，依托互联网信息交流传递作物生长全过程体验农耕的快乐。

（5）蜿蜒绵亘之信步漫游

①山间骑行：一条自行车道蜿蜒而过，仿若将这不食人间烟火的长林丰草与喧嚣城市相连，也为世人提供了一个通往那世外桃源的秘门。漫步或骑行在自行车道，仿佛流转于软红乡土、车水马龙的现代生活和返璞归真、宁静致远的田园生活，那一条长长蜿蜒的自行车道，仿佛跨越了千年的时光。车道与山林融为一体，一眼千碧绿满山，花红点点缀其间。夕阳西下红云染，小径蜿蜒向天边。小道的两侧是翠绿的竹林，微风拂过，暗香涌动，竹香四溢。②游憩亭：每隔 500 米，是一座竹亭，供游客休憩赏景，补充骑行步行所需的物资。

4.6 产品体系

4.6.1 窑北“窑韵＋”“乡野·红”综合产品体系

充分利用当地的良渚非遗文化、丰富的桃花资源以及优良的生态环境，打造独特的“窑韵＋”“乡野·红”意象田园综合体，充分实现“一抹窑韵绘现代，半望乡野半望红”的愿景规划（见图 4-13）。依托瓶窑镇风情线溢出效应，吸引游客，大力发展文化体验类旅游产品；研究节事活动、乡村休闲等旅游产品市场，引进优势项目，刺激窑北村旅游市场健康发展；创新开发自驾车旅游、自行车旅游、慢行步道游、研学旅游等新型旅游产品。

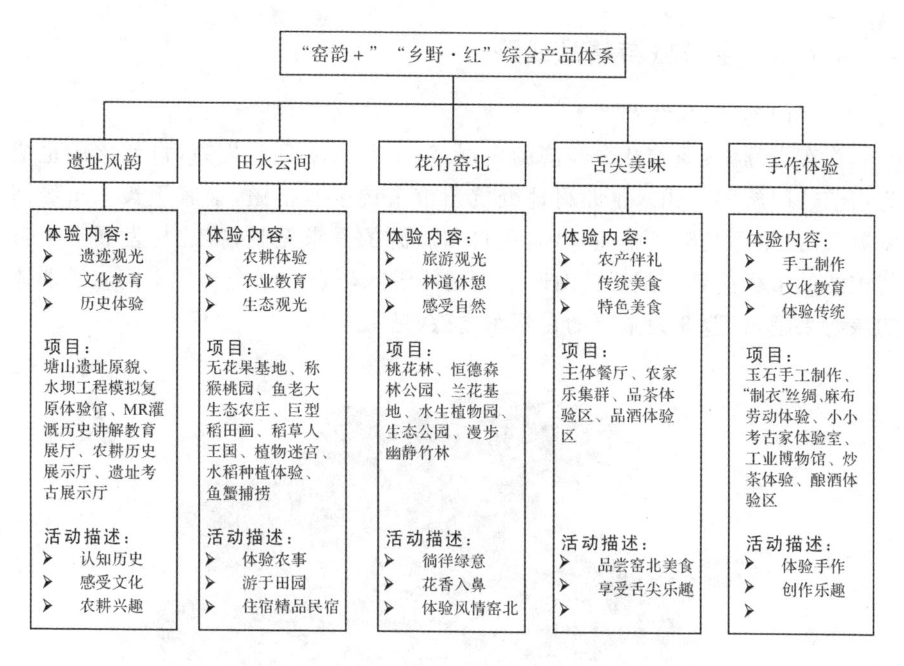

图 4-13　综合产品体系

4.6.2　田园综合体品牌设计

建设“一抹窑韵绘现代,半望乡野半望红”窑北田园综合体,通过提炼“窑韵+”“乡野·红”等意象,凭借良渚文化遗址、优越的生态环境、田园景观、完善的基础设施以及优质服务,将农业与旅游业积极结合,打造拥有现代农业智慧、文旅一体发展、田园生态闲居的特色村庄(见图 4-14)。

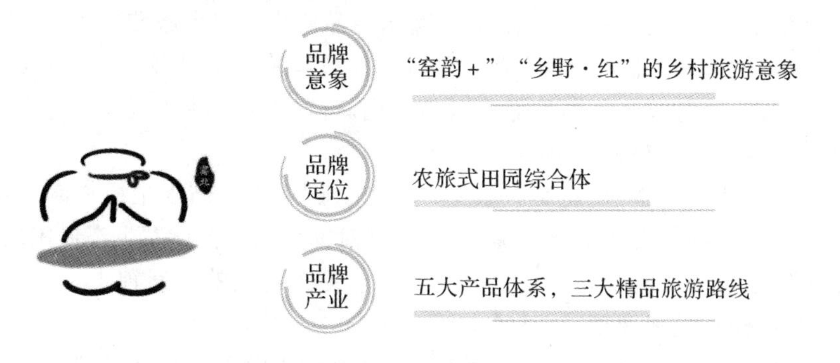

图 4-14　窑北田园综合体品牌设计

4.6.3 全域旅游精品线路

(1)“内连”精品线路

汽车自驾游:随着社会经济的发展,汽车普及率日益提高,自驾旅游也成为当前热门旅游方式。窑北村地处杭州市余杭区瓶窑镇,隶属于长三角经济发展带,公路等基础设施完善,居民自驾旅游的需求宽阔,窑北村发展汽车自驾旅游的市场前景广阔。针对时下自驾旅游的热点并结合当代不同旅游群体的旅游兴趣,打造3大主题的自驾车之旅(见图4-15):

图4-15 汽车自驾游

①丰收之旅:桃花林—渔佬大—现代农场—茶园。通过分期、分区种植不同时令的水果,以及引入果蔬采摘,果蔬衍生品制作等多个旅游项目,“丰收之旅”自驾路线串联“桃花观赏”“果蔬采摘”“种植体验”“茶叶品鉴”等不同主题的旅游活动,让游客一年四季都可以品尝到新鲜的蔬果,体验农忙、享受亲子时光、放松身心,收获累累果实。

②生态休闲之旅:桃花林—水库—生态公园—水库—水生植物园。随着都市生活压力的加大和生活节奏的加快,针对都市高压群体,“生态休闲之旅”旅游路线让生活节奏“慢”下来,放松身心,感受大自然的鬼斧神工,在秀丽山水间调节身心、缓解疲惫。

③文化之旅:文化礼堂—图书馆—香山寺—良渚遗址文化保护区。窑北村地处良渚文化遗址地,文化历史悠久,文化资源雄厚。“文化之旅”精品旅游

路线展示窑北村的村庄发展以及历史变迁中的良渚遗迹。

慢行交通游：窑北村作为一个村庄，景点紧凑，风景优美，适合骑行或步行，绿色交通方式也更顺应窑北村生态田园的发展定位（见图 4-16）。已建成的步行道串联起了桃花林、种植基地、森林公园、文化礼堂等地，继续向北、向东延伸，串联起两个水库、鱼佬大农家乐和水生植物园，加强区域内部的联系。在生态休闲体验区，沿竹林、生态公园、茶园等开发多条步行道，在良渚文化遗址保护区，打造展示路线，给游客更好的观光休闲体验。

图 4-16　慢行路线图

①骑行路线：无花果基地—桃花林—恒德森林公园—兰花基地—（湖北坞水库—矿坑生态公园）—（西巾水库）—文化礼堂—猕猴桃园—鱼佬大生态农庄—水生植物园。设计骑行道和自行车租赁站，为游客带来更自由、便利的旅游享受。被串联的区域生态环境良好，带给游客绝佳的田园风光体验。

②自由跑道：环矿坑生态公园跑道。矿坑生态公园位于窑北村北部的山区，空气清新、绿化水平高，有极为舒适的跑步体验。

③寻古之旅：良渚水坝遗址—塘山遗址—遗址体验馆。沿着良渚文化遗址保护区一路前行，寻找几千年前先人的足迹，发现水坝遗址体现的智慧，再

感受一场古代与现代科技的交融。

④山间徒步：沿窑北村北部山区溪流步行道。沿着小溪缓缓而上，亲近自然，体会山林里的自然万物。

⑤竹林漫步：环竹林步行道。沿着竹林散步，体会“绿竹入幽径，青萝拂行衣”的惬意。

⑥静心之路：香山寺—茶园。

(2)“外连”精品自由行

良渚文化风情线：瓶窑老街—良渚古城遗址公园—良渚博物馆—水坝遗址—塘山遗址—柴车墓(见图 4-17)。良渚文化意义深远，被誉为“文明的曙光”。以良渚文化为核心，串联整合周边地区的良渚历史文化遗迹，深入推进良渚文明感官之旅，穿越千年时光，探索良渚奥秘，领略历史的奥秘，感受岁月的变迁。通过良渚文化风情精品路线，解开良渚的神秘面纱，通过城址、水利系统、分等级墓地、精湛的良渚玉器等遗迹揭示出一个以稻作农业为支撑，有复杂的社会分工、王权贵族、阶层分化、礼制规范、城市架构、艺术创造、并拥有神权崇拜的原始宗教信仰，具备区域性文明的早期国家雏形。“良渚文化风情线”展示了良渚文化的前世今生，走进良渚文明，感受良渚时期发达的稻作农业、门类齐全的手工业、灿烂的玉文化、强大的社会组织力、发达的水利工程，领略数千年前的华夏文明。

良渚农趣精品线：渔佬大—水生植物园—桃花林—南山开心农场—东明

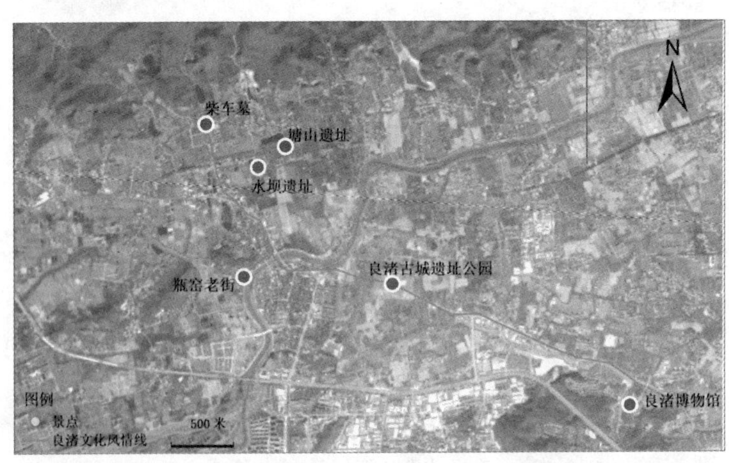

根据浙江省标准地图审核号浙S（2022）34号绘制

图 4-17　良渚文化风情线

山森林公园(见图 4-18)。结合当下生态旅游热点，充分发挥窑北村丰富的农业资源，与周边地区的生态农业资源相结合，打造生态休闲的绝佳旅游路线，服务于杭州、上海、南京、宁波等长三角大都市人群。同时，针对不同旅游主体，推出不同类型的旅游活动和悠闲项目。深入挖掘良渚文化深厚的农耕文明，与浙江独特的自然地理条件和社会经济发展状况相结合，形成集聚生态观光、亲子周末游、休闲运动、餐饮娱乐等多方面的农趣精品旅游路线。

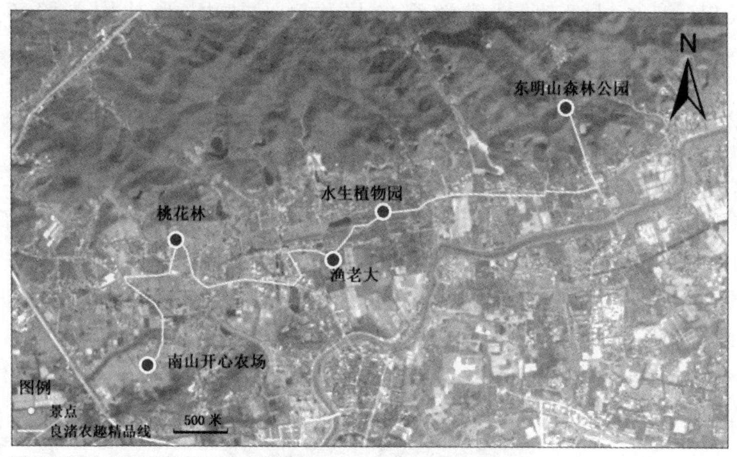

图 4-18 良渚农趣精品线

4.7 服务要素体系

4.7.1 田园综合体服务体系

田园综合体餐饮住宿体系：餐饮住宿体系始终秉持本地化、原生态原则，致力为旅客提供最窑北风味、最乡村特色的餐饮和住宿体系。在餐饮体系上，一方面，应创造性设计窑北特色菜谱，打响窑北特色菜名号，增强其地域专属性；另一方面，窑北各区域餐饮应保持良性竞争，实现空间上的餐饮互补，为游客提供更多样化、更全面的餐饮服务，同时秉持安全、卫生、营养、健康的饮食服务宗旨，打造饮食好口碑。住宿体系上，窑北村整体民宿较少，应大力推进“政府＋民宿业＋村民”的一体化民宿体系，充分利用当地闲置房屋资源，与村民共享利益成果，让政府把关民宿质量，给予民宿业更宽松更广阔的创造空间，通过针对性将民宿布局于良渚文化旅游线之上，吸引部分良渚文化游客来到窑北村，并用自身餐饮特色和民宿的创新打造吸引固化游客。

田园综合体接待服务体系：接待服务体系上，窑北村始终秉持“让游客成为自己人，吃自家饭，走自家路”的本地化关怀接待宗旨。拒绝村内发展的过度商业化，保留村内原始业态和村户布局，通过定期开展乡村露天电影、乡村露天 KTV 等乡村活动，鼓励游客参与并融入其中，为其构造关怀式旅游体验。

4.7.2 田园综合体公共服务体系

在旅游服务体系建设方面，窑北村通过开设官方微信应用及移动 APP 开发等现代化平台手段(见图 4-19)，为顾客提供更便利化、快捷化的了解渠道，并开发线上定制文创产品，使得游客可以把“窑北记忆”具象为物体带回家。

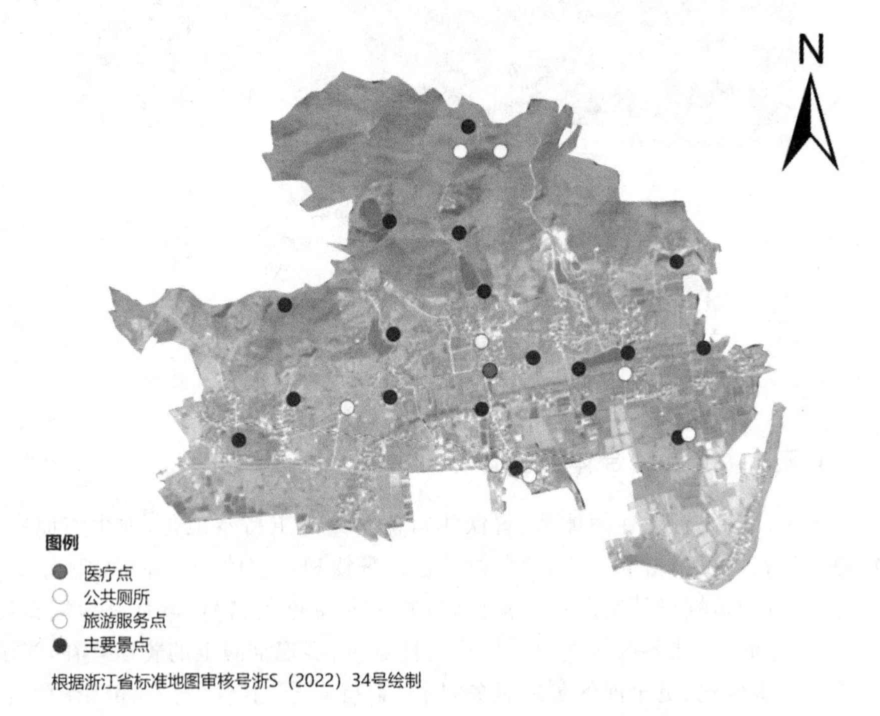

图 4-19 公共服务体系建设示意图

4.8 实施建议

(1)创新共同富裕支持机制,以提高农户福利水平为目标。总体搭建政府+农民+企业的田园综合体共赢模式,从投入、参与、治理、保护等构建支持保障机制,为田园综合体建设营造有利的制度环境。同时借助上级政策,为窑北村民的共同富裕提供支撑和保障;借助项目资金,让窑北的基础环境打造和公共设施建设方面再上新台阶;借外脑共商,理思路、明方向、定目标、探路径、谋举措。

(2)因地制宜赋能致富,寻觅乡村经济发展多栖道路。在乡村可持续发展基础上,在结合乡村实际状况,借鉴他的优秀产业案例,发展循环农业、创意农业等一体复合型农业;打造村企携手、村民共创的乡村经济发展体系,借助科技、科学管理手段整合资源,组成一个利益连接体,构建多元化农村产权以及自然资源产权价值实现路径,推动窑北村田园综合体多元化发展。

(3)跨领域打通乡村产业链,实现产业互补共赢。迎合“城市回归田园”的现代都市需求,抓住都市近郊旅游的发展痛点,打造集“农业+文旅+地产”为一体的乡村产业体系,在田园乡村的自然优势背景下,突出其独特的地产功能和旅居功能,推动产业的相辅相成,实现城市居民旅居和储蓄资产的双需求。

(4)加大营销及宣传促销力度,树立品牌形象。要勇于挖掘、敢于创新,与时俱进、不断突破,创新发展特色产业,为群众创造更多就业岗位,提升群众收入水平,降低城乡收入差距,是推动共同富裕的题中之义。重视品牌的力量,创出窑北农旅田园综合体品牌,打响品牌知名度。牢牢把握“新”字,瞄准老百姓的所盼所想所需。通过“目的地营销”“客源地营销”“网络营销”这“三地”营销平台,全力打造品牌形象。

(5)推动基层服务下沉,为共同富裕提供治理保障。一方面,通过选派优秀党务干部到乡村挂职、组织基层优秀党员干部到大学进修,开展理论学习、专题讲座、技术培训等方法,激发乡村党员干部发展乡村的内生动力,提升基层党组织与时俱进的建设能力;另一方面,应积极推进公共服务下沉,逐步引入田园综合体管理公司,以农户参与治理为抓手,推动实现共同治理的现代化。在相关项目投资比例、就业机会、培训技能等方面,政府应加大分配力度,实现在田园综合体的推进过程中农民的持续性利益共享。

第5章 “云尚生活·浪漫一生”：安吉县山川乡产业发展与策略

浙江省作为我国经济大省，一直走在我国乡村振兴的前列，《浙江省乡村振兴战略规划(2018—2022年)》的持续实施也极大地推动了我省乡村振兴的进程。安吉县作为“两山理论”的发源地，因其优质的生态条件成为乡村振兴典型，而山川乡作为安吉县最接近杭州的乡镇，因其优越的区位条件，成为城市居民乡村旅游的首选。本项目综合考虑国家政策背景与地方发展需求，在文献资料收集、田野调查基础上，结合山川乡旅游资源，运用体验经济理论、产业融合理论、文化创意理论等科学理论，提高山川乡旅游价值，将全域旅游的概念在心理学、社会学、创意设计等多学科理论领域中充分发掘完善，制定山川乡全域旅游项目，以“浪漫山川”为主题，设计旅游者的专属浪漫之旅。通过对山川乡全域旅游产品的创意主题设计、体验活动设计、感官形象设计、系统有效地展现山川乡魅力，提升山川乡旅游产品知名度，实现乡村旅游可持续发展。

山川乡发展全域旅游充分利用生态的多样性、人文资源的丰富性，着力打造城市与乡村互动、自然风光和历史人文融合的乡村旅游景观。结合全域旅游的理念，在山川乡行政管辖区域范围(涵盖6个行政村)将山川乡旅游空间布局划分为“一心二带五区”：提升一个核心、构建两条旅游发展带，打造五大旅游功能区。实现传统与现代交融，自然与人文互映、民俗与网红齐驱的全域旅游产品体系，保证每个人都能够在山与水的宁静、人文风情的热闹中找到属于自己的“浪漫之旅”。

5.1 研究背景与前期调研

5.1.1 政策梳理

《关于全面推进乡村振兴加快农业农村现代化的意见》提出了实现巩固拓展脱贫攻坚成果同乡村振兴有效衔接、加快推进农业现代化、大力实施乡村建设行动、加强党对“三农”工作的全面领导等四个方面的具体措施(见图5-1)。其中,在加快推进农业现代化方面,相关措施包括:①要“构建现代乡村产业体系”:依托乡村特色优势资源,打造农业全产业链,让农民更多分享产业增值收益;加快健全现代农业全产业链标准体系,推动新型农业经营主体按标生产,培育农业龙头企业标准“领跑者”。②要“推进现代农业经营体系建设”:突出抓好家庭农场和农民合作社两类经营主体,鼓励发展多种形式适度规模经营。实施家庭农场培育计划,把农业规模经营户培育成有活力的家庭农场。

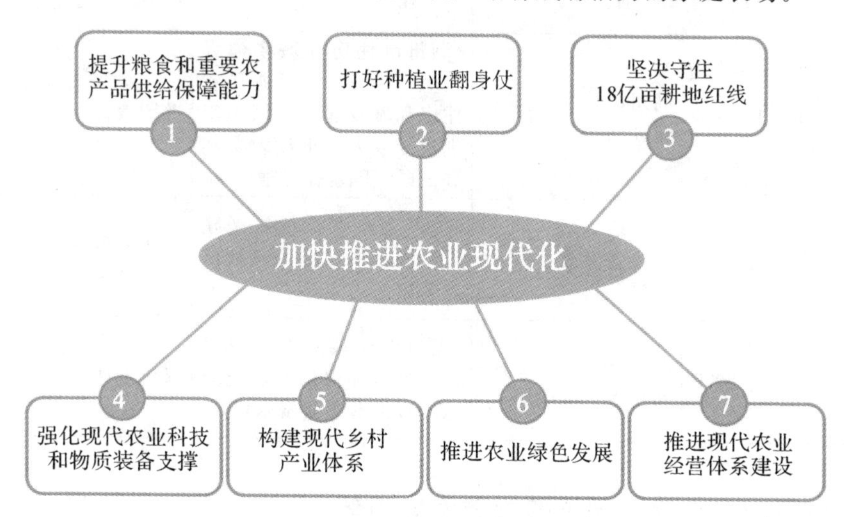

图5-1 关于加快推进农业现代化的措施

《浙江省数字乡村建设“十四五”规划》中提出的重点任务之一是“数字赋能农文旅体融合发展”:推进“互联网+”农村经济创业创新,开展特色农产品、农村工艺品、民宿餐饮、乡村旅游线路直播宣传推介,发展体验农业、共享农业、云农场等“互联网+农业”新业态新模式。推动美丽休闲乡村、农家乐(民宿）、乡村康养和文创基地等开展在线经营，大力发展乡村体育休闲、户外运动等产业，培育发展冰雪运动、数字体育等新业态新场景，推动农文旅体融合发展。（见表5-1）

表5-1　浙江省及湖州市乡村振兴政策梳理

发布时间	发布主体	文件全称	关键词
2021年3月11日	安吉县人民政府办公室（安吉县人民政府外事办公室）	《安吉县人民政府关于做好春茶交易市场管理工作的通告》	春茶（白茶）交易
2021年6月9日	浙江省农业农村厅	《浙江省数字乡村建设“十四五”规划》	乡村建设
2021年6月10日	共青团浙江省委	《浙江高质量发展建设共同富裕示范区实施方案（2021—2025年）》	共同富裕
2021年7月5日	湖州市人民政府	《安吉首批直饮水项目投入使用》	绿色生活
2021年7月26日	湖州市住房和城乡建设局	《湖州市住房和城乡建设局关于2021年度浙江省住房和城乡建设领域施工现场专业人员继续教育和登记（换证）工作的通知》	继续教育
2021年7月28日	浙江省发改委	《关于公布高质量发展建设共同富裕示范区首批试点名单的通知》	高质量发展 共同富裕
2021年7月29日	浙江省人民政府、湖州市人民政府	《湖州以全域美丽提升可持续创富和协调发展能力绿水青山奏响共富乐章》	绿色发展

5.1.2　全民休闲度假旅游发展趋势

当前，度假旅游已在迅猛发展，不断趋向生态化、产业化、创新化和系统化。以观光旅游为主导向的度假全球化模式不断向以度假休闲旅游为主导的方向转变。据悉，我国人均GDP已超过7000美元，进入休闲度假阶段，其中，休闲度假、乡村旅游、文化旅游、研学旅游、老年旅游成为当下的旅游消费新热点。享受休闲时光的同时，游客消费还会更加注重旅游产品的品质供给、旅游配套服务设施的系统性与便捷性,对旅游地供给侧提出更高的要求与明确的方向。

此外,在新冠肺炎疫情不断反复的大背景下,人们对于身心健康、生活健康的渴求度也在不断增长。疫情常态化防控条件下,健康养生、文化休闲、体育运动及精神消费等需求迎来新的增长空间,国民休闲偏好发生了改变,沉浸式旅游也将成为差异化体验的方向。在疫情稍缓的间歇里,乡村自给自足的安全型旅游将会成为新产品业态,健康生活新观念逐渐趋势化,每个人都越发渴望一个理想的健康居所和健康生活方式。同时,游客对旅游与科技融合的数字化文旅提出了新要求,只有好产品、好服务、好内容的文旅项目才能被大众认可与喜爱。

以上态势表明,游客的度假旅游需求在增长,其所追求的品质要求也在逐步提高。但即便如此,依托现有政策支持以及产业基础,山川能够合理利用自身优势,打造出一个亲生态、融科技、扬古韵、养身心的休闲旅游特色度假胜地。

5.2 前期调研

2021年7月15日到7月17日,前往安吉县山川乡开展为期3天的调研活动(见图5-2)。山川乡下辖6个行政村:船村村、大里村、高家堂村、九亩村、山川村、马家弄村。为了更高效、全面地了解山川乡概况,按照提前规划的行程路线在6个村子进行了调研。

5.3 基本情况

5.3.1 山川乡概况

山川乡位于浙江省湖州市安吉县南端,东南分别与余杭市、临安市相邻,西北与天荒坪接壤。山川乡境内山清水秀,环境宜人,因多山多川,故名山川,地势西南高,东北低,属亚热带海洋性季风气候,水源充沛,竹类资源十分丰富,全乡植被覆盖率超过90%,是竹乡中的竹乡。空气质量高被誉为竹乡天然氧吧,被称为湖州市的“文明乡”、“笋竹乡”。乡内田园风光、山林景观、峡谷溪流相映成趣,有“全国环境优美乡”的称号。村庄相对散落地分布在山谷地

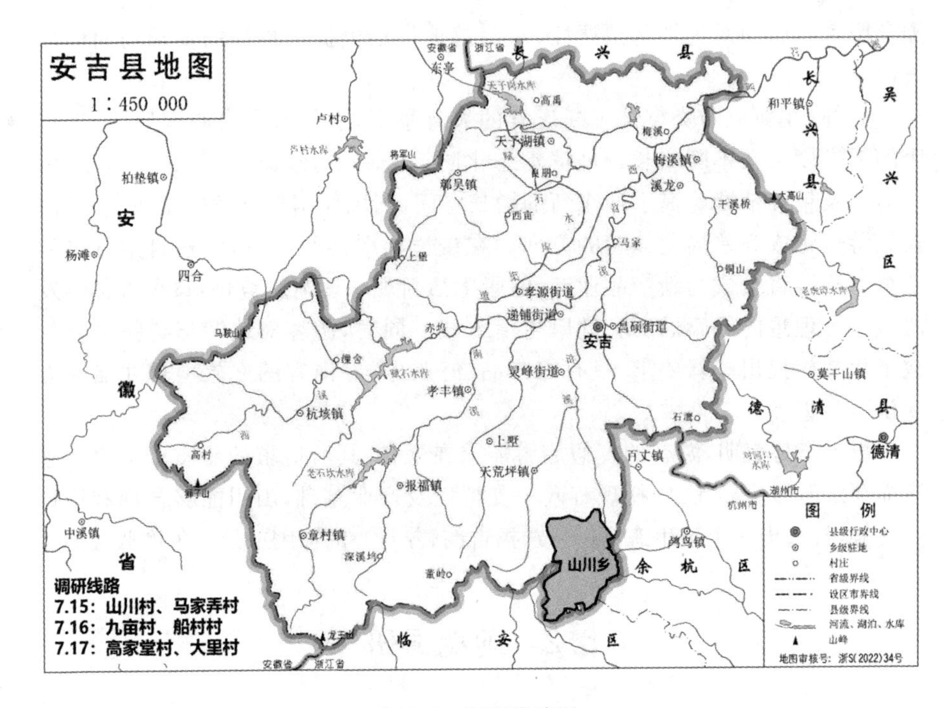

图 5-2　调研线路图

带，行政区域总面积 46.72 平方公里，下辖 6 个行政村，43 个村民小组，5363 人(2017 年)，境内社会各项事业发展迅速。另外，山川乡还为中国美丽乡村精品乡，人类与自然和谐之乡。全乡六个行政村都是生态文明村、美丽乡村精品村。目前山川乡用地大部分为林地，农田多为基本农田，村庄建设用地相对较少。

5.3.2　交通区位条件

(1)区位条件与对外交通

山川乡位于安吉南大门，毗邻杭州市余杭区鸬鸟镇，是安吉接轨杭州的桥头堡，受杭州经济辐射影响显著，区域优势明显(见图 5-3)。山川乡对外交通便捷，周边有 04 省道、杭长高速等对外交通。山川乡距离杭州市区 60 公里，萧山国际机场 80 公里。目前度假区与安吉县城以及周边地区之间已形成一定的公路网，主要是通过霞大线县道与周边联系，再加上建成的杭长高速公路、04 省道等高等级公路，建设中的申嘉湖高速公路、商合杭高铁等，与杭州、上海、南京等大中城市连接。

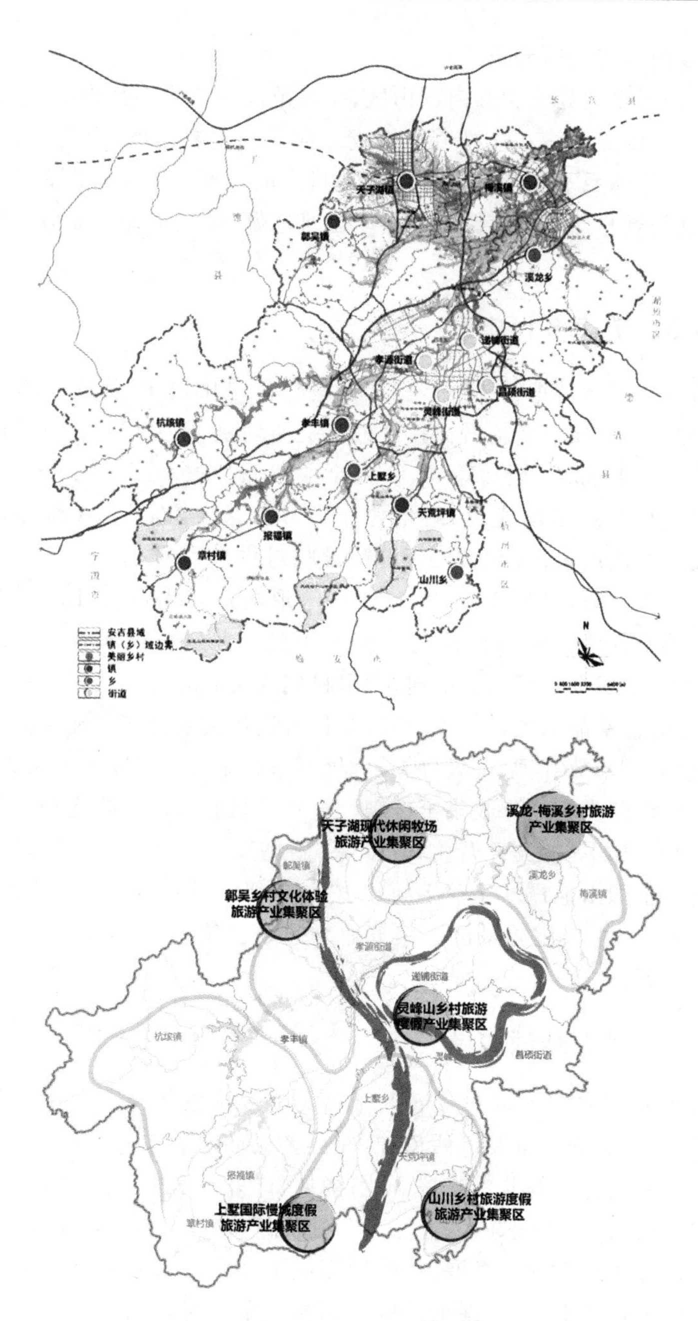

图 5-3　山川乡区位条件与道路图

来源:浪漫山川省级旅游度假区总体规划

(2)乡内道路交通分析

由于山川乡地处安吉县南部山区,乡域范围内地形多为山地,道路等级不高,目前主要由霞大线和连村道路组成。存在的主要问题:南北联系不足,狭窄分散的道路体系不利于各个村庄和项目之间的联系;部分路段道路宽度不够,有些到偏远自然村的道路存在会车困难问题;缺乏必要的集散场地和停车设施。

5.3.3 美丽乡村建设

山川乡政府坚持把解决好“三农”问题作为重中之重,深化实施乡村振兴战略,乡村生活品质不断提升。持续改善交通环境,霞大线公路改扩建工程完成55%,提升改造北弄至马家弄、续目至秧田坞、东舍线等道路8.3公里,完成山川集镇临时停车场建设,新增停车位800余个,新增3A级旅游厕所3座。完成农村饮用水提标达标工程,铺设联村供水管网31公里,建成新时代美丽水站1座、单村水站5座,全省农饮水现场会在山川召开。深化四大行动,PM2.5、空气优良率等指标持续全市领先。九亩村创成省3A级景区村庄,高家堂村创成乡村经营示范村,大里村创成文旅融合示范村,山川村、船村村、九亩村通过精品示范村复评,马家弄村入选最美农村文化礼堂群。美丽乡村精细化管理、长效管理(垃圾分类)考核等系列制度逐步完善。实施“无废景区”创建,垃圾分类智能化收集全覆盖。全年乡村旅游产业收入和接待人数双增长,新增农家乐等各类经营主体56家,新增床位1000个,日接待能力达1万人。举办全国山地户外运动多项赛,获评省级品牌赛事。云上草原、灵溪山景区创成国家3A级旅游景区。服务业增速全县第一,村集体经营性收入平均超过200万元。

5.3.4 经济基础建设

2020年山川乡深入贯彻习近平新时代中国特色社会主义思想和习近平总书记考察浙江、安吉重要讲话精神,在县委县政府和乡党委的正确领导下,在乡人大和社会各界的监督支持下,围绕县委“一零三六”改革发展工作部署,咬定发展不放松,扎实做好“六稳”工作,全面落实“六保”任务,统筹推进新冠肺炎疫情防控和经济社会发展,高质量完成了乡十七届人大七次会议确定的主要目标任务,为“十三五”画上了圆满句号。全年财政收入4086万元,同比增长36%;农民人均收入达4.4万元,高于全县平均水平;全年旅游人次180万,同比增长84.6%,全年旅游收入达4.18亿元,同比增长40.7%。获评全省首批山地休闲度假发展试点单位、全省体育振兴乡村贡献奖、全省乡村旅游产业集聚区。

5.3.5 地形地貌分析

在地形高程上,山川乡地形高程趋势西高东低,地貌特征以丘陵和平原为主,高程起伏变化较大,最高和最低海拔高度差达1000米以上。在地形坡度上,仅存少量坡度低于10%的缓坡区域分布在山川乡东部(集中在山川村,高家堂村,大里村,船村村周边),大部分区域的地形起伏较大,超过半数的面积坡度大于25%。在地形坡向上,坡向分布比较多元化,各个朝向都有一定的比例,东向和东南向的区域占最大。平地面积几乎为0(见图5-4)。根据以上的地形分析可以看出,山川乡的山地资源极为丰富,特别适合开发山地景观,是开展户外运动项目建设的理想地。

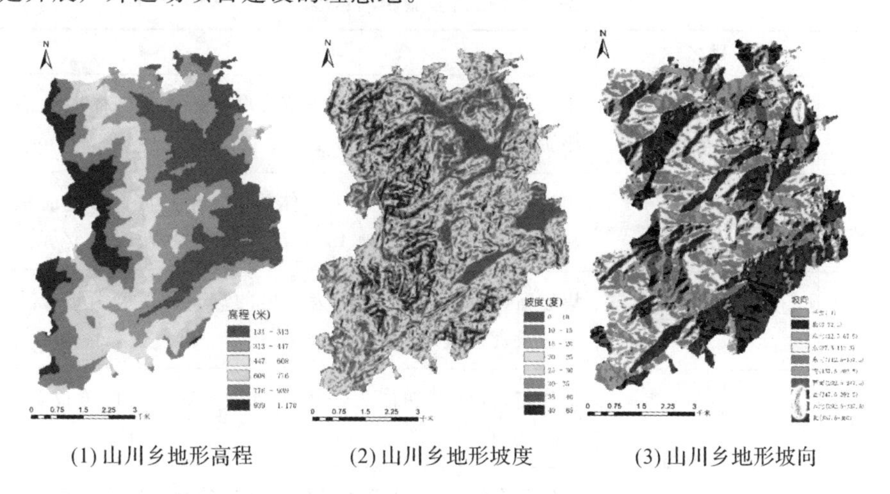

图5-4 山川乡地形高、地形坡度与坡向

5.3.6 旅游资源基础

山川乡有高山、溪流、竹林等丰富的旅游资源,集幽、雅、趣于一体。根据中华人民共和国国家标准:旅游资源分类、调查与评价(GB/T 18972—2003)进行调查统计,山川乡主要旅游资源涵盖了全部7大主类,18个亚类,有206个主要资源点,反映了山川乡属于自然旅游与人文旅游资源都十分丰富的地区。但与周边的山沟沟、径山、双溪、大竹海、藏龙百瀑等乡村旅游资源相比,同质化较明显,个性不鲜明。

充分挖掘“社会资源”的潜力，以全新的旅游资源观看山川，社会资源包括：农业、手工业等产业资源，例如竹子、高山蔬菜等；基础配套设施，例如乡村文化礼堂、展示馆等；公共休憩空间，例如休闲广场、绿道驿站节点等；乡村旅游项目点，例如老树林、品园山庄、海博山庄等。

山川乡根植优秀传统文化，融入现代元素，赋予传统文化新时代内涵。具体包括挖掘续目隐逸文化，展现返璞归真、隐逸山林的浪漫情怀；提升当地精品非遗项目，诠释蕴含的民俗文化，挖掘传统文化底蕴，建设富有文化气息的休闲业态。

马家弄村的石佛寺、芙蓉谷，山川村、高家塘村的云上草原、云朵农场，大里村的浪漫山川国际营地，船村村的野奢酒店群，九亩村的金钱松公园等项目，共同组成了山川乡的全域旅游项目（见表 5-2）。

表 5-2　山川乡旅游项目表

序号	项目名称	项目简介
1	浙江云上草原高山生态旅游度假区	集度假酒店、滑雪场、观光索道、户外拓展于一体的生态旅游度假区。项目总投资：11.2 亿元
2	灵溪山景区	集生态旅游、修禅、度假为一体的灵溪山景区。占地面积 4000 亩，其中建设用地 13.9 亩；项目总投资：2.25 亿元
3	零碳·谜度假营地	集住宿、餐饮、观光、度假为一体的零碳谜度假营地。项目总投资：3300 万元
4	隐约乡居	集住宿、餐饮等功能为一体的精品酒店。项目总投资：7000 万元
5	老树林（二期）	集休闲度假、山岳观光等功能于一体的高端别墅度假村。项目总投资：1.08 亿元
6	栖居竹世界	以修身养性、顶级私密、低调奢华的竹文化为主题的精品酒店。项目总投资：3000 万元
7	莱开森酒店	集商务、度假于一体的风情酒店，为仙龙峡综合旅游项目二期。项目总投资：3000 万元
8	正泰山川（山川区块）	属九亩生态农业观光园山川园区配套服务项目，集餐饮住宿、会务为一体。项目总投资：5000 万元

续表

序号	项目名称	项目简介
9	古陶瓷项目	集文化交流、学术研讨、文化藏品鉴赏鉴定、教育培训及配套接待服务设施为一体的新型文化产品项目。项目总投资:5000 万元
10	大里洱海民宿项目	新建精品民宿酒店。项目总投资:2 亿元
11	林清轩	上海林清轩化妆品公司在大里村的原料种植基地
12	七间房	大里双廊七间房品牌在马家弄村打造的首批精品民宿度假项目。项目总投资:1000 万
13	初心山房	以禅茶文化为主题的精品度假酒店。项目总投资:500 万元
14	宋院南禅	以 17 幢明清古建筑为主题的精品酒店。项目总投资:3000 万元
15	上禾竹境	集商务、休闲、度假为一体的精品民宿
16	云舍项目	集商务、休闲、度假为一体的精品酒店。项目总投资:5000 万元
17	南禅雅苑	以 2 幢古建筑为主题的精品酒店。项目总投资:3000 万元
18	九棵树	集商务、休闲、度假为一体的精品民宿。项目总投资:6000 万
19	续目度假村项目	新建集商务、休闲、度假为一体的精品民宿。项目总投资:8000 万
20	老树林(九亩区块)	新建集住宿、餐饮等功能为一体的精品民宿。项目总投资:5 亿元
21	安吉县中小学生实践教育活动中心	改建宿舍、食堂、教室、会议室、医务室,新建多功能运动场、养殖区用房、接待服务中心。项目总投资:2000 万元
22	品园山庄	集餐饮、客房、会务、商洽、休闲、娱乐于一体的度假酒店
23	海博山庄	位于仙龙湖畔的高端度假酒店

续表

序号	项目名称	项目简介
24	老树林度假别墅	位于船村村柘石岭高端民宿项目，现有梅兰竹松四栋楼对外营业
25	仙龙峡漂流	仙龙峡漂流项目
26	龙骏家园	度假酒店项目

来源：《浪漫山川省级旅游度假区总体规划》

5.4 全域旅游发展分析

5.4.1 全域旅游的市场需求

随着中国旅游消费进入休闲时代和度假时代，仅靠现有的适应观光旅游形态的旅游景区这种空间形态已难以满足旅游者需要。全域旅游的核心理念就是通过区域资源有机整合和产业融合拓展旅游发展空间，要求涉旅部门联动，充分发挥旅游带动作用，在全域优化配置经济社会资源，进而需要从规划出发，以“多规合一”的方式，形成一个全域旅游区“一本规划，一张蓝图”，改变以旅游资源单一要素为核心的旅游开发模式向旅游环境建设转型，构建起旅游与资本、旅游与技术、旅游与居民生活、旅游与城镇化发展、旅游与城市功能完善的旅游开发模式。在规划上，提升城市品质，保留村镇特色，完善旅游基础服务设施，打造宜居宜业宜游的、主客共建共享的新型旅游发展空间。

浙江省是首批7个国家全域旅游示范省之一；通过“万村景区化”，打造“省域大花园”成为重大发展战略。高铁、高速等交通干线，加速安吉“接沪融杭”步伐。以“国际化生态型全域休闲生活目的地”总体愿景为引领，安吉十三五期间重点打造“中国亲子旅游第一县，国际乡村旅游度假优选地”。山川乡探索“三线三度三性”全域美丽空间管控机制，强化集镇风貌管控，抓实省级旅游风情小镇、省级运动休闲小镇创建。全力争创新时代乡村振兴示范带、示范区。推动云上草原国家4A级旅游景区创建。完成省3A级景区村庄全覆盖。积极争创文旅融合示范村、民宿村落、精品民宿。

5.4.2 发展全域旅游的难点

(1)旅游交通路网服务建设滞后

山川乡位于安吉县最南端,与位于最北端的安吉县高铁站距离约 48 公里,驾车需超过一个小时,且无直达公共交通,公共交通晚间还无法开放。道路交通体系,南北联系不足,部分路段道路宽度不够,山川乡内旅游集散中心、咨询服务中心、旅游接驳或专线车、旅游停车场、旅游厕所等相关服务场所和设施配套,仍有较大提升空间。全县内部交通道路等级不高,连接各景区之间的道路状况较差,路面没有会车道、休憩点,公共交通班次有限。特别是前往九亩村的道路,海拔升高较快,且道路崎岖,易受大雾天气干扰。

(2)旅游业态欠丰富

山川乡范围内的民俗、农家乐、乡村旅游区受制于农村土地分散、项目缺乏科学规划等多方面因素,造成布局分散,项目单一,缺乏内涵和特色。旅游项目尚未形成参观、购物、旅游、休闲等一条龙服务的产业体系,导致难以释放巨大旅游红利的困局。

(3)旅游规划定位单一

山川乡旅游规划依托当地的山水风光、人文风情特色设计,虽据此打造多个旅游项目,但特色并不突显,旅游规划和当地产业发展的融合程度还有待加强。

(4)“浪漫山川”的品牌支撑不足

“浪漫山川”点亮了山川乡村旅游发展主题,但缺少支撑“浪漫”主题的内容。缺少深度体验的浪漫产品:缺乏娱乐、养生、康体等产品;缺乏夜游产品;缺少具有吸引力的特色活动,导致停留时间较短。缺少个性鲜明的浪漫村落:缺少休闲度假村庄品牌;在建筑、景观、环境等方面与周边的村庄的差异化不明显。缺少氛围浓郁的浪漫环境:道路景观、田园景观等需要进一步提升;为旅游度假配套的基础设施需要进一步提升。

5.4.3 区域乡村旅游品牌竞合分析

十九大报告提出实施乡村振兴战略,提出坚持农业农村优先发展,形成产业兴旺、生态宜居、乡风文明、治理有效、生活富裕的总要求。发展乡村旅游是乡村振兴战略中的重要手段和途径。长三角地区是中国乡村旅游市场规模最大的地区,是我国休闲旅游经济最为活跃的区域。长三角及其周边地区近年来乡村旅游发展迅猛,已成为全国乡村旅游产品和品牌的富集区(见图 5-5)。

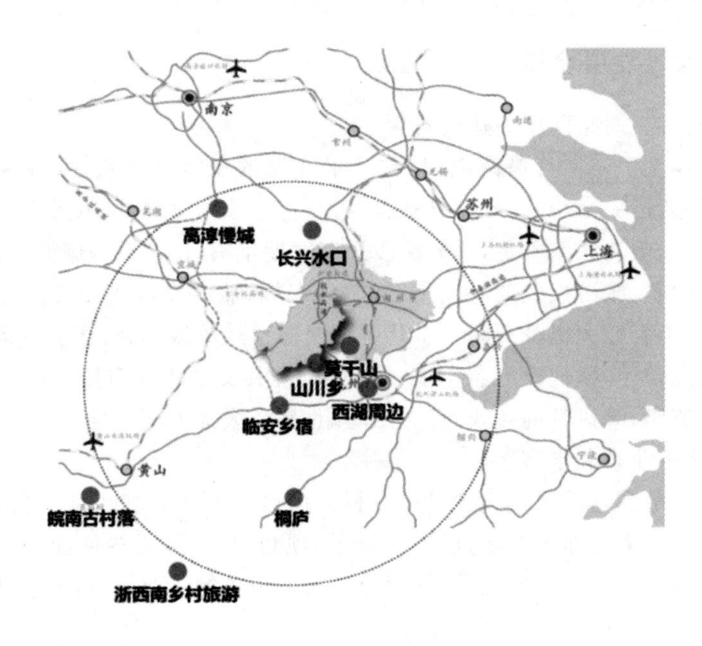

图 5-5　长三角地区乡村旅游发展现状

来源：浪漫山川省级旅游度假区总体规划

5.5　设计策划

5.5.1　设计理念

坚持“绿水青山就是金山银山”的发展理念，坚持节约资源和保护环境，坚持人与自然和谐共生。秉承“产业兴旺、生态宜居、乡风文明、治理有效、生活富裕”总要求，贯彻“创新、协调、绿色、开放、共享”的理念，贯彻“两美”浙江的战略方针，积极对接浙江省“千万工程”行动，按照美丽乡村建设“四美、三宜”具体要求，践行湖州市“六个乡村”建设标准，深入挖掘山川乡特色资源，围绕全域旅游、低碳生活、生态保护、土地流转、集体经营性建设用地入市、产业升级多个方面，将山川乡境内的自然资源与人文资源进行梳理、整合、重建，突出山川乡特色，精心设计山川乡全域旅游体系，形成第三产业为主，一、二、三产业融合发展的新格局，坚持全域旅游、开放式景区发展理念，在科学规划与自然人文景观的良性结合下，注重农旅融合、文旅融合、体旅融合发展，大力发展户外运动、乡村文创、亲子研学、休闲度假等旅游产品,并全面提升全乡的公共服务水平,依托良好的区位优势,打造以“浪漫山川”为主题的轻奢型乡村旅游度假区、中国知名乡村休闲旅游度假区,长三角地区亲子研学、户外运动首选地,浙江省域“精品大花园”,形成辐射全国乃至全球的旅游度假胜地,为所有都市旅客,寻觅一份属于自己的浪漫生活。

(1)核心理念:生态化、品牌化、全域化

生态化:安吉能够成为“中国美丽乡村”的典型代表和“两山”理论的重要实践区,首要条件就是对生态环境的保护。因此,生态化也是未来旅游度假区发展的重要基础。

品牌化:从全省乃至全国的旅游度假区发展现状来看,以滨水型、山岳型、文化型为主,山川乡缺乏名山大川,文化资源不够突出,应当以“乡村度假”为核心定位。小体量、分散式的度假酒店(民宿)集群是山川乡最突出的资源特色;山川乡唯有强化“浪漫”主题,才会避免与周边乡镇出现同质化问题,“浪漫山川”的形象十分契合乡村休闲度假的主题,是山川差异化竞争的关键。

全域化:全域旅游已经成为全国各地旅游发展的核心理念,对山川这种以生态见长,项目布局相对散落,乡村休闲主题突出的地区尤其适用。因此,全域化是山川旅游发展的重要路径。

(2)发展目标

“浪漫山川”为主题的轻奢型乡村旅居旅游度假区:打造“浪漫山川”的品牌,客源定位注重轻奢化、高端化,引进“小、精、尖”精品度假项目,针对大城市高端消费群体,以“旅居”作为未来发展方向。

中国知名乡村休闲旅游度假区:绿水青山,美丽乡村,是安吉的核心品牌,山川乡是安吉美丽乡村建设的亮点区域。

长三角地区亲子研学、户外运动首选地:呼应安吉打造“中国亲子旅游第一县”的定位,依靠高海拔,多山地的地形条件,推出“滑雪”、“户外”等山川的重点旅游产品,针对长三角的客源进行定位。

浙江省域大花园的精品区:响应浙江省打造全域大花园的发展目标,打造大花园中的精品区,凸显山川旅游高品质化的发展方向。

5.5.2 设计原则

以人为本,乡民作全体参与:以村集体牵头,乡民全体参与,全体收益为理念,发展成果由全民共享。保护群众利益的同时,引育并重,吸引人才回乡建设,留住人才在乡发展,缓解农村人口空心化、老龄化现状。

产业结构优化升级：围绕“浪漫山川”这一主题核心，打造全域旅游休闲度假，对全域的旅游资源进行优化整合，促进旅游产业的现代化、集约化发展。

突出特色、错位发展：规划项目凸显特色，避免和周边乡镇发展出现同质化，在旅游资源开发、旅游氛围营造、旅游产品打造、旅游市场营销等方面，突出“浪漫山川”的主题。

坚持生态保护优先：安吉县是“两山”理论的先行地，习近平同志最早在这里提出了“绿水青山就是金山银山”的科学论断，在推动旅游产业发展的同时，应当牢牢坚守生态红线，通过宣传教育和设立奖惩措施，实现全域产业发展生态化。对于保护生态资源，牺牲自身发展的集体和个人，给予一定的补偿。并通过两山理论与旅游产业的结合，对全社会的生态保护、低碳生活，发挥模范教育作用。

第三产业为主，一、二、三产业融合发展：在产业发展基础上，协调好山川乡境内旅游产业与其他产业的关系，深入融合的发展，全方位提高旅游业的产业水平的同时，保证其他产业的良性发展。

深度挖掘土地资源：根据最新修订的《土地管理法实施条例》，严守耕地红线，积极践行农村土地使用权流动政策，在山川乡“九山半水半分田”的土地资源现状下，引导农户个体或集体组织扩大优势产业规模，帮助经营二三产业的乡民和集体组织资源变现，让土地资源合理化分配。同时，针对历史遗留下，村庄中存在的不合法不合规的土地入市项目，开展积极引导，确保村民的利益，与乡政府积极协商，在公建项目合法化的前提下，合理规划，帮助村集体增加收入。

城乡一体化：山川乡隶属湖州市安吉县，紧靠省会杭州，规划中更应注意区域协同，强调空间一体化协同，即作为安吉县旅游强乡突破发展，也同杭州旅游产业相交接。要着力提升旅游业发展质量，完善相关配套设施建设，大力推动全域旅游，促进城乡旅游一体化发展，完善旅游空间布局。

互联网大数据：综合考虑当前国民经济和社会发展的现状，坚持旅游发展与之协调，适度超前，立足当下，着眼未来，赋予山川乡旅游产业更多发展活力，保障山川乡旅游产业的长期发展。把握大数据网络平台，借助小红书、知乎、抖音、快手、bilibili、美团、携程等一系列网络平台，对山川乡旅游项目积极宣发，吸引更多都市人来到山川乡寻找属于自己的浪漫生活。

5.5.3 目标定位

(1)发展定位

以“浪漫山川”为 IP 开发,重点体现“浪漫”的主题,是山川旅游与周边地区乡村旅游度假形成差异化发展的关键,是山川旅游的核心品牌。

云上草原、九亩高山村、禅意星空…山川乡常年云雾缭绕,是真正意义上的云上生活,以“云尚生活”作为主题,“云”体现“资源共享、信息共享”的旅游发展理念。“尚”意为“时尚”,体现满足现代游客时尚休闲需求的理念。是一种体现山川特色的、全新的、能够引领未来的旅居生活新模式。

“在山川,体验你一生的浪漫”。拓展延伸“浪漫”的含义和概念,让“富有诗意,充满幻想,不拘一格,洒脱随性”的浪漫情怀贯穿到人生的童年、少年、青年、中年、老年,结合境内的自然风光,非遗产品,人文景观,将“浪漫一生”的理念与山川的旅游产品相结合,构建全年龄段的浪漫产品体系,打造适合全年龄段游客的旅游度假胜地,让每一位游客都能在这里找到自己的浪漫生活。

在以浪漫旅游小镇为基调的同时,实现多层元素的叠加。浪漫山川,不止浪漫,而是集“绿色生态小镇”、“低碳生活小镇”、“人文风情小镇”“康养云居小镇”多重角色于一身的度假胜地(见图 5-6)。

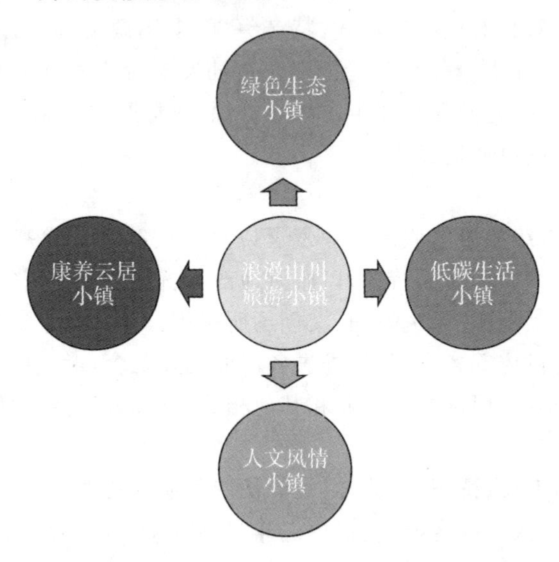

图 5-6 山川乡发展定位

绿色生态小镇:山川乡具有万亩竹林,千亩茶园,还有科学培育的高山蔬菜，各类瓜果，全乡森林覆盖率达88.8%，植被覆盖率91.3%，空气质量一级，地表水Ⅰ级，被誉为竹乡天然氧吧，山上云雾缭绕，好似人间仙境。通过林中骑行，茶园漫步，品尝无公害绿色食品，让都市游客能更好亲近自然，感受自然。

低碳生活小镇：在全球气候变暖日趋严重的现状下，响应国家“碳中和”的号召，在保护森林植被的基础上，通过使用清洁能源、完善公交出行、拒绝一次性消耗品、建造低碳建筑、智能app监管等一系列措施，使游客有参与感，荣誉感，使产业发展形成良性循环，并起到一定的教育意义。

人文风情小镇：以乡内丰富的人文景观为基础，以恢复古建风貌，非遗文化传播，红色旅游教育为角度出发，让威风锣鼓、竹马灯、鳌鱼灯、大里双龙等非物质文化遗产，新四军印刷厂遗址，清代阮氏古宅，九亩古道，芙蓉谷，石佛寺等名胜古迹，重新焕发旅游观光活力，打造全乡域的古风体验，在传播传统文化，红色思想教育，推动自然人文景观鉴赏的前提下，最大限度地保证古风古韵，带给都市游客更好的山间古镇沉浸体验。

康养云居小镇：山川乡全年气候适宜，乡内没有重工业工厂，空气质量一级，6个行政村，常住人口仅5363人(2017年人口统计)，环境素朴恬静，非常适合发展养老产业。因为海拔相对较高，产出白茶绿茶品质极佳，对于降血压，预防心脑血管病有极高的功效，特产笋干、食用菌类、高山蔬菜，富含人体所需的多种微量元素，理疗馆，医护中心正处发展阶段。且全乡公路贯穿，交通便利，靠近杭州市，共享杭州市的医疗资源，非常适合老年人、中年人来此地疗养生息，追求高品质退休生活。

(2)产业定位

浪漫山川省级旅游度假区产业发展以乡村民宿产业为基础，以户外健康运动产业、养生度假产业为特色，以旅游地产、文创产业、休闲农业等为重要支撑，联合农副产品销售、果蔬采摘、文创场所租用、广告业、旅游车辆租用、商品批发、运动器材供应等各个行业，推进各产业相互融合，形成优势互补，构建山川泛旅游产业集群，促进旅游产业和其他相关产业的可持续发展。

(3)市场定位

核心市场：上海、杭州、宁波、温州等长三角地区及周边3小时自驾车程内的轻奢型乡村度假目标客群：包括中老年退休人群、家庭亲子游客群、车队自驾游团体、户外运动爱好群体等。

重点拓展市场：浙江省内、上海直辖市以及安徽、江苏、江西、福建等周边省的市场。

机会市场:来湖州、安吉旅游的游客;国内其他省市游客;海外游客。

5.5.4 技术路线(见图 5-7)

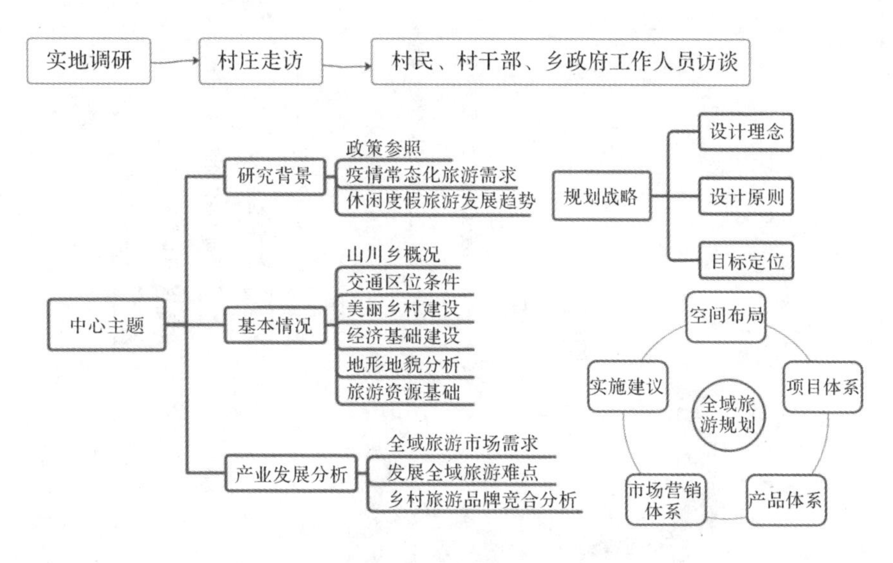

图 5-7 技术路线图

5.6 全域旅游空间布局

山川乡发展全域旅游应充分利用生态的多样性、人文资源的丰富性,着力打造城市与乡村互动、自然风光和历史人文融合的乡村旅游景观。融景区观光、休闲度假,现代都市风光、古村古建风情为一体,拥有能满足不同旅游人群需求的多样特色旅游产品。结合全域旅游的理念,在山川乡行政管辖区域范围(涵盖 6 个行政村)将山川乡旅游空间布局划分为“一心二带五区”(见图 5-8):提升一个核心、构建两条旅游发展带,打造五大旅游功能区。实现传统与现代交融,自然与人文互映、民俗与网红齐驱的全域旅游产品体系。

一心:浪漫山川旅游综合服务中心紧邻山川乡镇政府,位于全镇的政治、经济中依托当地山水资源优势,成为山川乡旅游服务形象对外展示的“窗口”,是集旅游接待、休闲观光、养生度假、娱乐科普、餐饮购物、商业居住为一体的综合旅游服务项目。以浪漫山川旅游综合服务中心为核心,构建由 6 个行政

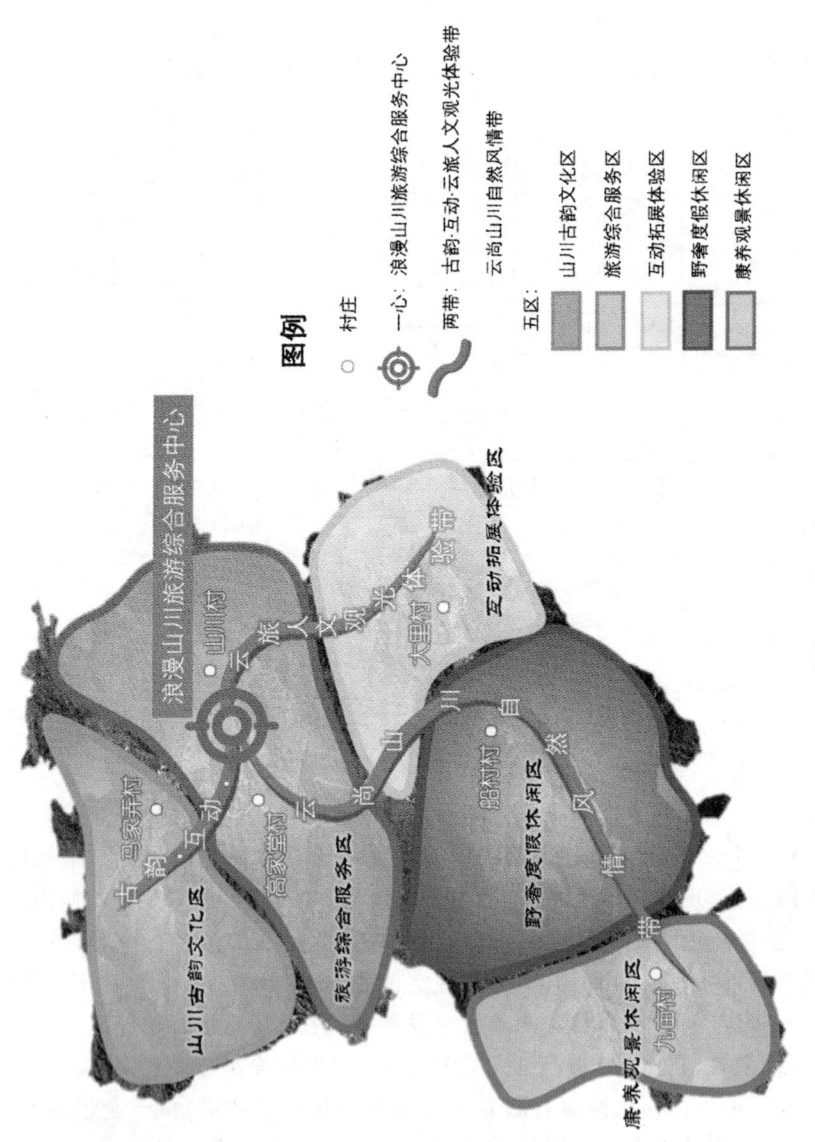
浪漫山川旅游综合服务中心
马家弄村
山川村
高家堂村
大里村
船村村
九亩村
古韵·互动·云旅人文观光体验带
云尚山川自然风情带
山川古韵文化区
旅游综合服务区
互动拓展体验区
野奢度假休闲区
康养观景休闲区
图例
村庄
一心：浪漫山川旅游综合服务中心
两带：古韵·互动·云旅人文观光体验带
云尚山川自然风情带
五区：
山川古韵文化区
旅游综合服务区
互动拓展体验区
野奢度假休闲区
康养观景休闲区

图 5-8　空间结构布局图

村(山川村、高家堂村、马家弄村、大里村、船村村、九亩村)共同组成的城镇旅游商贸综合服务中心,打造旅游集散、商贸休闲、户外拓展等综合发展业态,为全域提供旅游商贸综合服务功能。

二带:以 023 乡道为基底,依托沿线的千年古刹石佛寺、非遗民俗展览、云朵农场、云上草原等,打造连接马家弄村至大里村的“古韵·互动·云旅人文观光体验带”;沿 333 县道,充分利用沿线的井空里大峡谷、云海日出、暗夜星空等山水自然景观,打造“云尚山川自然风情带”。“两带”交汇于“一心”,人文景观与自然景观于此切换,游客们也能以此为心,更好地看遍山川之美。两带的形成,旨在促进旅游需求满足、自然和人文资源高效配置和市场深度融合,推动沿线各旅游项目实现观光体验协调,开展更全范围、更高水平、更深层次的全域旅游体系,共同打造开放、包容、均衡、普惠的全域旅游合作架构。

五区:主要包括山川古韵文化区(马家弄村)、旅游综合商务服务中心区(山川村、高家堂村)、互动拓展体验区(大里村)、野奢度假休闲区(船村村)、康养观景休闲区(九亩村)。在各区内,以重点旅游项目组织基础设施和公共服务,形成地域景观集群,丰富旅游内容和文化内涵。充分发挥地域特色,既强调差异化发展,又强调组合共赢。

邂逅浪漫,山川如画无限好。为更好展现浪漫山川品牌形象,将“五区”内散布着各式各样的支撑项目进行特色归类、意象具化、类型区分,着力打造“微云抹山”、“缘茶竹间”、“弄潮争新”、“物华诗境”、“人文荟萃”五大主题(见表 5-3、图 5-9),让更多人看到山川之美,怀抱山川之乡。

表 5-3 山川全域旅游引领项目

主题	项目	创意
微云抹山	云上草原高山旅游度假区、高山森林公园、云尚九亩、灵溪山风景区	以高山度假为主基调,全力打造云端休闲体系。
缘茶竹间	竹茶观赏区、竹茶商务、茶艺体验馆、竹制品展览馆、竹茶主题民宿	以茶、竹为媒,以茶、竹为材,实现观赏、采摘、加工等多重体验,实现特色茶、竹产业化、效益化。
弄潮争新	峡谷漂流、户外拓展、云朵农场、夜间经济、研学旅行、沉浸式剧本杀、特色民宿、野奢酒店	以创新为引领,以现代化户外体验为主导,重塑乡村旅游文化空间。

续表

主题	项目	创意
物华诗境	物候景观、湖光滟滟、山涧漫游、高山蔬菜和食用菌	以两山理论、人地和谐为精神内核，打造自然景观特色。
人文荟萃	民俗文旅、非遗民俗展览、红色历史纪念馆、酒酿文化、古韵游览	以乡村自带的文化底蕴为依托，创建内外兼修的文化小镇。

"微云抹山"：千米高的山岳，终年缭绕云与雾。从林间或山头，看一抹红日拨云而现，光晕穿透整片山谷，这是何等恣意盎然。抑或是从山崖急落而下，将自己沉浸于这样一片透亮的白，浮于青葱之上，不忘体悟自然包容万象的度量。微云抹山，讲求的就是云山相融的绝美和谐，置身此间，"览"不到"众山小"，却能品得云海之味。

"缘茶竹间"：徜徉在竹海之中，收获了与茶、与喝茶之人的缘分。安吉早年以茶、竹闻名，因其特殊的气候以及加工技艺，安吉白茶闻名于世，竹与笋也有了它们响当当的名字。茶和竹，都是慢生活的代表，奔波于城市快生活中的人们，渐渐对它们产生了好奇，因而它们的价值不再只开始于死亡的那一瞬间——它们的一生都开始有了价值。茶的清香、竹的高洁为人们所喜爱与钦佩，在生命的各个阶段奉献自己，这是它们对这份喜爱最好的馈赠。

"弄潮争新"：浪漫、创意。这里不缺浪漫、心跳、新潮，紧接时代潮流，给你带来最新的体验。人文与自然相接，艺术与农业碰撞。拓展漂流，传递的不仅仅是激情；漫游山野，收获的还有情怀与知识。打造夜光经济试验点：摄影、观星、研学、探险。在民宿中看星星，在乡村里赏霓虹……实现真实与想象的边界体验。

"物华诗境"：到处皆诗境，随时有物华。在这样一个"九山半水半分田"的山川，必定是漫山的美景。自然，一直都是纯粹又美好的：或许在某个不经意，在层层叠叠的竹林后面，你会惊喜地发现一片红枫、一片香樟；闭上眼睛，听——淅沥淅沥，山涧里溪水汩汩，待你找到它时，或许看不到鸭群在浅滩上晒太阳，但一定能看清水底的石头；山涧虽少，终会汇水成湖，阳光之下，平静的湖面，也会熠熠闪光。

"人文荟萃""传承"：这里的民宿和非遗都被保存得很好。百人威风锣鼓是镇子上最大、最热闹的活动了，逢年过节必然会有这么一场表演。即使人数在缩减，大家也都会保持着新年舞鱼的传统，祈求新的一年年年有余、风调雨顺。年复一年，老一辈的人渐渐走了，但竹马灯、双龙灯、鳌鱼灯的手艺还一直

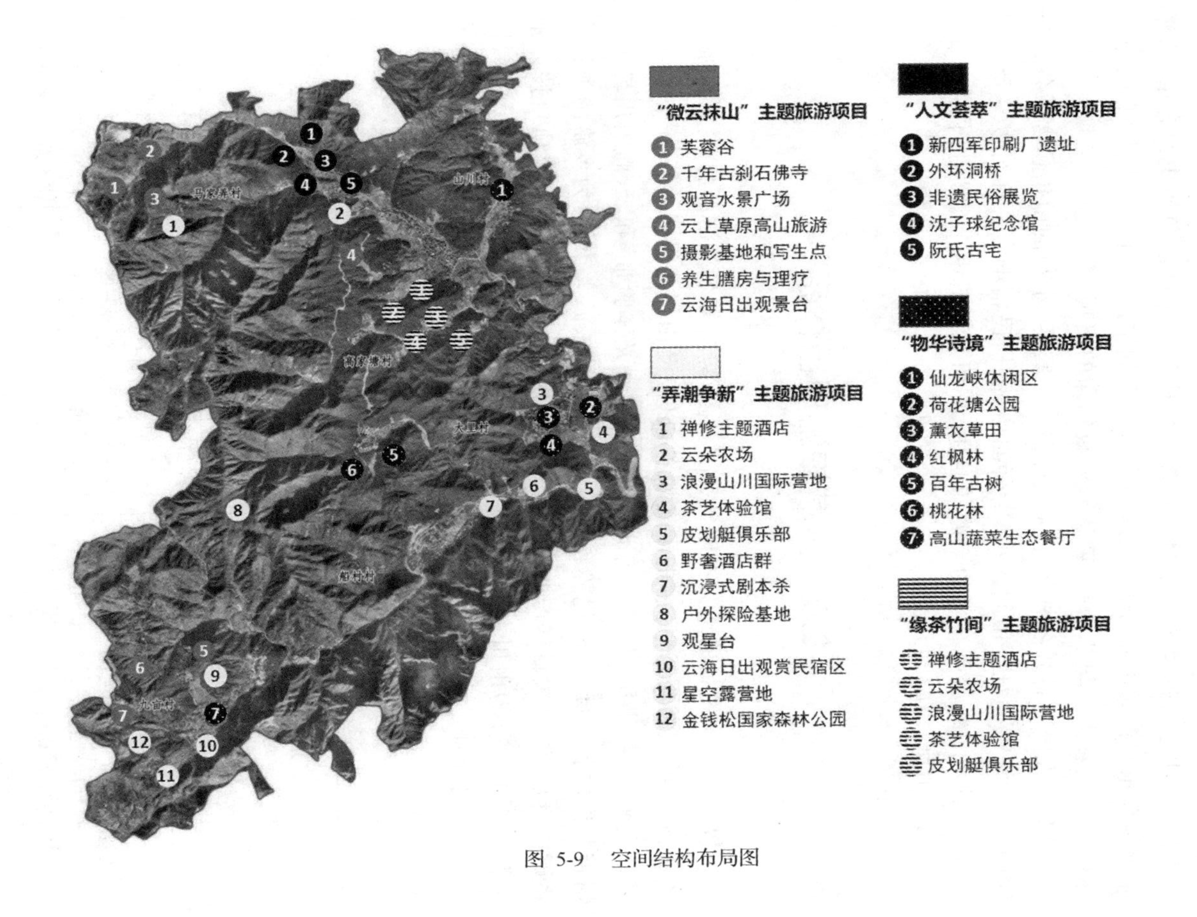
山川村
“微云抹山”主题旅游项目
1 芙蓉谷
2 千年古刹石佛寺
3 观音水景广场
4 云上草原高山旅游
5 摄影基地和写生点
6 养生膳房与理疗
7 云海日出观景台
“弄潮争新”主题旅游项目
1 禅修主题酒店
2 云朵农场
3 浪漫山川国际营地
4 茶艺体验馆
5 皮划艇俱乐部
6 野奢酒店群
7 沉浸式剧本杀
8 户外探险基地
9 观星台
10 云海日出观赏民宿区
11 星空露营地
12 金钱松国家森林公园
“人文荟萃”主题旅游项目
1 新四军印刷厂遗址
2 外环洞桥
3 非遗民俗展览
4 沈子球纪念馆
5 阮氏古宅
“物华诗境”主题旅游项目
1 仙龙峡休闲区
2 荷花塘公园
3 薰衣草田
4 红枫林
5 百年古树
6 桃花林
7 高山蔬菜生态餐厅
“缘茶竹间”主题旅游项目
禅修主题酒店
云朵农场
浪漫山川国际营地
茶艺体验馆
皮划艇俱乐部

图 5-9 空间结构布局图

流传。在非遗陈列馆里走一遭，或许在某个小房间，还能看到一位手艺人正忘我地编织着什么。

“红色印记”：这里曾留下过革命先辈的脚印。走在红色历史纪念馆，依然能够想象出新四军战报印刷厂、新四军造币厂的忙碌。听老一辈人回忆，或许你也会想试着去土里扒一扒，期待着一枚铅印的出现。

“多样人居”：各式各样的住所。喜迎八方宾客，小小的山川包含了各式各样的住所：帐篷、酒店、山间民宿、野奢酒店、高档民宿群——你可以享受独立成栋的山野小屋，感受自然的宁静与自由，亦可以选择和当地居民住在一起，体会淳朴山民的热情与友好。

5.7 全域旅游项目体系

以山川乡旅游目的地为主体，依托“云上草原”知名旅游品牌、优质的旅游产品、便利的旅游交通、完善的配套服务，以浪漫山川旅游综合服务中心辐射带动全域旅游，依托“古韵 · 互动 · 云旅人文观光体验带”和“云尚山川自然风情带”，形成各区域互补、优势互动的山川乡全域旅游大市场，为乡旅游项目体系赋能，以旅游引领新型产业结构升级。依次将山川乡全域旅游项目按照地区及功能定位分为山川古韵文化区（马家弄村）、旅游综合商务服务中心区（山川村、高家堂村）、互动拓展体验区（大里村）、野奢度假休闲区（船村村）、康养观景休闲区（九亩村）共五个区域（见表 5-4）。

表 5-4　旅游项目组图格局

定位		山川古韵文化区	旅游综合服务区	互动拓展体验区	野奢度假休闲区	康养观景休闲区
村庄		马家弄村	山川村 高家堂村	大里村	船村村	九亩村
重点项目	引擎项目	灵溪山风景区、禅修主题酒店、民俗文旅、非遗民俗展览、红色历史纪念馆、古韵游览	云上草原高山旅游度假区、云朵农场、竹茶商务、湖光滟滟	户外拓展、物候景观、特色民宿、山涧漫游、茶艺体验馆	野奢酒店、户外拓展、物候景观、沉浸式剧本杀	研学旅行、云尚九亩、户外拓展、民俗文旅、酒酿文化、山涧漫游、特色民宿、高山蔬菜和食用菌

续表

定位		山川古韵文化区	旅游综合服务区	互动拓展体验区	野奢度假休闲区	康养观景休闲区
重点项目	支撑项目	灵溪山风景区(芙蓉谷、千年古刹石佛寺、观音水景广场) 禅修主题酒店 红色历史纪念馆(新四军印刷厂遗址、沈子球纪念馆、教育实践基地) 非遗民俗展览(竹马灯、双龙灯、鳌鱼灯) 古韵游览(清代百年阮氏古宅、外环洞桥) 民俗文旅(浪漫山川·马家弄鼓韵文化节)	云上草原高山旅游度假区(悬崖乐园、无动力滑草乐园、星空滑雪场、七星谷景区) 云朵农场 竹茶商务(旅游集散中心、民宿卫生综 合服务中心、现代农产品供应链运营中心、竹茶剧院、竹茶主题民宿、精品美食广场) 湖光滟滟(仙龙峡休闲区、仙龙峡漂流、乡村休闲垂钓园)	户外拓展(安吉浪漫山川国际营地、皮划艇俱乐部) 物候景观(薰衣草田、红枫林、荷花塘公园) 特色民宿 山涧漫游 茶艺体验馆	户外拓展(井空里户外探险基地) 野奢酒店(精品民宿老树林度假酒店、璞拉那度假酒店、农庄养生馆) 物候景观(榧树、樟树、桃花林) 沉浸式剧本杀(桌面本、户外实景本)	研学旅行(金钱松国家森林公园、观星台) 云尚九亩(养生膳房与理疗、云海日出观景台、摄影基地和写生点) 户外拓展(自行车骑行、星空露营地) 民俗文旅(舞鱼) 酒酿文化 山涧漫游 特色民宿(云海日出观赏带民宿区) 高山蔬菜和食用菌(互联网+云种植、现代农产品供应链运营、生态餐厅)

5.7.1 山川古韵文化区

功能:旅游公共服务、文化观光、寓教于游。

村庄特色:马家弄村是一个生态文明且资源丰富的山区村,东部衔接山川村,南部与临安接壤,西部和北部跟天荒坪相连接。境内拥有江南第一谷“芙蓉谷”、千年古刹石佛寺以及民俗农事体验区等观光体验旅游区。其文化遗产丰富多样,如新四军印刷厂遗址、外环洞桥;至今流传着弼马温失马的历史传说和新四军红色传统文化。

发展思路:以马家弄村原有的生态旅游项目为依托,重点打造马家弄历史文化品牌,建立以历史文化为主题的3A级景区村。充分利用镇区商贸、交通优势,打造旅游公共服务平台;以清民历史遗存为核,打造马家弄历史文化街区,增建陈列、体验参与等项目;并以新四军红色历史为着力点,加强红色旅游资源的开发建设,完善相关旅游设施建设,发展壮大红色旅游产业。

(1)灵溪山风景区:①芙蓉谷:芙蓉谷景区,坐落在群山叠嶂的峡谷中,主峰落伽山海拔1169.6米，景区内飞瀑翠雨，潭水碧绿，竹林茂盛，世尘不染，犹如仙境，是集佛教文化和多样化自然生态景观为一体的风景区。在芙蓉谷景区原有设施基础上，建设登山步道、玻璃栈道、攀岩、缆车网红项目景点。每二百米设一休息区且配备好垃圾桶、公共厕所，支持农家乐立足、发展。②千年古刹石佛寺：石佛寺距今已有1100多年，长年香火不断，在上海、余杭、临安、孝丰一带百姓中较有影响，每年上山朝拜的香客有几万人之多，现已成为宗教活动场所和当地旅游胜地。依托其影响力，增修实体景观建设，如建筑、塑像、石刻、经文等，并完善解说系统；充分利用举行的法事活动这一载体，吸引游客参与；推出观光游、佛教朝圣游、民俗风情游及石佛寺庙会游等特色旅游活动。设计打造与佛寺文化相契合的文旅产品加以推广，满足市场需求；同时与当下社会生活节奏快，现代人生活压力大的社会现状相联系，依托佛教清幽环境及与世无争处世方式，打造体验活动，提高旅游活动吸引力。③观音水景广场：从景区到缆车站的必经之地，广场上有一尊10多米高的观世音菩萨，观音菩萨座下，是供奉着32尊不同的观音化身，可以烧香敬奉，观音雕像栩栩如生，庄严慈祥。

(2)禅修主题酒店：依托灵溪山风景区古佛寺，秉承禅宗文化、依山傍水建设禅修主题酒店，修禅悟道、修身养性，打造“禅文化”为主题的精品酒店。

(3)红色历史纪念馆：①新四军印刷厂遗址：搜集红色故事，追忆朱阿英、沈长康和杨之桥等烈士丰功伟绩，重建新四军战报印刷厂，修缮红色旧址，征集红色文物，新建游客中心，建设配套设施，开展红色主题教育，在科技辅助下使红色历史的呈现更为生动。②沈子球纪念馆：讲好老革命家沈子球先辈的红色故事、增强文化内涵，围绕红色主题，营造氛围、深化体验、寓教于游。③红色教育实践基地：以马家弄村原有的红色资源为依托，组织青少年进行红色研学旅游活动，创新其展现形式，通过多种高参与度、高体验度的新活动激发游客探索学习红色文化和历史的兴趣。

(4)非遗民俗展览展：依托马家弄村竹马灯、双龙灯、鳌鱼灯的“三灯”非遗资源，建立马家弄“三灯”文化陈列馆，并配套设立非遗传习中心，组织“三灯”代表性项目传承人开展传承、授徒、培训、交流活动，融合马家弄特色民俗文化和历史传说打造“三灯”品牌，设计文创产品，赋予其文化内涵。

(5)古韵游览：①清代百年阮氏古宅：修缮古宅，将古建保护与旅游产业相结合，“活化”古宅打造成民宿、村史展览馆或村民活动基地，挖掘每一栋古宅独有的气质，合理地结合现代人的需求，融入现代生活。②外环洞桥：外环洞桥是山川乡留存至今历史最悠久的古桥，由天然石料构成，代表了古代桥文化建筑智慧,也是精神文明遗产之一。

(6)民俗文旅(浪漫山川·马家弄鼓韵文化节):依托长三角地区最大的威风锣鼓队之一,将鼓韵文化节常态化或延长其持续时间,配套集装箱夜市,挖掘文化底蕴,点亮乡村“夜经济”,为全乡旅游聚集人气,提升知名度,带来经济效益。

5.7.2 旅游综合服务区

功能:旅游公共服务、文化观光、商贸娱乐

村庄特色:马山川村是山川乡政治、经济、文化、交通的中心,也是对外展示山水风土人情的窗口,是山川乡的中心村,全村拥有土地总面积10035亩,其中山林面积8627亩,是一个以竹林为主的典型山区村,安吉毛竹现代化科技园区穿村而过。高家堂村境内植被良好,山清水秀,村里坚持发展生态经济,先后投入了380多万元。山林面积8456亩,生态环境良好,竹类资源非常丰富,其中毛竹林4639亩,年产毛竹20余万支。云上草原高山四季旅游度假区位于山川村、高家堂村,占地约5000亩,投资60亿元,深入践行“绿水青山就是金山银山”的重要思想,利用南方稀缺的高山自然资源,推动生态度假旅游全域发展,重点打造了“高山悬崖游乐、星空滑雪、野奢酒店群”三大内核板块及民宿、温泉度假等配套项目,带来“春赏花、夏避暑、秋登山、冬滑雪”的高山四季度假全体验,造就了“云上一天 草原四季”的独特美域。

发展思路:以云上草原商圈为重要支柱,缘茶竹间,将古与新、传统与现代交汇,将茶竹文化与现代旅游业相结合。推动云上草原的建设及影响力,充分利用镇区商贸、交通优势,打造旅游公共服务平台;依托全域农业,打造山川高家堂“茶竹小镇”,建立电子商务农特产品分拣中心,集农特产品存储、分拣、包装、物流一体化。

(1)云上草原高山旅游度假区

悬崖乐园:建立健全悬崖秋千、飞拉达、自由滑翔伞、凌空飞步、云海栈桥、云中漫道、水晶廊桥、云书房、玻璃栈道等高空娱乐设施,做好游客安保措施并规范游玩制度,建立休息区、补给站等配套基础设施。

无动力滑草乐园:建设彩虹滑草、云中部落、绿野迷踪、无动力探险等亲子游玩项目,让孩子回归自然,让父母回到童年。

星空滑雪场:云上草原星空滑雪场是距离杭城最近的高山天然滑雪场,坐落于海拔1168米雪岭峰,依托原有建设雪道和专业设备,新建专业高级雪道1条,初、中级雪道4条,建设华东顶级的高山天然滑雪场,告别“下饺子式滑雪”。

七星谷景区：七星谷景区位于主峰东麓，景区周边群山环绕，谷内茂林修竹、山涧跃动。因其谷中有着七个错落有致的碧潭，宛若北斗七星，故得名七星谷。通过对山川竹海的景观打造、节事活动推介、影视资源对接，实现农旅融合；充分利用原有自然景观，维护景区环境，依托当地传说故事，赋予景区文化内涵，宣传七星谷洗手、摇钱树祈福结带等当地习俗活动，增加游客旅游动机。

(2)云朵农场

以休闲和生态农业为标志，抓住当下对《向往的生活》等回归田园这一新文化热点的挖掘，充分利用当地自然条件设计体验活动，满足人民回归自然、体验自然的愿望；将虚拟农场移接到现实中，增加农场的休闲活动，包括餐饮、住宿、影视、观光风景、爬山等；与山川乡山川村、高家堂村当地特色融合，打造高山农家乐品牌，提供特色菜及文创产品，多种经营模式相结合。

(3)竹茶商务

旅游集散中心：既是山川村、高家堂村美丽乡村、风情小镇建设印象展示窗口，又承担着旅游集散、服务、接待、咨询等功能，实现一站式服务。集散中心内设咨询台、投诉台、休息厅、导游机构等，并结合互联网技术提供智慧服务。

民宿卫生综合服务中心：引进社会资本，打造民宿卫生综合服务中心，主要功能是实现全域民宿用品集中采购、碗筷集中消毒、布草集中洗涤等，提高山川村、高家堂村民宿卫生水平。

现代农产品供应链运营中心：建设标准化的现代农产品供应链运营中心，通过提供统一的追溯、初加工、分拣、分级、检测、品控、包装、仓储、冷链、快递、售后、代销、分销、标准化、品牌化等服务(见图5-10)，快速协助地域特色农产品转化为特色网货。设计精品果蔬礼盒包装，挖掘旅游伴手礼市场。

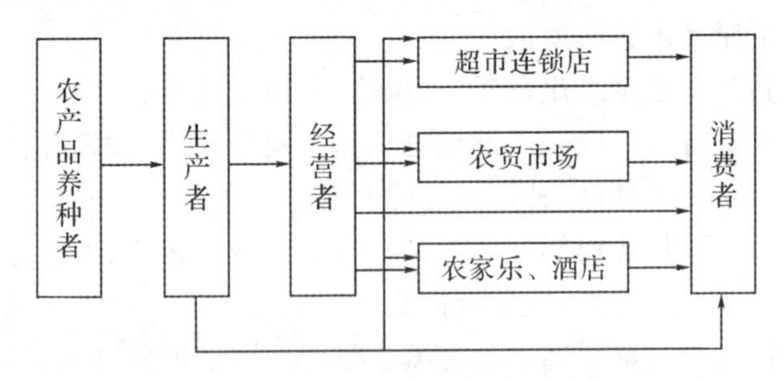

图5-10　现代农产品供应链

竹茶剧院:打造群众、团体日常演出的平台,也可承办各种文艺演出、戏曲表演等文娱活动,为游客和山川人民茶余饭后提供休闲的去处。

竹茶主题民宿:民宿以竹与茶为主题,设立不同风格的房间,并在房间中免费提供由茶农店家自产的安吉白茶、当地绿茶,满足不同需求和爱好的人群。旅客可以在民宿中品茶论事,放松身心,聚会休闲,洽谈商事,品味“云中茶香,竹林雅住”的别样风情。

精品美食广场:利用山川镇果蔬贩销中心、农贸市场的优势,打造精品美食广场。

(4)湖光滟滟

仙龙峡休闲区:开创原始峡谷溯溪体验,引入新型轻户外时尚涉水运动。打造“水、陆、空”户外体验,3分钟车程云驰沙滩车,驰骋穿梭在密集凉快的竹海里;8分钟车程回杭州余杭鸬鸟镇鸬鸟国际滑翔伞基地,体验遨游天际,感受《卧虎藏龙》飞跃竹海的震撼。

仙龙峡漂流:借《极限挑战》、《向往的生活》取景地为东风,着力打造竹海漂流品牌宣传,瞄准热爱生活、户外、水上运动人群,新建多样项目,如水上漂—桨板、原始漂流—白水漂等,配备资深水上运动教练,齐全设备设施,放心体验。

5.7.3 互动拓展体验区

功能:山野运动、田园综合体验、青年拓展

村庄特色:大里村山清水秀,环境宜人,民风淳朴,生活恬静。中心村大里畈位于山区罕见的千亩田畈之畔,四周竹林怀抱,全县唯一的通杭公交站坐落于此,千亩熏衣花海成就了大里村的浪漫风情。大里村村内道路、进户道路全部硬化,环境卫生干净整洁,展现在眼前的中心村到处都是怡人景象,坐落有序的别墅、徽派的办公楼、荷花塘公园、竹林香樟、红枫林、山涧小溪皆浑然一体,相映成趣。在大山的背景下,勾勒出山水田园,人与自然和谐共处的美丽画卷。

发展思路:因地制宜谋发展,以教育实践基地为重点发展项目,在充分利用现有资源的基础上,最大程度保持原生态的平衡,以国防精神为灵魂、以浪漫文化为重点,结合芳草文化的特色,拓奇军旅文化园,开创安吉的浪漫山野花园、高品位的郊游公园、当代都市人的心灵驿站。

(1)户外拓展

安吉浪漫山川国际营地:以传承红色基因为总基调,以军事化教学体验为主线，通过创办少年军校、民兵预备役训练基地和企业军校等形式，探索国防教育和实践的有效融合，普及全民国防教育，弘扬爱国主义主旋律。进一步加大对退役军人就业创业服务力度、扶持政策落实力度以及职业技能培训力度，营造良好的退役军人就业创业帮扶社会氛围，进一步做好退役军人就业创业工作。

皮划艇俱乐部：以大里村河流资源为基础，开办专业水上运动、亲子运动、水上团队拓展活动，美环境与良好的水质加上专业的配套与服务，让大众感受水上运动的魅力与乐趣，并涉及多种水上运动项目的体验及培训，包括且不限于皮划艇、SUP大小板船、龙舟等项目。

(2)物候景观

薰衣草田：种植薰衣草田，建立集观光、旅游、科研、休闲、度假多功能于一体的生态休闲基地。为大里村留下绚丽景色，打造紫色浪漫旅游项目，让置身于宁静的香水植物中的人，能听到花海的呼吸，感受蓝色星球的草木同心。

红枫林：红枫林层次分明，错落有致，从山底到山峰，千树万叶色彩纷呈。是秋季出游，拍照打卡的理想去处。

荷花塘公园：以大里河池为基础，种植荷花为荷花塘公园，给人以悠闲，可以和家人或爱人在傍晚晚饭之后，信步荷花塘公园，享受大里村特有的缓慢的步调。

(3)特色民宿

潺潺小溪环绕，森森树木参天。群山环绕，鸡犬相闻，村民悠闲，质朴生活，农家风情。居住在大里村，感受“箫鼓追随春社近，衣冠简朴古风存”的乡村意境。

(4)山涧漫游

将绿色自然资源转化成旅游发展资源，维护大里村的秀美山川，以山清水秀的美景为底气推行山涧漫游旅游体验。

(5)茶艺体验馆

安吉县以安吉白茶闻名，山川乡全域白茶种植产业成熟，本土绿茶养殖历史悠久。以体验为主，为了让更多的爱好者全方位了解和掌握茶文化，建设体验馆内亲身体验和感受茶文化，了解茶文化知识，以及亲子动手品尝茗茶。在茶文化体验馆设计策划中可以简单地从三个方面着手准备，其一为设置茶文化知识展示体验区，其二为在体验馆中设置茶叶加工体验区，最后设置茗茶品饮体验区。

5.7.4 野奢度假休闲区

功能:旅游公共服务、山水休闲、民宿度假

村庄特色:船村村位于山川乡南部,由船村、水淋坑、柘石岭3个自然村组成,境内群山环抱、翠竹连绵。船村村有山林面积15818亩,其中生态公益林4826亩,竹林面积8980余亩。船村村以打造野奢酒店群为发展目标,先后引进及建设精品民宿老树林度假酒店、高山漫谷“花间堂”,“古陶瓷”休闲山庄,“俺的外婆”家等,在此基础上全村共发展农家乐15家。

发展思路:以船村村原有的丰富且优质的林木生态资源作为支撑,在不破坏生态的情况下,积极形成不同类型的自然景观小景点。依托该片区良好的山地环境,引进不同类型的休闲度假酒店,打造野奢度假区,山林漫步,暂避凡尘,修心养性两不误,同时与井空里户外探险基地实现区域联动发展。

(1)野奢酒店

精品民宿老树林度假酒店:别墅的名字来源于诗句“行至老树林,清风忽满襟”。老树林坐落在最具原生态的峡谷——井空里大峡谷内,海拔600多米,遥望莫干山,遗世独立,返璞归真。此处负氧离子含量极高,是“水净、气净、土净”的三净之地,空气清新,蝉鸣鸟叫,涓涓溪水。老树林建筑充分利用当地闲置资源,融入本土建筑特色进行个性化打造,形成备受现代人追捧的具有乡土情怀的舒适空间,是一个独具特色、高档生态、轻松自由、人文气息浓厚的旅游交流区。

拾叁月·安吉隐川居度假庭院:隐川居在安吉西侧海拔千米的原始森林大山,周边是一个森林覆盖率达88.8%,植被覆盖率91.3%,空气质量一级,地表水1级的竹乡天然氧吧清晨,是空气的清新让你醒来;躺在床上,眺望着远山上的云开雾散,松鼠小鹿会向你问候,开阔的视野,让你去摒弃心中的浊气。徜徉在浴缸里沐浴的是从千米峰顶接入的泉水,是负氧离子高达近万的森林灵气。

璞拉那度假酒店:安吉璞拉那度假酒店四面群山环绕,溪流潺潺,竹海蜿蜒。与酒店大堂隔溪相望有一间“乡村记忆馆”,这里见证了璞拉那从无到有,也见证了乡村的朝起与日暮。酒店所有房间迎山向阳,背倚竹海,全景落地玻璃窗让您与大自然融为一体,犹置山巅与风吟,犹入溪中与鱼戏。北欧极简风格的设施将引领新的丛林度假风潮,并带给您别具一格的体验。

(2)户外拓展

井空里户外拓展基地:井空里大峡谷,位于浙江省湖州市安吉县山川乡境内的深山里，处安吉、余杭和临安三县交界处。峡谷绵延起伏，峡谷内山高水长，植被茂盛，最高落差达千米。这里春赏山花烂漫，夏探幽谷避暑，秋攀险处气爽，冬悟雪谷井空。江浙沪一带的户外组织都推崇备至，是旅游及户外运动者的天堂，基于此建设井空里户外拓展基地。近年来，徒步溯溪活动深受广大游客群体的喜爱，结合井空里当地有利地形和相关基础设施建设，发展井空里户外拓展拓展项目。

(3)物候景观

榧树：老榧树是船村最古老的一棵树，树龄有 310 年，它的身边有一棵年轻的朴树相伴，屹立村头百年不倒，似在指引八方游客和归家的孩子。

朴树：船村的朴树树龄有 260 年，它的一生都与老榧树相伴，也承载了船村几代人的记忆。它树冠粗壮，枝繁叶茂，坚韧而挺拔，远看，满山绿色之中有一抹红——是村民和游客们为它系上了美好的祝愿。

桃花林：船村四季，山青水绿。阳春四月，在粉红桃花还在盛开时，漫山遍野的烂漫山花相映生辉，在这里，游客们可以漫步、赏花、合影，度过轻松愉悦、心花怒放、难以忘怀的一整天。

5.7.5 康养观景休闲区

功能：山水休闲、民宿度假、康体疗养、山野运动

村庄特色：九亩村是浙北地区海拔最高的行政村，下有九亩田、阴山面两个自然村，建于高山之上，距今已有 350 年的历史，2018 年被评为浙江省“一村万树”示范村。九亩村不仅有美丽的仙人石传说，还盛产各类优质农副产品，其中以笋、茶、高山蔬菜尤为著名。加之优美的自然环境，人们可以沉浸在漫山的氧气中，嬉闹、运动、观景和度假。

发展思路：瞄准中高端生态养老模式，尽享“诗与远方”。生态餐厅，自己动手，不一样的生活体验；山林漫步，暂避凡尘，修心养性两不误；赏日观星，遥望宇宙，品位天空与大山合二为一；写生骑行，漫游九亩，从细小之处发现美。依托该片区良好的高山环境和高山蔬果种植资源，以点带面，实现整个康养观景休闲区各个特色间的旅游联动发展。工作内容主要是升级重点村的乡村旅游产品档次和提升服务接待品质。同时重点开发乡村野趣环境下的山林休闲、康养健身、研学体验等业态，全方位构建“田园养生”的旅居生活方式。

(1)研学旅行

金钱松国家森林公园：从空中俯瞰海拔 1000 多米的山川乡九亩村，处处金光灿灿，2 万多株珍稀金钱松散布在万亩森林公园中，演绎出美轮美奂的九

亩秋色。金钱松名列《世界自然保护联盟濒危物种红色名录》,分布范围小,九亩村的中国金钱松森林公园是国内金钱松多、规模大的区域,为研学旅行等提供了较好的资源。园区内开发了桃花古道、仙人石印、草山湿地、金钱松林、井空峡谷、状元洞天、管氏古宅、云雪梯田、云台观日、双坑冬温等十大景点。依托天然的地质地貌资源以及动植物优势,可以开发一条以金钱松国家森林公园为主线的研学活动,让参与者更好地认识自然、享受自然。

观星台:九亩村作为浙北地区海拔最高的行政村,置身云海之上,天空干净明朗,很适合观星。选择合适的位置建设一个小型观星台,能让往来的游客更好地感受宇宙的浩瀚以及星空的广阔之美,同时还能相应做一些相关知识的科普、在流星雨等特殊星空景象来临之际做出推广,向外展现九亩的夜空之美。

(2)云尚九亩

云海日出观景台:修缮现有的观景台,并发展更多合适的日出观景台、观景点,将九亩的云海日出打造成一个较为完善风景。

摄影基地和写生点:设置摄影基地和写生点,可供摄影爱好者拍摄云尚九亩、绘画写生爱好者画下九亩的各个角落。组织“浪漫九亩”摄影比赛、写生比赛,以相关比赛的开展吸引更多人前来,以作品的展示的方式推介九亩村。

养生膳房与理疗:九亩村主打的就是康养休闲,同时该地的常住村民也是以中老年为主,为了建设更完备的康养观景休闲区,可以引进养生膳房、理疗馆等,以当地的果蔬为主,辅以药材或其他食物做膳食,体验中医理疗技艺,让人们在这里过得更健康、生活更美好。

(3)户外拓展

自行车骑行:九亩村内公路建设良好、通达度高,且都设有自行车道,加之村庄位于高山,骑行过程中能起到很好的健身效果,以此吸引众多山地自行车骑行爱好人士前来。依托一些山川的重大节日及假日,可以举办较大规模的山川骑行大赛,以九亩为起点或终点,让更多的人来到九亩,感受到九亩之美。

星空露营地:在夜晚的星空下,支上一顶帐篷,与亲人尽享月色如水与满天星辰,清风习习,蝉声与蛙鸣交织。第二天伴着公鸡的啼鸣醒来,不出帐篷就能看到旭日的光辉洒落在身旁。

(4)民俗文旅

舞鱼是九亩村的一项节庆活动。除了在庆祝春节的时候进行表演,可以结合马家弄的相关民俗活动、非遗产品,开展民俗文化节。此外,还可以设立专门的舞渔民宿体验馆,介绍舞鱼相关的历史、传承,以及舞鱼灯的制作技艺与工序，在融合九亩特色民俗文化和历史传说，设计文创产品，赋予其文化内涵。

(5)酿酒文化

九亩村大部分家庭都会酿制米酒，通过多家联合、产业链式生产的方式，打造专属九亩的米酒品牌。除了米酒酿制生产之外，还可积极开展米酒加工体验等活动，展现九亩米酒酿制的特殊工艺，让更多的人知道、了解、被吸引。

(6)山涧漫游

九亩村傍山而建，山间溪水淙淙，从村子穿过，跨国小桥、走上山路，都能感受到自然山水与人文景观融合之美，既在村中，又在林里，山岳之间又散布着一些小景点，不经意间就能被吸引而停驻，往下是溪流奔腾，往上是绿树青葱，山川之美尽展眼前。

(7)特色民宿

云海日出观景台同处九亩村不靠山一侧的民宿群，都拥有相似的日出观景效果。在将这一片的民宿、农家乐进行统一改造和统一规划后，不出户就能赏到日出之美的特殊优势将会给它们带来更多的关注与顾客。

(8)高山蔬菜和食用菌

互联网＋云种植：九亩村在优质土壤及气候的影响下盛产优质农副产品，其中以笋(九亩石笋干)、茶(九亩甜茶)、高山蔬菜、食用菌等尤为著名。通过"互联网＋云种植"的方式，让无法亲身到此的远方友人认领土地，用户远程监控实时数据与当地村民线下种植相结合，最后通过物流将产品运送到顾客手里，同时满足产品新鲜健康以及村民创收。

现代农产品供应链运营：九亩村当地生产的果蔬，总体呈现出供过于求的态势，但是其品质受到周边如杭州、南京、上海等地的热捧。现九亩已有一条专门对杭州输送蔬菜的供应链，可以继续扩大规模、招商引资，将周边其他城市的蔬果需求进行现实化，将现代农产品的供应链运营更加规模化与多元化。

生态餐厅：结合当地的农家乐发展，首先将餐饮环境进行绿化和美化，增加更多的神态元素，使整个空间更加亲近自然、亲近绿色。其次，还能提供顾客对部分菜品原料亲自采摘的服务：顾客们可以选择到田间体验蔬菜采摘，将采回的果蔬交由店家或自行进行加工处理，再上桌食用。整一个过程可以保证食材的新鲜，也可以体验到农作的乐趣，更富有情调，也适合来这里度假的人们尽情享受高山农家之美。

5.8 全域旅游产品体系

5.8.1 全域旅游产品体系

基于山川乡多山多川、山清水秀的特色环境,以两山理念为指导,通过对市场客群以及需求层次的分析,整合全域优质旅游资源,打造“1+3+5”的全域旅游产品体系。

一个驱动:绿色引擎驱动山川乡可持续发展。安吉县是“两山理论”发源地,山川乡是全国首个环境优美乡,绿水青山是山川乡最大的亮点和优势,高质量践行“把绿水青山建得更美,把金山银山做得更大”的理念,打造升级版“浪漫山川”。

三全模式:依托丰富的山水资源和历史文化景观,发挥云上草原品牌效益,通过“全时段旅游,全景点覆盖,全民参与”的三全开发模式形成独特的全域旅游产品开发体系(见表5-5)。

表5-5 三全模式

全时段旅游	全景点覆盖	全民参与
四季游览 十二月节庆 日夜旅游 淡季休闲养生游 假日高端度假游	特色竹茶 云上草原 生态湿地 古村古宅 红色印记 四季花海	本地村民 政府人员 企业员工 外地游客 专家智库

五类产品:围绕“浪漫山川”主题,在原有旅游产品基础上,兼顾“绿色”与“特色”,形成生态观光旅游、舌尖美食旅游、艺术文化旅游、休闲度假旅游、户外体验旅游产品类型(见表5-6)。

表 5-6　全域旅游产品类型

	基础	特色		重点	
产品类型	生态观光	舌尖美食	艺术文化	休闲度假	户外体验
产品新业态	精品景区特色化；景区开发全域化；家庭式生态农场	高山蔬菜、食用菌等绿色农特产品；米酒及衍生产品；白茶及衍生产品；毛竹及衍生产品	民间艺术节庆展演；深度文化项目体验（茶道、竹文化）；非遗文创产品开发	乡村精品民宿开发；高端度假酒店开发；葡萄、蓝莓、猕猴桃等农业庄园；薰衣草、玫瑰等花卉庄园；自驾车、房车露营地	自行车骑行绿道；飞行营地；沉浸式剧本杀；徒手攀岩；卡丁车；悬崖秋千

5.8.2　全域旅游产品发展战略

把旅游业作为主体，以“旅游＋”和“＋旅游”为途径，推进山川乡旅游业与一、二、三次产业的融合，带动山川乡整体发展。“旅游＋”体现旅游业寻求与相关产业相融发展的努力，“＋旅游”则是其他产业与旅游业的主动融合、合力联动。

(1)“旅游＋”

旅游＋农业：推进农旅融合，推动农业供给侧结构性改革，破解农业发展难题，加快农业现代化发展。一要突出茶竹特色，打造山川乡茶产业、竹产业和旅游业相结合的休闲观光农业；二要推进美丽田园建设，对原有农业园区进行整合改造，提升为农业生态公园和农业采摘体验园，推进农业园区绿色高效发展；三要发展生态循环农业，减少化肥、农药使用，对农业废弃物进行无害化处理，减少污染，供给高品质高山有机果蔬。

旅游＋网络：互联网＋旅游不仅可通过网络扩展服务对象，也能实现服务的在线预订、网上支付，极大提高服务效率，实现吃住行游购娱便利化。设计山川乡旅游网上服务平台，让游客能够通过平台了解旅游情况、购买景区门票、预约酒店民宿等，便能够更加便捷地获取旅游信息和出行，有更好的旅游体验感。

旅游＋文化：旅游被视作文化的载体，能够给旅行者带来当地文化的体验与享受。非物质文化遗产、知识研学、茶道文化等文化元素融入山川乡旅游，以节庆日汇聚人气，丰富山川乡旅游内涵，推出“红色研学”“茶道体验”等特色主题活动；通过民间艺术展演进酒店、民宿的方式，宣扬民间艺术，丰富游客体验感;开发文创产品,形成山川文创品牌。

旅游+体育:以参与和体验为主的“旅游+体育”方式能使旅行者参与其中,体验超越自己的喜悦,呈现较大市场潜力。在山川乡打造自行车骑行绿道、徒手攀岩、飞行营地等运动项目,满足年轻人的出游需求,丰富游客的旅游体验。

(2)“+旅游”

以全域旅游旅游为平台:旅游业有较强的关联性,能够和上下产业相联系,因此旅游业可以作为一个入口和平台,激活山川乡自然生态要素、气候环境要素、历史文化要素、产业生产要素,形成复合产业关系。

用全域旅游孵化商业机会:依托全域旅游拉动人气,适度进行土地和商业开发,逐步推进乡村产品的资源化、资产化和资本化,不断提升山川乡产业整体发展机遇。

5.8.3 全域旅游品牌设计

打造山川乡全域旅游品牌,在各类产品上凸显山川乡形象定位,使山川乡全域旅游更具特色和记忆点。重峦叠嶂的地形反映了山川乡的地貌特色,翠绿的竹子和月牙形的竹子反映了山川乡的丰富的竹木资源和竹产品,山脚下蜿蜒的两条小河形成了“山川”的拼音首字母—SC,河流的尽头是幸福快乐的一家三口,河流形成的间隔,像是为游客们开启的浪漫休闲旅游之路。有“山”,有“川”;有“竹林”,有“亲子”,山、水、竹、人,这些要素在“浪漫山川”品牌logo中展现(见图5-11),凸显人与自然和谐之美。

5.9 全域旅游实施建议

山川乡作为以旅游经济为主的乡村,生态资源丰富,人文底蕴浓厚,其乡村创意旅游产品侧重于自然与人文结合型创意旅游产品,开发应充分利用当地“云”“竹”“茶”三大特色资源,运用新时代科技手段传承传统文化,共建共享浪漫山川。

5.9.1 统筹全局,科学编制乡村全域旅游发展规划

全域旅游是对区域资源、产业、环境等要素综合提升和利用,强调区域协调发展。制定科学合理的旅游规划,既要因地制宜也要改革创新,深入挖掘山

图 5-11 “浪漫山川”品牌 logo

川乡具备的资源禀赋和发展特色，开展全域旅游发展规划的编制工作。其次，将规划的各专项部分细化，对旅游规划实施过程中各流程、多环节的执行开展整合，如提升公共服务水平、有效促进各原有产业融合等。最后，为确保旅游规划的落地实施和实施效果，明确各级政府及分管部门的职责，制定相关文件规范发展规划落实过程中参与主体行为，力求规划达到预期效果。

5.9.2 深挖资源，精心打造乡村全域旅游核心产品

以“全时空、全产业”理念为指引，创新旅游产品供给，促进“旅游＋”产业融合，打响“浪漫山川”特色旅游品牌。首先，在关注山川乡自然资源开发的同时，力求将乡土文化融入旅游中，在传递经典文化的同时融入现代文化，培养文化自信。其次，开发具有创新性的文旅产品，既可制作依托当地农产品的特色饮食，也可设计具有纪念意义的伴手礼，留下“山川印象”。同时，策划游客参与度高的民俗文化体验活动，开发浪漫、新潮的创意旅游项目，让旅客融入山川生活。

5.9.3 以人为本,合理建立乡村全域旅游参与机制

作为山川乡的主人,土生土长的村民对于乡村文化的理解程度以及当地自然资源的熟悉程度较之外来开发者无疑更加深入,因此在开发过程中发挥村民的重要作用能起到较好的效果。首先,要采取合理措施如通过宣传全域旅游的优势及其能够为乡村和村民带来的效益,消除村民对于旅游开发的抵触思想,主动参与其中。其次,让村民参与到全域旅游开发的各个阶段和过程,激发村民主体意识。在规划设计阶段,发挥村民对当地特色文化及自然资源的熟悉程度,鼓励村民提出创新型的旅游地点及项目;在实施阶段,吸纳具有相关技能的村民参与到产业链中,从事项目介绍、特色文化讲解、活动引领等工作,让村民享受到全域旅游开发带来的经济效益,提高村民的参与度和满意度。最后,在整体上设置保障机制,确保村民的合法权益受到保护,消除村民对于旅游开发的顾虑。

第6章 "朝花稀石·茗动越乡"：下王镇全域产业创意规划设计

6.1 下王镇发展概况

6.1.1 下王镇概况

下王镇位于嵊州市东北部边缘(见图 6-1、图 6-2),四明山主峰北面,距市区 17 千米。东与余姚市交界,南与黄泽镇、北漳镇和浦口街道接壤,西与仙岩镇毗邻,北与三界镇连接并与上虞区相邻。下王镇境内外交通主要依托县道清白线联系。镇域面积 85.05 平方公里,辖 8 个行政村,包括下王村、石溪村、泉岗村、上店村、清溪村、梅坑村、小溪村、大青山村,人口 12549 人(2019 年)。

2019 年度下王镇人民政府收支总计 2134.83 万元,与 2018 年度相比,收支总计各增加 747.14 万元,增长 53.84%。2020 年完成工业有效投资 2.66 亿元,同比增长 1892.87%(见表6-1)。近年来获评浙江省生态镇、浙江省旅游强镇、

表 6-1 下王镇部分村庄发展基本情况

村名	户籍人口	户数	旱地面积(亩)	林地面积(亩)	水田面积(亩)	主要农产品
石溪村	1505	500	351	10047	583	茶叶、板栗
泉岗村	1346	535	226	14092	1827	茶叶、稻米、西瓜、芋艿、盐卤豆腐
上店村	1727	544	876	10548	1089	茶叶、毛竹、板栗
大青山村	1447	528	174.5	15164	183	茶叶、毛竹
梅坑村	1404	491	128	11974	564	茶叶、毛竹、竹笋、板栗
小溪村	1951	687	902	9955	457	茶叶、毛竹、水稻、蚕桑

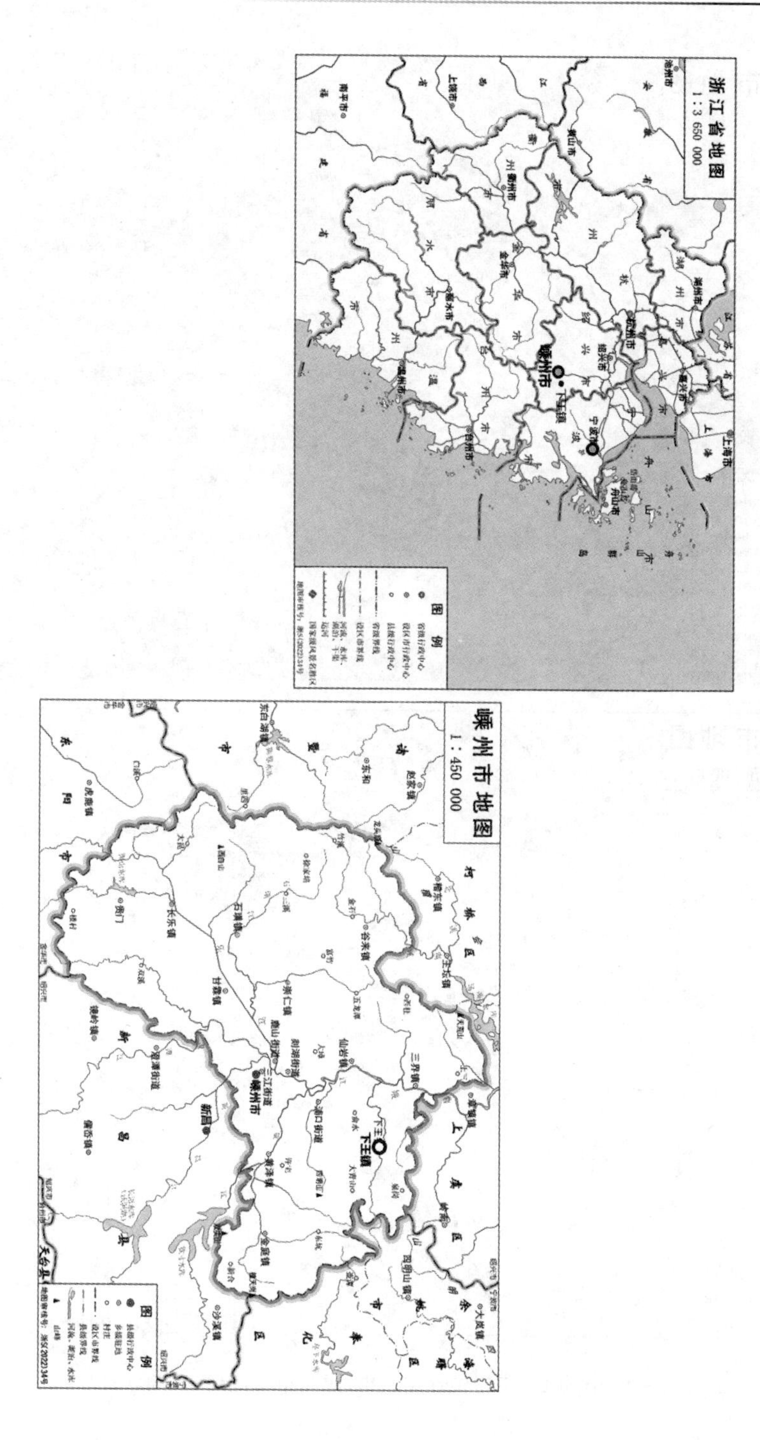

图 6-1 调研路线图

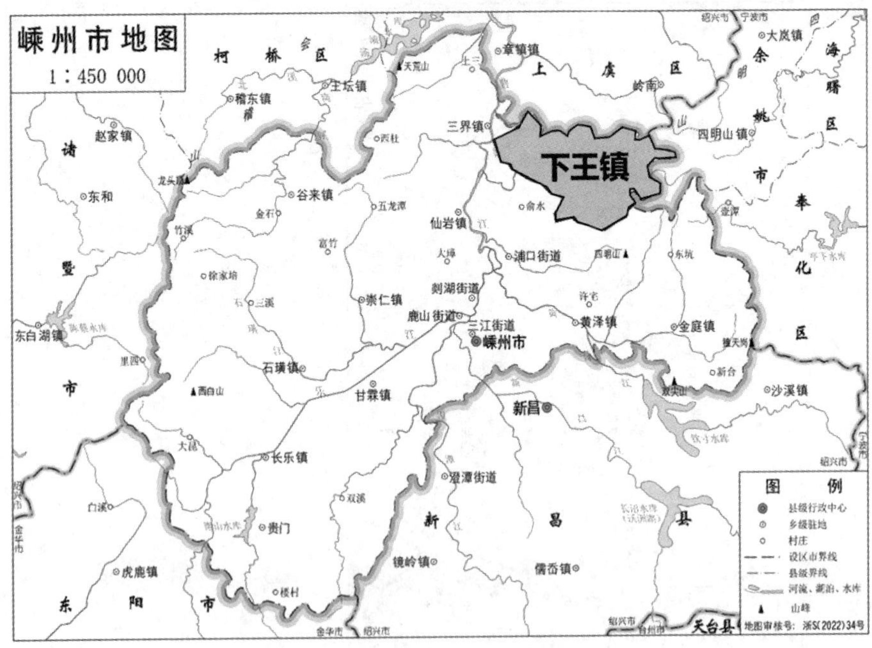

图 6-2 下王镇在绍兴市、嵊州市的区位

浙江省 4A 级景区镇、浙江省卫生镇、浙江省“五水共治”优秀乡镇、浙江省美丽乡村示范镇、浙江省小城镇样板镇、绍兴市级文明镇、绍兴市无违建乡镇等。

6.1.2 交通区位分析

嵊州市属浙江省“一小时经济圈”,位于杭州、宁波、温州、金义四大都市圈的十字交叉点上,是义甬舟开放大通道的中心节点城市,也是宁波都市圈的重要组成部分,未来将打造成为浙东地区重要的交通枢纽型城市。下王镇位于嵊州市东北部,镇内各村间有公路连接。下王镇西侧有一条高速(G1522)和一条国道(G104),使下王镇与上虞高铁站车程约 54 分钟,下王镇进入杭州、宁波 2 小时,上海 3 小时交通圈。

6.1.3 发展规划定位

在嵊州市“十四五”规划纲要提出的“以浙东唐诗之路、环四明山等为主轴线,共建甬嵊特色文旅发展带,联合打造四明山国家森林公园休闲体验区”的基础上,将下王镇定位为甬嵊特色文旅发展带“金名片”,四明山国家森林公园休闲体验区“文旅融合”精品镇。

6.1.4 发展基础

(1)美丽乡村建设

下王镇积极响应浙江省 2003 年发起的“美丽乡村”建设,树立和践行“绿水青山就是金山银山”的理念。2009 年,下王镇成立农村公路管理养护领导小组,并印发《下王镇农村公路管理养护实施细则》,实施美丽公路建设。2015 年,下王镇发布《下王镇农村环境卫生专项整治工作方案》,改善农村环境卫生状况,扎实推进美丽乡村建设。2018 年来,下王镇以美丽庭院建设为抓手,创建美丽庭院示范户,实现示范引领作用。同时,下王镇在十八都江“五水共治”中充分发挥村嫂志愿队的力量,将美丽河湖建设与小城镇建设、精品村创建等紧密结合,获评浙江省“五水共治”优秀乡镇。

(2)旅游资源基础

运用原国家旅游局(现为文化和旅游部)制定的《旅游分类、调查与评价》(GB/T 18972—2003),从地文景观、水域风光、生物景观、遗址遗迹、天象与气候景观、建筑与设施、旅游商品、人文活动 8 个方面对下王镇的旅游资源进行了分类与归纳(见表 6-2)。

表 6-2　下王镇旅游资源统计表

主类	亚类	基本类型
A 地文景观	AA 综合自然旅游地	覆卮山风景区
	AB 沉积与构造	玄武岩柱状节理
	AC 地质地貌过程形迹	动石山、七丈岩、风动岩、老虎岩、三步跳峡谷、避暑洞
	AD 自然变动遗迹	冰川石河、石浪飞花、玄武岩石柱林
B 水域风光	BA 河段	十八都江、四都江
	BB 天然湖泊与池沼	龙潭、老酒潭
	BC 瀑布	小瀑布
C 生物景观	CA 树木	竹林、枫杨古树
	CB 草原与草地	滑草场
	CC 花卉地	千亩樱花
D 天象与气候景观	DB 天气与气候现象	大岭头云雾
E 遗址遗迹	EA 史前人类活动场所	泉岗古村
	EB 社会经济文化活动遗址遗迹	青岩战斗遗址
F 建筑与设施	FA 综合人文旅游地	俞氏宗祠、俞家大院、俞丹屏纪念馆、石舍森林公园、村嫂公园、中国煇白茶博物馆、“三五支队”红色体验营、村嫂陈列室、下王农贸市场
	FB 单体活动场馆	家宴中心、音乐喷泉
	FC 景观建筑与附属型建筑	侯王庙、远教广场、党建广场、上坎台门、贞节亭、老台门、家训家规文化长廊、墩睦亭
	FD 居住地与社区	将军府、俞家大院、“三五支队”革命史馆、起祥小学旧址
	FE 归葬地	俞桂轩墓
	FF 交通建筑	谢公道、覆卮山游步道
	FG 水工建筑	三步跳水库、千亩梯田

续表

主类	亚类	基本类型
G 旅游商品	GA 地方农副产品	前岗煇白茶、高山大米、笋丝霉干菜、烤笋、樱桃、板栗
	GB 地方特色小吃	廿四碗、下王大糕、嵊州炒年糕、炒榨面、嵊州糟货
H 人文活动	HA 人事记录	谢灵运、俞丹屏
	HB 艺术	村嫂文艺队
	HD 现代节庆	风筝节、民俗节、乡村文化节、村嫂节
	HE 传统技艺	炒茶、做豆腐、竹编

6.1.5 下王镇产业发展概况

(1)文旅基础

围绕市委市政府提出的“碧山、蓝天、绿色、宁静”全面保护生态环境,发展生态经济的思路,下王镇结合当地优势自然资源及历史文化,打造以休闲旅游、生态旅游、红色旅游为特色的休闲旅游区为总体目标。牢牢秉持“生态立镇、旅游强镇”理念,抓住美丽集镇创建的有利契机,规划先行,统筹布局,打造宜居宜业宜游的“都江驿站,和美下王”。围绕十八都江国家 3A 级旅游景区提升,创建浙江省 4A 级旅游镇,打造“卮山探云、清溪寻幽、玄武观石”的精品旅游线路,主动接轨上虞、余姚、宁波等地协同发展,打造“文旅融合”精品型特色美丽城镇。文化赋能,整合煇白茶文化、三五支队红色文化、谢灵运山水文化、廿四碗乡村美食文化,走文旅融合的新型旅游发展道路。

①自然资源:下王镇位于四明山区西南部,崇山峻岭、茂林修竹、溪水清澈。下王镇自然资源丰富,旅游项目繁多,是浙江省旅游强镇和浙江省 4A 级景区镇,拥有国家 3A 级旅游区——十八都江风景旅游区(省级美丽河湖)、玄武岩地质公园、4A 级覆卮山景区(省内百大避暑胜地)、高山滑草场以及意识形态喷泉等优质旅游资源。

当地自然风光优美,“十八都江清溪漂流”项目是十八都江休闲体验游憩带的主体景点,处于沙弄至上店河段,沿途水流时而激湍,时而舒缓。两岸视野开阔,山体优美,植被繁茂;田园景观丰富多变,充满乡野情趣。漂流其间,游客可充分体验回归自然、亲近山水、爽人悦目的一路胜景。

玄武岩地质公园火山节理地质景观则位于十八都江附近的石舍村。林木葱茏，悬岩如壁，结晶状的石柱依势排列，形同一排排木头，又似琴键，气势磅礴，蔚为壮观。此处还为石舍村 500 人全家福拍摄地，是网红打卡胜地。

覆卮山地处 861 米高山，为嵊州六大名山之一，空气清新，山上四季翠绿，鸟语花香。并且拥有大小 12 条石浪冰河遗迹，石浪下汩汩流水，大旱不涸，古称龙窟。此外，覆卮山上还建有高山滑草场和度假村。

②人文资源：下王镇是四明山革命老区——浙东抗日游击纵队"三五"支队根据地，依托这一红色基础，政府整合三五支队红色文化，开发沙弄村"红色体验"拓展项目，串联上店村、大青山村等革命史迹红色资源，形成了以展现和体验新四军"三五"支队激情岁月为主要内涵的红色文化旅游项目，其中既包括传统的史料陈列室，还建有多主题模拟场馆。目前该地已成为嵊州市的特色文化旅游区与革命传统教育和爱国主义教育基地。

同时，下王镇还是以"善治"为取向的"村嫂"志愿服务队的发源地。为加大旅游宣传，下王镇举办了第二届人文下王——村嫂志愿暨民间人才民俗文化艺术节，该活动吸引了近千人参与。此外还举办了嵊州市第四届微型山地马拉松休闲大会暨下王镇第八届乡村旅游节，将运动风与自然美、志愿红融为一体，充分利用国家 3A 级旅游景区资源优势，打造"醉"美樱花赛道，吸引了 362 名运动员报名参加。

(2)下王镇农业基础

下王镇目前以传统农业为主要产业，其中农业以种植水稻、茶叶、油菜为主，尤以名茶"前岗煇白"著称。依托山区地形，下王镇发展了千亩樱花、千亩梯田等特色山地农业，拥有丰富的农业资源，并形成了悠深的农耕文化。

①茶叶：下王镇茶事活动历史悠久，全镇有 8500 余亩茶叶，年产值约 5500 万元。当地政府发展油茶基地，打造油茶基地 3000 亩，产量每年递增。其中，前岗煇白茶颇负盛名，它品质高，形味俱佳，自清代就已驰名全国。近年来前岗煇白茶屡获嘉奖，畅销多地。前岗煇白品牌于 2013 年被评为浙江省著名商标，2014 年被列为非物质文化遗产，2018 年被认定为绿色食品，2019 年被评为浙江老字号品牌，荣获中华第 15 届老字号博览会金奖，且前岗茶园入选浙江最美田园。

②大米：樟家田村地处覆卮山山脚，海拔在 450 米左右，终年云雾缭绕，水稻、蔬菜生长期长。单季稻清明下秧，5 月播种，10 月收割，生长期长达 180 天。再加上樟家田村民在种植谷物时不施加农药，因此樟家田高山大米不仅绿色环保，并且口感糯软细滑，深受消费者欢迎。

③板栗:板栗是下王镇的特色农产品之一,几乎家家户户都种有板栗树,少则几棵,多则几亩甚至几十亩。据统计,全镇的板栗产值已在 200 万元以上。其中上店村利用大面积荒山,自 2000 年起发展板栗基地,目前已达到约 2000 亩左右,其中 1000 亩已经成林。2008 年板栗总产量约 5 万公斤,产值 35 万元左右。

④樱桃:下王镇地处四明山麓,海拔 700 余米,云雾缭绕、溪水淙淙。肥沃的土壤和独特的气候条件造就了颗粒圆润、色泽红艳、口感清甜的樱桃,深受游客喜爱,每年樱桃季都会吸引大量游客前来采摘。其中高彦岭村已拥有百年樱桃种植历史,是远近闻名的“樱桃村”,平均每户种植 3 亩左右的花木和樱桃,目前全村共有 370 多亩的樱桃种植面积,每年给村民带来户均 5000 元的收入。

⑤笋:下王镇梅坑村地处四明山麓,村内田少山多,山林总面积达 9800 亩,其中竹林面积就超过了 5000 多亩。俗话说得好,靠水吃水,靠山吃山,这满山的绿色宝藏培育了当地独有的黄杆笋。2005 年,梅坑烤笋被命名为绍兴市绿色森林食品。2007 年,借助行政村规模调整的契机,拥有丰富黄杆笋资源的梅坑、裘村岭、农林村三村合并,政府则通过统一规划,成片开发,建成了黄杆笋基地。有了基地的依托,“梅坑烤笋”相关产业迅速发展,笋农的收入大幅度增长。

6.1.6 下王镇总体发展 SWOT 分析

(1)优势

政策优势:在省级层面,浙江省委、省政府编制《浙江省乡村振兴战略规划(2018—2022 年)》,对浙江省实施乡村振兴战略作出阶段性谋划。市级层面,《绍兴市乡村振兴战略规划(2018—2022 年)》也已正式发布,绍兴市将实施“七大行动”和“十大工程”,其中“七大行动”为城乡格局构筑行动、乡村产业振兴行动、新时代美丽乡村建设行动、乡村文化繁荣行动、乡村治理创新行动、美好生活创造行动和政策体系构建行动,“十大工程”涉及农业提质发展、一二三产融合、产业平台培育、美丽生态保护与修复、新时代美丽乡村建设、乡村文化振兴、乡村治理提升、基础设施升级等方面。这对下王镇实施乡村振兴战略,打造“和美下王”“山水下王”是一个很好的优势。

产业优势:下王镇现状产业以传统农业为主,在此基础上有丝织、农机、榨油、车木等乡镇企业。其中农业以种植水稻、茶叶、油菜为主。全镇有 8500 余亩茶叶,年产值约 5500 万元,“前岗辉白茶叶”被评为浙江省著名商标,实现茶叶品牌化。打造油茶基地3000亩，正进入盛产期，预计产量将以每年50%的速度递增；木基地达11000亩，产值约1.5亿元。为推进农业产业化，下王镇在完善土地承包、集体林权改革制度的基础上，通过规划引导、典型示范、龙头带动，全镇形成了五大体系农业生产示范基地，各村依据自身优势农产品打造包括无公害大米、黄杆笋在内的多样化示范基地。除基本农产品外大力开发旅游休闲农副产品，培育依托当地作物的特色产品，如烤笋、果干等，打造本土品牌并予以推广，促进农民增收。

生态优势：下王镇地处四明山主峰北面，当地崇山峻岭，茂林修竹，溪水清澈，山水自然条件优越。十八都江水系贯通全镇，居民点沿溪布置，坐拥碧水蓝天；覆卮山地处861米高山，空气清新，山上四季翠绿，鸟语花香，可谓避暑胜地。下王镇群山环抱，碧水长流，自然风光清新秀丽，拥有良好的生态基底。

资源优势：下王镇拥有国家3A级旅游区——十八都江风景旅游区（省级美丽河湖）、玄武岩地质公园（500人全家福拍摄地）、4A级覆卮山景区（省内百大避暑胜地）、高山滑草场以及意识形态音乐喷泉等优质自然旅游资源。且其作为四明山革命老区——浙东抗日游击纵队根据地，形成了以展现和体验新四军“三五”队激情岁月为主要内涵的红色文化旅游项目，已成为嵊州市的特色文化旅游区与革命传统教育、爱国主义教育基地。同时下王镇是以“善治”为取向的“村嫂”志愿服务队的发源地，首创村嫂品牌，普及志愿服务精神。丰富的自然资源和人文资源为下王镇发展全域文旅提供了十分有利的条件。（见图6-3）

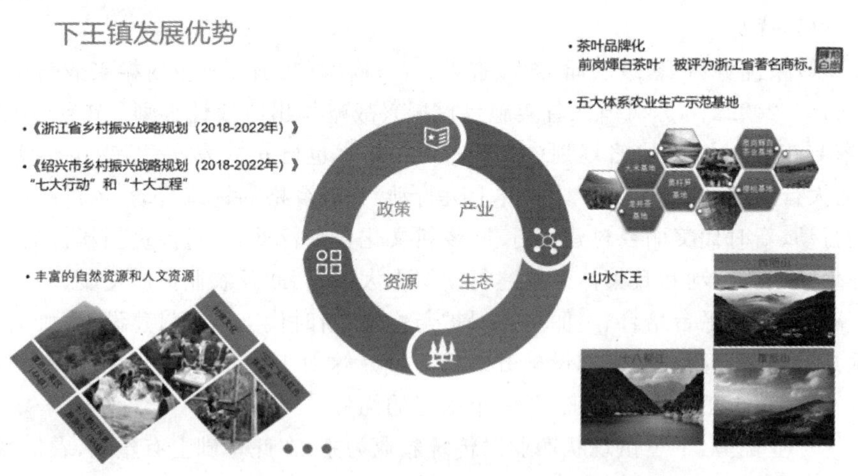

图6-3　下王镇发展优势示意图

(2)劣势

镇域初始发展经济薄弱：下王镇地处山区，经济基础薄弱，全镇经济总收入及农民人均年收入均处于较低水平，虽然城镇经济有所发展，但全镇经济基础仍旧十分薄弱，不利于城镇建设。

人口外流，青壮年劳动力不足：据统计，2019 年下王镇镇域面积为 85.05 平方公里，下辖 8 个行政村，而人口数仅达到 12549 人，出现严重的人口外流情况。在实地调研的过程中了解到，由于下王镇经济发展缓慢，当地年轻人多选择外出打工，逢年过节才会回来，孤寡老人和留守儿童现象极为严重。大量年青人口外流，致使劳动力不足，严重阻碍下王镇的总体发展。

区位优势不明显，交通条件有待改善：下王镇位于嵊州市东北部边缘，四明山主峰北面，是个多高山少良田的山区镇。镇域范围内村庄零散分布，且贯通于村庄之间的公路较为狭窄。2017 年，绍兴市开始实施“村村通公交”三年行动计划，嵊州交通部门对部分公路进行了改造提升，在一定程度上改善了基本的交通状况。但当地城乡公交班次少和公路硬化等因素阻碍了人们在全镇的畅行，不利于村与村之间的交流，不利于全域文旅的发展，更不利于下王镇的总体发展。

旅游景点规模小且零碎分散：下王镇旅游资源丰富，但旅游景点规模小且分散，内涵单薄，不够丰满，再加上观赏性不强，对游客吸引力不足。同时分散的旅游景点间却不具备公共交通便以通行，大大削弱了游客前往的主动性和积极性。此外，大部分景点鲜为人知，甚至连本地人都未必知晓。如泉岗古村的古宅虽久负盛名，但却人迹罕至，冷冷清清。

土地利用碎片化：下王镇地处四明山主峰北面，地形起伏较大。当地茶园零碎分布，难以形成连片的景观带。再加上村庄老龄化严重，众多老年人因身体原因选择小面积种植农作物或放弃田间耕作，大面积土地被闲置。而集体土地也因地理位置不佳和基础设施条件落后，难以流转为资本。

(3)机遇

政府大力支持：当前乡村振兴战略备受重视，小城镇在构建新的城镇发展格局、助力乡村振兴及城乡融合中发挥的独特作用得到充分重视，成为小城镇发展有利的环境和政策。此外，为贯彻落实乡村振兴，绍兴市以“五星达标、3A 争创”为抓手，着力推进乡村“产业兴旺、生态宜居、乡风文明、治理有效、生活富裕”，推动农村发展在全域层面提升。在政府的大力支持下，下王镇能更系统全面地落实乡村振兴相关要求，并形成自身特色。

慢旅行热：随着社会经济的快速发展，人们逐渐形成了快节奏的生活状态。在这种快速、高压的"快生活"下，人们开始向往"慢生活"，同时一种新兴的品质生活"慢旅行"开始进入大众视野。相较于碎片化、功利性的"快旅行"，人们更愿意在旅游时慢慢游、细细品、静静思、深深感，让心灵带身体旅行，以慢游求快乐。在慢旅行热背景下，下王镇将休闲旅游、生态旅游、红色旅游融合形成全域文旅，给全国各地的游客提供绝佳的慢旅行地。

(4)威胁

资源要素流动问题：首先，在等级化的管理体系下，易产生资源配置不均衡的问题，大城市依托原有优势及政策倾向往往能够获得更加丰富的资源，小城镇在一定程度上被忽视。其次，传统上地区发展都是小城镇引领乡村的模式，但在乡村振兴战略背景下，各地均出现建设乡村的高潮，随着各种资源向乡村倾斜，小城镇获得的资源将进一步减少。因此下王镇面临资源严重缺乏的现状。

周边旅游同质化，区域竞争激烈：四明山区地域接近，山村风光景色相似，旅游同质化现象严重，下王镇要想打造个性化的乡村旅游必须立足自身特色，否则难以形成强有力的竞争力。另外下王镇发展全域旅游的宣传渠道有限，在游客中的知名度不高，没有打出旅游品牌。在政策支持下我国特色小镇建设不断推进，产生激烈的区域竞争，下王镇的发展环境日益严峻。

总体上，下王镇人文底蕴深厚，自然资源得天独厚，拥有国家3A级风景区——十八都江风景旅游区、4A级覆卮山景区，是浙江省旅游强镇、浙江省4A级景区镇，但是文旅资源整合尚不完备，且没有一本完整的旅游规划，吸引游客、留住游客成为一大难题。旅游产业发展遇到了瓶颈，同时传统农业也面临着改革的挑战(见图6-4)。

当前全国各地都在推行乡村振兴战略，这对下王镇来说既是机遇也是挑战。首先，下王镇应立足当地特色资源并深入挖掘，融合休闲、生态、科普、康养形成全域文旅体系，打造"和美下王"特色品牌。其次，制定优惠或保障政策留住人口，并不断完善基础设施建设，及时修缮道路，加强村与村之间的联合，资源互补，谋求整体发展。此外，在传统农业发展过程中融入科技元素，形成"互联网＋农业"模式，以创新驱动助推农业转型升级。

图 6-4 下王镇总体发展 SWOT 分析示意图

6.2 国内外相关案例借鉴

6.2.1 国内案例

(1)浙江江山

浙江省江山市乡村依据乡村现状进行分析规划,在展现乡村特色的基础上大力发展乡村旅游产业,策划精品路线,如世遗江郎风景线、乡村体验线等。同时在发展过程中积极与村民进行沟通,切实了解村民对于村庄发展的诉求,使规划更具有现实意义。经过一系列美丽乡村建设,江山市不论是在乡村环境方面还是产业文化建设方面都已具有显著成效,并切实提高了村民的收入,大大增强了村民的幸福感。

(2)浙江安吉

作为“美丽乡村”发源地,安吉有较高的品牌意识,其中山川乡在较早时间就对其乡村品牌战略进行了规划,如提炼品牌核心价值、创制品牌符号、制定品牌传播策略、梳理乡村品牌化经营的产品系列,并重构乡村品牌化经营业态和主题,其中共分为 5 大功能区块、8 大功能主题和 14 大业态项目(见图 6-5)。

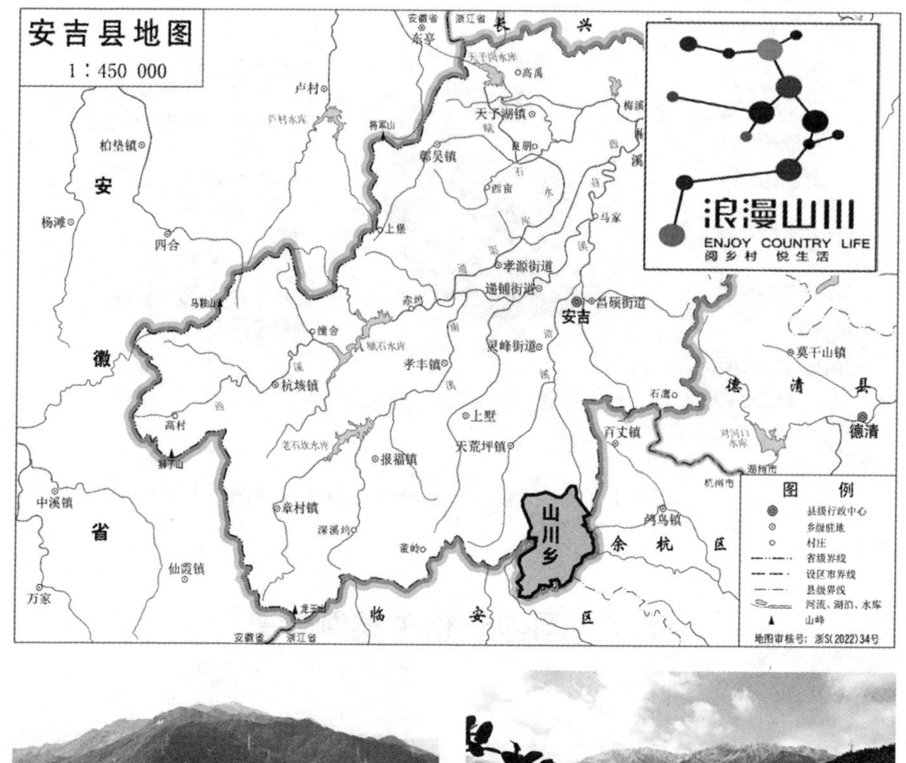

图 6-5　浙江省安吉县山川乡发展概况

(3)福建安溪

安溪县是福建省重要茶叶生产基地,茶叶年产量大且为县内人口提供了大量工作机会,是农民的重要收入来源,也是安溪县的重要经济支柱。安溪县政府重视品牌建设,申请了“安溪铁观音”这一商标,同时政府重视个体企业品牌建设,先后出现了多个中国驰名商标,实现了良好的品牌效应。

6.2.2 国外案例

(1)日本大分县

日本大分县前知事平松守彦于 1979 年发起“一村一品”运动,即依照区域化布局、专业化生产和规模化经营的要求,因地制宜发展有着鲜明地区特色的主导产品和产业,从而形成产业集群,最大限度地实现农村劳动力的就地转移,推动农民增收,建设新农村。在推广“一村一品”运动期间,大分县立足于本地资源优势,注重以市场为导向,看准国内和国际市场,大力发展主导产业。例如:位于大分县南部的津久见市,气候温暖,出产橘子,但当地橘子品质差,没有销路,所以该市开发了柑橘新品种“山魁”。这一品种果汁多,味道酸甜,被喻为“太阳女神”,进入市场后尤其畅销。

(2)日本白川乡合掌村

日本白川乡合掌村被列为世界文化遗产,这代表了国际上认同日本长久以来致力于保护自然人文风貌做出的努力。在传统文化的基础上,合掌村充分挖掘以祈求神来保护村庄、道路安全为题材的传统节日——“浊酒节”;构建乡土商业街,街上每个店都有其特色卖点,它们用工艺性、手工趣味性吸引了大量游客的目光。此外,白川乡坚持产业协同发展,将观光和购物、研学相结合:在旅游过程中引入当地农副产品以及加工而成的健康食品,丰富游客旅游体验,也促进了农产品消费;另外,白川乡与日本丰田汽车制造公司联合利用山间的幽静环境开办学校,作为自然环境教育的主题研究基地。

(3)德国欧豪村

位于德国北莱茵西伐利亚邦的欧豪村是一个仅有 580 位居民的小农村。自 1990 年起,村民因无法忍受欠佳的生活条件,决定进行生态改造。村里铲除了原有的柏油路和水泥路,以植草的地面、透水砖或自然石取而代之。而在旅游业兴起的时代,欧豪村抓住时机,建立聚焦于家庭式农场的旅馆,“小旅馆”也让客人感受到了温馨,一时间欧豪村成了旅游结合农业的典范。在农产品方面,欧豪村只提供牛奶和谷物,并没有做成奶油或干酪,以及其他谷类制品。随着口碑传播,欧豪村的业务开始扩张,渐渐地每天都有贸易商的货车前往欧豪村运送新鲜、有机的产品,而这些生态农产品也渐渐掳获人们的认同与需求。

6.3 全域文旅融合规划设计构想

6.3.1 设计理念

坚持“绿水青山就是金山银山”根本发展理念，以“两美”浙江为总体战略方针，按照美丽乡村建设“四美、三宜”具体要求，深入挖掘村镇特色资源，将地域内自然人文资源整理、整合，全力打造下王镇“以文促旅，以旅彰文”的全域文旅体系，在促进旅游效益增长的同时，有效弘扬下王镇红色革命文化和村嫂文化，使文化与旅游实现有机融合。在此基础上，完善运动休闲设施，促进健身与旅游融合共生；发展研学旅行，将体验式教育和研究性学习融入全域文旅体系，增加下王镇资源的学习价值。此外，发展新时期农业，壮大下王镇优势产业——茶产业，重点整合下王镇茶叶资源，建立茶叶品牌。坚持创新发展，于乡村业态、发展模式、运营模式、宣传模式等方面进行创新，塑造和美的下王“新”镇（见图 6-6）。

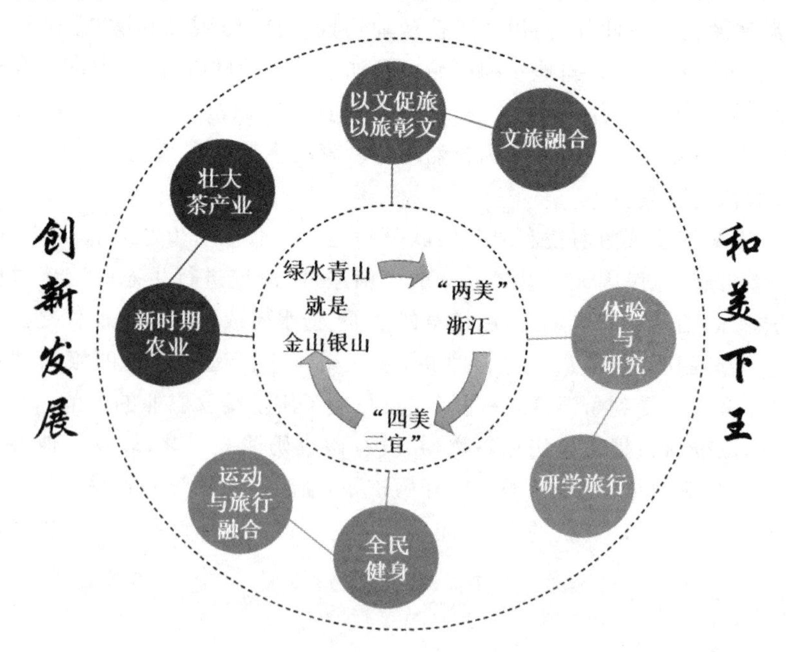

图 6-6　下王镇全域文旅融合规划设计理念示意图

6.3.2 设计原则

生态立镇原则:作为旅游强镇的同时,下王镇应始终坚持生态立镇原则,坚持“绿水青山就是金山银山”,保护下王镇得天独厚的生态环境,尽量减少或避免对其优质生态资源的破坏。

文旅融合原则:文化是旅游的基础,旅游是传播和宣传文化的载体。下王镇历史悠久,文化底蕴深厚。古有谢灵运在此饮酒作赋,近有浙东抗日游击纵队“三五”支队在此建立根据地,现又有下王镇首创村嫂文化。因此,在开发旅游资源的同时,将人文体验与旅游相融合,让旅游者在游玩的同时,能够更好地体验当地特色文化。

产业融合原则:如今的农业已不似从前,农产品类型更加丰富,同时衍生出若干以农业为基础的产业活动,特别是信息技术的发展使现代农业的内涵更加丰富,也为农业的发展提供了便捷广阔的平台。在此背景下,依托现代科技,拓宽农业产业链,将其与二、三产业相融合,如发展乡村旅游等,将为农业农村的发展注入新的活力。

统筹互补原则:立足嵊州市及下王镇的社会经济发展需求,根据下王镇现状发展基础和资源条件,综合考虑未来发展方向,统筹各居民点规模及功能定位,落实相应等级的配套设施。充分挖掘下王镇物质文化优势资源,实现经济价值链条的延伸和增值,助力乡村旅游实现多元价值链的转型升级。同时,基于村落地理位置以及各村的自然资源、产业基础等特点,统筹规划,实现各村特点突出,既相互联系又相互补充的发展格局,避免各村发展单一重复。

6.3.3 目标定位

借助农文旅融合的形式,打造以“朝花稀石,茗动越乡”为主题的休闲乡村旅游强镇(见图 6-7)。

朝花:下王镇泉岗村至覆卮山顶沿途的千亩樱花因海拔较高、气温较低,延后至 4 月中下旬才竞相开放,山风吹来,成片粉色的花瓣飘落,这一盛景为下王镇吸引来了众多游客。打造樱花景观赛道的微型山地马拉松,形成特色风景线,让樱花景观不再拘泥于观赏拍照。

稀石:下王镇石溪村拥有面积广阔的玄武岩柱状节理群,通过旅游创意设计,依托当地丰富的玄武岩材料,设计玄武岩特色游、玄武岩特色民宿与玄武岩文旅产品,实现玄武岩的多功能发展利用。

茗动:茶叶是下王镇的农业特色,尤以前岗煇白茶为主要代表,它也成为

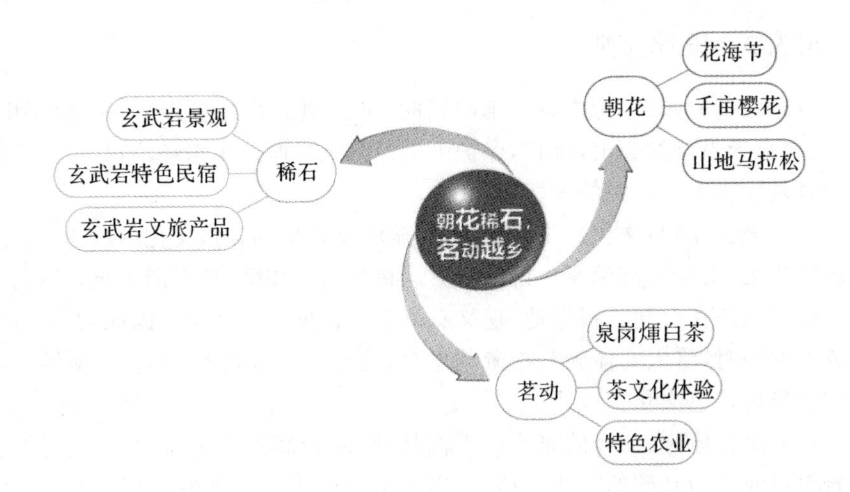

图 6-7　下王镇全域文旅产业规划设计目标定位示意图

下王镇的一张名片。基于丰富的茶叶资源，在下王镇发展以茶文化为主的特色旅游，宣传推广当地特色茶叶，促进茶叶的生产、消费以及游客与其的体验互动，让游客实现科普、休闲、游玩三重体验。并以此为契机，构建多元农业板块，发展悠深的农耕文化，壮大农业产业。

6.3.4　技术路线与突破点

(1)技术路线(见图 6-8)。

(2)突破点

①推动产业融合：产业融合能够使得不同产业间的活动相互渗透从而形成新的产业，基于旅游业的产业特点，能够很好地从纵向和横向两方面进行产业链的延伸和拓展。产业融合过程中不能忽略农业农村的发展规律，需要依据各地特色资源优势，实现农业发展方式转变与农民增收。

②开发旅游运营新模式：深入挖掘旅游资源，培育下王镇旅游新业态。借助互联网平台集聚能力强、覆盖范围广等优势，将下王镇分散的旅游资源聚集起来并宣传推广出去。同时，改变原有的旅游运营模式和理念，细分游客市场，针对不同的游客设计不同的旅游方案，达到旅游最佳效果。

③打造旅游专题：将下王镇原有旅游资源进行统筹规划、全面布局，借助鲜明的品牌特色和深厚的文化底蕴，在旅游中融入文化、教育、农业等元素，打造四个特色旅游专题，推荐旅游精品路线，丰富旅游内涵。

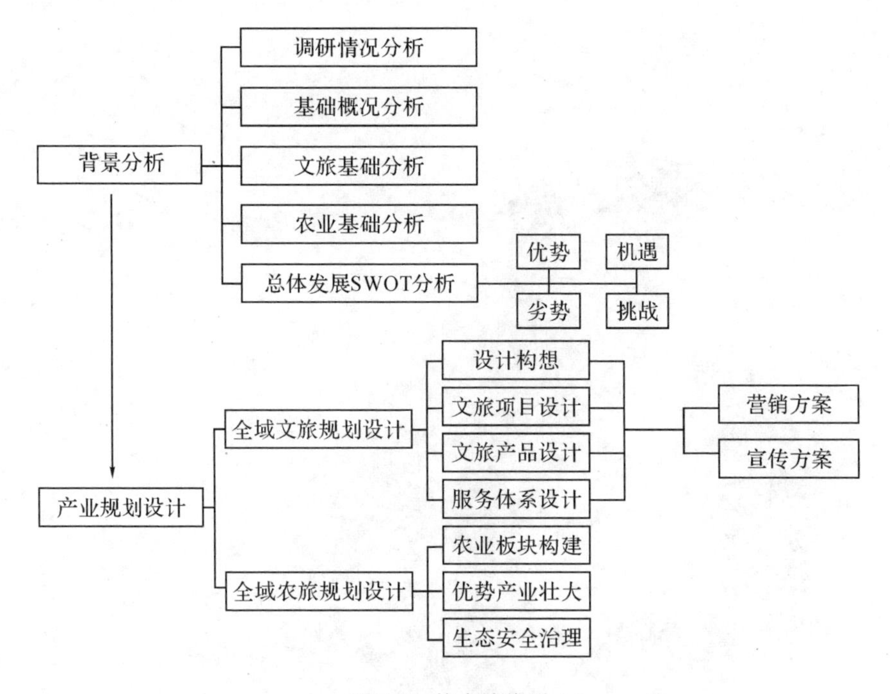

图 6-8 技术路线图

6.3.5 全域文旅空间布局

下王镇旅游资源丰富且分布较广,自然景观、人文风貌兼而有之。结合全域文旅的理念,在下王镇行政管辖区域范围(涵盖 8 个行政村)将下王镇旅游空间布局划分为“一心二轴三区四专题”(见图 6-9):提升一个核心、构建两条旅游发展轴,发展三个农业重点区划,重点打造四个旅游专题。

一心:以下王镇政府驻地,即全域中心下王村为中心开展旅游综合服务。

二轴:以清白线为发展轴;以十八都江为观景带。

三区:包括粮食生产功能区、特色农产品优势区和体验式休闲农产区。其中粮食生产功能区以樟家田村的无公害大米基地为主,特色农产品优势区以泉岗村的前岗煇白茶叶基地为主,体验式休闲农产区以日月村和高彦岭村的樱桃基地、梅坑村的黄杆笋基地、上店村的板栗基地为主。

四专题:以自然踪迹、人文底蕴、农产体验、研学课堂为四个专题。

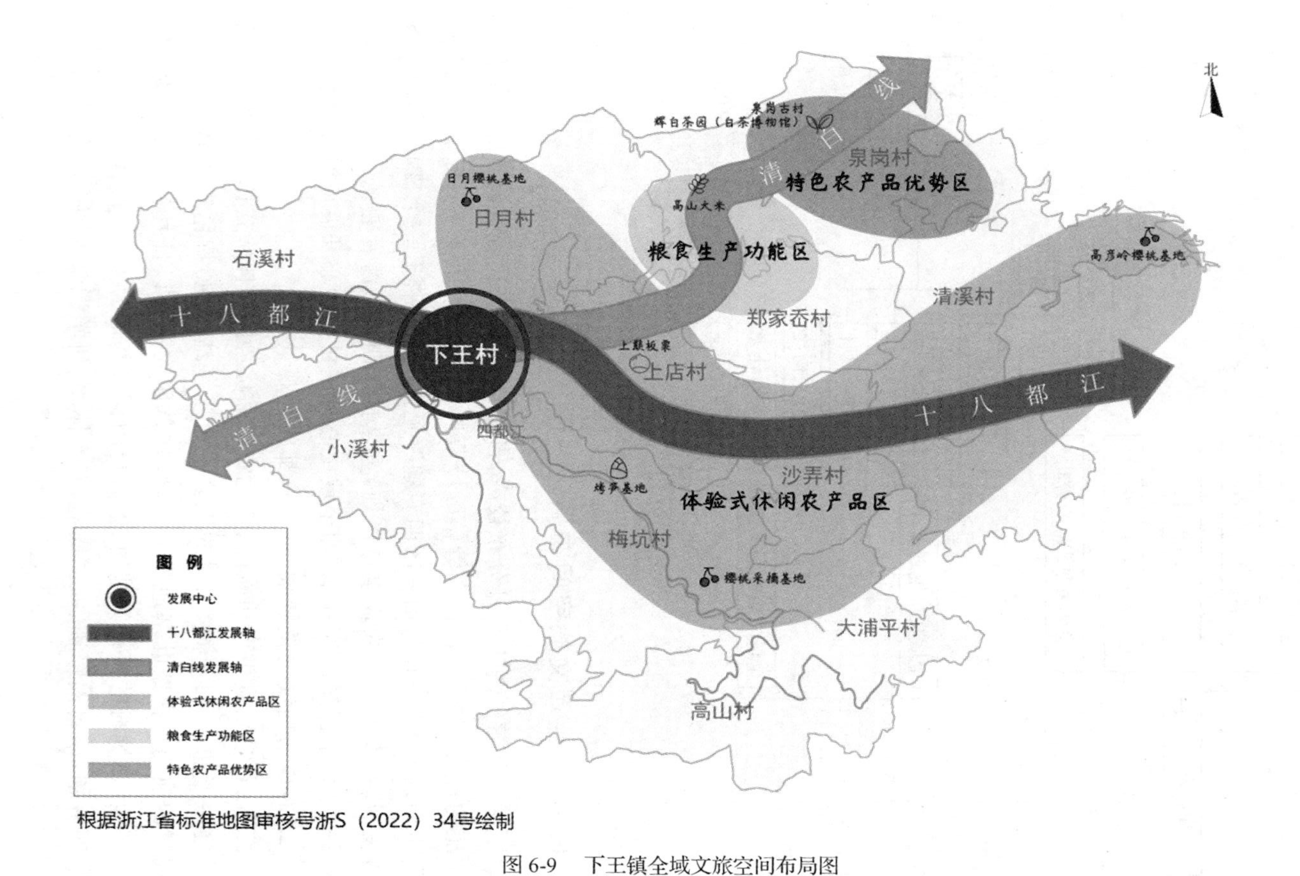

根据浙江省标准地图审核号浙S（2022）34号绘制

图 6-9　下王镇全域文旅空间布局图

6.4 全域文旅项目体系

6.4.1 全域文旅项目简介

依托下王镇丰富的自然资源和人文资源，在分析各村庄特色的基础上，打造自然踪迹、人文底蕴、农产体验、研学课堂四大全域文旅项目专题（见表 6-3、图 6-10）。

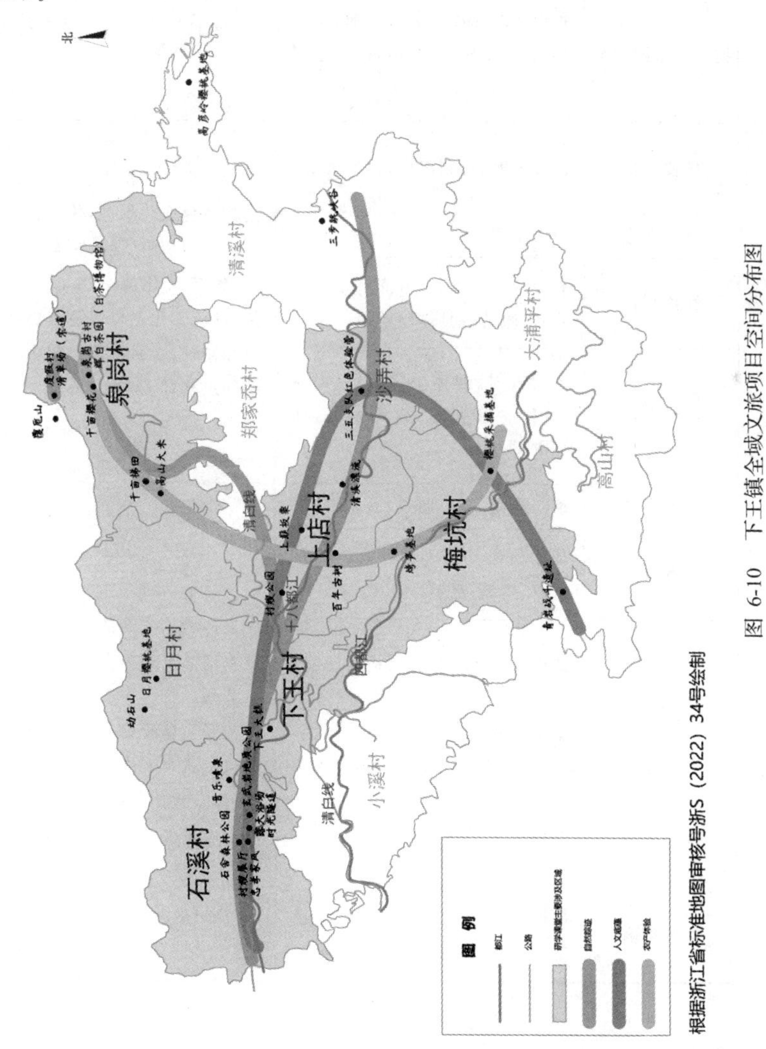

图 6-10 下王镇全域文旅项目空间分布图

表 6-3　下王镇全域文旅项目组图格局

专题	设计	项目	创意
自然踪迹	石韵悠悠载故里	玄武岩地质公园、玄武桥、玄武岩主题民宿、玄武岩创意设计展销	以“自然原生态”为发展理念，发展旅游观光以及生态游玩产业，建成集“吃、住、行、游、购、娱”六位一体的下王自然旅游体系。充分展现当地玄武岩石韵、十八都江水语、林木下王、山水覆卮的特色。
	都江之水石上流	清溪漂流	
	一草一木皆风景	石舍森林公园、百年古树	
	趣游山水醉覆卮	覆卮山度假区、冰川石浪、千亩梯田、千亩樱花、四堡古村、东澄农庄	
人文底蕴	村嫂文化	村嫂公园、村嫂展厅、村嫂墙绘	挖掘特色文化景观，传承村嫂文化“真情为民暖人心”的无私奉献精神，家族文化凝聚人心的团结精神，红色文化不畏艰险英勇战斗的革命精神，古村文化追溯中华文明的探求精神。
	家风文化	最牛全家福	
	红色文化	青岩战斗旧址、三五支队红色体验营、激情岁月体验营地	
	古村文化	泉岗古村、起祥小学旧址、上坎台门、俞家大院、俞氏宗祠、谢公道	
农产体验	品茗寻幽	茶园观光、DIY 制茶、品茶	发展体验式农产活动经济，利用当地农产品种类丰富的优势，将生产工艺融入特色农产，生产、加工、销售与观光体验结合，开发面向游客的沉浸式农产体验服务，打造集休闲、体验生产、教育等一体的特色旅游农场群。
	青青竹笋	基地参观、挖笋、剥笋壳、洗笋、切笋、烤笋、品笋	
	一栗云巅	知识科普、菜肴品尝、板栗展销	
	幸福红樱	樱桃科普、樱桃采摘、樱桃品尝、果树认领	
	高山大米	科普教育、体验活动、休闲游乐、劳动教育	
	玄武蜂巢	蜂巢亲子主题乐园、养蜂采蜜体验、知识科普、亲子寻蜜之旅	

续表

专题	设计	项目	创意
研学课堂	山水下王	野外综合实践学习	以“山水下王”为主体,主打玄武岩系列项目;以农产品研学、村嫂文化研学为两翼:农产品研学以“科普+体验”为创办形式,主打茶特色,辅以樱桃、板栗、竹笋等多种农作物;村嫂文化研学以“了解+参观”为创办形式,体悟村嫂文化。
	丰收下王	农产品研学	
	和美下王	村嫂文化研学	

在乡村振兴战略指导下,以“山水、田园、乡情”为核心引领下王镇全域文旅发展,深挖历史人文情怀,打造网红农创爆款,推动下王经济健康、快速、可持续发展(见表 6-4)。

表 6-4　全域旅游产品体系

产品类型	功能分类	体验项目
农业观光	观赏游览、果蔬采摘、品尝购物	花海、茶园、板栗园、千亩梯田、千亩樱花、采摘基地、特产展销(前岗煇白、玄武黑米年糕、下王大糕、高山大米)、东澄农庄
休闲度假	疗养休憩、全民健身、休闲娱乐、美食鉴赏、品质民宿、网红打卡	水上乐园、清溪漂流、微型山地马拉松、环山骑行道、音乐喷泉、景观浴场、木屋露营、特色民宿、农家宴、索道、五彩滑草场、生态垂钓、玻璃滑道、风筝跑道、溪边烧烤、叵山探云、时空隧道、激情岁月体验营地、蜂巢亲子主题乐园
民俗文化	家风传承、历史风韵、文创设计、艺术欣赏	家宴中心、循迹唐诗、谢灵运文创、免费全家福体验、特色墙绘、民俗节庆、玄武岩衍生手作馆、3D夜灯投影、最牛全家福
体验教育	研学旅行、红色教育、家风学堂、农耕体验	玄武岩地质公园、村嫂公园、三五支队史料陈列馆、白茶博物馆、农场 & 农园:养蜂采蜜体验、农产收割体验、知识科普
自然生态	清凉避暑、运动野营、返璞归真	天然氧吧、森林公园、游步道、景区登高游览带、冰川石浪

6.4.2 自然踪迹项目专题

范围：石溪村、泉岗村、上巅村、小溪村。

主导功能：自然观光、生态游玩。

项目内容：玄武岩、十八都江、石舍森林公园、千亩梯田、千亩樱花、覆卮山景区、百年古树。

发展思路：以“自然原生态”为发展理念，以当地自然资源为依托，通过对自然景观合理规划并适当改造升级，发展旅游观光以及生态游玩产业，建成集“吃、住、行、游、购、娱”六位一体的下王自然旅游体系，目标为国家 4A 级旅游景区。通过“石韵悠悠载故里”、“都江之水石上流”、“一草一木皆风景”、“趣游山水醉覆卮”四个创意设计来充分展现当地玄武岩石韵、十八都江水语、林木下王、山水覆卮的特色。重点发展玄武岩特色，畅享石韵之美。

(1)石韵悠悠载故里

下王镇玄武岩形成距今已有 250 多万年历史，其玄武岩火山节理形成于第三纪末或第四纪初期，由火山间断性多次喷发，岩浆冷却后风化形成。玄武岩的石层中间有一种固形物，像树根一样“缠绕”于石头的缝隙之中，而且形态各异，“长在”缝隙中，与石块并存。这种呈柱状、截面呈多边菱形、十分规则的岩石，真可谓是鬼斧神工的自然奇观。下王镇玄武岩是至今发现规模最大、保存最完整的柱状节理群，且当地玄武岩数量众多，可多方面加以利用。第一，对研究火山岩浆生成和地质构造具有重要科学价值；第二，具有观赏价值，基于玄武岩出露点分布，打造玄武岩地质公园；第三，建筑价值，玄武岩抗压性强，压碎值低，是良好的建筑材料，可用于建造公路、桥梁、建筑装饰；第四，因其构造独特，外观精美，可用作创意设计原料，如玄武岩杯具、玄武岩饰品等。

玄武岩地质公园：精美之石，一石一画，一石一景，有诗之意境，歌之情怀。石溪村玄武岩地质公园以“玄武岩”为主题，凭借出露的玄武岩节理展现下王镇石韵之美。配以健步登山道，不仅能够观赏沿途丛林风景，还能起到健身的作用。这里既是地理学者的天堂，也是登山爱好者的福音(见图 6-11)。

玄武桥：以玄武岩为原料建造独特的玄武桥，藤蔓缠绕，绿草茵茵，古朴而典雅，行走其上，看小镇炊烟袅袅，听流水潺湲绵绵。

玄武岩主题民宿：依托下王镇丰富的玄武岩材料，发展玄武岩主题民宿，形成下王镇一大特色。利用块状玄武岩铺地，以玄武岩雕饰品装饰墙体，为游客提供玄武岩创意家居用品，以接近原始的力量感化游客。

玄武岩创意设计展销：一石一韵，藏于石中而悟于人心。石之韵犹丽日中

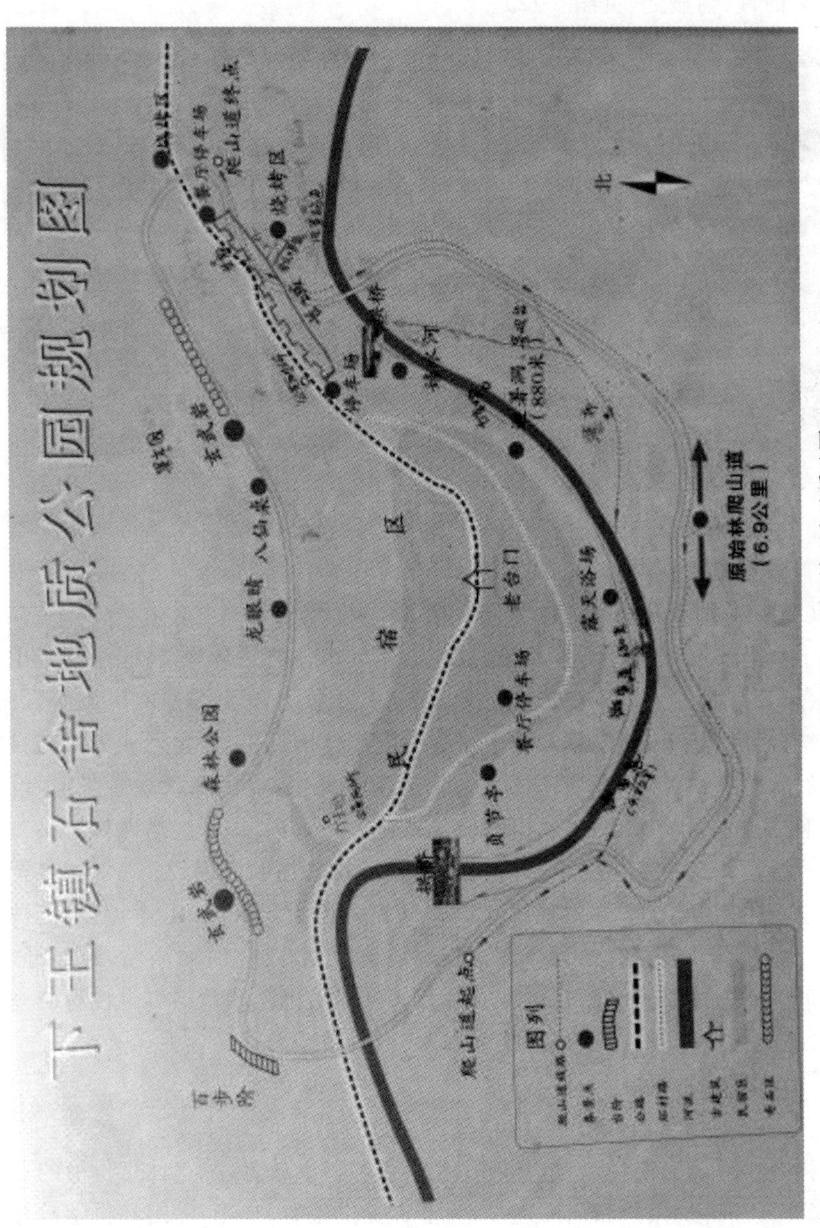

图 6-11　下王镇石舍地质公园

天，万物益而不知；似皓月当空，山川明而不觉；像众星拱斗，普天亮而不显。玄武之韵，以物显之（见图 6-12）。

图 6-12　玄武岩主题产品

（2）都江之水石上流

十八都江水系流经下王镇域，其与沿岸的水体自然景观，共同呈现了山水呼应、风景秀丽的乡镇风貌。依托十八都江，积极开发生态型山水旅游设施，同时结合乡村特色，提供具有原乡野趣的生态休闲设施，力争形成人文与自然并重的旅游项目体系：规划建成一处生态型浴场，打造山水景观游步道，设计意识形态音乐喷泉，并围绕农田和江景新建生态垂钓、山水烧烤区块。

清溪漂流是十八都江休闲体验游憩带的重点游玩项目，建造于沙弄至上店河段，漂程 3200 米，需时约 1 小时。清溪两岸视野开阔，山体优美，植被繁茂；田园景观丰富多变，充满乡野情趣。漂流其间，水流时而激湍，时而舒缓，游客可以充分体验到回归自然、亲近山水的感受，也能欣赏到爽人悦目的一路胜景，还能尽情体验跌宕起伏、动感刺激、释放激情的独特魅力。

（3）一草一木皆风景

石舍森林公园：石溪村青山环绕、碧水中流，村域森林覆盖率较高。以当地森林自然环境为依托，建造具有优美景色和科学教育、游览休息价值的石舍森林公园，经科学保护和适度建设，为游客提供旅游、观光、休闲和科学教育活动的原生态公园片区。同时配以森林公园登山道，让游客不仅能在登山途中欣赏沿途美景，还能达到健身的目的。

百年古树:树者,山之精灵也。无树之山,亦如无水之鱼也。下王百年古树,尤显山之生气、人气、旺气、灵气。同桃源古树成群,独具一格,实为四明山中天然之瑰宝,乃滑动原始森之明星。下王古树,屹立于四明山间,诉说着千百年来的村庄故事。

(4)趣游山水醉覆卮

覆卮山景区以山奇、石怪、田异、水特、村幽、果鲜、茶香这“七绝”闻名,依托山林徒步道,该区倡导悠然自得的休闲旅游方式,引入“度假山庄、山间野味、休闲农作、蔬果采摘”主要业态,融合“农耕体验、田园度假、休闲垂钓、乡野骑行、果品采摘、香草养生、山地运动”等旅游活动,让旅游者在覆卮山景区内休闲度假的同时,尽情地享受乡间慢生活,无限满足都市居民向往田园风光、渴望农村文化与生活体验的心理需求,打造一个令人心驰神往、渴望回归的美丽家园、生态家园和精神家园。

覆卮山度假区:覆卮山度假村集餐饮、住宿、娱乐、休闲于一体,建有滑草场、射击场、休闲健身运动中心、棋牌室、会议室、篮球场、乒乓球、台球、钓鱼场、游泳池、舞厅等娱乐设施,其中滑草场总面积达 1 万多平方米,为华东第一大滑草场。

冰川石浪:覆卮山景区冰川石浪是国内低纬度、低海拔地区发现的规模最大的石浪群,堪称地文奇观,拥有极高的科学研究价值(中国地质科研院韩同林研究员认为这是形成于 300 万年前的第四纪冰川遗迹)。景区内有大浪、小浪、梅浪、乌浪、响石浪等大小不等的 12 条石浪。基于独特的冰川资源,当地已连续举办七届“覆卮山攀浪节”,其品牌在市内外的影响力越来越大,已经成功走出上虞、绍兴等地,向台州、杭州等地辐射,并成为“四季仙果之旅”生态休闲旅游节的重要组成部分。

千亩梯田:覆卮山北坡孕育了由冰川遗迹中的岩块砌筑而成的千亩梯田,在绿色农业的背景下,不仅能创造一定的经济价值,同时也具有较高的观赏性和体验性。

千亩樱花:“樱花树下送君时,一寸春心逐折枝。”樱花象征着爱情与希望,承载着诗人的灵性与情感。泉岗村的千亩樱花一树一树地盛开,绚烂夺目;一缕一缕的暗香,萦绕浮动。于泉岗邂逅一段缘分,不负樱花的热情相拥,不负春天的苍翠欲滴。

四堡古村:古村坐落于覆卮山山腰地段,这里古屋、古道、古树相映成趣,宛若人间仙境。村民们悠然地过着日出而作,日落而息的日子,他们热情好客,民风淳朴。这里的生活宁静而恬淡,安谧而温馨,可谓是游客享受乡村慢生活的最佳之地。

东澄农庄：依托覆卮山景区独特的风景，发展集高山观光、休闲、四季仙果旅游于一体的东澄农庄，种植樱桃、杨梅、枇杷、油茶，养殖鸡、鹅、猪等。其中，樱桃采摘园区面积近300亩，精品樱桃—黑珍珠约15亩。每到樱桃花盛开之际，这里便成为花的海洋，吸引各地游客前来赏花踏青、观千年梯田、攀冰川石浪、品农家菜肴。

6.4.3 人文底蕴项目专题

范围：石溪村、大青山村、清溪村、泉岗村

主导功能：追忆历史、品味文化

项目内容：村嫂文化、家风文化、青岩战斗旧址、三五支队红色体验营、泉岗古村

发展思路：都江驿站，和美下王。以"村嫂文化、家族文化、红色文化、古村文化"为旗帜，挖掘特色文化景观。传承村嫂文化"真情为民暖人心"的无私奉献精神、家族文化凝聚人心的团结精神、红色文化不畏艰险英勇战斗的革命精神、古村文化追溯中华文明的探求精神。以红色文化和村嫂文化为基础，发扬奋进精神，不忘初心、牢记使命。

(1)村嫂文化

下王镇是村嫂文化的发源地，随着新农村发展，村嫂们积极参与发展优势传统农业，以茶产业合作社为载体，组织参加各类生产销售技能培训，发挥农村半边天的就业热情，把"村嫂"富裕时间转化为增值创业的最佳载体。

(2)家风文化

石溪村历史悠久、人居和谐，村民多为任姓，而任氏家族是目前嵊州市同一姓氏人数最多的家族。在2017年《石舍任氏家谱》完工仪式上，任氏家族25代至31代后裔约1000余人回到家乡，在石舍火山节理遗迹前完成了全家福的拍摄，体现了中华民族绵延千年的忠孝文化，成为史上最幸福的全家福。

(3)红色文化

种树者必培其根，种德者必养其心。习近平总书记曾说过："共和国是红色的，不能淡化这个颜色。"红色文化有丰富的内涵，既包括物质层面，如在战争中留存的历史遗迹，也包括精神层面的，如在革命建设和改革中形成的优良传统和作风。红色文化并不是一成不变的，而是随时代的发展不断丰富。下王镇的红色文化在岁月沉淀中熠熠生辉，当地有两项重要的红色文化景点，分别是青岩战斗旧址和三五支队红色体验营。正因有红色文化的引领，下王镇

不断走向繁荣。

(4)古村文化

古村落如同沉淀了历史精华的珠玉,散落在中华大地上。随着岁月流逝,有的古村文化日渐消亡,让人遗憾;而有的古村历久弥新,在新时代彰显出历史生命力。下王镇泉岗村充分挖掘村内多样化历史文化资源,如民国学堂起祥小学、清朝建筑上坎台门、俞桂轩墓等,已成为党员红色教育基地。另外俞家大院、俞氏宗祠、谢公道也是古村文化代表。

6.4.4 农产体验项目专题

范围:泉岗村、下王村、上店村、梅坑村

主导功能:与农产品的交互式体验

项目内容:樱桃基地(果实采摘、品鉴)、高山大米、下王大糕、前岗煇白茶(茶园观光+茶叶采摘+茶叶加工+DIY制茶+品茶+茶叶展销+中国煇白茶博物馆)、上巅板栗(板栗种植+板栗加工+板栗销售+板栗科普)、烤笋基地(竹笋种植+竹笋挖掘+竹笋加工+竹笋烤制)

发展思路:以自然资源为主体,以产业资源与景观资源为陪衬,以农村传统文化为传承,以人文管理服务为支持,利用当地农产品种类丰富的优势,将生产工艺融入特色农产,生产、加工、销售与观光体验结合,开发面向游客的沉浸式农产体验服务,拓展游客对农产品生产制作的认识,品鉴当地特色农产,打造集休闲、体验生产、教育于一体的特色旅游农场群。

(1)品茗寻幽

下王镇前岗村生产前岗煇白茶以其盘花卷曲,色白起霜,香高味醇,汤色清澈,经久耐泡的独特风格闻名于世,采制工艺十分精湛,一丝不苟,被列为全国十大传统名茶之一。

茶园体验是游客深入了解当地茶文化的一种有效方式。“品茗寻幽”是一项将观光、体验、科普相结合的农产品体验项目,旨在宣传茶叶制作工艺流程。项目主要环节包括茶园观光、DIY制茶、品茶。首先,游客参与茶园观光,欣赏漫山遍野一抹生机盎然的“绿”,在观赏茶园美景的同时,了解茶叶种植基本情况;其次,参观中国煇白茶博物馆,感受前岗煇白茶的文化魅力;接着,参与传统制茶,从采茶开始,亲手制作专属茶叶,提供定制礼盒包装;最后,一品茶香悠悠,感受大自然的馈赠。

(2)青青竹笋

“此处乃竹乡,春笋满山谷。山夫折盈把,把来早市鬻。”芳菲四月,唐朝诗人白居易的《食笋诗》里山民斫笋卖笋的场面，在梅坑村络绎不绝地上演。每每到春笋繁殖季节，当地家家户户剥笋壳、洗笋、切笋、烤笋，形成了一道最常见的“人工烤笋”流水线，也成为一道靓丽的风景线。烤笋飘香，甘甜可口，“粗制”却不失“精细”，烤竹笋的魅力在梅坑村体现得淋漓尽致。

“烤竹笋”是浙东的一道名菜，而烤笋基地则是以“参观＋体验”为主的面向游客的农产项目。从挖笋入手，再到剥笋壳、洗笋、切笋、烤笋，游客自主参与其中，体会“烤竹笋”的魅力。附有烤竹笋展销，宣传烤竹笋文化，可自行购买、品尝美味竹笋，送礼为佳。

(3)一栗云巅

栗，最早见于《诗经》一书，在我国有超过二千五百余年的历史。板栗原产我国，是我国食用最早的著名坚果之一，年产量居世界首位。下王镇上店村盛产板栗，拥有千亩板栗基地，在嵊州市打响了“上店板栗”这一招牌。当地村民因地制宜，发展板栗产业，大大增加了经济收入。板栗是上店村引以为傲的农产品，也借此吸引了很多游客前来。目前，上店村已建成板栗科普栏、板栗文化广场，村庄内的装饰以板栗为特色来点缀，极具创新性和吸引力。本项目旨在宣传板栗文化，将科普和品鉴相融合，向游客介绍板栗的生长环境、栽培技术、功用价值，加深对板栗的了解。当地特色农家乐则提供特色板栗菜肴，伴有板栗展销，游客可自主购买。

(4)幸福红樱

覆卮山景区樱桃基地的建设，已有近200年的种植历史，种植规模达到1500多亩，是覆卮山的一大特色，是上虞“四季仙果之旅”开春第一果，兼具观赏和采摘的双重价值。

以覆卮山樱桃基地为基础，完善樱桃销售渠道，增加果农收入，带动地方人气。主打“亲子”主题，旨在增进亲子感情，营造和美家庭氛围。面向游客设有樱桃科普、樱桃采摘、樱桃品尝、果树认领等项目环节。樱桃科普：专业人员讲解樱桃生长、发育等成长过程，丰富自然农业知识；樱桃采摘：樱桃成熟特定时节开放果园，举办“樱桃节”；果树认领：在果园基地任意认领一棵果树，标编号、确定认领人名字，可随时了解果树信息、看望小树、采摘果实。

(5)高山大米

下王镇泉岗村为山环抱，盛产高山大米，品质优良，气味清香，口感润爽、绵软，回味芳香，是众多大米爱好者的“心头爱”。高山大米种植于千亩梯田，千亩梯田则层层紧挨着泉岗村，从山上一直下延到谷底，不仅给泉岗村增添了悠悠古风，更体现了悠深的农耕文化。

该项目共设有4个环节,分别是科普教育、体验活动、休闲游乐、劳动教育。科普教育:通过水稻体验课程设计,引导学生体验农耕生活;体验活动:在水稻种植体验区,游客可在统一时间观察、体验水稻在各个不同时间段生长情形;休闲游乐:基于水田众多的特点,利用水稻种养结合的现代农业生活模式创造丰富多彩的体验活动,如抓田鱼、钓龙虾等;劳动教育:感受春日“泥土的气息”、夏日“汗滴禾下土”,让学生参与生产劳动,培养学生感恩之心,提升对乡村劳动的认同感。

(6)玄武蜂巢

下王镇蜜蜂养殖历史悠久,农户养殖经验丰富,虽大多养殖户独立经营,但经整改规划可统一管理各养殖户,形成“下王蜜蜂团队”,发挥集体力量,衍生蜜蜂产业链,增加农户收入。

基于当地悠久的蜜蜂养殖历史,深入挖掘蜂文化,发展农旅文化产业,建造集亲子游乐、花卉观赏、生物科普、采蜜体验、前卫潮流于一体的蜂巢亲子主题乐园,主要特色项目包括养蜂采蜜体验、蜂巢知识科普、嗡嗡氧气乐团、亲子寻蜜之旅。由于活动涵盖内容广,因此它既适合低幼儿童家庭游玩娱乐,也适合青少年科普游学。此外室内室外和白天黑夜的不同主题活动也可以有效拉长游客停留时间。

6.4.5 研学课堂项目专题

范围:石溪村、泉岗村、上店村、梅坑村

主导功能:研学旅行

项目内容:研学教育(地理研学、农产品研学、村嫂文化研学)

发展思路:结合下王镇特色自然资源、人文资源,展现“山水下王”“丰收下王”“和美下王”,提升学生实践能力以及综合素养。以“山水下王”为主体,主打“玄武岩”主题系列特色,重点发展玄武岩地质公园,加强配套基础设施建设。以农产品研学、村嫂文化研学为两翼。农产品研学以“丰收下王”为口号,以“科普+体验”为创办形式,主打茶特色,辅以樱桃、板栗、竹笋等多种农作物,旨在拓展学生农学知识;村嫂文化研学则以“和美下王”为口号,以“了解+参观”为创办形式,参观村嫂展厅以及村嫂出行活动,听乡民解读村嫂,体悟村嫂文化,弘扬新时代正能量。

(1)山水下王

下王镇位于浙江省嵊州市东北部边缘,四明山主峰北面,青山环绕,碧水中流。对于地理专业的学生来说,在当地进行野外综合实践学习极具调研意义，也能有效提升自身地理素养：让学生在游山玩水的同时，利用地质学、地貌学、土壤地理学、气象气候学等专业知识，对当地自然地理概况作深入分析。此外，下王镇相关负责人也可以联系周边具地理办学特色的中小学以及设有地理专业的大学，开展研学的长期合作。

(2)丰收下王

农产品研学涉及泉岗村、下王村、梅坑村、上巅村，以当地特色农产品为主导，包括前岗煇白茶、竹笋、樱桃、板栗、高山大米、下王大糕等，引领学生了解并体验各农作物耕作流程、成长过程、加工过程，并品鉴各色农产，真正实现“边走边看，边看边学”。

(3)和美下王

团结爱人心，众志暖人心。下王镇是村嫂发源地，在村嫂队伍发展过程中孕育了独特的村嫂文化，它凝聚着下王镇全体人民的暖心与爱心。目前村嫂已发展为十二支专项队伍，涉及文艺、信息收集、交通指挥、医疗、创业等多项工作内容，为下王镇人民幸福安康的生活保驾护航。学习村嫂文化有助于新时代新青年更好地理解自身的担当与使命，发展为“爱国、励志、求真、力行”的时代青年和德智体美劳全面发展的社会主义接班人。

6.5 全域农旅项目体系

6.5.1 多元农业板块构建

下王镇位于四明山主峰北面(见图 6-13)，是一个多高山少良田的山区镇。依托山区地形，下王镇发展了千亩樱花、千亩梯田等特色山地农业，拥有丰富的农业资源，并形成了悠深的农耕文化。为推进农业产业化和现代化，在下王镇行政管辖区域范围(包括 8 个行政村)内将其农业空间布局划分为三大板块：粮食生产功能区、特色农产品优势区、体验式休闲农产区。其中，以粮食生产功能区为基础，重点突出特色农产品优势区，并将体验式休闲农产区与下王镇全域文旅融合发展休闲农业，以构建多元农业板块的形式改变单一传统的山区经济发展方式，不断增强当地农业发展活力。

粮食生产功能区：主要包括樟家田村的无公害大米基地，樟家田村地处覆卮山山脚，地形特征使得该地农作物生长期长，加上天然山泉灌溉，造就了大米糯软细滑的口感，深受下王镇村民欢迎，同时也成为下王镇粮食生产要地。

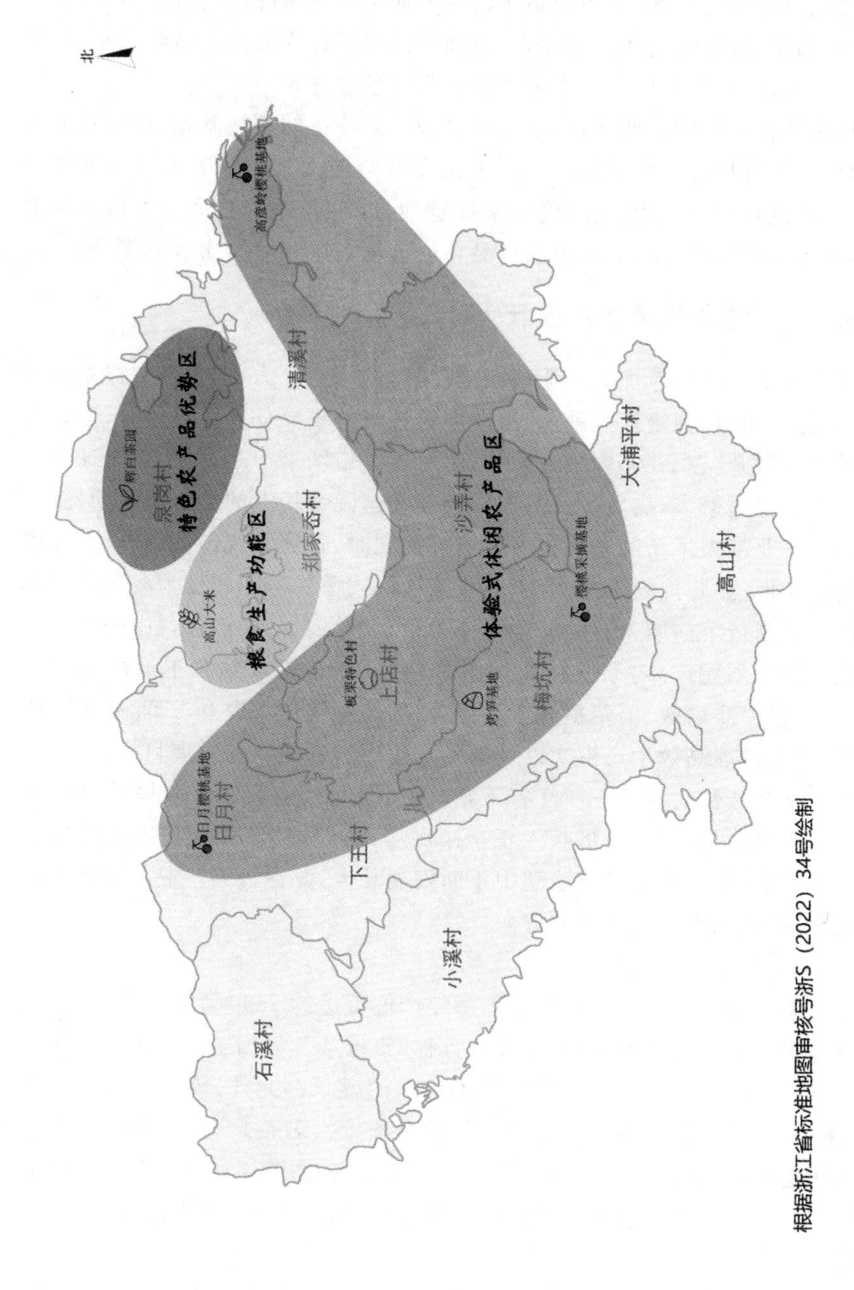

图 6-13　下王镇农业板块空间分布图

特色农产品优势区：主要包括泉岗村的前岗煇白茶叶基地，前岗煇白茶形味俱佳，品质高，备受追捧。近年来，前岗煇白茶被评为浙江省著名商标，已实现茶叶品牌化，成为人们认识下王镇的一张特色名片。

煇白体验式休闲农产区：包括日月村和高彦岭村的樱桃基地、梅坑村的黄杆笋基地、上店村的板栗基地。在下王镇发展全域文旅的同时大力开发休闲农业，以特色农副产品为依托，设立采摘基地，给游客提供一个与大自然亲密接触的生态环境，同时也为特色农产品拓展市场，打响品牌，实现双赢。

6.5.2 特色优势茶产业壮大

茶产业是我国特色优势产业，具有较强的国际竞争力，承担着支撑茶区经济、满足健康消费、稳定扩大就业、服务乡村振兴的重要任务。近年来，全球茶叶产量持续攀升，在20年内翻了两番，足可见其市场潜力之巨大；而全球化的热潮又使得种类繁多，品质优良的中国茶叶在国际市场上的影响力不断提高，为中国茶产业带来了新的发展机遇。但与此同时，发展方式传统粗放、产品供求结构性失衡、品牌规划不足、业态融合发展形式单一等问题也为茶产业快速可持续发展制造了前所未有的瓶颈。作为重要的兴农富农产业，《中国茶产业十四五发展规划建议》对茶叶行业做出了明确指示，要求其在不远的将来达到：运行平稳提质增效、消费提升成果显著、品牌经济比重提升、产业链协作能力增强、推广智能高效生产模式以及国际竞争力有所提升的发展目标。

我国茶叶产销大省——浙江省下辖的下王镇，拥有着得天独厚的自然条件与文化优势，村民主要经济收入正是来源于茶叶种植。如何巩固茶叶这一特色优势产业，使其在信息化浪潮中不断发展壮大，并促进茶产业与地方文旅对接融合，是规划者必须思考的方向。

(1)下王镇茶产业现状

下王镇全镇拥有8500余亩茶园，每年产值可达约5500万元。据了解，全镇生产最多的茶种为越乡龙井，当地方言称“旗枪茶”，经加工包装置于市场出售，价格已高达180元每斤，常出现供不应求的盛景。此外，镇下辖泉岗村特产“前岗煇白茶”，简称“煇白”，是民国初期全国十大名茶之一，现为绍兴市非物质文化遗产，已被镇江省商务厅正式认定为第六批“浙江老字号”，并走进了央视镜头。“煇白”历史悠久，品质优良，具有极高的商业与文化价值，往往有市无价。

上述两种茶均属不发酵的绿茶，根据中国茶叶流通协会数据，2019年，绿茶占据了我国60%的茶叶消费量；而从各类茶出口量看，近年来，绿茶的出口量也一直独占鳌头。可见,下王镇茶叶具有极大的市场需求与发展空间。

依托茶园风光、乡土文化等资源,发掘茶叶新功能新价值。加强对茶叶文化遗产的发掘、保护、传承和利用,通过多层产业嵌套结盟,如"茶+旅游+文化"或"茶园+体育+教育"等模式拓宽延长茶产业链、提升产业价值。因此,可打造休闲康养基地,为游客提供"观茶园、摘鲜叶、品香茗、吃茶膳、享茶疗"一条龙体验式服务;开发茶艺非遗工厂向游客开放展示制茶厂工艺流程,使其能直观感受到下王镇茶叶加工过程的细腻、卫生与诚信;开展茶主题的旅游演艺与体育项目,如茶马古道、有氧健身、功夫表演、茶具制作等等,让游客在茶文化的渲染中放松身心;设计茶文创产品与茶旅精品路线,茶文化多点发力,聚焦健康消费与居民文化生活,创新打造独一无二的旅游产品,完善茶文化旅游目的地体系,提升游客旅游体验,推动茶产品向品质化、高端化方向发展。

尽管下王镇茶叶在种植方面具有天然优势,在销售上也似乎已自成一体,且在省内乃至高端市场上颇具名气、并不愁销路,但其在生产品质把控、标准化管理、产品定位以及销售宣传上仍存在较大的提升空间,具体表现为:茶叶加工水平低,产品附加值不高,产业链条较窄较短;茶叶产销各环节政府参与力度低,组织化、规模化、专业化程度不高,仍是千家万户奔市场,市场风险较大;茶叶具体定位不明确,品牌意识淡薄,宣传推广方式过时且缺乏痛点,导致难以扩大国内外市场知名度与影响力;茶叶专业人才欠缺,采茶劳动力不足,现有技术培训体系仍不成熟等。

(2)下王镇茶产业链构建及整合措施

《中华人民共和国国民经济和社会发展第十四个五年规划和2035年远景目标纲要》提出:推进农村一、二、三产业融合发展,延长农业产业链条,推动产业链再造,提高农产品加工业和农业生产性服务业发展水平。根据中国茶叶股份有限公司招股书,目前我国茶叶行业集中度低,企业数量多而分散,以中小、私营企业为主,达到一定规模并拥有种植、加工、销售全产业链的品牌企业较少。

茶产业链的构建与整合,一方面指优化纵向(主干)茶产业链,将茶叶上游的种植、加工环节与下游的销售、服务环节进行深度融合,并遵循商业模式逻辑确定价值命题,使链条内部产业提供的茶叶及其附加产品的质量与竞争力得到极大提升,同时减少市场风险;另一方面指开发横向(支干)茶产业链(见图6-14),以茶产业内部产品为支撑,使之与文化、体育、养身、旅游等产业要素进行融合,衍生出结盟型产业链,实现合作共赢。

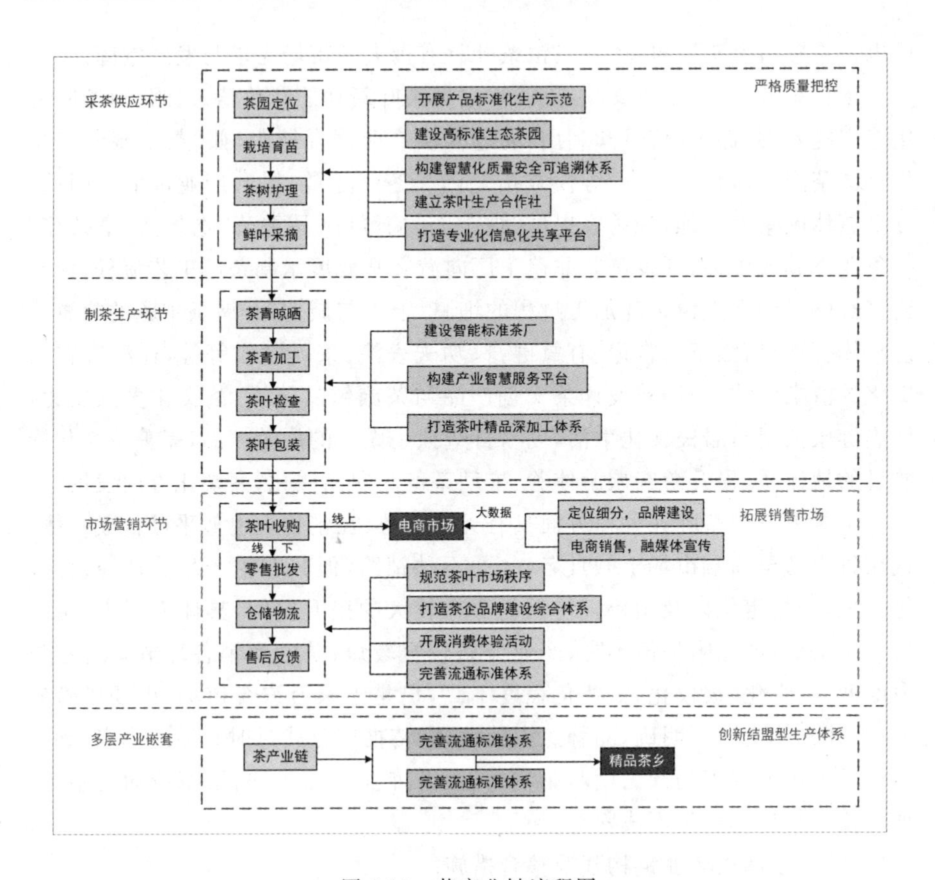

图 6-14 茶产业链流程图

6.6 全域文旅实施建议

6.6.1 建立高效可持续的资金保障体系

一是以优惠政策来吸引金融以及社会资本，解决“钱”的问题，并且建立健全贴合农业农村特点的农村金融体系。因此下王镇政府应该通过税收政策和奖励机制来鼓励企业和农民参与乡村建设。二是积极探索资金筹措新机制，建立多元化的资金筹措机制，盘活农村资源资产。如面向社会筹措基金，一方面可以缓解政府财政问题，另一方面也能为下王镇域规划建设争取足够的资金投入。三是推进政企合作。由政府补贴产业,民间资本投资,积极推进政企合作项目,既能带来经济效益,又能实现“农村美、农业强、农民富”的目标,最终达成政府、企业、农户“三赢”。

6.6.2 健全完备的专业人才保障体系

一是健全乡村人才振兴制度。加强本土人才培养,同时注意引进相关人才,对人才管理、使用、开发、激励等形成完整规划,强化下王镇人才振兴政策保障。对多部门、多行业乡村人才进行统筹部署,完善组织领导、统筹协调、各负其责、合力推进的工作机制,以更大力度推进人才振兴。二是突出乡村人才振兴重点。既要充实农村基层干部队伍,也要加强农村专业人才队伍建设;既要培养科技人才、管理人才,也要挖掘能工巧匠、乡土艺术家;既需要有号召力的带头人、有行动力的追梦人,也需要善经营的“农创客”、懂技术的“田秀才”。

6.6.3 设计特色可实用的资源开发方案

一是充分调动自然资源与文化资源,因地制宜地创造最大效益。充分利用当地闲置土地、闲置宅基地等,激活农地要素,推动产业转型升级;充分利用特色村嫂文化、家风文化、民俗风情、历史名人等进行旅游宣传,开发文创艺术品,展现文化底蕴,增加地方知名度。二是各村之间加强沟通与协作,实现优势互补,合力打造全域文旅体系,增强旅游吸引力。三是确保不以破坏当地生态为代价,保护自然资源,坚持可持续发展战略。

6.6.4 建立与市场紧密结合的生产机制

一是精准定位市场,对消费群体的消费特征进行深入了解,打造满足特定消费群体需求的特色产业。二是紧扣主题,抓住市场风向,打造与时代接轨的新兴产业、朝阳产业等竞争力强的产业。三是发展“互联网+农业”。虽然下王镇拥有丰富的农产品资源,但其市场不够开阔,导致农民收入有限。当地应顺时发挥电商在农业发展中的重要作用,与实力电商达成合作,延长产业链、供应链等,形成一条现代化的农业全价值链,开拓市场(见图6-15)。

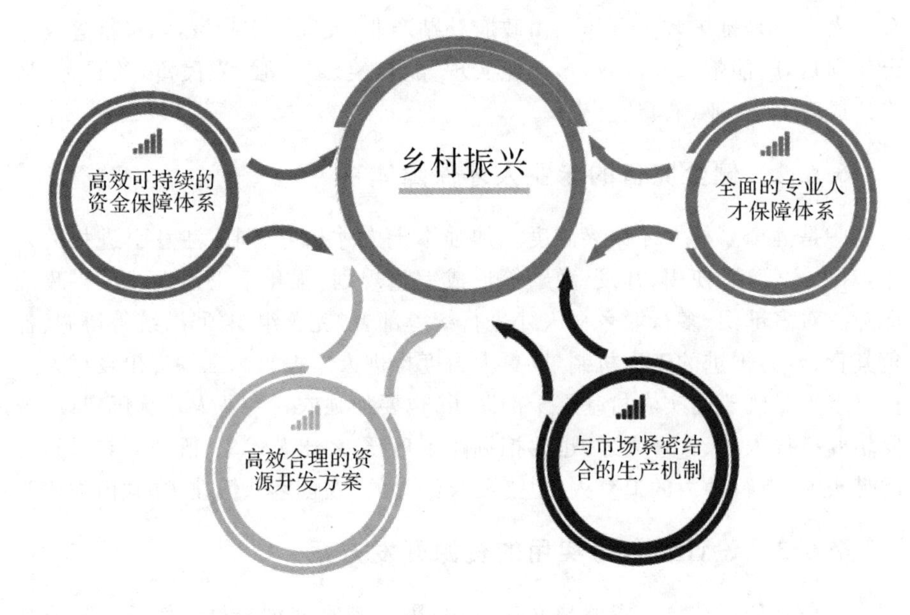

图 6-15　下王镇产业发展保障措施示意图

第7章 "橘香·田园·海"：定塘镇发展全域旅游创意策划设计

李克强总理在《2017 年国务院政府工作报告》中提出："完善旅游设施和服务，大力发展乡村、休闲、全域旅游。"全域旅游进入大众视野，推动旅游从景点向全域转变。全域旅游突破旅游发展的地域局限，融区域建设、环境保护、交通运输、餐饮服务等方面为一体，形成全域一体化旅游品牌形象，实现旅游产业的全景化、全覆盖、全域整体发展模式。

2018 年中央 1 号文件《中共中央国务院关于实施乡村振兴的意见》提出构建农村一、二、三产业融合发展体系，实施休闲农业和乡村旅游精品工程。乡村旅游作为乡村振兴一个重要驱动源和行动逻辑，助力乡村振兴和活化。在后现代社会，随着乡村旅游不断升温，过度旅游开发造成乡村景观城镇化、关系商业化，旅游产品日益"庸俗化"，乡村旅游越来越缺乏原真性。因此，乡村旅游需要创新、创意产品，通过乡村全域旅游，进行形象重塑，形成传统与现代、农耕文明与城市文明、在地与全球的完美对接。

7.1 区域基本情况

定塘镇地处宁波市象山县中南部(见图 7-1)，三面环山，距象山县城(丹城)34 公里。北与新桥镇相连，东与石浦镇接壤，南与晓塘乡交界，西濒岳井洋，隔海与宁海县长街镇相望。象山县南北联系主通道 S216 省道茅石公路纵贯全境。全镇辖 28 个行政村，人口 34182 人，其中劳动力为 23315 人，外出劳动力为 11000 人，在地从事农业生产劳动力为 9287 人。陆域面积 67.8 平方公里，其中耕地面积 3.14 万亩，林地面积 5.34 万亩，水域面积 9381 亩，是典型的山水田园之乡。

2018 年全镇 GDP 为 35.5 亿元，财政总收入 6331 万元，固定资产投资 3.5 亿元。全镇实现农业产值4.67亿元，其中柑橘产值1.73亿元，是国家级

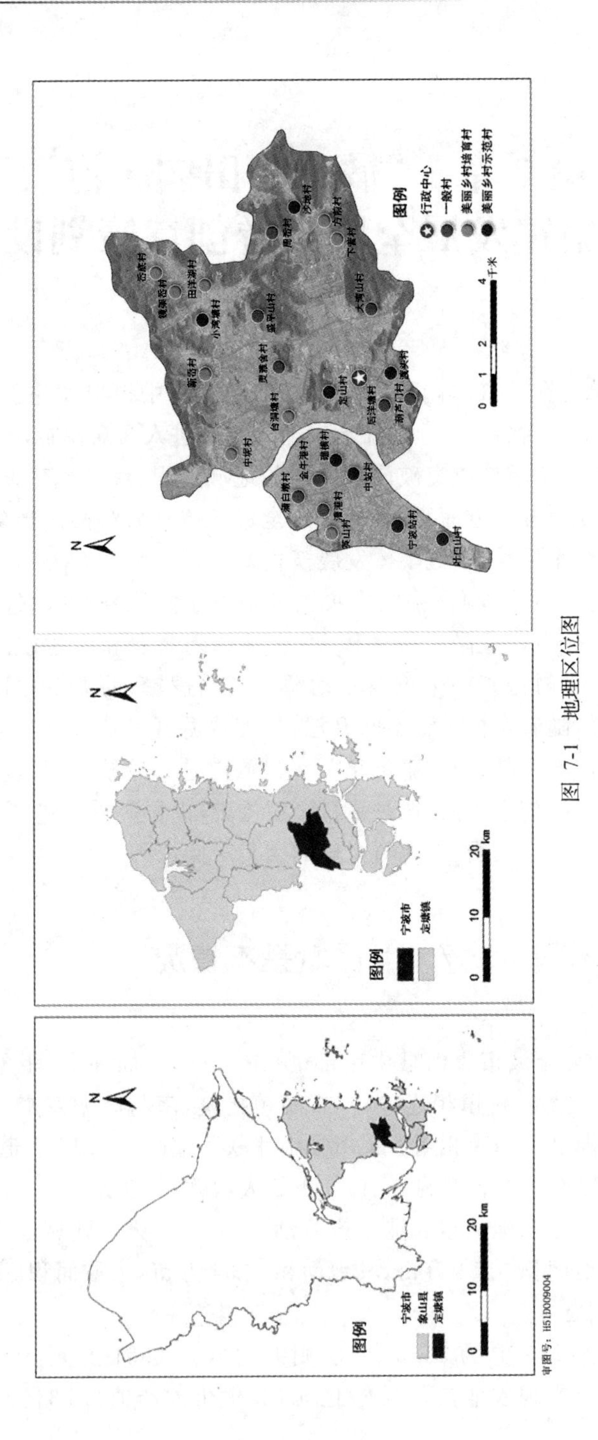
图例
宁波市
象山县
定塘镇
0 10 20 km
图例
宁波市
定塘镇
0 10 20 km
图例
行政中心
一般村
美丽乡村培育村
美丽乡村示范村
0 1 2 4 千米

图 7-1 地理区位图

农业产业强镇。工业以机械、高新技术产业为主,经济总产值 4.2 亿元,建筑业、海运业是定塘镇富民特色产业。随着乡村旅游逐步壮大,定塘镇 2018 年接待游客 21 万人次,旅游收入突破 3500 万元。近年来定塘镇相继获得全国环境优美乡镇、国家小城镇经济综合试点示范镇、浙江省首批美丽乡村示范乡镇、省级休闲农业与乡村旅游示范乡镇、省级蔬菜产业强镇等荣誉。

7.1.1 区位分析

(1)交通区位

浙江沿海高速公路及杭州湾大桥、象山港大桥的兴建,给定塘镇带来了全新的地缘经济格局(见表 7-1)。特别是南北向 G1523 甬莞高速和 216 省道贯通,使定塘镇与象山县城的车程缩短为 35 分钟左右,与宁波市中心车程约1.5 小时。石浦连接线建成后,定塘镇通往宁波市中心城区的距离缩短为 80 公里,进入“宁波 1 小时,杭州、温州 2.5 小时,融入上海 3.5 小时”交通圈。在“时空压缩”背景下,定塘镇成为长三角地区重要的都市休闲后花园。1 小时经济圈:宁波城区、台州。2 小时自驾游一日圈:最远可覆盖杭州、绍兴、嘉兴等地区。2~4 小时周末二日游圈:最远可覆盖上海、温州、金华等地区(见图 7-2)。

表 7-1 定塘村庄发展基本情况

村名	户籍人口	户数	集体经济(万元)	耕地面积(亩)	林地面积(亩)	养殖水面(亩)	主要农产品
渡头村	1098	343	198.6	772.7	984	256	柑橘、蔬菜
周岙村	615	217	29.8	416.65	3385	0	柑橘、水稻
沙地村	875	272	112.7	592	4491	40	柑橘、草莓、葡萄
定山村	892	287	68.3	743	1656	127	柑橘、蔬菜
洋岙村	1152	445	92.4	1408	4170	438	柑橘、草莓、葡萄
下营村	1790	528	96	2052.52	3481	384	柑橘、蔬菜
方前村	950	280	31.2	681	4216	0	柑橘、桃、梨
葫芦门村	142	173	32.2	561.7	898	160	柑橘、梨、桃
大湾山村	1978	315	33	1043	4435	388	柑橘、杨梅
田洋湖村	1441	457	75.9	1012.41	3387	576	柑橘、水稻、杨梅
岙底村	1136	330	97.1	975.52	3916	0	柑橘、水稻、蔬菜
新岙村	1536	470	55.9	1252.3	2973	136	柑橘、水稻
小湾塘村	601	163	20.8	378.86	1644	32	柑橘、水稻

续表

村名	户籍人口	户数	集体经济（万元）	耕地面积（亩）	林地面积（亩）	养殖水面（亩）	主要农产品
镜架岙村	1441	262	63.6	728	965	80	柑橘、苗木、花卉
中坭村	3455	1063	44.1	3052	2512	767	柑橘、水稻，鲢鱼
台洞塘村	973	275	30.1	1028	791	60	柑橘、水稻
英山村	856	250	56.5	909.91	561	140	水产品、紫菜、柑橘
蒲白墩村	1379	410	88.5	1465	120	280	柑橘、蔬菜
中站村	873	258	111.3	916.1	138	350	柑橘、对虾、蔬菜
金牛港村	901	266	67.2	1142.83	105	353	柑橘、对虾、蔬菜
礁横村	1185	365	44.8	1328.5	175	304	柑橘、蔬菜
宁波站村	1547	437	47.6	1442.19	556	240	柑橘、对虾、葡萄
叶口山村	1465	436	129.4	1199.5	1077	82	柑橘、葡萄、对虾
灵雅舍村	1118	354	46.2	1384	1846	1300	柑橘、水稻、蔬菜
漕港村	1289	441	81.7	1185.73	561	248	柑橘、葡萄
花港村	1978	600	93	1601.79	586	161	柑橘、蔬菜、对虾
后洋塘村	1868	560	196.2	1818	1149	208	柑橘、蔬菜
盛平山村	1197	408	95	1200.12	2488	248	柑橘、桃、梨

(2)旅游区位

石浦渔港古城、中国渔村、象山影视城、松兰山滨海度假区、半边山旅游度假区、花岙休闲旅游岛、渔山岛国际海钓基地和檀头山休闲度假岛八大景区架构了海洋象山、影视象山、乡村象山。定塘镇是典型的农业强镇，发展旅游与周边景区相比，无优势可言。但定塘镇可以依托山水田园风光，深厚的海洋文化、农耕文化、围垦文化，与优势景点进行对接，强调合作共赢，扭转劣势的存在。

7.1.2 发展规划定位梳理

《象山县"十三五"旅游发展规划》提出"创新发展大塘港生态影视文化旅游区。以绿道为抓手推动乡村旅游的发展，加快影视文化产业的集聚发展，联动建立大塘港国家级现代农业园区，辐射带动新桥镇、定塘镇、晓塘乡，深化旅游与影视文化产业、现代农业的创新性一体化发展，打造东海之滨'西溪湿地'"。定塘镇发展定位是大塘港国家级现代农业园区，现代农业的创新性深

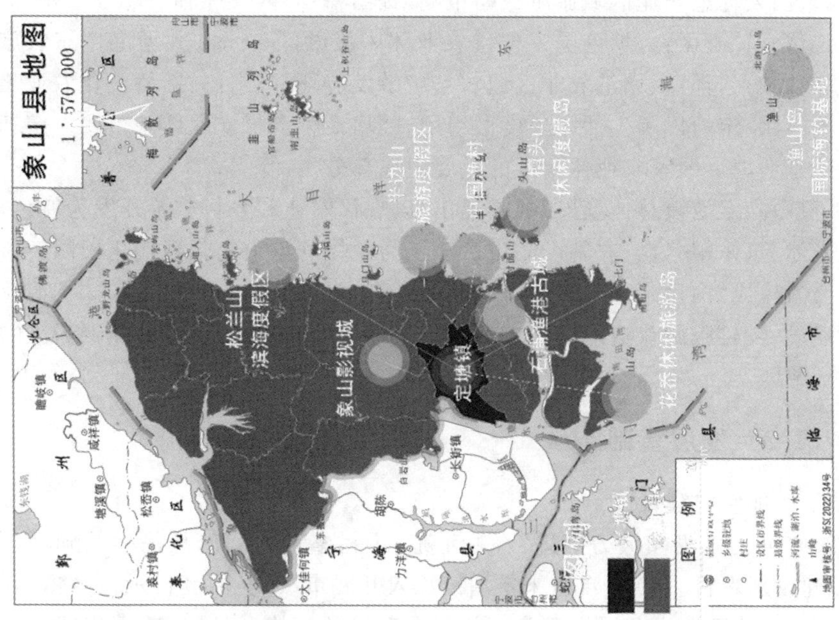

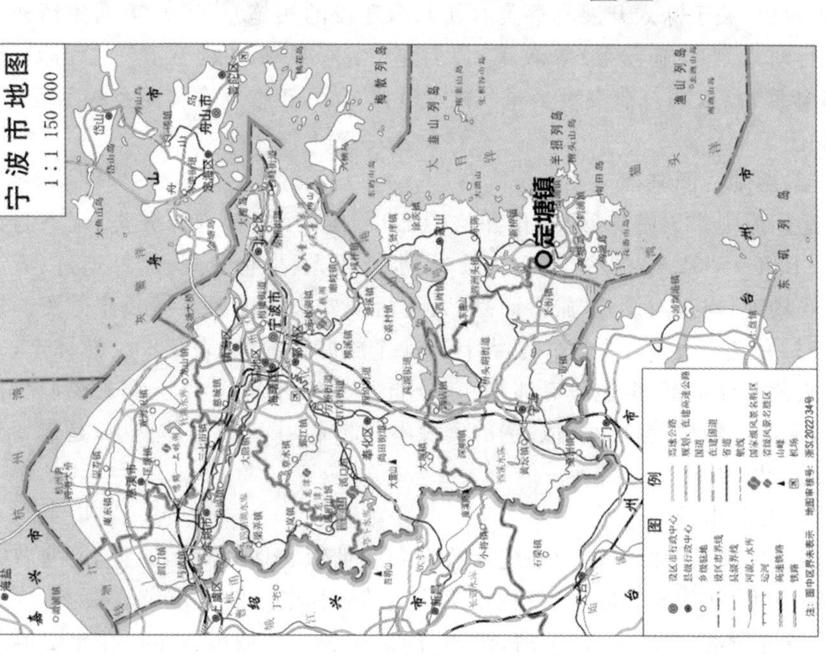

图 7-2　交通区位图与旅游区位图

化旅游区。

《象山大塘港农业区域旅游战略策划》提出“核心区+一轴一环三组团”的发展定位。核心区：大塘港国家现代农业休闲旅游区；一轴：大塘港生态农旅发展联动轴；一环：大塘港农业区域农乡旅游发展环；三组团：新桥文化农业旅游休闲组团、定塘田园生活印象度假组团、晓塘活力乡村农业体验组团。定塘镇定位是大塘港国家农业休闲区的重要组成部分。

《象山县定塘镇总体发展规划》提出“以现代农业和乡村旅游开发为特色，集观光体验、休闲养老、农副产品生产加工为一体的象山南部现代化田园新市镇。努力建成‘两区一基地’，即打造‘省级粮食功能区、现代农业发展示范区’，建设‘乡村旅游首选地’”。定塘镇的定位是以农业观光、康健养老为主的乡村旅游区。

7.1.3 发展基础

(1)美丽乡村建设

2003年起定塘镇大力推进“百村示范、千村整治”工程，从民生基础项目入手，建设新农村。2012年以来定塘镇深入开展市级“美丽乡村示范乡镇”创建，出台了《关于深入开展幸福美丽新家园建设的实施意见》、《美丽集镇建设三年行动计划实施方案》等政策，以打造“多彩果蔬田园小镇”为目标。至2018年底，已成功打造市级美丽乡村示范村8个，正在培育美丽乡村示范村9个(见图7-3)。

(2)旅游资源基础

运用原国家旅游局(现文化和旅游部)制定的《旅游资源分类、调查与评价》(GB/T 18972—2003)，从地文景观、水域风光、生物景观、遗址遗迹、天象与气候景观、建筑与设施、旅游商品、人文活动8个角度对定塘镇旅游资源进行梳理，形成8大类，23个亚类，共计164个旅游资源(见表7-2)。总体上，定塘镇旅游资源丰富，但也具有体量小、分布散、层次低等特点。深入挖掘文化内涵，强调全域旅游，把小、散、稀的资源串联起来，丰富游客体验感，是定塘旅游提质的根本。

(3)客源市场

根据象山县旅游发展中心统计数据和定塘镇实地的游客调查，定塘游客市场特点为：在地域来源上，省内游客占60%，其中宁波大市游客最多，杭州次之；省外游客占40%，以上海、苏州、南京等长三角城市为主。在出游形式和出游目的上，旅行社组团游客占多数，主要以大都市老年康养人群为主；其

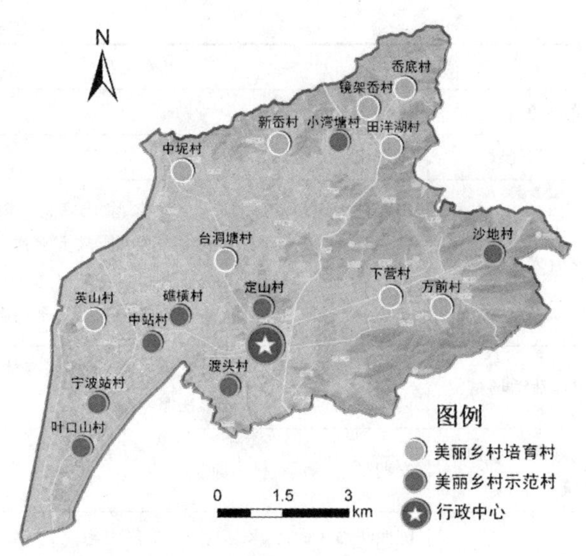

图 7-3　美丽乡村建设图

表 7-2　定塘镇旅游资源概况表

主类	亚类	基本类型
A 地文景观	AA 综合自然旅游地	灵岩山风景区、小青埠风景区
	AC 地质地貌形迹过程	将军山、红岩山、虎头山、田洋湖岭、大平山岗、看门山、老鹰山岗、双峰山、老虎头岗、中央炮、狮子山、定山、后门山、九连墩、安期山、尖头岗、洋岙岭、乌龟山、大明山、马岩弄山、木鱼山
B 水域风光	BA 河段	大塘港、漕港、长塘河、盛家塘河、长青塘、小潮港河道、大树桥河道
	BB 天然湖泊与池沼	田洋湖、三叉塘
	BC 河口与海面	伍山渡、英山渡、岳井洋海滩
C 生物景观	CA 树木	黄连木古树
	CC 花卉地	镜架岙花卉苗木基地,下营村牡丹园、月季大道
D 遗址遗迹	DB 社会经济文化活动遗址遗迹	八角楼抗日遗址、定山古城墙,古炮台及兵营历史遗址与古战场,洋岙古船遗址

续表

主类	亚类	基本类型
E 天象与气候景观	EA 光现象	灵岩山日出日落
	EB 天气与气候	将军山云蒸霞雾
F 建筑与设施	FA 综合人文旅游地	田洋湖天主教堂、中站天主教堂、俞氏宗祠、陈氏宗祠、罗氏宗祠、胡氏宗祠、大明寺、静济寺、八仙寺、太平禅寺、竹墩庙、海头庙、白鹤庙、关岳庙、关圣庙、镇潮庙、杨府庙、平水大帝庙、金潮圣庙、金宅庙、圆峰庙、葫芦门庙、仙灵庵、永福庵
	FB 单体活动场馆	行政村农民会所、沙地村农家乐园、小湾塘森林公园、田洋湖室内影视棚、后洋塘室内影视棚
	FC 景观建筑与附属型建筑	安期亭、五鹤亭、村内凉亭
	FD 居住地与社区	陈照华烈士故居、罗家宅院、蔡家大宅院、龚家宅院、罗家上新屋、章家宅院、许家宅院、陈家礼房、薛家故居、中站农家乐群、沙地农家乐群、田洋湖农家乐群、叶口山农家乐群
	FF 交通建筑	安澜桥、浮礁渡桥、连心桥、青阴桥、青步桥、环溪桥、济生桥、井和桥、灵岩山登山步道、黄猫洞古道、田洋湖古道、橘光大道、大塘港绿道、沙地林荫大道
	FG 水工建筑	大塘港水库、将军山山塘、小青埠水库、镜架岙水库、沙地水库、双峰龙潭水库、浮礁渡桥、保安桥、上水井、庵后井、大塘港闸门、大塘港虾塘
G 旅游商品	GA 地方农副产品	定塘红美人、象山青、宫川蜜橘、大塘花菜干、田洋湖生态米、大塘西蓝花干、白墩小番茄、定塘无抗蛋
	GB 地方特色小吃	大塘麦糕、定塘汤包、番薯片、番薯烧、马拉糕、新岙冻面、定塘萝卜团、大塘米胖糖、定塘红豆团、缸面清、河鲜十八烧
H 人文活动	HA 人事记录	安期生、张和根、尹氏父子、定塘十八先贤、刘猛将军
	HB 艺术	定塘乱弹戏、定塘高腔民间演艺、鱼灯、鱼拓
	HC 民间习俗	二月二田洋湖茶山老龙、四月八糍粑节、五月廿七大塘红庙庙会、九月十三菩萨生日、大湾山庙会、后洋塘积谷山龙灯
	HD 现代节庆	大塘“麦糕节”、大塘鱼头节、八月葫芦门梨头节、柑橘文化节
	HE 传统技艺	抽桶、做豆腐、弹棉花、米面加工、竹编、稻草人编织、蒲鞋制作

次是以自驾游为主的自由行游客,该类人群主要进行休闲观光和节事旅游;新兴研学旅游表现为研学学生团队和自由行都有。出游工具以旅游大巴为主,公共交通、小汽车自驾为辅,也有采用高铁和公交结合的方式。

7.1.4 发展全域旅游的难点

(1)地处偏远,位于周边旅游阴影区

定塘镇处于象山影视城、石浦渔村的旅游阴影区,受资源价值、知名度和开发条件等方面限制,竞争中呈现“月朗星稀”的特点,难以展现其应有的魅力。且距离象山镇区约 34 公里,自驾车用时需 35 分钟;城乡直达公交仅有宁波汽车南站—定塘车站早 6:30 和晚 20:30 两班车,交通通达度不足。

(2)乡村旅游资源“同质性”,呈“小、散、稀”特性

由于地缘相近、文化同源等因素,定塘镇与晓塘乡、新桥镇的乡村具有同质性。大部分旅游项目规模、类型、档次等多处趋同,难免使各乡镇之间产生恶性竞争,且游客对定塘旅游形象认知片面化。定塘镇内的村庄之间也存在同质性,缺乏特色。新、奇、特是景观凝视的基石。定塘田园风光是一幅水墨画,但画的内容缺乏层次,也会出现审美疲劳。农村旅游资源特性为“小、散、稀”,观赏体验丰富性不够。特别是还表现为接待能力小,导致乡村的游客产生畏难情绪。

(3)资本下乡难,受土地制约和环境制约

定塘镇的基本农田保护区和大塘港饮用水源保护区导致土地流转困难、项目审批难。资本下乡难土地因素表现在为定塘镇是农业重点发展镇,大部分都是基本农田区,基本农田的红线导致项目很难落地。环境难体现在建设项目过环评难,主要是严格遵守“四个不批、三个严格”原则:严格限制涉及饮用水水源保护区、自然保护区、风景名胜区以及重要生态功能区的项目;“三严格”的第一条就限死了定塘的旅游开发项目。一些建设项目希望规模经济,这要求土地面积较大,而且与环境景观不一致性或破坏性。还有镇对土地利用、环境评价都没有主导权,主导权在县里面,定塘镇非象山重点旅游开发区域,所有大项目优先安排在其他重点旅游发展区。

典型案例:镜架岙村美食一条街

镜架岙村与象山影视城近邻。镜架岙水库附近的森林公园、山体是象山影视城周边唯一一块没有被高压线等现代化景观破坏的原生态场景地。另外在镜架岙附近的田垟湖已经是象山影视城重要的室内摄影棚基地。因此,为对接象山影视城,有资本愿意在镜架岙—田垟湖两村之间建一个美食一条街,既解决象山影视城游客吃饭难、贵的问题,同时也可以充分利用定塘镇农产品价格便宜的优势,具有巨大的商机。但事实上,项目审批遇到三大难题:1.美食街建造的地区是道路,道路两边是基本农田。2.美食街建设后,环境评估也很难通过。餐饮污染,厨余垃圾处理,对周边景观影响都很大。3.由于集中连片的餐饮业,存在一定的安全隐患。环境评估可以通过资本解决,增加了投资成本;安全隐患可以通过管理解决,又增加了管理成本。这两个方面影响了投资热情。基本农田的土地指标置换至少需要两年,而且审批困难,这导致投资方失去耐心。镜架岙的村长十分惋惜,认为项目推动后,可以快速带动旅游观光、民宿、花卉农业的发展。

(4)景观营造与土地利用碎片化

广大乡村抛荒现象严重,或者土地流转向大户集中,但定塘镇这两个现象都没有发生。围垦文化,对于土地的眷恋,出现了60岁以上人群坚持劳动,土地利用碎片化十分明显。在柑橘、葡萄种植过程中大量使用大棚,对于景观的阻碍作用明显,在大塘港难以形成集中连片的景观带,有碍观瞻,这导致农业生产创意困难。

(5)集体经济与农户之间矛盾,全民参与度不足

村集体与农户之间存在理念偏差,村民小家利益与集体利益存在矛盾。村集体投资旅游项目、推广节事旅游“赔本赚吆喝”,“赢了面子输了里子”,导致项目的不可持续性。实现全民收益需要村集体与村民的调和。

典型案例:小湾塘村花海节

2017年小湾塘村举办了定塘第一届花海节,种植了格桑花、白芷草、金钱菊等长花时品种,花海节选在端午开幕,象山周边的人都来参加花海节,小湾塘村集体投资10万元,对于人潮汹涌,村集体在村礼堂举办大型农家乐,大家包桌方式,集体用餐,西瓜等水果随便吃。由于管理原因,浪费严重,但总体上实现了收支平衡。2018年小湾塘再接再厉,举办第二届定塘花海节,有感于集体农家乐的浪费现象,特别是有许多村里面亲戚朋友来,难以管理,收费难等问题,组织村民自家办农家乐。小湾塘王支书本意是培育村庄农家乐发展,实际上却更加混乱,拉客、抢客现象,餐饮质量问题,价格争议等,更困扰组织者。村民出现两面性:能够办农家乐的村民举双手赞同,没有能力去办的坚决反对,认为集体的钱浪费了;另外整个钱潮村集体一分没有获得。施书记总结为“赔本赚吆喝”,“赢了面子输了里子”。第二届花海节村集体经济赔了8万多元。对于村集体经济年收入20万元(统计值,施书记认为仅有10万)的小湾塘,是一个不小的负担。2019年有许多回头客来小湾塘参加花海节,结果没有花,只有指示牌、游览图表示曾经的辉煌。村集体不愿意再去做这个“吃力不讨好的事情”。农民自发创意十足的花海节就这样无声地落幕了。

7.2 设计策划

坚持“绿水青山就是金山银山”根本发展理念,以“两美”浙江为总体战略方针,按照美丽乡村建设“四美、三宜”具体要求,积极对接“提升城乡品质,建设美丽宁波”行动,深入挖掘村庄特色资源,以全新的资源观、时空观、产业观为核心理念,将地域内自然人文资源整理、整合、重建,赋予空间地方情怀,全力打造定塘镇全域旅游体系,塑造具有浓厚“家”乡情小镇。创新、创意乡村旅游产品,进行形象重塑,形成传统与现代、农耕文明与城市文明、在地与全球的完美对接。

7.2.1 设计原则

(1)突出田园特色原则 定塘镇作为象山县农业强镇,旖旎的自然田园风光是旅游规划主要突破点。通过发展生态游、观光游、休闲游、农业体验游等农旅融合产业,开发农业农村生态资源和乡村民俗文化,促进农业产业链延伸,提升价值链水平,带动农民增收、农业升级、农村发展。

(2)强调错位发展原则 针对定塘镇产业基础、人力资源、就业水平等因素,整合旅游资源。从城乡统筹和错位发展视角,明确乡村旅游主题与形象定位,与周边景区实施差异化发展,赋予定塘旅游符号价值体系,强调自身特色与优势。

(3)加强周边联动原则 打破地域定式思维,深化定塘镇与周边景区的旅游协作,实现共享客源、共享市场、互动发展。重点做好与新桥镇、石浦镇对接,协同发展。

(4)挖掘资源潜力原则 深度挖掘定塘镇山林资源、水域资源、田园风貌、乡风民俗等生产、生活、生态景观。充分利用乡村建设用地、闲置宅基地和农房资源,开发建设乡村民宿、主题农庄等项目。实现旅游者对观光、休闲、度假、康养、研学、文化体验等多样化需求。

(5)创新策划设计原则 乡村手工艺、非遗文化与现代观光对接,发挥农民打造美好家园的首创精神。大力提倡艺术家进村、大学生创新创意,利用互联网+、VR技术等新型技术,助力乡村旅游。

7.2.2 目标定位

通过“山水田海”的景观打造、节事活动推介、影视资源对接,实现农旅融合,打造“橘香·田园·海”为主题的特色休闲度假镇(见图7-4)。

橘香 定塘作为“橘光小镇”,以柑橘为特色产业。通过旅游策划,实现柑橘产业多功能开发利用,重点发展休闲、创意农业,着力布局“高效生态、绿色安全、特色精致、美丽休闲”的柑橘特色农业,促进生产、消费、体验互动,与现代经济对接,形成产业集群。打造“后皇嘉橘”特色橘文化。

田园 定塘是象山农业大镇——庄稼、田园、河流,田园定塘便印在了天地之间。全力打造“家”的蕴含,通过“耕读传家”、“梦回故里”、“妈妈的味道”、“辛勤的汗水”、“康养之家”等实现乡愁的寄托。

海 定塘具有独特的海洋文化。借“海”:与石浦镇组合形成海洋沙滩游;与鹤浦镇花岙岛组合形成海岛游。挖“海”:挖掘英山村的滩涂,实现滩涂赶海;大塘港3000亩现代农业园区(柑橘、葡萄)+虾塘+滩涂,体现海洋养殖文化;挖掘围垦文化,再造海洋文化精神;挖掘宁波站村的海运文化,打造海运博物馆。眺“海”:挖掘将军山的云蒸霞蔚,观日出,望大海。尝“海”:品尝各色时令海鲜,体验“透骨鲜”滋味。

图7-4 “橘香·田园·海”特色休闲度假镇

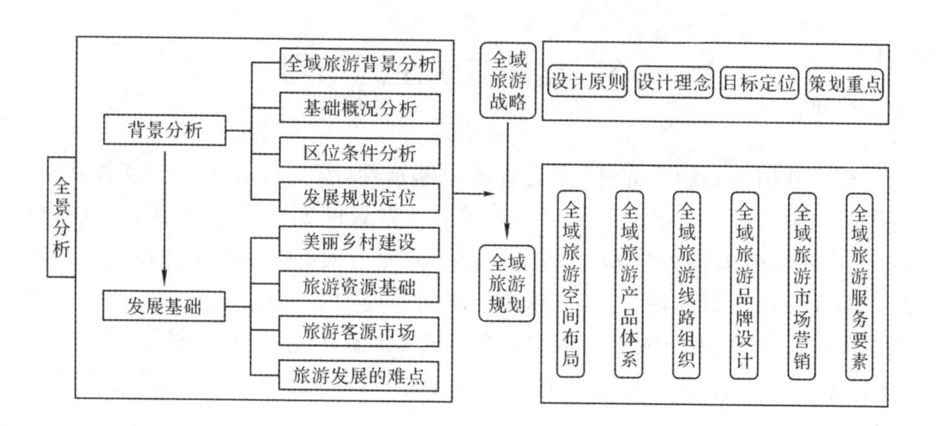

图7-5 技术路线图

7.2.3 技术路线与突破点

以区域特色村为核心组团，发挥慢行步道系统的轴线功能，强调点轴发展；建立村庄民宿集群，强调集群效应；通过3A级旅游景区村示范效应，先富带后富联动周边村庄，强调示范效应。

提高农业附加值。积极探索产业结合，将农业与旅游业、文化产业结合，挖掘文化内涵，强调生产创意、景观创意、资源整合。空间借力，打造体验经济；农旅结合，强调符号消费。深入发展“互联网＋”技术搭建平台，实现吃货体验＋乡村游＋订单农业＋互联网营销为一体。（见图7-5）

盘活村庄闲置资产。大力进行宣传教育，转变农户观念，实现对闲置农房和宅基地的创新使用，探索出租、出让、转包、入股等形式，对农户闲置资产进行整合开发。强调内生增长性，鼓励打工经济者回乡创业，带动资本下乡。

加强农村环境整治与循环经济建设。积极开展美化庭院行动，清理村庄卫生死角。积极推进垃圾分类工作；利用“五水共治”的机遇，打造生态河岸景观；利用循环经济理念，打造有机、绿色生产，提高农产品品质和附加值。

7.3 全域旅游空间布局

充分利用生态的多样性、人文资源的丰富性，着力打造城市与乡村互动、自然风光和历史人文融合的乡村旅游景观。融景区观光、休闲度假，现代都市风光、古村古建风情为一体，拥有能满足不同旅游人群需求的多样特色旅游产品。结合全域旅游的理念，定塘镇旅游空间布局为“一心二轴五区四组团”：提升一个核心、构建两条旅游发展轴，打造五大旅游功能区，重点建设四个中心组团（见图7-6）。实现传统与现代交融，民俗与网红齐驱的全域旅游产品体系。

一心：以定塘镇区为核心，构建由定山、渡头、后洋塘共同组成的城镇旅游商贸综合服务中心，打造旅游集散、商贸休闲等综合发展业态，为全域提供旅游商贸综合服务功能。

二轴：以大塘港滨水绿道和长塘河生态走廊为基底，打造长塘河—大塘港生态观光轴；沿S216省道线，充分利用沿线的山水田园景观，打造田园风情轴。

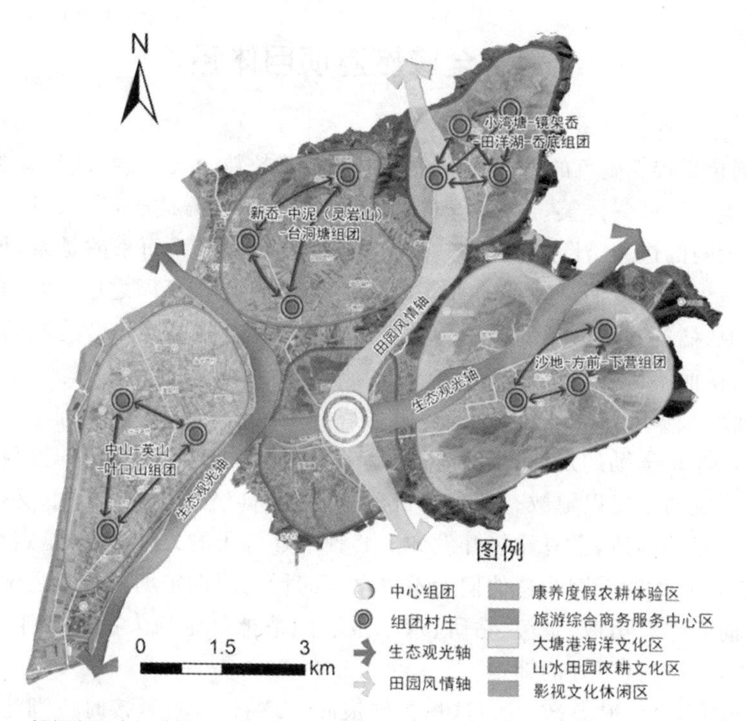

图 7-6 空间结构布局图

五区:主要包括旅游综合商务服务中心区、影视文化休闲区、山水田园农耕文化区、康养度假农耕体验区、大塘港海洋文化区。充分发挥地域特色,既强调差异化发展,又强调组合共赢。

四组团:田洋湖村—镜架岙—岙底村的生态影视组团、中垙—新岙村—台洞塘的田园风光组团、沙地—方前—下营的康养休闲组团、英山—中站—叶口山的海洋文化组团。在各区内,以中心村、示范村为核心,构筑组团,以组团组织基础设施和公共服务,形成地域景观集群,丰富旅游内容和文化内涵。

7.4　全域旅游项目体系

“橘色果浪”橘色的海洋。浓绿之中点缀着粒粒金黄，丰收的甜香弥漫定塘。红美人在枝头浅笑，金色麦浪铺满定塘。取出一瓣橘子，送入口中，感受果粒在齿间的迸裂、汁水的四溅。甜是第一重感受，随后而来的是柔，最后涌上来的是柑橘霸道而又独特的香气，唇齿留芳。漫步于橘园之中，情不自禁地回想屈原《橘颂》，感受橘的品质——坚贞与忠诚，体会天地间最美好的树“苏世独立，横而不流兮”。

“蓝色大塘”轻舟汎月随云转，大塘碧波多风流。在百余年前，大塘港尚是一片汪洋。辛勤的定塘人民不畏艰险来到这里围海造田。或许是海洋的广阔赋予了她的子民以勇敢。他们外出闯荡，做出佳绩。他们之中不仅有做与海相关的船舶制造，更有建筑开发和一心种最好橘子的人。他们，是定塘的弄潮儿，更是时代的弄潮儿！他们无不以自身的行动回馈定塘的抚养之情，带领定塘走向辉煌。勇敢、坚毅、钻研、永不服输的精神是定塘人民永生伴随的家产，是大塘港对其最好的馈赠。

“新潮之乡”浪漫、创意。这里不缺浪漫、心跳、新潮，紧接时代潮流，给你带来最新的体验。传统与现代对接，艺术与农业碰撞。网红打卡，直播的不仅仅风景；心灵之约，营造的更是情怀。打造创意文化试验田：美术创意、摄影创意、梦幻蒙太奇、研学创意、探险创意。在民宿中看星星，在密室中解谜……实现真实与想象的边界体验。

“家的蕴含”“耕读传家”的家风，家训。诗书传家远，耕读继世长。一耕一种，在土地上留下印记；一撇一捺，书写记忆。辛勤劳动、自食其力、热爱文化、读书明理，这些才是令家族兴旺长盛的法宝。“梦回故里”：对祖先的尊敬缅怀。信仰，是个说不清道不明的东西。中国人对祖先的敬仰时来已久，甚至可追溯到蚩尤时期。在定塘，村内有个祠堂并不是什么稀奇事儿，不过大小之别而已。祠堂内多有家风祖训悬于阁楼之上，用以警醒后人。祠堂或大或小，或繁或简，都承载着后人对先祖的缅怀之情。（见表 7-3）

“妈妈的味道”　妈妈的味道是家乡的思念。甜软的麦糕在蒸笼中休憩，耕牛在水田中漫步。它宛若烙印深深镌刻在我们的胃里。舌尖轻触食物，儿时的记忆如同连环画在脑海中涌现。独特的美食基因构成了今天的我们。来定塘，给你家的味道。古法制作，鱼头盛宴。没有华丽的摆盘，没有浮夸的宣传，只需一口，让你梦回童年。

“辛勤的汗水”向劳动致敬。谁都知“锄禾日当午，汗滴禾下土”，但如今的青年又有几人体验过躬耕之艰辛。这里，为孩子们准备了亲自体验农民耕作的全部过程。一箪食，一瓢饮。大道至简，万物源于大地。简简单单的食物，简简单单的幸福。一切简单的背后却是农民不简单的劳作。他们与天地同为一心，践行着劳动的智慧和奉献的勇气。

“康养之家” 康宁长寿，德合万物。如同南山菊花之于陶渊明，村边绿树、郭外青山之于孟浩然，出世超然的生活为现代人所向往。没有工业的污染，没有汽车的鸣笛，也没有工作的纷扰。在这里，你可以寻找到内心最静谧的地方。品茗、插花、书法绘画……身心合一，内外一体，心无挂碍。正可谓物与我皆无尽也，无可羡之物，亦无所求之所。(见表7-4)

表7-3 定塘全域旅游引领项目

主题	项目	创意
橘色果浪	橘光大道、柑橘博览园、橘光商务、柑橘主题民宿	以橘为媒，以橘为材，实现观橘、尝橘、研橘等多重体验，把“后皇嘉橘”精神符号化。
蓝色大塘	大塘港渔风、海洋探密、民俗文旅、宋代古船遗址博物馆	以围垦文化、海运文化、海洋养殖文化为精神内核，打造蓝色大塘。
新潮之乡	影视奇遇记、艺术部落、智慧农耕、水果梦工坊、网红特辑、灵岩山旅游风景区	以创新创意为引领，重塑乡村旅游文化空间。
家的蕴含	山水田园诗韵、追古溯源、精品民宿	以“田园印象”农耕文化为主轴，全力打造“梦幻家园”。

表7-4 旅游项目组图格局

		旅游综商务服务中心区	影视文化休闲区	山水田园农耕文化区	康养度假农耕体验区	大塘港海洋文化区
重点项目	引擎项目	定山历史文化街区、定塘镇旅游综合服务中心	田洋湖山野运动区、橘光大道生态影视综合体	灵岩山风景区、中垊现代农业综合体	沙地生态农业示范基地、沙地一方前民宿集群	大塘现代农业示范基地、大塘港旅游休闲区、英山海洋度假区

续表

		旅游综商务服务中心区	影视文化休闲区	山水田园农耕文化区	康养度假农耕体验区	大塘港海洋文化区
重点项目	支撑项目	历史风骨(历史文化街区、安期山禅修营) 水果梦工坊(水果创意工坊、四季果园、水果主题餐厅) 橘光商务(旅游集散中心、民宿卫生综合服务中心、现代农产品供应链运营中心、橘光剧院、象山柑橘学院、橘光青年旅舍、精品美食广场) 长塘河生态绿道景观带	橘光大道慢行游览带 影视奇遇记(镜架岙影视村、室内影视摄影棚与主题密室) 山体森林之旅(登山步道、森林公园、汽车露营基地) 悠游乡居联盟(民国风古韵精品民宿、影视主题民宿群、乡村意境体验民宿区、柑橘主题民宿) 博物探秘(乡村记忆博物馆、太平禅寺、柑橘博览园) 水乡田园乐(水上乐园、生态农庄) 田洋湖墟市	灵岩山旅游风景区(登山玻璃栈道、云顶观景台与摄影基地)、星空露营地) 田园诗韵(现代农业示范园、微田园综合体、稻草人编织工坊、美丽庭院) 橘水谣乡(大树桥闲钓园、杏花茶社、度假酒店) 追古溯源(俞氏宗祠纪念馆、古建筑博物馆) 网红特辑(电商网购基地、汽车快捷餐厅、精品民宿、乡村图书馆+电子阅览室)	原乡精品民宿联盟(定制精品民宿、石舍主题精品民宿群、四合院精品民宿群) 银发田园(园艺疗法园、康养中心) 宋代古船遗址博物馆 智慧农耕(订单农业基地、市民农田、数字农场) 不老人家(登山步道、青埠湖旅游风景区)	大塘港渔风(渔排休闲园、象山龙舟赛基地、赶海园) 民俗文旅(民俗创意园、红庙文创集市、非遗传习中心) 海洋探密(航运博物馆、研学实践教育基地) 连理大塘(婚纱影视基地、爱情度假酒店、船上咖啡馆) 艺术部落(艺术实验营、艺术家工作室、4D壁画墙绘) 百果百蔬(自助素食餐厅、果蔬主题装置艺术群、大塘港慢行步道)

7.4.1 旅游综合商务服务中心区

范围:定塘镇区及其周边村庄,包括定山村、后洋塘村、渡头村、葫芦门村。

功能:旅游公共服务、文化观光、商贸娱乐。

发展思路:定塘商圈,橘香海韵,古与新、传统与现代的交汇。充分利用镇区商贸、交通优势,打造旅游公共服务平台;以明清历史遗存为核,打造定山历史文化街区;依托全域农业,打造定塘"橘光小镇"。北面依托定山村,打造历史文化为主题的3A级景区村;南面带动后洋塘村、大湾山村,建立电子商务农特产品分拣中心,集农特产品存储、分拣、包装、物流一体化。

定山村:2A级景区村庄。主要种植柑橘、水蜜桃、苹果梨。主要景点:清乾隆年间八角楼(县级文物保护点)、行馆、奚氏宗祠、安期山、安期亭、五鹤亭、明古炮台遗址、桂花游步道、定山森林公园。村内有道家文化,相传安期山曾栖居于此,至今仍流传仙人洞、仙人脚、仙人脚、安期井等传说。节事活动:游泳节,附近村庄村民参加较多。

后洋塘村:由后北、后南和上岙3个自然村组成。以种植蔬菜、柑橘为主,人均收入约18000元/年。村集体产业有养猪场,收入约12万元;柑橘农场收入约7万元;影视棚收入约100万元。但2019年古装片寒冬,影视棚出现了闲置状态。

葫芦门村:定塘最小村。四面环山,仅有一条道路通往外界。主要种植梨和桃,自产自销售往临近省市。考虑打造梨和桃的品牌。历史遗迹:清代葫芦门庙。节事活动:九月十三菩萨生日,搭台唱戏。

(1)创意设计:历史风骨

定山历史文化街区:定山村八角楼附近随地可捡到宋代、明代、清代的碎瓦片,可将碎瓦片收集整理,在村文化长廊展览。桂花游步道旁的花谷区空地,重建一部分明代老城墙,感受古风遗韵。以清代八角楼为中心,加上明代古炮台遗址、明代老城墙等历史遗存,与村文化长廊共同打造具有文化底蕴的历史街区。

安期山禅修营:村内道家文化盛行,相传道教名家安期山曾栖居于此。结合道家文化,引进资本,运用木质结构建造仿古建筑,打造禅修体验营。通过禅修体验,让心灵摒弃繁杂,置身于天人合一的境界。

(2)创意设计:橘光商务区

定塘旅游集散中心:定塘镇美丽乡村、风情小镇建设印象展示窗口,又承担着旅游集散、服务、接待、咨询等功能,实现一站式服务。集散中心内设咨询台、投诉台、休息厅、导游机构等,并结合互联网技术提供智慧服务。

民宿卫生综合服务中心:引进社会资本,打造民宿卫生综合服务中心,主要功能是实现全域民宿用品集中采购、碗筷集中消毒、布草集中洗涤等,提高定塘镇民宿卫生水平。

定塘美食广场:利用定塘镇区果蔬贩销中心、水产交易市场、农贸市场的优势,打造精品美食广场,助力全域旅游。

橘光剧院:打造群众、团体日常演出平台,也可承办文艺演出、戏曲表演等文娱活动，为游客和定塘人民茶余饭后提供休闲去处。

橘光青年旅社：以自助方式吸引年轻游客入住，为定塘未来乡村旅游赋能。

象山柑橘学院：柑橘学院积极与中国柑橘研究所、浙江省农科院、浙江大学等科研院校进行对接，建立战略合作联盟。依托柑橘学院，组建柑橘农联合，提高柑橘品质和附加值。利用学院优势，挖掘柑橘文化内核，把柑橘学院打造成定塘柑橘文化推介窗口。

定塘现代农产品供应链运营中心：建设标准化的现代农产品供应链运营中心，通过提供统一的追溯、初加工、分拣、分级、检测、品控、包装、仓储、冷链、快递、售后、代销、分销、标准化、品牌化等服务，协助地域特色农产品转化为特色网货。设计精品果蔬礼盒包装，挖掘旅游伴手礼市场。

(3)创意设计：水果梦工坊

葫芦门水果创意工坊：运用优质苹果梨，加上园艺元素，打造苹果梨盆景。采摘果园，在6月举行水蜜桃和脆桃采摘，7、8月举行梨头采摘。游客用采摘的果蔬为原材料，搭配花卉等进行果蔬创意设计，制作原生态、可食用的果蔬艺术品，组织水果创意大赛。

葫芦门四季果园：根据时令，种植应季水果，春季摘草莓赏桃花；夏季摘水蜜桃、苹果梨，秋季的葡萄；冬季的柑橘，实现一年四季果园飘香的盛景。

后洋塘水果主题餐厅：将餐厅与水果店结合，打造水果主题餐厅。“每天吃水果，健康100年”提倡绿色生活。

(4)创意设计：长塘河生态绿道景观带

长塘河是定塘镇主河道，起于下营村，汇入岳井洋，全长5444米。长塘河的河道整治与美丽乡村建设结合，从“游憩、景观、生态”三元素出发，实现“河畅、水清、堤固、岸绿、景美”，建设风景宜人、充满活力的生态廊道和慢行休闲风景带。

7.4.2 影视文化休闲区

范围：位于定塘镇东北部，以田洋湖村为核心，包括岙底村、镜架岙村和小湾塘村，共4个行政村。

功能：山水休闲、影视娱乐。

发展思路：改造民国旧居，建设精品民宿，撰写民国故事，实现空间与时间融合。打造创意文化试验田：美术创意、摄影创意、梦幻蒙太奇、研学创意、探险创意，开启“求奇、求新、求真、求美、求乐”的心灵之旅。对接象山影视城资源,积极打造室内外摄影棚。根据乡村田园风光,结合二月二龙抬头节庆,打造橘光大道旅游综合体。依托太平山岗、黄猫洞岗,将军山山塘、田洋湖、三叉塘水域等山水资源,增建游客参与、体验、互动的项目。

田洋湖村:田洋湖和斜岙2个自然村。村庄主要农产品:水稻(田洋湖生态米为定塘特产)、柑橘、杨梅、西瓜和鸭蛋。依托象山影视城,近年来村内建设了2座室内影视大棚。村内主要景点有老车站、胡氏宗祠、天主教堂、室内摄影棚和橘光大道。节事活动有“二月二”龙抬头(主要活动:舞龙、教牛、炒年糕)。田洋湖村是周边地区重要赶集场所,墟市是逢农历日期尾数为三、七、十日开市。

镜架岙村:村内建筑以小别墅为主,建设有环村公路。乡贤大多从事建筑业,村庄建设执行力良好。村内有200亩花卉基地和70亩苗木基地。自然风光有森林公园、山水田园风光;人工景点有关帝庙、镜架岙水库、胡氏宗祠,民国建筑有郑氏四合院,家具保存完好。

岙底村:由岙底和东岙2个自然村组成。该村位于定塘镇最北端,三面环山,形成岙底。村庄有两条小溪穿村而过,小溪潺潺、清澈见底是岙底生态村庄的表现,也是村民引以为傲的地方。主要景点有:将军山、将军山山塘、平水大帝庙。民国建筑有薛家老宅,亟待修缮。

小湾塘村:村主要景点有小湾塘—灵岩山3小时登山步道、小湾塘森林公园、象山柑橘博览园。古建筑有清道光17年建造的关岳庙。有“四月八牛生日”节事活动,在节日里村民吃乌饭和麻糍,禁耕牛锄田。

(1)创意设计:橘光大道慢行步道

突出定塘“橘”的主题,从镜架岙村出发,沿途经过田洋湖村、小湾塘村、灵雅舍村、盛平山村,最终抵达定山村,打造一条长约6千米的观赏步道(见图7-7)。步道既增强村庄与村庄的节点之间联系,又可让游客观赏、体验沿途的柑橘种植生产景观。路面采用石板和鹅卵石,以橘色为主色调。完善大道两旁的路灯、垃圾桶、柑橘雕塑小品、旅游导视标志牌等设施配套,体验湖光山色和田园之美,增强游客多元体验。

(2)创意设计:影视奇遇记

镜架岙“花里酒村”酒文化影视艺术村:镜架岙水库附近的森林公园,山体是象山影视城周边唯一一块没有被高压线等现代化景观破坏的原生态场景地,是最佳的影视户外拍摄基地。对旧粮仓进行改造,打造六必酿酒庄。酒庄可分为“六必遵”酿酒展览体验中心,集中展示镜架岙村具有百年传承的酿酒技艺;产品展销厅,对酒产品进行展示及销售;酒坊小筑和多功能餐厅作为配

图 7-7 橘光大道与景观图

套,满足游客多方面需求。酒文化影视村聚焦象山影视城的中高端度假及艺术交流市场,作为乡村型旅游接待及中转基地。

田洋湖室内影视摄影棚与主题密室:田洋湖村距离象山影视城车程仅需15分钟,可对接影视城资源。通过政策优惠、降低租金等手段,引流剧组来田洋湖村进行室内影视拍摄。通过影视粉丝效应,打造影视主题密室,提高游客互动性。以影视产业为核心,注重覆盖影视全产业链;成立专门的影视协会,鼓励和支持下属协会的文艺骨干创作一批以当地旅游资源和文化资源为题材的影视作品,满足观众多层次的精神文化需求;以鲜明影视产业孵化、创新为特色,引入优秀企业、影视创作人才入驻。

(3)创意设计:山体森林之旅岙底

将军山登山步道:岙底村—将军山登山步道总长约3公里,充分利用岙底村连接新桥镇高湾村废弃的山路,这条山路也是去青瓦岩的石子路。将军岭常年呈现“云蒸霞雾”景观,此处也可远眺大海,观看日出,体验感极强。

小湾塘—灵岩山登山步道:湾塘—灵岩山登山步道总长约6公里,建议爬行时间2～3小时。灵岩山是定塘镇最高山,登山远眺可俯瞰定塘,一幅水墨山水画卷。年轻人可在玻璃栈道探险。下山后,建议乘车返回。

周岙—田洋湖村登山步道:周岙—田洋湖登山步道全长约 3 公里,建用时 2 小时。这条山路顺着王毛洞的山脊爬,是周岙村民前往田洋湖村的山间小道。

南山湾森林公园:南山湾森林公园位于小湾塘村。进入深林,恍如进入森林氧吧,顿时使人神清气朗,弥散心中郁结之气。穿行林中,阳光细碎,溪水淙淙,古木馨香。(见图 7-8)

岙底将军山登山步道　将军山云蒸霞雾景观

小湾塘灵岩山登山步道　周岙田洋湖村登山步道

图 7-8　山体森林之旅

田洋湖汽车露营基地:基地根据国际房车营地的建设标准,集房车、私家车停车场,扎营基地为一体,配套有咨询服务中心、洗浴、医疗急救等公共服务设施和观光电瓶车、自行车租赁等公共交通工具。基地还将定期举办国际户外露营节、自驾车营地音乐汇等活动,为游客带来丰富的营地生活体验。

(4)创意设计:悠游乡居联盟

镜架岙民国风体验民宿、田洋湖俞家庄宅院古韵精品民宿:镜架岙村的郑氏宅院,田洋湖村的俞家庄宅院是民国时期建筑,屋内老式家具保存完好。黑瓦白墙、飞檐拱壁、篱笆围墙、清幽院落,典雅精致的中式格调与浑然天成的自然美景隔窗相望。引进社会资本,打造高档民宿。

镜架岙、田洋湖影视主题民宿群:依托影视产业区,配备建立相应的影视主题民宿群。以较高知名度的电视剧和电影为特色主题,通过海报墙、签名墙、明星照片、明星私家收藏等形式进行意境营造和景观改造。

岙底乡村意境体验民宿区:潺潺小溪环绕,森森树木参天。群山环绕,鸡犬相闻,村民悠闲,质朴生活,农家风情。居住在岙底村,感受"箫鼓追随春社近,衣冠简朴古风存"的乡村意境。

小湾塘柑橘主题民宿:以橘的精神"坚贞不移"为主题,与游客建立乡村之约。通过回归折扣等方式,鼓励游客每年回归游。

(5)创意设计:博物探秘

小湾塘象山柑橘博览园:象山首家柑橘全产业链基地,包含柑橘社会化服务中心、柑橘研究中心、柑橘无病毒接穗圃、柑橘文化长廊、柑橘专用有机肥加工中心、柑橘品牌销售、柑橘工坊等项目,集科技、服务、体验于一体。

田洋湖定塘乡村记忆博物馆:收集旧物件,从衣、食、住、行、耕、用等方面,打造集文化传承、研学拓展等功能为一体的新型乡村生产生活展览馆。运用现代的投影、影视图片材料、纪录片等手段,增强游客的乡村认知。

镜架岙太平禅寺:位于镜架岙村废弃校舍背面,始建于清朝,现亟需维修翻新。可将废弃校舍拆除,扩大太平禅寺规模,体味定塘的佛教文化之旅。

田洋湖—三叉塘水上乐园:与三叉塘组合打造水上乐园,包含水滑梯、人工冲浪、游泳池等设施,也提供水上三轮车、皮划艇等运动设备,享受水上运动带来的激情与活力。

小湾塘生态农庄:以绿色、环保、生态为目标,主打以家户为主的农事体验活动:苗木扦插、花卉种植、农业生产、瓜果采摘等。农业生产体验,垂钓、抓生态山林鸡,农家乐、民宿为一体。摇曳着的乌篷船,在三叉塘上灵活穿梭,时光就这样慢慢流淌着。

田洋湖墟市:田洋湖的墟市是逢农历的三、七、十日开市,属于传统马路市集,熙熙攘攘的朴实乡民,喧嚣的传统小吃、琳琅满目的农产品、各色手工艺品

(竹编、板凳、桌子),也有大喇叭销售现代电器,呈现传统与现代对接的景观。墟市中各种吆喝声此起彼伏,让人仿佛回到童年。墟市景观各季节不同,具有很强的景观再生产功能,本真体验强烈。

7.4.3 康养度假农耕体验区

区划范围:位于镇域东部及南部,以方前村为核心,包括沙地、周岙、洋岙、下营、大湾山,共 6 个行政村。

主导功能:民宿度假、康体疗养。

发展思路:瞄准中高端生态养老模式,尽享“诗与远方”。入住精品民宿,享受“采菊东篱下,悠然见南山”的惬意;园艺疗养园,多元感官体验,永葆身心健康;数字农场,自己动手,不一样的生活体验;山林漫步,暂避凡尘,修心养性两不误。依托该片区良好的山地环境、水果种植资源和沙地村的乡村旅游“领头羊”口碑效应,以点带面,实现整个康养度假农耕体验区的联动发展。重点开发乡村野趣环境下的山林休闲、康养健身等业态,全方位构建“田园养生”的旅居生活方式。

方前村:由方前、上山、小青埠、大青埠和上营 5 个自然村组成。村集体共有耕地面积 681 亩,水田 629 亩,旱地 52 亩,主要种植柑橘、水稻,是个纯农业型的村庄。村内建筑为钢筋混凝土结构,对外交通为方青公路,向西通往定塘镇区,到石浦车程只要 10 分钟。景点有青埠山、青埠水库。节事活动有四月初八,打、吃麻糍、赏桂花。

沙地村:2A 级景区村庄。主要作物有柑橘、茶、玫瑰花、葡萄、草莓(无公害食品认证)。人工景点有在建的人工沙滩、沙地水库、一环(环村大道)和三大道(林荫康庄大道、葡萄紫藤长廊、迎宾花果长廊)。历史建筑是位于大明山的清代新安寺。近年来,沙地村建成了观光采摘生态农园、垂钓休闲园和鲜花种植基地。农家旅游经济的发展已有一定的基础,但客源档次不高。

下营村:由下营、庙山、地垄 3 个自然村组成。人工景点有鲜花大道(月季、紫玉兰、牡丹花、樱花)、民国四合院集中区、革命烈士陈照华故居和双峰龙潭水库。

(1)创意设计:原乡精品民宿联盟

沙地定制精品民宿:吸引具有绘画、茶艺、设计、非遗技术等专业人士落户,打造精品民宿,促进民宿互动,让游客体验多元文化氛围。例如,园艺主题民宿:院落加入园艺花卉、园艺小品等元素,园艺与建筑融合;农耕主题民宿:农耕文化绘画、运用农耕器具、农产品装饰民宿;茶文化主题民宿:以茶文化构成休闲惬意的民宿空间。

方前石舍主题精品民宿群:以石头为主题元素,用附近天然的鹅卵石为原材料,将方前村中几幢老建筑外立面镶上鹅卵石,房间内部装修也一律采用石质材料,石桌、石凳、石碗等,结合色彩绚丽的石头彩绘、石头形状的抱枕靠垫,打造自然粗犷具有艺术气息的生态石舍民宿。

下营四合院精品民宿群:对民国建筑(罗家宅院、蔡家大宅院、龚家宅院、罗家上新屋、章家宅院、许家宅院和陈家礼房)进行修缮翻新,打造四合院主题系列精品民宿。

(2)创意设计:银发田园

下营唯爱园艺疗法园:通过参加园艺活动调整身心、治疗疾病,强调参与性、长期性。面向对象是高龄老人、残疾人、精神病患者等。在园艺展示区观赏园艺景观;在活动体验区学习并掌握园艺疗法操作方法与技巧,感受春种秋收,激发对生命的热爱。

方前康养中心:方前康养中心包括养老公寓和二级康复医院,共享康复及活动空间。以专业康复医疗为核心驱动,以品质养老公寓树立核心价值,打造医养融合模式,打造开放共融的地区性养老综合体标杆项目。

(3)创意设计:古船探秘遗址博物馆

结合洋岙村出土宋代古船的考古事件,对遗址现场实行保护性开发,适时开展遗址观光活动,同时宣传海上丝路与古代远航知识。陈列展示洋岙村挖掘出的宋代木质沉船的复原模型和部分文物精品。可按照沧海桑田、天工船造、文物解密、影音时空等主题设置展厅。

(4)创意设计:智慧农耕

大湾山订单农业基地:利用"互联网+"技术,搭建消费者与生产者之间平台,使消费者的需求直接传达给生产者,生产者将生产过程和质量再通报给消费者,实现了生产与消费的信息对等,解决传统农产品的流通问题。

沙地市民农田:以低碳、慢活为理念,指定某一区域的田地进行大小不一的分割,让城市居民来认领耕种。工作日内地块由定塘镇当地农民代为照料,通过物联网将当日收获的新鲜生态蔬果送至市民家中;节假日市民们则亲自在田地中参与耕种过程。通过躬耕农庄、农耕体验区、农产加工区、家禽养殖园四个项目,开展"新手课程"、"农庄徒工"等体验农业活动。

方前 Digtalfarm 农场:从美国社群支持型农业中找到灵感,将游戏和创意农业结合,设计现实版"开心农场"——有机远端农场 Digtalfarm,使游戏与现实几乎同步。建立自己的商店,给会员带来额外收入。

(5)创意设计:不老人家

方前青埠湖旅游风景区:以方前村青埠水库为重点,沿湖提升景观风貌,设置游船码头,船采用中国传统的撸桨式木船。岸边建茶室、森林氧吧等,打造湖泊型自然旅游风景区。

大青埠登山健身步道:大青埠古道全长约5公里,通过步道改造与线路调整,设置生态健身步道环线,倡导每天"一"万步,身心灵"三"净,"零"负担生活。

下营双峰山步道:山间青草丛生,橘树夹道。林间鸟鸣悠悠,水雾弥漫。山顶水库碧绿可见其底,一旁瀑布奔流而下,晶莹透亮,蒙蒙水雾,令人心旷神怡。石子铺路从山脚到山腰,山腰至山顶青石迎道。适宜悠闲漫步,修养身心。

7.4.4 山水田园农耕文化区

范围:镇域西北部各村和山地为主体,以中垠村为核心,包括中垠、台洞塘、盛平山、灵雅舍、新岙共5个行政村。

功能:田园综合体、山野运动、水乡休闲。

发展思路:重现耕读传家的厚重生活图景,将农耕、收获、生态、健康与都市人的生活体验交融在一起,建设看得见的山,望得见的水,留得住乡愁的田园农耕文化区,打造现代都市人向往的返璞归真之地。重点建设灵岩山风景名胜区,目标为国家4A级旅游景区。对接国家田园综合体扶持发展政策,打造现代农业示范园等田园休闲综合体项目。融合田园景观与村道,打造宁波地区最具生态农林水乡风貌的自行车之旅。利用蔬菜种植品种多、蔬菜加工产业链完整等优势,将生产、加工、销售与观光体验结合,以"自然、有机"为口号,打造集休闲、体验生产、教育、民宿等一体的特色旅游农场群。

中垠村:定塘第一大村,由中垠、下灶、山灶、竿头和外塘5个自然村组成。主要种植柑橘,水稻,养殖鲢鱼。建筑业是中垠村特色经济和支柱产业,培育了宏润等知名建筑企业,建筑业乡贤回馈桑梓,投资建设村小学和村委会办公楼。村内景点有灵岩山,可看日出日落;大树桥河港,可休闲垂钓。村庄旅游处于起步阶段。

台洞塘村:位于定塘镇中西部,交通便捷。山林168亩,散布在村外岙底将军山,小太平的马岩弄山,楼下舍的木鱼山等。

新岙村:三面环山,西北方向通往灵岩山。主要种植柑橘和水稻。主要景点:俞氏宗祠(俞氏故事)。

(1)创意设计:灵岩山旅游风景区

灵岩山位于新岙村背面,主峰海拔170米,奇峰耸立、山势陡峭,是定塘登高望远的最佳景点。目前已有两条上山通道,一条是步行台阶,起点里岙村,至灵岩山崖壁下仙林禅寺;另一条是1.3km简易公路,起点新岙村至仙林禅寺。

登山玻璃栈道:采用高透高强度钢化玻璃。感觉每一次下脚仿佛都是踩空,身边凉风习习,脚心却在冒汗,感受肾上腺素狂飙。

云顶观景台与摄影基地:在灵岩山顶设置观景台与摄影基地,可供摄影爱好者拍摄田园定塘。组织"最美定塘"摄影比赛,推介定塘。

星空露营地:夜晚星空下,支上一顶帐篷,与亲人尽享月色如水,清风习习,蝉声与蛙鸣交织。

(2)创意设计:田园诗韵

中坭现代农业示范园:中坭现代农业示范区集现代农业观光园、设施农业示范园、农业创客中心、产品研发中心四园一体,代表定塘农业科技最高水平。

中坭菜园野奢微田园综合体:集菜园美宿、农业体验、特色餐饮、摄影采风、户外运动等于一体的微田园综合体,内设有豆腐坊、竹艺坊、咖啡馆、灵岩茶馆等配套体验项目,为游客提供"住院子"、"下馆子"、"找乐子"、"提兜子"等系列服务。农场群向市民提供新鲜、健康、绿色农产品,开放生态农业观光,让市民在闲暇之余参与农田管理,享受农趣。

新岙稻草人编织工坊:定塘农民一直有用稻草人驱赶鸟雀的传统,但随着时代发展,稻草人逐渐退出历史舞台。结合宁波市级非遗项目——稻草人编织工艺,打造稻草人编织工坊,让编织体验成为游客打卡点。

美丽庭院:尊重群众首创精神,积极开展美丽庭院建设。做到推窗见绿、抬头赏景、起步闻香,打造整洁、具有特色、文化内涵的美丽庭院,达到"洁、齐、绿、美、景、韵"六美要求。庭院生产、风貌建设与休闲连接起来,既美化村民生活,又丰富游客体验层次。

(3)创意设计:橘水谣乡

中坭大树桥闲钓园:大树桥是中坭村独特的人工景观,一新一老两座桥并排河道上。悠闲地倚在墙上垂钓,眺望远处的灵岩山,可谓"垂钓大树桥,悠然见南山"。

新岙杏花茶社:杏花茶社灵感来自储光羲的"垂钓绿湾春,春深杏花乱"(《钓鱼湾》)的意境。茶社建筑粉墙黛瓦,青石木板,在窗前观赏枕水人家与清水远山,感受时间在这里缓缓流淌。

台洞塘“花墙海”度假酒店:以鲜花为主题,不同的房间设计代表不同的鲜花,菊花、桃花、梅花等,仿佛置身于花海之中。

(4)创意设计:追古溯源

新岙俞氏宗祠纪念馆:新岙村俞氏宗祠始建于清代,中华民国十六年大修。砖木结构楼屋。现仅存石库门、正屋和东偏房。木作精细,雕饰精美。俞氏宗祠背后流传着俞氏家族的奋斗历程,体现定塘人民勤俭持家的传统美德。

中垠古建筑博物馆:以传承和弘扬古建筑特色为主题,让所有参观者了解民族文化的伟大和匠人技艺的高超。古建筑博物馆共分为四个主体展厅:发展史厅、瓦作厅、石作厅、木作厅,展示各时期的建筑风格、建筑构件以及各种建筑技艺。

(5)创意设计:网红特辑

盛平山电商网购基地:成立盛平电子商务公司。通过电商平台,发展农村电商、农村代购;县域农村电商物流,实现农产品进城+工业品下乡;农产品电商(F2B和F2C),实现农产品的产地与城市酒店、食堂、学校、机关等机构对接。

盛平山“来往”汽车快捷餐厅:盛平山村位于216省道旁,来往汽车繁多。“来往”汽车快捷餐厅向时间匆忙的司机和游客提供西式快餐。

新岙十二星座野奢精品民宿:十二栋具有星座特色小院组成的精品民宿群,每个小院都被赋予了一个浪漫神秘的星座故事,又称“来自星星的你”。

盛平山字里行间乡村图书馆+电子阅览室:低头品味文学之美,抬头欣赏自然之韵。在这里,随手摊开一本书,就能品味字里行间恬然的心境。

7.4.5 大塘港海洋文化区

范围:大塘港片区所有行政村范围,以英山村为核心,包括英山、中站、叶口山、漕港、花港、礁横、金牛港、白墩、宁波站共9个行政村。

功能:海洋娱乐、民俗体验、研学教育

发展思路:大塘港在旅游资源品质、发展空间、品牌效应等都具有优势地位,是全镇旅游建设主体,以其为龙头,推动整个定塘旅游全方位发展。将大塘港整体打包开发,加强红庙文化、围垦文化等地域特色挖掘,引领大塘港旅游整合作为突破口;多种交通方式串联是整合的重要手段,营造“骑行过水岸,步行入田家,自驾环塘港”特色体验动线。重点发展海洋文化,畅享“海”生活。对景区的区域道路和休闲区景观进行大规模的规划和建设,建成集“吃、住、行、游、购、娱”六位一体的大塘港海洋文化风情区。

英山村:种植紫菜、蔬菜(有机)、葡萄,但以海鲜养殖(螃蟹、对虾)为主要收入来源。房屋以小别墅群为主。主要景点:英山、英山渡和滩涂质海滩、杨府庙。

中站村:2A级景区村庄,在大塘片区较有影响力。主要作物柑橘、蔬菜(可申请有机认证)。红庙(镇潮庙)整个大塘地区比较重要的宗教场地,五月廿七大塘庙会车灯巡游从这里开始。有千米长的小潮港及周围景观节点,可做婚纱摄影基地。已发展乡村旅游,但目前陷入瓶颈。现有9家民宿,400个床位,费用散客120元/人,团体80元/人。

叶口山村:定塘柑橘贩销第一村。水产养殖以虾塘承包为主。建有定塘非遗传习中心,展示大塘港围垦文化、堵港文化。现有节事活动:大塘麦糕节、鱼头节和厨艺比拼(河鲜十八烧)。

(1)创意设计:大塘港渔风

英山渔排休闲园:对英山虾塘进行改造,打造水上渔家生活体验形式。游客在渔排浮木上一边观赏岳井洋海景,一边品尝大塘港鲜活鱼头,领略大塘港渔家风情。利用渔区的渔船、渔具设备和专业渔民的技能,帮助游客直接参与张网、捕虾、垂钓等形式的捕捞作业,开展"过一天渔民"的渔业生产体验游;充分利用鱼塘养殖基地,放养名贵鱼类,配备一定的设施,开展以垂钓为主,集娱乐、餐饮为一体的休闲养殖垂钓旅游。

叶口山象山龙舟赛基地:依托大塘港宽阔的水面和优良的水质,打造集参观、游玩、比赛于一体的龙舟基地,定期举办象山龙舟大赛,与中国传统节日端午节捆绑营销,提高人气。配套龙舟文化展览馆和龙舟协会,促进象山龙舟持续发展。

英山赶海园:赶海是指根据潮涨潮落的规律,在潮落时到海岸、滩涂、礁石上打捞或采集海产品。英山渡口可以赶海抓蛏子、泥螺、螃蟹等,充分享受赶海拾贝的乐趣。

(2)创意设计:民俗文旅

中站民俗创意园:以定塘非遗文化展示和体验为主,集中展示民俗手工艺品、民俗歌舞、民俗演化等,深度体验定塘浓郁的乡土文化产品。体验类;麦糕坊(麦糕、碱水麦馃)、麻糍坊、米胖糖坊、画缸坊、鱼拓坊、灯彩坊、打铁坊、酿酒坊等;观赏类:走书坊、庙戏坊等。

中站红庙文创集市:依托五月廿七红庙文化氛围,打造一个集文化创意、特色农贸等多种业态于一体的特色乡村文化集市。

叶口山非遗传习中心:依托叶口山村大塘港围垦文化陈列馆和定塘非遗展厅,设立非遗传习中心,组织定塘非遗代表性项目传承人开展传承、授徒、培训、交流活动。定塘有省遗1个(宁波走书),市遗8个(大塘红庙庙会、田洋湖茶山老龙、定塘“二月二”习俗、大塘车灯、细什番、象山米馒头、鱼类故事、跑马灯),县遗4个(一个员外三个女儿的故事、蒲鞋制作技艺、稻草编织技艺、少儿传统游艺)。非遗传习中心集中展现定塘农耕文化的不同内涵的,是定塘非遗的“金名片”。

(3)创意设计:海洋探秘

宁波站航运博物馆:宁波站被誉为“浙江海运第一村”、“华东航运大村”。宁波站航运博物馆以“航海科技”为主题,积极践行“让文物活起来”的理念,展示包括橹、舵、帆、锚、榫钉、舱缝、水密隔舱、逆风调戗、陆标导航、指南针、航海图等众多航海工具,促进港运文化传播和传承。

英山“村小二”研学实践教育基地:推进高校实践实习教育,通过农村蹲点实践培养大学生的家国情怀。大学生与村干部们“同吃、同住、同劳动”,培养对基层老百姓的感情,增进对乡情民情了解,加强服务基层的意识和能力。

(4)创意设计:连理大塘

中站“十里红廊”婚纱影视基地:长约1000米的小潮港河道,上建红色连心桥,旁有红色长廊,以“红”为主基调,充满爱情的浪漫。打卡景点:莲花池、红廊、红庙、连心桥、天主教堂、露天草坪。

中站“万年”爱情度假酒店:从歌曲“爱你一万年”中获得灵感,面对情侣夫妻建设“万年”爱情度假酒店,以主题客房点燃爱情激情。

中站村 Manlife 船上咖啡馆:中垠村的小潮港河道上可停泊游船。在船上品味咖啡,欣赏十里紅廊绵延不绝的红,别有一番风情。

(5)创意设计:艺术部落

花港艺术实验营:集绘画、书法、雕塑等为一体的综合性艺术实践基地,让大、中、小学生,艺术家都在这里找到“涂鸦”的舞台。

花港艺术家工作室:通过招商引资、项目合作等方式,开展艺术家进村入驻项目。并与当地村民合作,培养“乡建艺术家”。

英山4D壁画墙绘:彩绘艺术家进村创作,以围垦文化和堵港历史为主题,彩绘4D墙绘作品,以眼球效应促进流量关注。

(6)创意设计:百果百蔬

礁横素满香自助素食餐厅:突出礁横村——象山县蔬菜生产专业村的特色,打造自助素食餐厅,让舌尖回归本真。

果蔬主题装置艺术群:仿南瓜、白菜、西蓝花、西红柿等蔬菜,打造果蔬主题装置艺术群。

大塘港蔬香慢行步道:大塘港蔬香慢行步道全长 3840 米,与田洋湖橘光大道慢行步道遥相辉映,共同组成定塘乡村慢行步道系统。有别于橘光大道的柑橘主题,大塘港“蔬香”慢行步道主打蔬菜,宣传定塘有机蔬菜的高品质、高标准、高保障形象。蔬香慢行步道沿着整个大塘片外围绕行一圈,从浮礁渡出发,沿着大塘港河道向南延伸至叶口山村,在向北一路沿着岳井洋海堤,完成大塘港环线线路。(见图 7-9)

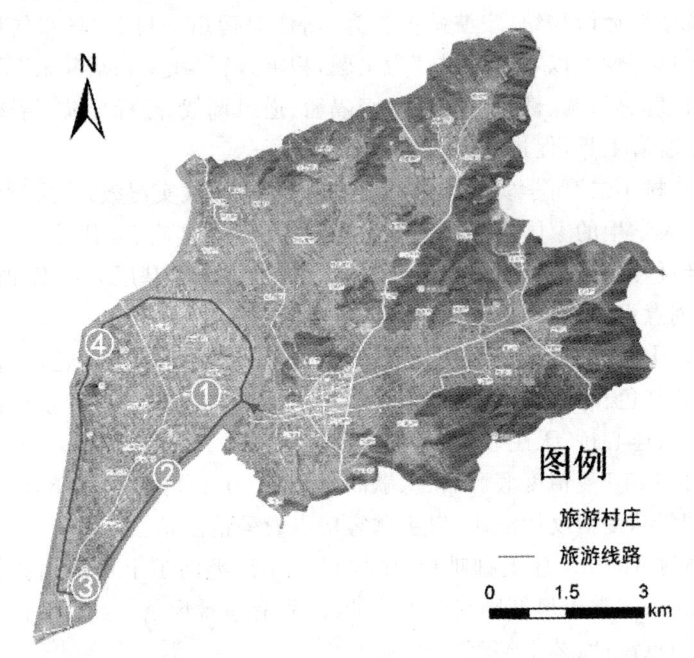

图 7-9 大塘港步道线路示意图

7.5 全域旅游产品体系

7.5.1 定塘“家+”旅游产品体系

以打造“家”的意境为切入点,“家+”为主线,依托定塘镇的旅游资源,打造六大旅游产品体系(见表 7-5):农田林空间、大塘港水岸、历史风韵、山村水镇、舌尖大塘、民俗风情。大力发展文化体验类旅游产品,重点打造定塘乡土特色的民俗文化体验游产品;以节事活动、乡村休闲等热点旅游产品来刺激定塘镇旅游市场的快速发展,提高市场的关注度;创新发展自驾车旅游、自行车旅游、慢行步道游、研学旅游、亲子游等旅游产品。

表 7-5 定塘“家十”全域旅游产品体系

	体验内容	承载项目	活动描述
田林空间	农耕体验 农业教育 生态观光	水果乐园、象山柑橘学院、现代农业示范园、微田园综合体、大树桥闲钓园、定塘乡村记忆博物馆、杏花茶社、田园度假酒店、生态农庄、园艺疗法园、智慧农耕、柑橘博览园	在田地里采摘 呼吸田园空气 住宿精品民宿
大塘港水岸	渔家体验 水岸慢行 滨水赛事 科普教育	赶海园、渔排休闲园、龙舟赛基地、围垦历史纪念馆、大树桥闲钓园、航运博物馆、研学实践教育基地、大塘港慢行步道	吃渔家菜 住渔家屋 玩渔家乐 兴渔文化
历史文化	历史风韵 影视文化 艺术创作	历史文化街区、安期山禅修营、俞氏宗祠纪念馆、影视产业区、艺术实验营、艺术家工作室、4D 壁画墙绘、果蔬主题装置艺术、古建筑博物馆、乡村图书馆、古船探秘遗址博物馆、太平禅寺	回顾历史 影视文化 艺术创作
舌尖大塘	传统美食 特色美食 农产品产业	农贸美食广场、主题餐厅、农家乐群、民国风情街区、现代农产品供应链运营中心、自助素食餐厅、汽车快捷餐厅	品尝定塘美食 享受舌尖乐趣
民俗风情	民俗节庆 艺术摄影 亲子游乐 文艺表演	婚纱影视基地、红庙文创集市、非遗传习中心、爱情度假酒店、乡村记忆博物馆、田洋湖墟市、橘光剧院	体验定塘 非遗艺术 与乡土文化
山水村镇	水漾休闲 古道游憩 户外拓展 康体养生	长塘河生态绿道步行休闲带、灵岩山旅游风景区、青埠湖生态风景区、登山健身步道、原乡精品民宿联盟、橘光大道步行带、汽车露营基地、水上乐园、森林公园	徜徉山水 强身健体 休闲养老

7.5.2 全域旅游品牌设计

定塘镇全域旅游需要确定旅游品牌，与公共农产品品牌“田园定塘”相互呼应，更好地吸引眼球，凸显形象定位(见图 7-10)。

确立定塘镇旅游品牌：定塘镇的柑橘甘甜圆润、金黄灿烂、芳香馥郁；青山如黛；清流不断；海浪滔滔。已建成象山柑橘博览园、象山柑橘社会化服务中心，柑橘学院等。拥有万亩国家级无公害农产品生产基地，形成了以果蔬为主的种植业主导产业。因此，定塘镇旅游品牌确定为“橘香・田园・海”。在此基础上，进一步提炼出“家”的旅游意象。

定塘镇旅游品牌的延伸：贯彻全域旅游观、建设“橘香・田园・海”特色休闲度假镇，延展 旅游产业链为工作重心，完善基础设施和打造优质服务。逐步推出“疗养游等”“采摘游”“赶海游”“登山游”“研学游”“亲子游”“民俗游”等旅游产业格局，与旅游品牌融合，加大营销力度。

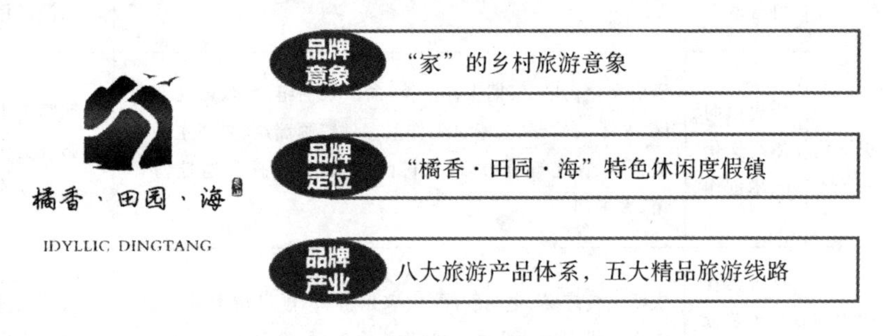

图 7-10　全域旅游品牌设计

7.5.3 全域旅游精品线路

(1)汽车自驾游

当前定塘镇以接待团体游客为主，自驾游游客较少，市场潜力巨大。可利用 S216 省道和村路，设计自驾游线路图，给予游客自由灵活的线路选择(见图 7-11)。推介 5 大主题的自驾车之旅：

生态休闲之旅：灵岩山风景区—中坭微田园综合体－青埠湖风景区—葫芦门水果乐园—岙底乡村意境民宿—英山赶海园

宗教朝圣之旅：红庙(镇潮庙)—太平禅寺－新安寺－平水大帝庙—关岳庙—俞氏宗祠纪念馆

民俗文化之旅：民俗创意园－非遗传习中心—红庙文创集市—定山历史

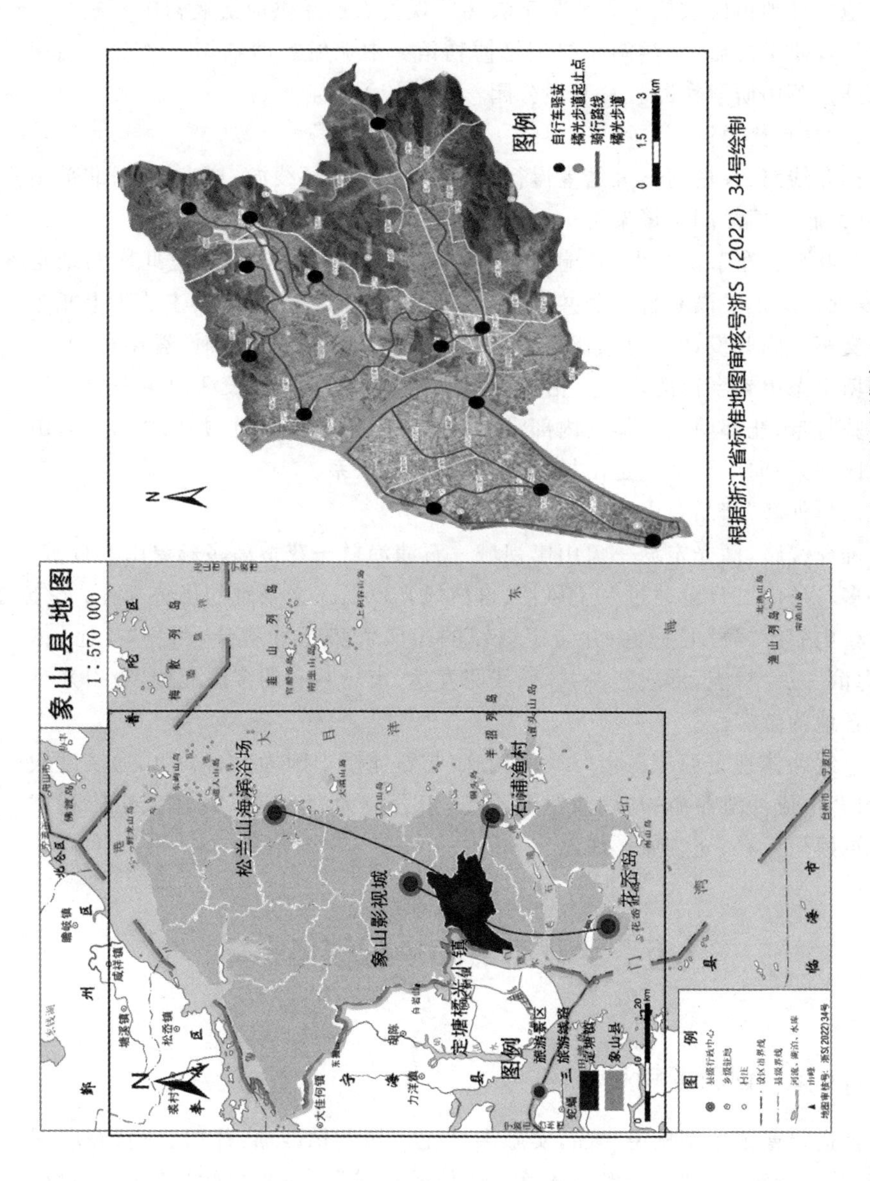

图 7-11 象山主要旅游景点自行车慢行游线路

文化街区—民国风情特色街—下营四合院精品民宿—橘光大道慢行游览带

现代农业之旅：象山柑橘博览园－中垗现代农业示范园－大湾山订单农业基地—沙地市民农庄—方前数字农场—现代农产品供应链运营中心

科普研学之旅：田洋湖乡村记忆博物馆—中垗航运博物馆—洋岙古船探秘遗址—英山研学实践教育基地公园—非遗传习中心

(2)慢行交通游

推介线路：长塘河—大塘港慢行步道游；大塘港环线游；橘光大道；北部山水游(岙底—田洋湖—镜架岙—小湾塘—灵岩山—中垗)

公共自行车节能环保，普遍出现在城市的大街小巷。但通过此次实地走访，发现定塘镇并没有普及公共自行车，定塘人民出行代步工具主要为电瓶车或公交车。因此设计自行车线路和自行车驿站，既方便市民和游客出行，又顺应定塘生态田园乡镇的定位。沿着大塘港蔬香慢行步带、长塘河生态景观带设立骑行带；北部两大功能区内部沿村路设立自行车骑行道，并加强与灵岩山风景区联系；向南延伸至定山村，加强与镇区的联系。

(3)"外联"精品自由行线路

推介线路：橘光定塘—象山影视城—石浦渔村—花岙岛多彩象山二日游。

多彩象山二日游通过乡土风情、自然风光以及人文景观的优势互补，充分展示象山旅游"海"的特色，并与定塘镇的田园优势巧妙融合，凸显"生态、休闲、海滨"三大特点，形成资源共享、线路互达、市场共有的多赢局面，吸引来自全国各地的游客。

该线路体现定塘旅游借"海"的观念：与石浦镇中国渔村、松兰山海滨度假区，组合形成沙滩旅游；与鹤浦镇花岙岛，组合成为海岛游。增添象山影视城的影视娱乐元素，充实旅游线路。

7.6 全域旅游市场营销体系

7.6.1 创新营销手段

创造定塘镇新型旅游产品，实施多样化市场营销战略：体验营销、互联网营销、关系营销、品牌营销等模式，引领"体验旅游"、"虚拟旅游"、"文化旅游"和"智慧旅游"等现代化消费模式。

体验营销模式：主要突出锁定文化内涵、确定体验主题、提升体验服务方面的工作。定塘镇乡村旅游根据自身文化资源特点,结合自然资源和社会资源实际情况,针对客源市场需求,开发了很多富有趣味性、参与性,同时文化内涵丰富的旅游项目,体验的实质就是服务通过商品这一道具让消费者留下深刻印象。

互联网营销模式:运用自主组合移动新媒体(如手机短信、手机新闻、新闻网站、新闻客户端 APP 等),通过旅游目的地舆情监控和相关大数据分析,挖掘旅游热点和游客关注度,策划适销的主题品牌营销,吸引游客主动参与定塘镇“橘香·田园·海”旅游的宣传和营销。通过积累游客数据和旅游产品消费数据,逐步形成自身的移动媒体营销平台,借用新媒体进行“微营销”,打造“网红小镇”。对各民宿(酒店)、餐饮、交通、娱乐、购物等配套接待设施推介的基础上,通过“虚拟”与“现实”的互动,建立一个涉及产品、渠道、市场、品牌传播等更高效的营销链条,整合定塘镇旅游资源,有效疏通并解决了由于旅游信息不对称带来的游客进入障碍。

关系营销模式:主要通过政府、企业、协会、旅游公司和驻外机构的推介活动、进行服务宣传的一种乡村旅游营销模式。由定塘镇政府或象山县政府主办一些与生态、文化旅游为重点的介绍会,如利用柑橘特色进行旅游产品的介绍,或利用政府驻外机构进行有针对性的宣传。

品牌营销模式:旅游者在决定某次具体旅行之前,往往特别关注那些去过该地旅行者的反馈。游客间信息传播,不仅影响他人旅游决策,甚至可能成为他者实地旅行的指南,因此旅游者口碑对乡村旅游景点品牌宣传极为重要。游客口口相传是品牌忠诚度最高宣传方式。“柑橘文化节”、“农民文化节”是定塘具有品牌效应的乡村旅游特色模式。

7.6.2 策划节事活动

按照传统农业耕种二十四节气来策划乡村旅游季,使定塘月月有活动,月月有精彩。每月一主题节事活动,让游客和村民体验定塘特色乡土文化与民俗风味(见图 7-12)。

一月:元宵佳节,与家人共享定塘的花火大会。瞬息万变的烟花争相绽放、绚丽多姿,将漆黑夜幕装饰得光彩夺目、璀璨耀人。

二月:二月二是定塘镇市级非遗项目。在田洋湖村体验教牛、炒天外年糕、舞龙、上灯落灯等琳琅满目的乡村习俗,成为这块农耕之地春季盛景。

三月:初春时节,最适合来定塘踏青。那些袅袅炊烟,那些山水风光,那些醉美田园……

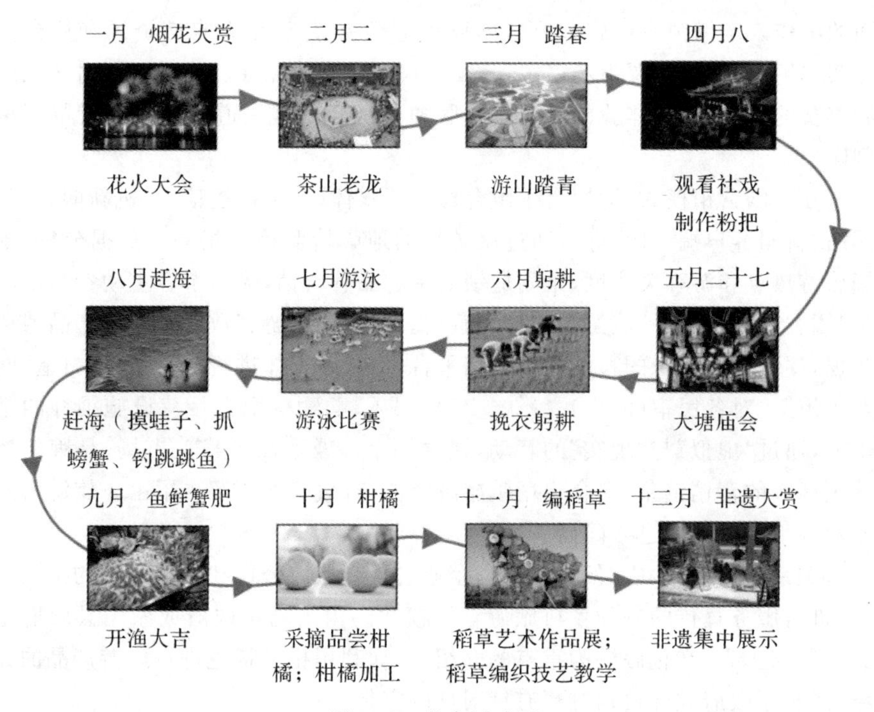

图 7-12　节事活动图

四月：四月初八来方前村打、吃麻糍，挖竹笋，看社戏，与村民一同摆桌设宴，体验最本真乡土人情。

五月：五月廿七镇潮庙（红庙）庙会活动是象山县历史悠久、影响较大的庙会活动。向祖先及神灵焚香祈福，祈求来年好收成。行会队伍从红庙出发，环大塘片一周。

六月：农耕文化节以农事体验、巧厨俏娘、农产品交流与展示为主，旨在挖掘定塘传统农耕文化，向社会展示定塘最美的田园风情。

七月：围绕“健康定塘”的总体目标，在盛平山村的盛家塘河举办游泳运动会。“泳士”竞逐，劈波而去，尽兴而归。

八月：酷暑炎炎，来英山村踩泥巴、抓蛏子、捉螃蟹、挖蛤蜊、摸鱼儿，享受大海清凉乐趣。

九月：东海在九月全面开渔。届时，在定塘品尝可以新鲜捕捞的海鲜，享受原汁原味的海鲜盛宴。

十月：在小湾塘村举办象山柑橘文化节。邀请柑橘技术专家、农村柑橘技术员来到现场，与橘农们交流分享种植经验。

十一月:踏着蜇脚的禾秆头,近距离欣赏稻草作品,零距离感受稻田文化的感染力,感受到农耕文化蕴含的辛勤耕耘、自强不息的劳动人民的情怀。

十二月:开展非遗文化展和体验活动,传承中华优秀传统文,同时突破冬季旅游淡季的局面。

7.6.3 拓宽旅游市场

夜间旅游:随着乡村旅游的发展,乡村旅游从初级观光体验 1.0 时代向深度休闲体验旅游时代过度,与此同时,游客对乡村旅游夜间休闲娱乐活动需求也日益增加。传统的乡村旅游一般只重视白天活动的开展,忽略了夜晚旅游项目的开发,因此游客一到晚上就百无聊赖。这与乡村旅游以体验原生态的乡村生活的初衷不匹配,也不利于延长游客的滞留时间。因此,开发定塘镇丰富多彩的乡村夜间旅游项目变得十分重要(见图 7-13)。

图 7-13 夜间旅游产品体系图

亲子家庭旅游:“亲子农游乐”这种以家庭为主体的农耕体验模式,其设计与开发的各类项目应以突出“农味儿”为前提,结合资源禀赋、人文历史、特色产业等,深度挖掘农业、农村文化,讲好自然和人文故事,从而提升乡村旅游的内涵。定塘要大力拓展家庭亲子市场,带动镇域旅游经济的发展(见图 7-14)。

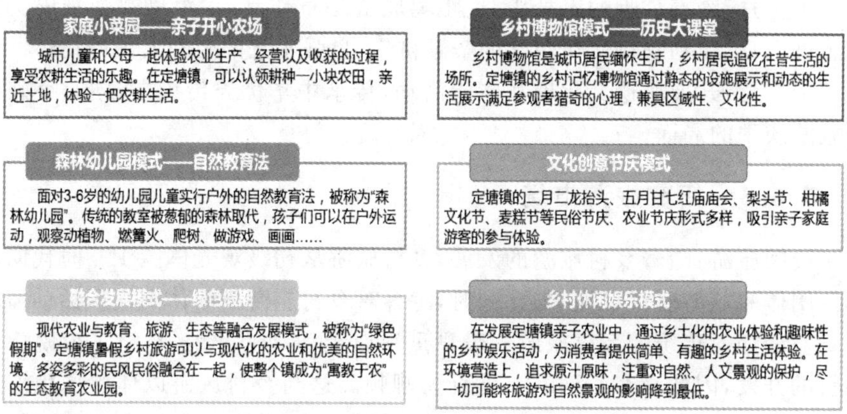

家庭小菜园——亲子开心农场
城市儿童和父母一起体验农业生产、经营以及收获的过程，享受农耕生活的乐趣。在定塘镇，可以认领耕种一小块农田，亲近土地，体验一把农耕生活。
乡村博物馆模式——历史大课堂
乡村博物馆是城市居民缅怀生活，乡村居民追忆往昔生活的场所。定塘镇的乡村记忆博物馆通过静态的设施展示和动态的生活展示满足参观者猎奇的心理，兼具区域性、文化性。
森林幼儿园模式——自然教育法
面对3-6岁的幼儿园儿童实行户外的自然教育法，被称为“森林幼儿园”。传统的教室被葱郁的森林取代，孩子们可以在户外运动，观察动植物、燃篝火、爬树、做游戏、画画……
文化创意节庆模式
定塘镇的二月二龙抬头、五月廿七红庙庙会、梨头节、柑橘文化节、麦糕节等民俗节庆、农业节庆形式多样，吸引亲子家庭游客的参与体验。
融合发展模式——绿色假期
现代农业与教育、旅游、生态等融合发展模式，被称为“绿色假期”。定塘镇暑假乡村旅游可以与现代化的农业和优美的自然环境、多姿多彩的民风民俗融合在一起，使整个镇成为“寓教于农”的生态教育农业园。
乡村休闲娱乐模式
在发展定塘镇亲子农业中，通过乡土化的农业体验和趣味性的乡村娱乐活动，为消费者提供简单、有趣的乡村生活体验。在环境营造上，追求原汁原味，注重对自然、人文景观的保护，尽一切可能将旅游对自然景观的影响降到最低。

图 7-14　亲子家庭旅游产品体系图

乡村研学旅游：乡村研学旅行基地（见图 7-15），是指利用农业生产、乡村生态环境、动物植物、乡村民俗文化、乡村地方特色等资源来设计体验活动的研学基地，以休闲的形式和轻松心态将所学的知识和沿途的所见、所闻、所听、

N
乡村记忆博物馆
柑橘博览园
建筑博物馆
现代农业示范园
智慧农耕
古船探秘遗址公园
研学实践教育基地
民俗创意园
柑橘学院
非遗传习中心
图 例
乡村研学基地
0 1.5 3
km
根据浙江省标准地图审核号浙S（2022）34号绘制

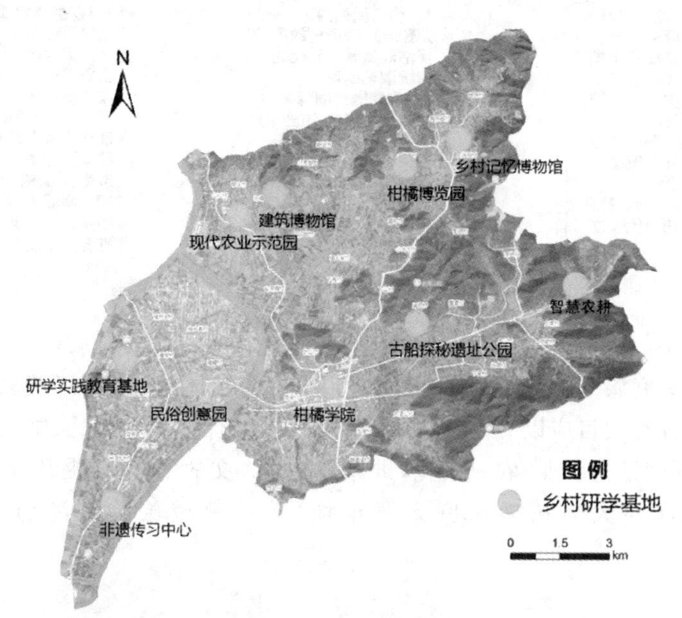

图 7-15　乡村研学基地位置图

所感相联系,理论与实践相结合,来完成对于乡村生产生活研究学习。发展4种类型定塘镇乡村研学旅行:博物馆研学游、民俗研学游、农业研学游和创意实践研学游。

7.6.4 民宿提档升级

定塘镇大部分村庄还处于农家乐为主的民宿1.0时代。团客乘坐旅游大巴,通常有32座/45座/54座。对于村居民房来说,单户接待能力仅为6~8人,一家一户很难进行接待如此多的游客。接待能力有限导致游客与农户之间的错位:农户有心无力,游客失去本真性的旅游体验。民宿1.0的问题体现在接待能力和农家卫生条件差这两个方面。民宿2.0是酒店式民宿,解决了卫生条件和接待能力两方面的难题。但矫枉过正,游客会失去乡村农家的本真体验。

民宿3.0时代强调有特色、有文化、有情怀。强调利用多家农户,多方参与民宿建设,整合资源,打造民宿集群,提高接待能力。在定塘镇旅游服务中心建设民宿卫生综合服务中心,实现民宿用品集中采购、碗筷集中消毒、布草集中洗涤。制定厨房卫生标准、客房卫生标准,以整体提高民宿的卫生标准。推动定塘民宿直接从1.0时代跨入3.0时代,彰显民宿的本真性,凸显民宿发展的综合性、品牌性、体验性:深入贯彻全域旅游观,把景区、景点与民宿结合,体现综合性;规范民宿服务标准,体现品牌性;民宿增加家的元素,展示农耕人的情怀,增强本真性体验。

7.7 全域旅游服务要素体系

7.7.1 全域旅游综合服务体系

(1)全域旅游餐饮住宿体系

旅游餐饮体系建设:以安全、卫生、营养和健康为目标,统筹规划布局,强化规范管理,逐步形成各类餐饮业态互为补充、地方餐饮特色鲜明的现代化餐饮发展新格局。共分为主题餐厅、农家乐、美食综合体三类,满足不同人群在餐饮方面不同的需求。

旅游住宿体系建设:目前定塘镇的客房总量和床位数基本能够满足游客需求,但主要住宿设施集中在镇区和旅游村。且星级酒店数量过少,特别是高档酒店、精品民宿数量稀少，农家乐特色不明显。策划设计形成“高、精、特”全域住宿服务体系。分为旅舍、农家乐、民宿、酒店、露营基地五个不同层次的住宿产品，满足不同人群的住宿需求（见图 7-16）。

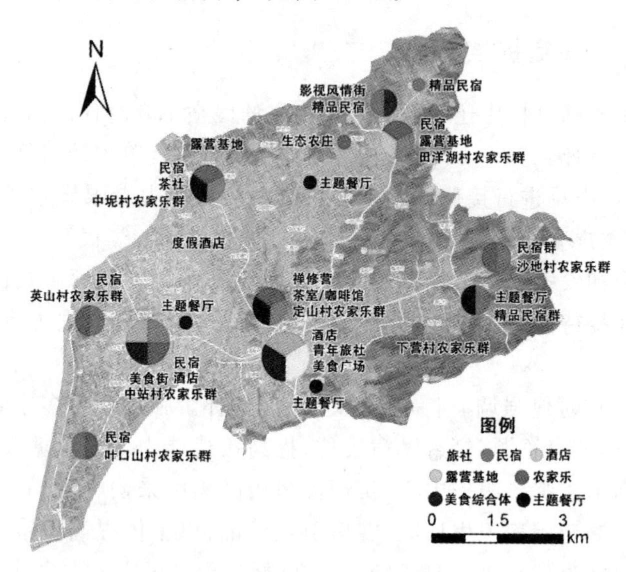

图 7-16 全域旅游餐饮住宿体系

（2）全域旅游购物体系

旅游购物体系建设：定塘镇的旅游商品多是通过一些小的贩卖店或路边摊出售，旅游商品销售的特色化、产业化、规模化、集中化、管理标准化程度较低，竞争力低。在满足日常消费需求的基础上，设立土特产品专门售卖点，策划强化休闲农业的旅游商品加工，用质量高、特色显著的商品满足市场要求，打造定塘镇的自主旅游品牌产品；同时促进定塘镇休闲农业旅游商品的规模化、产业化、有序化，提高销售收入和知名度；重点建设特产购物、综合旅游购物和旅游景点景区购物三类旅游购物市场（见图 7-17），让游客买得开心、买得放心。

（3）全域旅游娱乐体系

旅游娱乐体系建设：完善定塘镇娱乐休闲配套设施，重点打造乡村文化娱乐休闲旅游项目。不同类型的娱乐产品优势互补，共建定塘旅游全域基础（见图 7-18）。

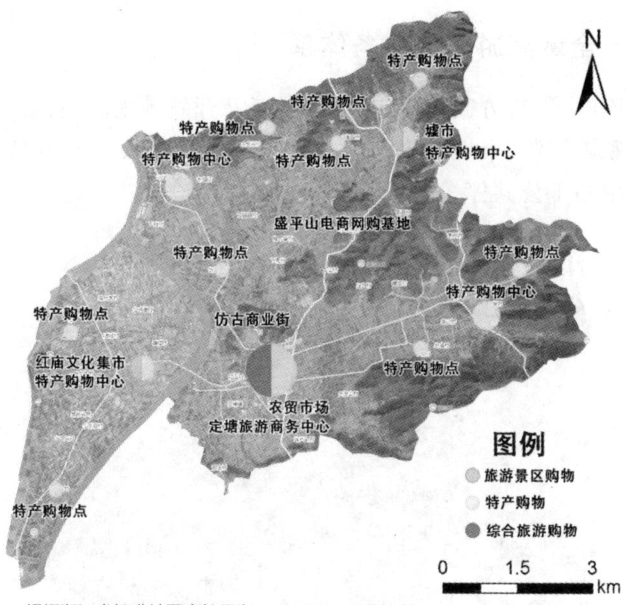

根据浙江省标准地图审核号浙S（2022）34号绘制

图 7-17 全域旅游购物体系

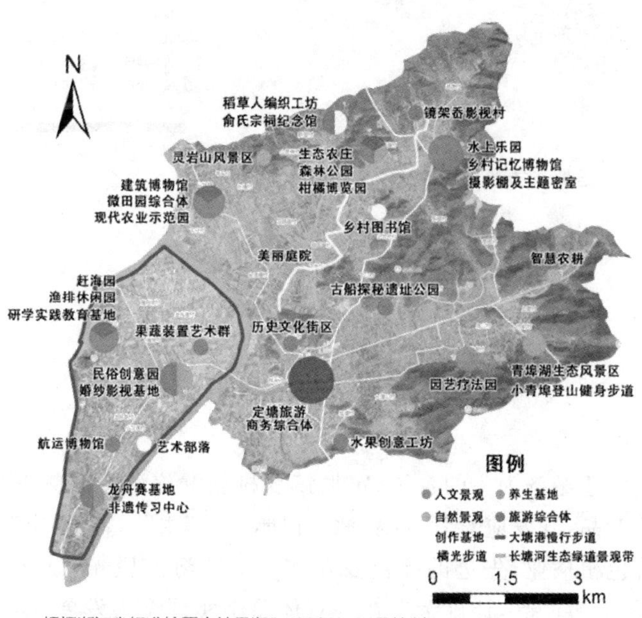

根据浙江省标准地图审核号浙S（2022）34号绘制

图 7-18 全域旅游娱乐体系

7.7.2 全域旅游公共服务体系

通过官网改版、官方微信应用及移动 APP 开发等手段，打造快捷、便利的服务，开发“私人订制”个性化旅游产品。完善旅游集散点＋信息咨询＋旅游厕所＋医疗中心＋公共停车场（见图 7-19）。

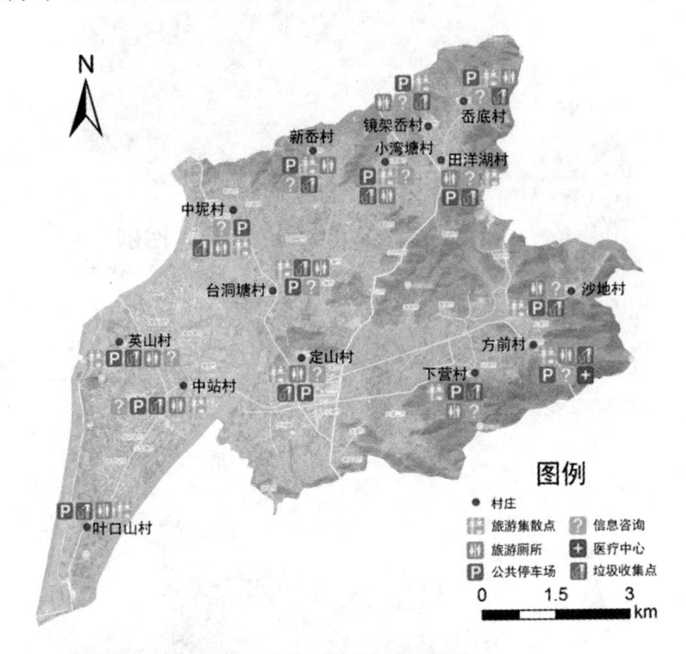

根据浙江省标准地图审核号浙S（2022）34号绘制

图 7-19 全域旅游公共服务体系

7.8 全域旅游实施建议

作为以农业经济为主的乡镇，定塘镇乡村创意旅游产品侧重于品味自然型创意旅游产品，开发应紧紧围绕“橘·田园·海”主题，突出“家”的意境。组合定塘镇特色柑橘业、先进的绿色农业和优美的海滨风光，设计出具有互动性、参与性的旅游产品，让旅游者在创意体验中实现个人发展，推动定塘旅游的可持续发展。

(1)加大市场营销及宣传促销力度,树立品牌形象

设立旅游宣传专项资金,多层次进行宣传工作。在中央、省级电视媒体投放“橘·田园·海”定塘的广告,重点对核心客源市场上海、宁波、杭州等地区省级电视台、报纸上定期做定塘推介工作。制作定塘旅游网页,在宁波旅游网、象山伴旅、携程、去哪儿等旅游网站上进行推介。设立专人对定塘旅游图片、DIY 游览进行维护、更新。制作定塘手工画旅游图,编著旅游文化书籍放在顶塘的各民宿、宾馆,供游客参考;在重点推介线路,投放旅游标志牌和游览路线图标,为自驾游、背包游等提供辅助帮助,全力打造品牌形象。

(2)政府主导发展,建立健全基础配套设施

发展定塘镇乡村旅游离不开政府的支持和引导,政府制定旅游管理服务规范和标准,对民宿卫生标准、农家乐服务及卫生标准进行统一策划引导,推动民宿等产业升级。招商引资,吸引资本下乡,解决资本下乡难的问题:积极推进建设用地挖潜、土地置换来获得建设指标,特别是推进乡旅“点状供地、垂直开发”未纳入建设用地开发的部分作为生态保留用地,尽量避免对周边生态林地的占用。对于重大旅游项目强调一把手负责制,动用全社会力量来解决落地难的问题。通过 PPP 模式,完善公共服务完善旅游服务设施,增强公共服务功能。充分利用 3A 级景区村庄的示范效应,先富带后富联动村庄发展,助推旅游开发。

(3)加强旅游从业人员的职业培训,提高职业素养

制定现代旅游职业标准体系和人才评价制度,培养理论基础扎实、实践经验丰富的旅游业人才来助力定塘镇的全域旅游。一方面“请进来”,聘用专家来定塘对旅游从业人员进行培训;另一方面“走出去”,派遣人员到旅游发达地区学习民宿酒店管理、餐饮服务管理经验;与高校的旅游学院进行定向合作,培育出更多的高层次管理人才进行旅游管理,建立与高校联系的实习基地,提升旅游服务品质。

(4)打造村庄旅游的集群经济,提高营运质量

树立“一家好不是好,集体好才是真的好”意识,让村民积极参与,真正投入村庄建设,实现村集群内部共建、共荣、共享。通过制度和非制度安排,实现村庄内部相互借鉴、学习、协作,提高集群运营效率,增强旅游接待能力,最终实现整村旅游运营质量的提高。注意形成内部的约束机制,避免出现恶性竞争。强调内生增长性,鼓励打工经济者回乡创业,运用血缘、亲缘、地缘的同乡、邻里的内在关系网络,使交易成本更低,这时土地流转、宅基地、房屋共享、共建更容易。还可以促进村民自发性维护村庄的文化与景观、实现共同富裕的内生性协作,这也是全域旅游的精髓所在。

第8章 “荷梅山水·状元田居”：梅溪村业态提升总体设计

乡村是具有自然、社会、经济特征的地域综合体，兼具生产、生活、生态、文化等多重功能，与城镇互促互进、共生共存、共同构成人类活动的空间。

实施乡村振兴战略是党的十九大作出的重大决策部署，是解决新时代我国社会主要矛盾、实现“两个一百年”奋斗目标和中华民族伟大复兴中国梦的必然要求，具有重大现实意义和深远历史意义。2020年全面小康决胜之年后，乡村振兴战略越发被放在促进区域协调发展和实现小康社会的重要战略部署中。2021年6月11日中共浙江第十四届委员会第九次全体会议通过了《浙江高质量发展建设共同富裕示范区实施方案(2021—2025年)》，提出浙江省深耕探索实现共同富裕可能路径，通过美丽乡村建设，促进广大乡村地区形成物质生活富足、精神生活充裕、生活环境良好、社会关系和谐、公共服务普及的共同富裕幸福图景。

乡村振兴战略把产业兴旺放在总要求首位，不仅是因为产业支撑是乡村振兴的基础，还是由于市场条件下乡村产业兴旺的艰巨性、复杂性和系统性。乡村衰败的一个重要原因是乡村缺乏产业支撑，因此乡村振兴的关键是发展产业。

8.1 梅溪概况

淡溪镇梅溪村(见图8-1)，始建于五代年间，占地面积2890亩，拥有耕地370亩，山林2300亩。2020年梅溪村常住人口约1100人，常住人口以老年人为主，人均收入约7996元。

梅溪村也是南宋状元、著名爱国政治家文学家王十朋的故里，是温州市爱国主义教育基地。青山环绕，山水形胜，自然环境优良；历史悠久，民风淳朴，文化底蕴深厚。

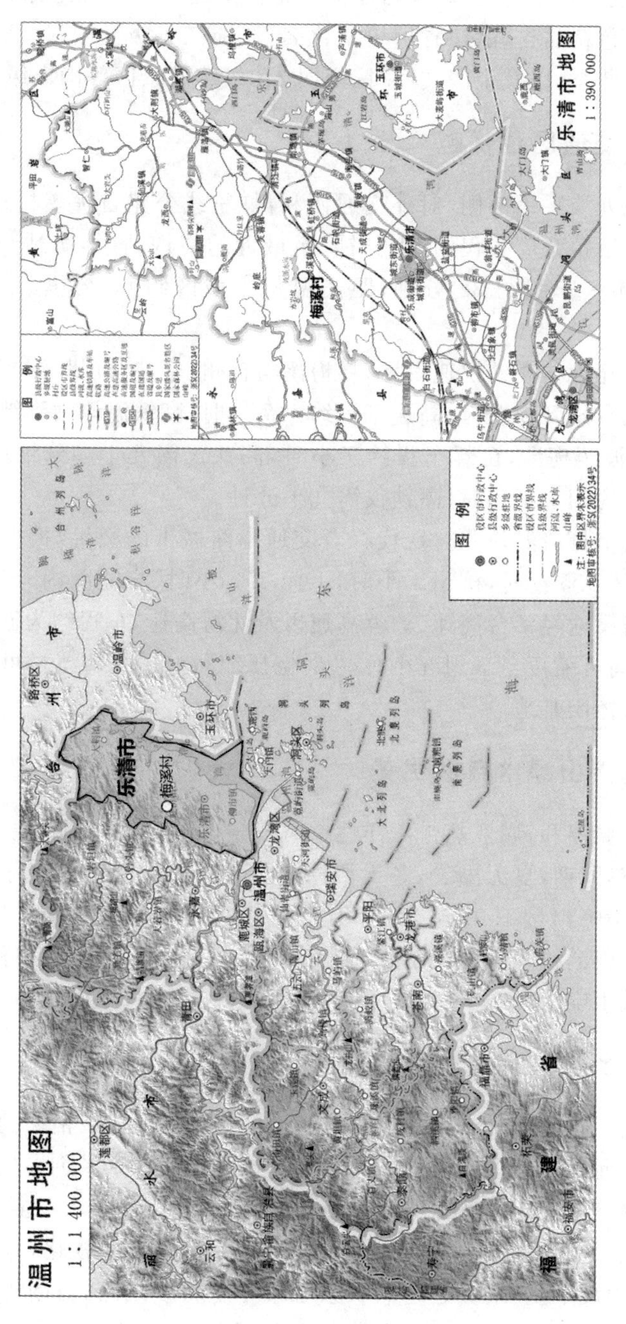

图 8-1 梅溪村区位图

“状元故里”和“生态文章”是村庄两大特色主题。梅溪村先后获得了浙江省美丽乡村特色精品村、浙江省历史文化名村、浙江省级文明村、浙江省特色旅游村等省级荣誉，以及全国文明村、全国3A级旅游景区等国家级荣誉。

8.1.1 交通区位优越

梅溪村地处淡溪镇西侧，对外交通便利：虹三线公路自梅溪村口而过，使梅溪村至淡溪镇镇政府车程约11分钟，至最近的高铁站（绅坊站）车程约12分钟，至乐清市区车程约35分钟；距离温州主城区约63公里，车程约1.2小时。

高速公路建设与高铁快速发展，将梅溪与台州、宁波、杭州、绍兴等城市连接在一起。从台州到梅溪村，高速车程约1.7小时，高铁温岭站到绅坊站仅需24分钟；从宁波至梅溪，自驾车程约三小时，高铁仅需九十多分钟；从杭州自驾至梅溪需要约四个半小时，高铁仅需九十分钟。

借助乐清市打造温州北翼现代综合交通枢纽城市的契机，梅溪村也将融入“温州主城区0.5小时，杭州1小时，上海1.5小时”交通圈内。从苏州、南京等城市到梅溪途经常台高速、沪蓉高速以及沈海高速，车程约为五到八小时之间，高铁时间可缩短至三到五小时。“时空压缩”背景下，梅溪村可成为长三角重要的都市休闲基地。

8.1.2 青山绿水自然优美

梅溪村气候温和，属亚热带海洋性季风气候，全年四季分明，温和湿润，降水量充沛，雨热同期，夏无酷暑，冬无严寒，无霜期长，光照适宜。年平均气温17.7℃，年平均降雨量1507毫米，全年无霜期258天，农业适合发展种植业、水产养殖业。梅溪村森林覆盖率高，拥有梅溪、凤凰山等丰富的自然景观，是山水环绕的风水宝地。

8.1.3 历史文化底蕴深厚

梅溪村是一代名臣王十朋的故乡。王十朋是南宋著名政治家、教育家、文学家、诗人、状元，以名节闻于世。三十三岁时，王十朋在家乡创办梅溪书院授徒。梅溪草堂是王十朋入仕前生活和教学的地方，至今已有八百多年的历史。王十朋受父亲影响崇尚儒学，重视永嘉的人文传统和伦理教化，宣扬耕读思想，通过创办梅溪草堂，培养远近的农家子弟走上耕读之路，对附近地区耕读文化的发展产生了深远影响。王十朋以名节闻名于世，刚直不阿、一生清廉。

王十朋喜爱梅花与荷花,一生写下诸多咏梅咏荷的诗词,这些诗词既反映了他的审美情趣与追求,也是他卓然独立的品格特征。王十朋在梅溪村的遗存、遗迹、精神传承,构筑了状元故里最大的财富。

梅溪村内旅游资源丰富(见表 8-1),拥有凤凰山、梅溪等山水风光,也有梅溪草堂、王十朋纪念馆等人文景观,自然与人文景观相映成趣;节事活动丰富,拥有"拉大旗、打大猫"和南戏等非物质文化遗产,也有汉式婚礼、荷花节等特色节庆,民风民俗极富特色。

表 8-1 状元故里的旅游资源分类

主类	亚类	基本类型
A 地文景观	AA 综合自然旅游地	凤凰山
B 水域风光	BA 河段	淡溪、梅溪
C 生物景观	CA 树木	状元手植樟
D 天象与气候景观	DA 光现象	凤凰山日出日落
E 遗迹遗址	EB 社会经济文化活动遗址遗迹	梅溪草堂
F 建筑与设施	FA 综合人文旅游地	社会实践学校、梅园、梅花诗书碑墙、铁皮石斛种植区、乐清市四都梅溪生态农场、廊桥风荷、王十朋纪念馆
	FB 单体活动场馆	龙王庙、梅溪文化礼堂
	FC 景观建筑与附属型建筑	梅花诗书碑墙、状元阁、观水亭、五大彩石碑、孝感井、洗砚池
	FE 归葬地	王十朋墓
	FF 交通建筑	状元桥、詹事桥、御史桥
	FG 水工建筑	孝感井、洗砚池、童浴池
G 旅游商品	GA 地方旅游商品	铁皮石斛、柴火鹅、王兴化酒坊
H 人文活动	HA 人事记录	王十朋
	HB 艺术	《荆钗记》
	HC 民间习俗	"拉大旗、打大猫"、谷雨祭
	HD 现代节庆	国学讲堂、汉式婚礼、汉服表演、开笔仪式、爱情节、荷花节、书画交流展

8.2 梅溪村产业发展诊断

梅溪村，古地名左原，以其居邑之左也，是状元王十朋的故里，具有强大的文化号召力。但目前的历史文化景点，总体上属于村庄文化活化与营造。山峦青翠，溪水长流，村庄山环水绕，风景优美。2016年梅溪村开始进行美丽乡村建设，围绕状元文化、生态田园，积极打造3A级旅游村庄。2017年开始大力发展乡村旅游经济，村集体经济获得大发展。当前村庄发展受到新冠肺炎疫情影响，村庄旅游经济发展按下了"暂停键"。从村庄发展过程上看，村庄产业发展问题主要有：

8.2.1 梅溪村旅游资源呈"浅、同、少、密"特点

梅溪村依托状元文化，建设了梅溪草堂、王十朋纪念馆、荷博园、梅园等景观。景点呈现以王十朋诗词文化书写、镌刻为核心，文化浮于表面，观赏体验丰富性不足，"浅"的特色明显；状元文化景点特色雷"同"，而且梅溪村位于左原，自然景观与周边村庄具有同质性。整体上，村庄具有"流量"的景点主要体现为状元文化，特质景点"少"，而且集中在300m梅溪路上，核心区可游景点"密集"，游客半天可把整个村庄文化景点游览完毕，腾挪空间小，滞客效果差。

8.2.2 村庄都市化与历史文化名村的风貌较不适应

村民住宅是自家所建，缺乏统一的规划。建筑风格以3～4层的现代化小洋房为主，古建筑留存基本不多，而且留存的古建筑也缺乏整修。村庄道路硬化，以大理石、水泥路为主，道路以不见泥土为优的设计，村内道路缺乏基本的绿化，村庄整体营造都市化明显。村庄营造缺乏乡村性，历史文化古村也就失去固有的韵味。

村庄都市化的直接后果，是村民开展民宿经营困难。游客认为与其在村里住宿，不如去镇上旅馆住。村庄都市化，民宿打造"家的意象"困难，这也是梅溪村"绿水青山就是金山银山"转化过程中价值捕捉难的痛点。

8.2.3 业态单薄，业态自身旅游吸引力弱

目前梅溪业态单薄，数量少，经济效益不佳。农家乐、民宿初步发育，近年来因村庄旅游热度下滑，村内农家乐纷纷倒闭，目前仅剩四家。村中便利店数

量四家,以满足村民需求为主。曾经的荷博园旗袍摄影,也因荷博园破败而关闭。状元宴农家乐、荷博园旗袍摄影具有一定的游客吸引价值,其他业态都是依赖旅游而生存。提升或营造具有自带“流量”的业态是产业发展的关键。

8.2.4 重景点营造,轻管理与价值捕捉

2016年以来,梅溪村持续地进行景点打造。作为历史文化名村,曾经游人如织,为村庄带来了较快地发展。但轻管理,如出现收游客门票等现象,导致游客评价低,影响了再游愿望,加上疫情影响,如今门可罗雀。

2017、2018年的梅溪村人潮汹涌,但人潮并没有给村民带来收益,主要是没有合适的价值捕捉机制。人潮与钱潮的统一,才能促进村庄的良性循环。村民缺乏经济激励,形成与我无关的意识,导致景点疏于管理:梅溪草堂内部青苔遍布、杂草丛生;王十朋纪念馆油漆斑驳、呈现颓势;荷博园、洗砚池长满浮萍,游客的体验感较差。一些景点如王公洛书阵、王十朋故居等遭到破坏,几近荒废。在网络时代通过网文、游客评价等,游客体验具有放大效应,进一步杜绝了游客参观的愿望。游客数量减少,一些准备回乡建设的青年人又重新走向外出打工、做生意的道路。缺乏年轻人的加入,乡村缺乏活力,无法实现内生增长。这样就进入了“纳克斯陷阱”——发展的恶性循环。

8.2.5 空间溢出效应明显,但联动不够

梅溪村旅游业发展带动周边村庄纷纷发展农家乐,存在搭便车行为。这是由于杨川村、梅溪、梅岙、樟岙、垟岙等村共同构成了左原。目前梅溪村具有状元文化特质,作为区域引流的制高点,对周边村庄具有很强的辐射带动。由于利益主体差别,联动作用不强。如何促进村庄之间的合作、化解村庄间矛盾,实现互利共赢也是梅溪产业发展必须关注的问题。如果解决不好,导致“东家玩,西家住”现象,梅溪村赚了“面子”,周边村庄赚了“里子”,这也严重挫伤梅溪村进一步营造、运营的积极性。实际上,2018年梅溪村旅游兴旺期,就出现这种价值捕捉不足而向周边村外溢的现象。梅溪村是区域发展引流制高点,如果它缺乏积极性,制高点的衰败和溢出下降,周边村庄也就没有发展的可能。当前,梅溪村的衰弱、周边村庄的农家乐关门就是活生生的例子。因此,强调联动、利益联盟,政府主导、村民主体、周边联动发展非常关键。

8.3 乡村营造思路与原则

8.3.1 总体思路

坚持“绿水青山就是金山银山”根本发展理念，以“两美”浙江为总体战略方针，坚持乡村振兴战略二十字方针，按照美丽乡村建设“四美、三宜”具体要求，积极对接乐清市“山水诗路·诗画乐清”。深入挖掘村庄特色资源，以全新的资源观、时空观、产业观为核心理念，将地域内“人、文、地、产、景”等旅游资源进行整合、营造，赋予地方以情怀，以“吃、住、行、游、购、娱”为产业业态，以状元文化为根，融入琴棋书画等国学元素，打造富有体验性的文旅融合、生态田园，塑造具有浓厚“家国”情怀的“荷梅山水·状元田居”。

8.3.2 设计原则

符合上位规划：“王十朋故里”，特色旅游线路节点（浙江省文化厅：《瓯江山水诗路黄金旅游带规划》(2020))。“状元故里，文旅融合”（乐清市政府：《乐清市政府工作报告》(2021))。“溪路踏歌·状元寻履”（淡溪镇政府：《淡溪镇政府工作报告》(2020))。总体强调淡溪镇的“状元小镇”，深挖农耕体验、文化体验、养生度假、运动拓展、研学旅游、节庆等旅游文章，打造乐清城区居民的休闲度假后花园。

突出状元文化特色：王十朋状元文化是梅溪村主要特色。通过挖掘状元文化内涵，形成梅溪村文化 IP 系统，开发优化“状元”主题文创产品、主题民宿、餐饮行业、“状元”特色节事活动等，打造“状元”主题文化综合体；依托当地的特色农产品，融入“状元耕读文化”，打造状元特色吃、住、游、购、娱等项目。

强调点轴开发和资源整合联动：针对梅溪村产业基础、发展条件、人力资源、特色文化、居民发展意愿等因素，深度挖掘文化旅游内涵。强调点轴开发：全力打造区域发展极核，深入挖掘发展轴线，集聚与扩散相结合，推动村庄和谐发展。运用线路整合资源，强调区域联动发展，解决“浅、同、少、密”问题。

创新策划设计：通过对乡村特色文化、自然风光与现代旅游观光对接，发挥农民打造美好家园的首创精神，大力提倡艺术家进村、大学生创新创意，利用互联网＋、VR 技术等新型技术，助力乡村旅游振兴。

8.4　总体产业营造与开发模式

8.4.1　村庄功能规划与提升策略

村庄按照功能划分:历史文化区、住宅区、状元民宿区、国风民宿区、石斛观光区、生态观光区(荷博园区)、生态观光区(凤凰山步道)、农耕体验区、田园综合体、服务区、研学基地(见图 8-2)。

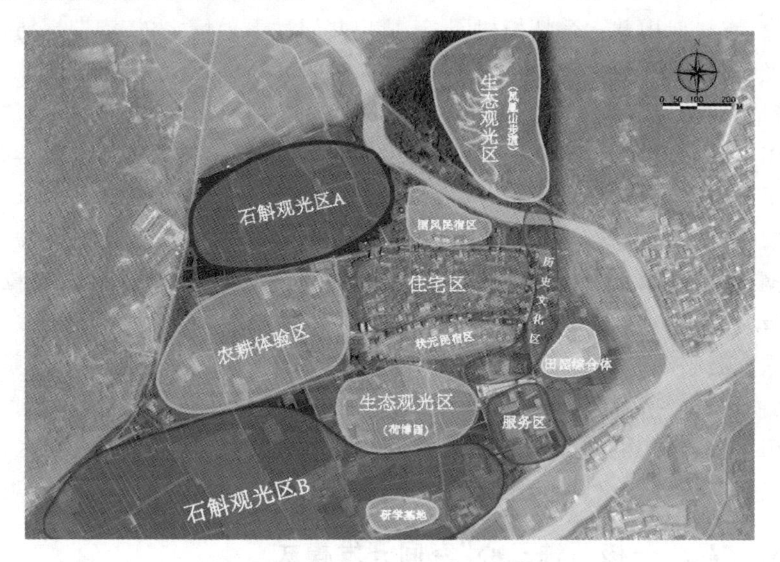

图 8-2　村庄发展主要功能分区

历史文化区:强调以文化沉浸式体验为核心,采用 VR 技术、背诵王十朋诗词、琴棋书画等动手能力植入,赋予“勤奋、坚韧、幸运、廉洁、情比金坚”等状元文化内核。

住宅区:都市村庄改造,进行外立面改造,赋予耕读传家、田园情愫的彩绘;增加村庄道路绿地,鼓励村民进行美丽庭院建设,种植盆景;村民日常生活展演景观;加快便利店布局;积极推动村民邀请游客吃农家饭,进一步开办农家乐;是潜在的民宿建设区,重点打造农家康养乐园。

状元民宿区:以党员带头开办民宿作为先导,跨过初始棘轮效应,带动民宿产业从无到有。状元民宿区与文化、生态结合,安排不同主题活动:金榜题名主题民宿面向广大学子，练习书画、诵读诗词，体验状元生活；忠贞爱情主题民宿面向情侣夫妻，住状元婚房，体验爱情手植樟，到凤凰山种植爱情樟树，寓意情比金坚、爱情美满；耕读传家主题民宿面向大众，住状元居，吃状元宴，玩梅溪漂流，体验状元耕读活动，把勤奋、幸运带回家；亲子启蒙主题民宿，面向亲子，到梅溪草堂体验开蒙仪式，诵读诗词，与状元对话，寄托美好期盼。党建团建主题民宿，住状元居，读状元诗，游荷博园、梅园，感受廉洁奉公、正直做人，为国为民奉献才能。

生态观光区：赋予景观内涵，以荷花、梅花忠贞、纯洁的花语，打造古风写真体验、婚纱摄影；凤凰山步道联合状元手植樟景点，以手植樟情比金坚的爱情寓意，在凤凰山建立爱情樟树园，让情侣共同种下爱情之树，定期探访，在自己的爱情树和状元手植樟上系丝带，把自己的爱情与状元爱情连接，定期探访，爱情常新。凤凰山步道，赋予运动健康主题，登顶凤凰山，摘冠折桂。

国风精品民宿区：引进资本，融入国学元素，安排琴棋书画体验教学，感受传统书画魅力，打造精品民宿，成为村庄民宿示范区。

农耕体验区：进行土地流转或者组织村民，种植时令瓜果蔬菜，供游客体验采摘；亲子体验农耕活动——参与农事活动，获得“谁知盘中餐、粒粒皆辛苦”劳动体验。

铁皮石斛观光区：依托现有石斛种植区，参观学习栽培技术，学习养生知识，品铁皮石斛茶；品新鲜石斛榨汁；定制加工铁皮枫斗；定做石斛盆栽。

田园综合体：引进资本，依托田园风光与状元文化，联合历史文化区，建设休闲采摘、耕读体验、烧烤、露营等活动，打造富有文化气息的田园体验项目。

8.4.2 “一核两轴三心”空间开发模式

村庄发展围绕“荷梅山水·状元田居”，实行“一核两轴三心”的开发模式（见图 8-3）。“一核”：以梅溪草堂、王十朋纪念堂、梅园为核心文化极核。“两轴”：以梅溪路为核心的文化发展轴，带动凤凰山开发和双尖凤村开发，实现文化联动发展；以梅溪为核心的生态发展轴，强调绿水青山就是金山银山。“三心”以状元文化为主题的民宿发展中心、以国风民宿为中心的商业发展中心、以田园综合体为体验旅游发展中心。

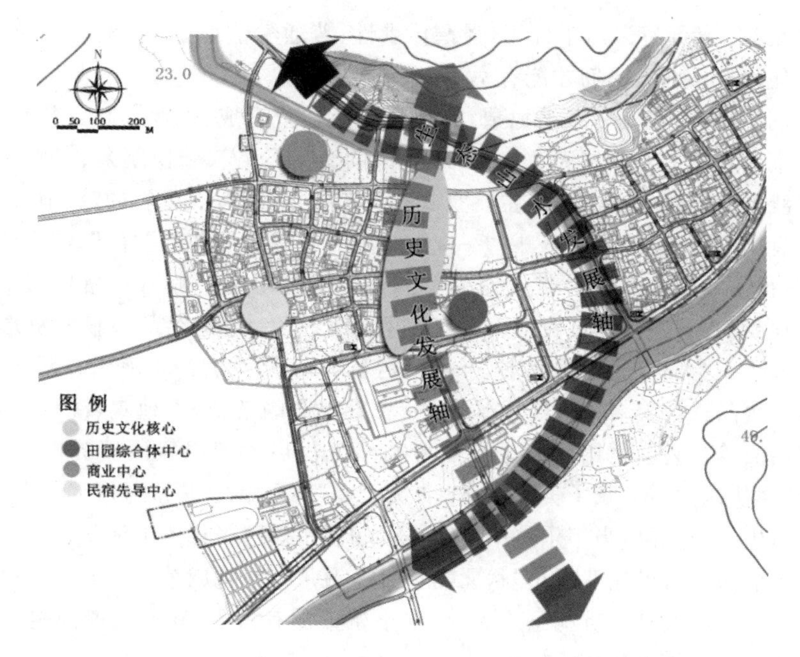

图 8-3 “一核两轴三心”村庄空间开发战略

8.5 业态提升与营造

业态(Type of Operation)指企业经营的形态,是针对消费者的特定需求,按照一定的战略目标,有选择地运用商品经营结构、店铺位置、店铺规模、店铺形态、价格策略、销售方式、销售服务等经营手段,提供销售和服务的类型化服务形态。从旅游要素视角,业态可分为吃、住、行、游、购、娱六大类。团队依托当地资源,结合历史文化,对村庄业态进行营造与提升。

8.5.1 “状元宴”农家乐

地点:梅溪路“状元宴”农家乐、文化产业一条街(分店)

思路:传承“状元宴”文化,将村口店铺作为专门运营“状元宴”的农家乐,在文化产业一条街内开设分店。参加状元宴的“主人公”身着状元服,立拜谢仪式(对父母、老师等行鞠躬礼),了解王十朋状元故事,体悟状元的“勤奋”精神,品尝状元宴菜品,寄托对未来学业事业的美好祝福。中考、高考高分学子前来品尝"状元宴",给予优惠,强调传承性;普通学子品尝"状元宴",感受状元文化内核,勤奋、坚韧才能有幸运,端正学习态度。

创意设计:状元宴菜名以成语命名,寓意学业有成、事业兴旺。状元宴围绕王十朋状元文化,以"天地人和、寒窗苦读、一鸣惊人、金榜题名、荣归故里"为主线,每道菜均饱含情怀:主食是农家杂粮拼盘,寓意大丰收的"天地人和";主菜有"寒窗苦读""才高八斗""一鸣惊人""金榜题名""鱼跃龙门""红袍加身""如鱼得水""荣归故里""带金佩紫""闻过则喜""丹心一片",甜品是"公明廉威",饮品为"青梅煮酒""否极泰来""刮目相见"。一道道菜品不仅好听形象,还串起了王十朋少时刻苦读书、金榜题名名满天下、为官清正廉明心系百姓的一生。菜品选材大多来自淡溪本地,如农家自产的杂粮、本地鸡、溪虾、杨梅、自烧白酒等。宴会所用的酒类产品由梅溪王氏后人宏恩酿酒厂提供,有"高升"酒、"状元"酒等,赋予美好寓意。"状元宴"对乐清中考和温州市高考成绩优异考生给予优惠:当年乐清中考第一名和温州地区当年考上清华、北大的考生凭录取通知书可免费享用"状元宴"一次,温州市高考成绩670分以上(可调整)者,状元宴可享5折优惠。此外,农家乐中设有古筝,顾客若能弹奏一曲,本单状元宴菜品可享受七折优惠等。

8.5.2 "状元"民宿建设

(1)国风主题民宿

地点:文化产业一条街

思路 引进资本投资建设国风精品民宿,打造质朴、典雅国风建筑。民宿活动中融入琴棋书画元素,安排琴棋书画体验教学和比赛,感受和展现传统书画魅力,打造精品民宿,成为村庄民宿示范区(见表8-2)。

国风主题民宿:结合梅溪深厚的人文底蕴,融入琴、棋、书、画等国学元素,打造国风主题民宿。整体设计为中式建筑风格,青瓦、白墙、棕木,内部装修以实木为主,走廊、楼梯绘制古诗词与国画。

大堂公共区域设有抚琴区,摆设古筝、琵琶等乐器供游客娱乐体验,感受传统音乐的魅力;设有品茶区,游客可在此品茶饮、学茶道;设有弈棋区,提供象棋棋盘与桌椅,游客结伴体验对弈的乐趣。

民宿房间内墙绘诗词国画,并利用天然木材的独特形态以及一些枯树、干花进行装饰,家具均由实木打造,布设书架摆放仿古做旧书籍。入住国风民宿的游客可进行古筝、琵琶、象棋、围棋、书法、国画体验教学。感兴趣的客人可任选一门,提升国学修养。每天下午15:00—16:30,先进行半小时教学,再进行体验式比赛,琴、棋、书、画获得第一名者,当晚赠送一道免费的状元宴菜品。每年立春、立夏、立秋、立冬各举办一次琴棋书画比赛,展现国学风采,冠军可享受免费住国风主题民宿一晚。

(2)“状元”主题民宿

地点:状元路与砚池路之间住宅改造

思路:整合闲置民房,以党员带头开办民宿,带动民宿产业从无到有,以民宿联盟形式进行统一管理,并与雁荡山景区民宿合作,“借鸡生蛋”式借游客打破初始棘轮效应。

状元居,以传统明清家具为特色,配有书房与卧室。主题民宿与文化、生态结合,以状元的勤奋、幸运、廉洁为主题,打造金榜题名、忠贞爱情、耕读传家、亲子启蒙、党建团建五大主题民宿。

(3)金榜题名主题民宿

坚韧刻苦,状元高中。该主题民宿以传统明清时期家具为特色,配有书房与卧室及笔墨纸砚。房内设置书柜,摆放王十朋相关诗词集、王十朋全集等,布设书桌、油灯、湖笔、砚台、宣纸,体会状元油灯读书的艰辛,诵读王十朋诗感受状元才气,自己磨墨,进行书画练习,感受传统文化的熏陶与洗礼。广大学子入住金榜题名民宿,沾才气,寄托愿望。乐清中考第一名或温州地区高考入清华、北大学子享受免费入住 2 天特惠。

(4)忠贞爱情主题民宿

情比金坚,忠贞爱情。从王十朋与其妻子的手植樟中得到启发,爱情主题民宿面向情侣夫妻,住状元婚房,愿情谊地久天长。民宿内仿照宋代婚房设计,以红色为主色调,布设仿古婚床。以忠贞爱情为优惠标准:金婚夫妻免费住宿 2 天,银婚夫妻享 5 折优惠,情侣、夫妻连续七年入住,第七年享免费特惠。同时,入住该主题民宿可享受荷博园中式婚纱摄影优惠。此外,每半年举办一次最美婚纱评比,获奖冠军可享该主题民宿提供的免费住宿一日。主题活动为爱情树园:情侣夫妻效仿王十朋在凤凰山上亲手种下代表爱情的手植樟,以爱之名,手植情树。

(5)耕读传家主题民宿

“耕读传家久,诗书继世长”。打造特色屋顶,以草为顶,营造草屋视感,房内墙绘王十朋描写田野的诗词意象,布设仿古做旧书桌书架,营造读书氛围。耕读传家主题民宿面向大众,旨在宣扬状元躬耕文化,住状元田居、尝状元宴席。主题活动为农事体验,游客脱鞋去袜,赤脚下田,感受绵软土地的包容,躬耕、采摘、观光……丰富有趣的农耕体验活动,使游客体会城市中难得的自然风情。

(6)亲子启蒙主题民宿

启蒙是开发蒙昧,使之明白事理。启蒙主题民宿面向亲子,为正要踏入学校、开启学龄的孩子带来状元美好祝福。民宿内放置古代启蒙读物三字经、千字文等,布设王十朋青年时期诗词绘画,书桌布设毛笔砚台等启蒙物品,房间整体古朴典雅,有书香气息。主题活动为在梅溪草堂开办的开蒙仪式,诵读诗词,开笔启蒙,祝愿未来学有所成。

(7)党建团建主题民宿

清廉为官,爱国爱民,王十朋廉洁精神在梅溪久盛不衰。党建团结主题民宿面向团体旅游,房建设及荷梅摆件与主题墙绘,以梅花、荷花的花语体现"清廉"品质,房间墙面设计王十朋《家政集》中语句作为警示,强调高尚情怀。主题活动为由村、镇优秀党员开展围绕荷园梅园游览的主题教育,讲述王十朋廉政故事和自身廉政实践。梅,开百花之先,独天下而春,不为严寒趋避,是刚正不屈之花;荷,中通外直,不蔓不枝,绿荷红菡萏里自显高风亮节。梅溪集梅园、荷园于一身,是对先人清廉正直之风的赞扬和传承。梅与荷的精神品质最适合党建、团建的主题。游荷博园、梅园,感受廉洁奉公、正直做人,为国为民奉献才能。

表 8-2 主题民宿

民宿类型	设计
金榜题名主题民宿	房间营造勤奋读书的氛围,面向广大学子,布设仿古明清家具,配有书房及笔墨纸砚、蜡烛等,内置王十朋诗集及王十朋故事集。
忠贞爱情主题民宿	房间主要打造温馨、喜庆氛围,以红色为主色调,布设仿古婚床、化妆台等,打造传统文化主题婚房。
耕读传家主题民宿	房间风格为田园风,布置特色草屋屋顶,墙绘田野诗词意象,布设仿古书桌书架。
亲子启蒙主题民宿	房间风格古朴且具书香气,墙绘王十朋青年时期诗词绘画,书架摆放古代启蒙读物三字经、千字文等,书桌布设毛笔砚台等启蒙物品。
党建团建主题民宿	房屋设计荷梅摆件与墙绘,墙绘《家政集》语句作为警示,强调高尚情怀。
国风主题民宿	整体打造青瓦、白墙、棕木的国风建筑,营造古朴典雅风格。以琴棋书画四大元素设计不同特色的房间,让游客身处其中感受到国学的美好。

8.5.3　住宅康养开发

地点:村庄的住宅区

思路:绿水青山,状元故里,天人合一。凤凰山天然氧吧、梅溪的清水飘柔、石斛园区的养生、田园风光、社区医疗中心等共同打造康养意象,推动住宅区的康养民宿开发。主要吸引上海、南京、杭州、宁波等大城市退休职工入住,一般以常住为主,短期 1 月,长期半年以上。

创意设计:整合资源,推动住宅区的居民利用闲置的房屋打造康养民宿开发。康养民宿,以常住游客为主,强调田园风光和优渥环境,更强调“家”的意象。考虑到住宅区房屋产权因素、装修等差异性很大,组建村民康养区民宿联盟,制定联盟章程,统一标准,同时强调差异化设计,引导康养人员参与建设,联合创大道。在村内,利用梅溪草堂开办老年大学,重点以琴、棋、书、画等项目的教学为主,既实现康养老人学习、表演一体,又集聚了人气。强调“修身、养性”一体,实现成功老化。这样康养与文化连接,打造地域特色康养品牌。村民深度参与乡村的发展,村庄才能获得内生发展的动力,乡村振兴才能真正地实现。

8.5.4　文旅体验基地

(1)文化现代体验

地点:王十朋纪念馆、梅园、荷博园、文化礼堂等景点

思路:依托“勤奋、坚韧、廉洁、情比金坚”等“状元”精神品质与文化内涵,赋予景点状元文化内涵,融合 VR、立体投影等现代化技术,植入琴棋书画元素,以沉浸式体验方式感受状元文化内涵。建立乡村俱乐部吸引外部资本投资,对村内景点、景点内活动进行现代技术提升和管理。文旅体验项目收入按一定比例分配给村民、俱乐部成员以及外部资本。

(2)智慧展览

地点:王十朋纪念馆

创意设计:引进资本投入建设,本村村民组织管理运营,融现代化技术于体验王十朋坚韧、廉洁等品质的故事中,使游客在沉浸式体验中体会到王十朋坚韧的高尚品质。

以“廉洁”“坚韧”为主题,采用全息投影技术和 VR 技术,让游客在虚拟世界中参观王十朋故里和南宋街巷,游客可与“王十朋”一同学习知识、身临其

境感受王十朋为官为民场景；景点的各个文物古迹处设有二维码，通过扫码，游客可在手机上了解景区的相关故事背景；交互式触摸屏，游客可通过触摸屏互动了解状元王十朋、景点、梅溪村三者之间的联系，也可通过互动屏查看纪念馆各点位置、景点介绍等。

(3)国学体验

地点：梅溪书院

创意设计：引进资本投入建设，打造琴棋书画体验区，体验状元平日生活，感受勤奋品质。由本村村民组织运营管理，将书院规划为琴棋书画三大区域，琴院内摆设若干古筝、二胡、琵琶等乐器，墙上介绍乐器历史文化背景；棋院内有象棋桌椅，墙上对象棋历史与象棋玩法进行讲解；书画院内墙面介绍书法国画历史，展览王十朋书法国画，布设桌椅以及砚台毛笔，铺有特殊画纸，毛笔蘸水即可在画纸上写字绘画。书院定期举办琴棋书画的教学体验课程，游客可以线上预订进行体验。此外，每季度邀请一名温州市著名书法家和画家进行书法、国画的现场讲座教学，感兴趣的游客可以提前在网上预约报名。

(4)国风主题摄影

地点：梅园

创意设计：以廉洁为主题，依据王十朋相关诗词，对梅园中景观方向性优化提升，营造诗词意境，传承王十朋廉洁奉公、高风亮节的精神品质。以“一园一廊”为基础，与专业影楼合作，借梅花廉洁的花语，打造国风特色写真体验馆，感受王十朋廉洁奉公、一心为民的精神品质。写真体验提供场景和各类拍摄道具服饰租赁，顾客可自由更换喜欢服饰，配合体验馆内场景拍摄照片。

地点：荷博园

创意设计：以“情比金坚”为主题，依据王十朋相关诗词，对荷博园中景观方向性优化提升，营造诗词意境，借荷花忠贞、纯洁的花语、荷博园旗袍摄影馆、《荆钗记》中王十朋与妻子钱玉莲的忠贞爱情故事，打造中式婚纱主题摄影基地，感受王十朋与妻子矢志不渝的浪漫爱情。中式婚纱摄影将现代元素与传统元素相结合，以现代人的审美需求来打造富有传统韵味的婚纱，让传统艺术在当今社会得以体现，中式婚纱照服装包括古装、旗袍、龙袍等，同时也可添加一些其他的元素，使其更加具有现代风又不失中国的典雅喜庆之风。

(5)非遗南戏体验活动

地点：梅溪文化礼堂

创意设计：以温州地区特色南戏为基础，与温州市越剧演艺中心合作，建立温州南戏体验基地。组织村中热爱音乐戏曲人员组织培训，形成梅溪南戏班。以王十朋廉洁品质和王十朋与妻子情比金坚的故事,将文化礼堂划分出观影区和体验区两块,体验区主打南戏特色体验,以南戏为媒,将南戏道具融入体验活动,在介绍南戏发展历程的同时,打造南戏脸谱 DIY、学唱南戏、学习演奏南戏伴奏乐器等体验活动,村民对体验活动进行运营管理,游客在观影后可以学唱南戏,体验抚琴、拉二胡等;观影区由梅溪南戏班表演王十朋相关南戏剧本《荆钗记》等,同时温州市越剧演艺中心定期举办戏曲演出。

(6)状元主题剧本杀

地点:文化产业一条街

创意设计:以状元真实故事为基础,以“廉洁、情比金坚”等状元品质为主题,打造户外跑团的沉浸式剧本杀。产业由外部资本投资建设,NPC 则雇佣村民参与扮演,剧本杀将与文化产业一条街内商铺进行合作,在合作商铺内设置游戏任务、剧本演绎。游客换上汉服,在沿街的商铺中寻找线索,在探索中的过程中以下棋、奏乐、书法、绘画主题的任务获得线索,通过一系列任务了解关于场景和人物的内涵。剧本杀流程大致分为搜证、私聊、集体讨论、投凶、结局、复盘等,搜证、私聊与剧本演绎过程可与文化产业一条街沿街商铺合作。

参考剧本简介:南宋末期,政治腐败,王十朋在家乡创办梅溪书院授徒,次年入太学。奸臣秦桧专权,科场黑暗,王十朋屡试不第。绍兴二十五年(1155 年),秦桧病死,绍兴二十七年(1157 年),四十六岁的王十朋以“揽权”中兴为对,被宋高宗亲擢为进士第一(状元)。成为状元以后,王十朋后力主抗战,与主和派不断抗争……

8.5.5 “状元”植情樟

地点:状元手植樟、凤凰山山区

思路:以王十朋夫妻的爱情故事和状元手植樟和香樟树花语——情比金坚为依托,结合状元“情比金坚”文化内核,在凤凰山规划建立爱情树园区,吸引夫妻情侣种下树苗,感受王十朋与妻子的忠贞爱情,寄托夫妻/情侣二人长长久久的美好愿望。

创意设计:在凤凰山山区开辟约 50 亩山地打造爱情树园区,与苗木基地合作,提供樟树树苗,夫妻、情侣可购买并种下属于二人的爱情树苗,寓意一生一世、情比金坚;状元手植樟处可购买红色丝带等幸运签或是木质树牌,树牌镌刻对未来美好祝愿,挂在合力种下的爱情树上,寄托百年好合的心愿,构建游客再游意愿。

8.5.6 “状元”主题伴手礼

地点：村中便利店

思路：以“状元”文化内核为切入点，赋予伴手礼以“幸运”、“成功”的内涵，打造“状元”主题特色伴手礼，形成梅溪伴手礼品牌。组织原来在村中经营便利店的村民，以加盟形式经营主题伴手礼的包装与销售，同时可在仿古风格文化产业一条街设置专卖店，进行连锁经营。

创意设计：鼓励在校大学生参与特色伴手礼品牌 logo 与包装设计，通过评选选出最佳设计，请专业设计公司进行进一步修改完善，制作出品牌 logo 与伴手礼设计，销售伴手礼的村民出资统一定制伴手礼，在村中便利店进行销售。

“状元”文创：以王十朋人物经历和历史背景为基础，打造蕴含美好祝愿的学习用品，祝愿金榜题名；设计王十朋元素的南宋国风系列手账品（手账本、贴纸和纸胶带等）；以《荆钗记》《王十朋》等影视作品为基础，设计卡通人物形象，制作状元主题盲盒；结合王十朋所写诗词，设计“状元”扇、“状元”御守，带来状元幸运。

“状元”食品：结合王十朋后人古法酿酒产业，推出“状元”酒、“廉洁”酒（荷花酒）等，蕴含状元“幸运”，警示状元“廉洁”；推出“状元”糕、“状元”饼等特产，吃富有嚼劲的糕饼，感受状元“坚韧”品质，寄托状元“幸运”内涵。

8.5.7 “状元”游梅溪

地点：梅溪、村庄外围

思路：依托梅溪村丰富的山水自然资源，联合周边村庄（杨川村、丁岙村）打造集梅溪漂流项目。由沿河村民投资，请外部公司对漂流项目进行设计打造、购入漂流设备、完善安全设施，建成后由村民组织运营。打造梅溪漂流于环村步道，使游客探寻状元足迹，切身感受“状元”走过的小路、“状元”游过的山水。

创意设计“状元”漂流：梅溪水流清澈、景色清幽，漂流以丁岙村为起点，经过梅溪村最后到达杨川村顺德古寺，全程约 3 千米。引淡溪水库水来确保漂流河道水流流速，漂流线路中修建人工跌水增加漂流趣味。漂流河段整体坡度较小，打造为自然漂流，漂流者可自行掌控船只，漂流途中可欣赏两岸山水风光（见图 8-4）。

慢生活步道：村集体出资，围绕村庄修建环形步道（见图 8-5），既可作为

图 8-4 “状元”漂流线路

图 8-5　慢生活步道

村民锻炼场所，又可为游客提供观光漫步的功能。步道风格为仿古石路，两侧种植绿化植被，步道设置多处介绍标牌，介绍梅溪村发展情况与历史文化，讲述王十朋儿时故事。游客漫步于山水田园之间，感受浓厚的历史文化氛围。

8.5.8　田园综合体打造

梅溪村群山怀抱、峰峦叠嶂，田园风光无限，源远流长的历史中，状元王十朋给这座村庄留下宝贵的物质与精神财富，为村庄带来浓厚的历史文化底蕴。策划将"状元"与"田园"结合，打造富含文化气息的田园综合体项目。项目占地约 17 亩，选址于梅溪村与杨川村交界处以及凤凰山步道，与杨川村联动打造。引进资本投入建设田园综合体项目，村民通过在项目中就业和开设店铺等形式获得收入。依托特产果蔬、田园意象和山地资源，打造生态采摘、休闲体验、运动休闲三区。

(1)生态采摘区：绿色蔬果园

范围：梅溪草堂边杨川村农田

创意设计：与杨川村联动，盘活杨川闲置农田资源，顺应淡溪水果产业链营造趋势以及杨川村盛产水果特点。由杨川村提供土地资源，梅溪村集体出资建立生态水果园，种植草莓、圣女果等水果以及黄瓜、番茄、茄子等当地时令蔬菜。游客亲手采摘，摘的是水果，更是状元福气，采的是蔬菜，更是勤劳信念。果蔬园打造既拓展了梅溪村产业链，也让游客感觉自己身处绿色田园之中，享受状元同款的原生态绿色蔬果。（见图 8-6）

图 8-6　田园综合体与运动休闲综合体规划图

（2）休闲体验区

①耕读体验

范围：农事体验区、梅溪草堂

创意设计：利用研学活动场地，设计状元耕读体验活动，耕读活动需游客提前预约，每周末举办活动。“耕”在约 2 亩农田作为农事体验基地，游客在当地农民指导下体验耕地、播种、除草、收获等农事活动。“读”在梅溪草堂，学生就座于梅溪草堂，老师讲授历史文化、诵读经典诗书，定期开展国画、书法、象棋等主题的学习体验课程。耕读体验充分体现状元耕读文化的内涵，既能让前来研学的学子亲身体会劳有所得的正直思想，也能使游客身体力行，教育子女劳动的光荣和辛苦，让子女更深刻地认识到粮食的来之不易和不劳而获的荒谬，也能使前来团建的员工在劳动中相互学习，更加默契，增加感情和奋发精神。

②溪畔垂钓

范围:垂钓区

创意设计:引入穿田溪水打造半天然小渔场,投放白鲢鱼、胖头鱼、螺蛳鱼等鱼苗养殖,垂钓区由村民开设1～2家渔具用品店,出售鱼饵、租用鱼竿鱼筒。游客可自带鱼竿饵料或租用鱼竿进行垂钓活动,或购买鱼饵喂食小鱼。专业的垂钓区域给当地人和游客带来了极好的垂钓体验,也为来此研学的摄影爱好者提供了反映乡村慢生活主题场景,一举两得。

③美食制作

范围:美食体验区

创意设计:引进资本,在体验区内打造传统美食一条街,店铺透明,现做现卖,游客可以参观制作过程,每家店铺中都设置有3套以上的制作工具租给游客,并且免费教学制作美食,例如手工打年糕、手工大糕等美食。每周六设置为传统美食节,师傅会制作各式各样的美食供游客品尝。游客在参观和制作传统美食的过程中,感受当地传统美食文化同样的出彩,感悟古代劳动人民的伟大智慧。

④露营基地

范围:露营区

创意设计:依托田园景观,建设田园露营基地。游客购票入园,可在基地内进行烧烤、露营活动。基地配备基础生活设施,内设立店铺,由村民投资经营,一类店铺为出租露营设备(烧烤架、帐篷等),另一类为小吃餐饮店铺,解决村民的就业问题。王十朋故里、绿草地、烧烤架、帐篷、美丽的星空这些景色都让游客体验到了真实的户外生活和身临其境,心想王十朋以前是否也在这里席地而坐,发古之幽思。

⑤运动休闲区

范围:凤凰山登山步道

创意设计:规划为有氧步道、户外拓展、休闲餐饮三区域。依托凤凰山登山步道进行有氧运动,利用步道周围空地资源开展户外拓展活动。邀请户外拓展公司,梅溪村以土地、山林入股合作运营,利用山间空地打造“独木行走”(走独木桥)、“别踩地雷”(爬网绳)等户外健身、趣味拓展活动,传承状元的勇敢品质。在欢声笑语中挑战自我,克服恐惧,强身健体。山顶景色优美,引进资本运营,打造网红音乐茶厅,邀请驻唱进行音乐表演,可让游客上台体验演唱,设置帐篷、阳伞,提供特色甜品、轻食与茶饮,作为游客打卡拍照地。售卖有梅溪村品牌logo的马克杯、餐具等伴手礼。

8.5.9 活动线路设计

运用线路整合资源,提升游客体验深度。主要线路有:与婚纱影楼打造琴瑟和鸣之旅;与旅游公司、单位合作,打造廉政教育之旅;以自驾游为主的生态山水田园之旅;与学校、旅游机构合作开展“学”之旅;引致散客进行有选择的组合游和康养游。

(1)琴瑟和鸣之旅

线路:忠贞爱情主题民宿—历史文化区—农家乐—状元手植樟—凤凰山爱情园区—状元宴—文化礼堂(看戏)—忠贞爱情主题民宿—荷园(婚纱摄影)(见图 8-7)

第一天上午到达梅溪村,入住忠贞爱情主题民宿,随后历史文化区游览景点,中午体验特色农家菜。下午状元手植樟处了解王十朋和妻子的爱情故事,手植樟上系上幸运签爱情红色丝带。手植樟处购买木制铭牌,镌刻二人爱情宣言。前往凤凰山苗圃购买爱情树苗,种下自己的爱情。爱情园区二人共同种下寓意情比金坚的爱情树,把木牌铭牌挂在爱情树上,并进行领养,建立再游意愿。

晚上品尝特色状元宴,饭后在文化礼堂欣赏南戏《荆钗记》,感受非遗魅力,体会王十朋与妻子忠贞爱情,结束后回到民宿休息。

第二天吃过早饭后,荷博园进行中式婚纱摄影,感受王十朋与妻子矢志不渝的浪漫爱情,也寓意自己婚姻幸福美满,夫妻二人永结同心。拍摄结束后,可自由活动或返程。

(2)生态山水田园之旅

线路:国风主题民宿—农家乐—淡溪水库—状元宴—国风主题民宿—凤凰山—荷园—蔬果采摘(田园综合体)—石斛观光区—农家乐—梅溪漂流(见图 8-8)

生态山水田园之旅强调运动特色。第一天到达后,入住国风主题民宿,在农家乐品尝特色农家菜。下午开展“找寻家乡水源源头”的骑行活动,骑自行车前往淡溪水库参观。傍晚时分回到村中,品尝特色状元宴,晚上在国风主题民宿休息。

第二天早晨,晨练去凤凰山步道登山,欣赏日出美景,鸟瞰美丽山河。上午前往荷博园欣赏荷花,感悟“出淤泥而不染,濯清涟而不妖”。或前往蔬果园体验采摘,到石斛观光区参观石斛种植生长技术。中午品尝特色农家菜。下午体验由梅溪村与杨川村合力打造、人工修建跌水而建成的梅溪漂流,感受刺激和欢乐,漂流结束后可自行返程。

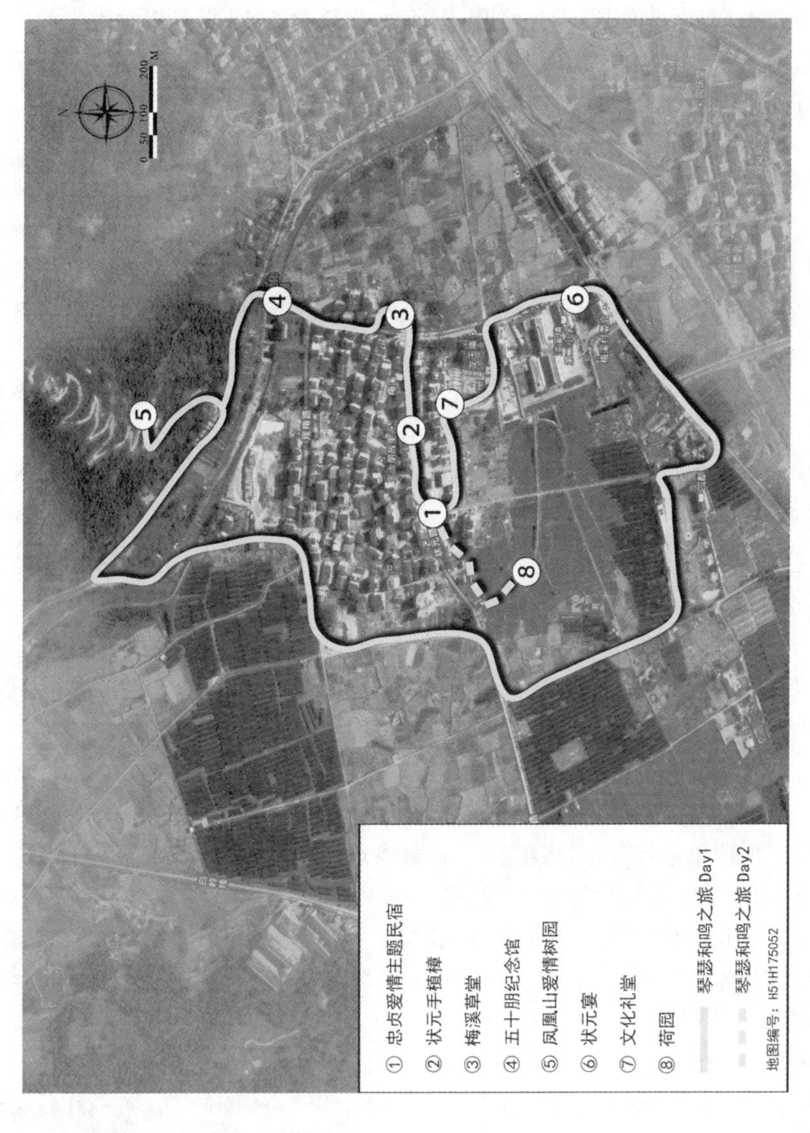
0 50 100 200 M
① 忠贞爱情主题民宿
② 状元手植樟
③ 梅溪草堂
④ 五十朋纪念馆
⑤ 凤凰山爱情树园
⑥ 状元宴
⑦ 文化礼堂
⑧ 荷园
琴瑟和鸣之旅 Day1
琴瑟和鸣之旅 Day2
地图编号：H51H175052

图 8-7 琴瑟和鸣之旅

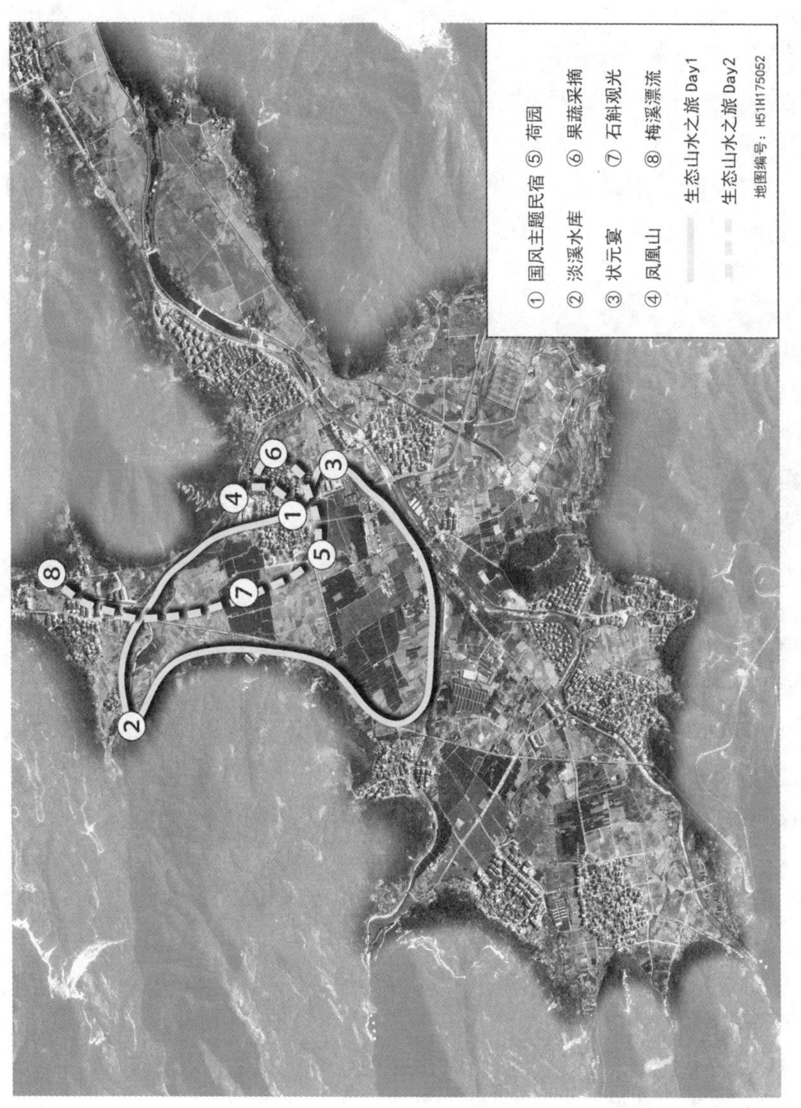

图 8-8　生态山水田园之旅

(3)廉政教育之旅

线路:团建主题民宿—历史文化区—农家乐—荷博园—廉政主题教育活动—状元宴—团建主题民宿—户外拓展(田园综合体)(见图 8-9)

第一天到达后,入住团建主题民宿。随后,前往历史文化区,在讲解员带领下游览梅溪草堂、王十朋纪念馆、梅园等文化景点,了解王十朋生平故事和他为官为民的事迹,沉浸在浓厚的廉政教育氛围里。中午在当地农家乐吃午饭,感受农家氛围。下午在荷博园欣赏荷花,了解王十朋廉政事迹,以"莲"悟"廉",感受廉政文化,接受廉政教育。随后在文化礼堂开展村优秀党员廉政主题教育讲座,加强廉政文化熏陶。晚上品味当地特色"状元宴",随后回到团建主题民宿休息。

第二天上午,前往凤凰山开展户外拓展团建活动,拉近团队情感距离,培养团队协作能力。拓展结束后可在农家乐吃午饭或者回程。

(4)"学"之旅

①亲子启蒙之旅

线路:亲子启蒙主题民宿—农家乐—王十朋纪念馆—梅园—农家乐—亲子启蒙主题民宿—开蒙仪式(梅溪草堂)—状元宴(见图 8-10)

第一天上午到达梅溪村,入住亲子启蒙主题民宿,中午农家乐品尝特色农家菜。下午家长带着孩子参观王十朋纪念馆、梅园等处,了解王十朋生平故事。梅园中可体验古风摄影,拍摄亲子写真。傍晚可品尝当地农家乐菜肴,随后回到民宿休息。

第二天上午前往梅溪草堂参与开蒙仪式。开蒙仪式提前预约,可以单独一人进行,也可以多人集体进行。邀请当地德高望重的退休特级教师指导,首先由教师为学童整理衣冠,学童向教师、父母进行拜礼,接着教孩子诵读王十朋著名对联"云朝朝朝朝朝朝朝散 潮长长长长长长长消"。最后教师手把手教孩子用毛笔在宣纸上写下自己的名字,装裱成画留作纪念。开蒙仪式祝愿孩子从今天起,迈开学习的第一步,走好人生的每一步。仪式结束后中午品尝状元宴,寄托学业美好期望。状元宴结束以后可返程。

②研学之旅

线路:王十朋纪念馆—凤凰山登山步道—状元美食—农耕体验(田园综合体)—梅溪草堂—荷园

开展"格物致知,勤学笃行"勤学主题研学活动。上午到达梅溪村,首先在王十朋纪念馆了解状元生平故事,体会廉洁、坚韧、勤奋的精神品质。再前往凤凰山登山步道,登山健体,爬状元爬过的山。下山后,中午在梅溪当地农家

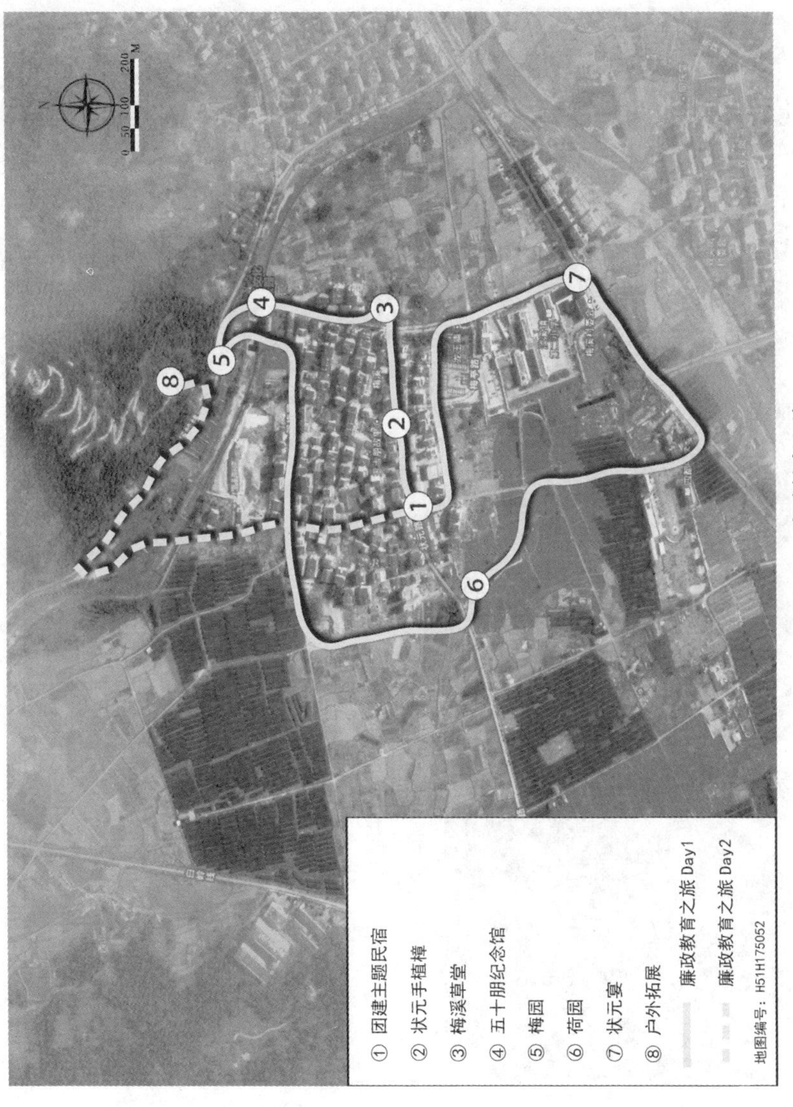
N
0 50 100 200 M
① 团建主题民宿
② 状元手植樟
③ 梅溪草堂
④ 五十朋纪念馆
⑤ 梅园
⑥ 荷园
⑦ 状元宴
⑧ 户外拓展
廉政教育之旅 Day1
廉政教育之旅 Day2
地图编号：H51H175052

图 8-9　廉政教育之旅

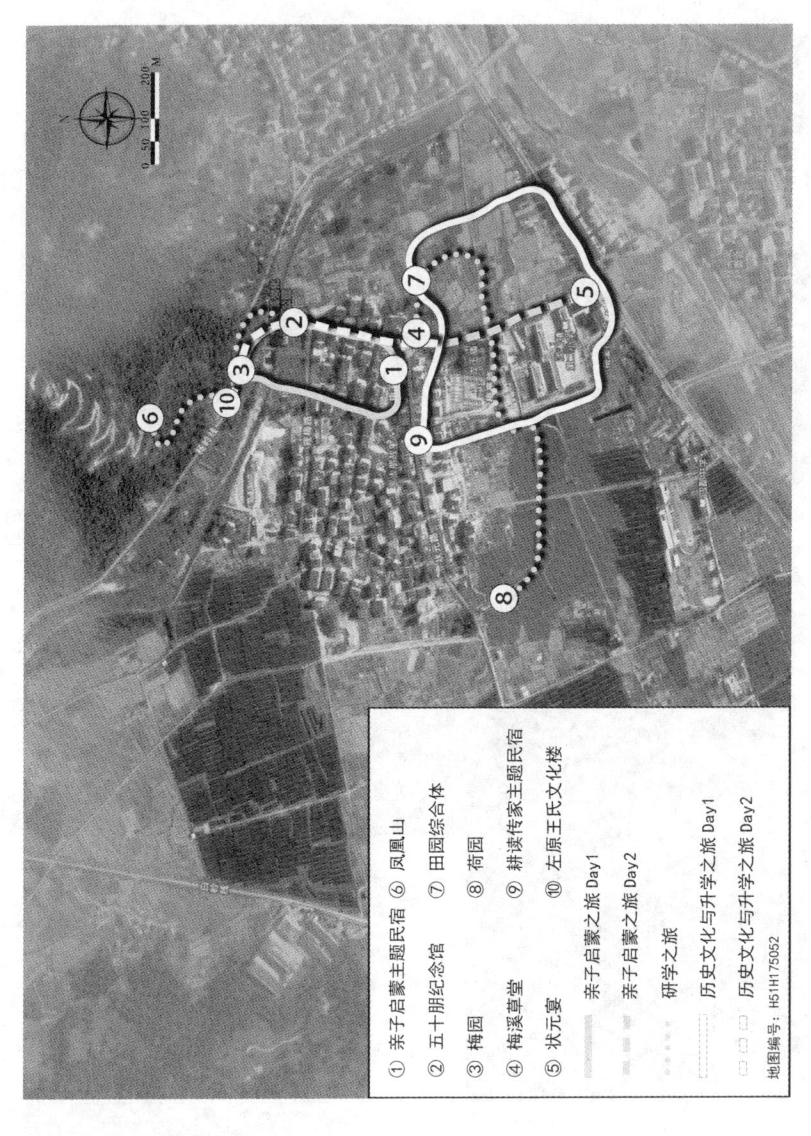
① 亲子启蒙主题民宿 ⑥ 凤凰山
② 五十朋纪念馆 ⑦ 田园综合体
③ 梅园 ⑧ 荷园
④ 梅溪草堂 ⑨ 耕读传家主题民宿
⑤ 状元宴 ⑩ 左原王氏文化楼
亲子启蒙之旅 Day1
亲子启蒙之旅 Day2
研学之旅
历史文化与升学之旅 Day1
历史文化与升学之旅 Day2
地图编号：H51H175052
0 50 100 200 M
N

图 8-10 “学”之旅路

乐品尝状元美食，稍作休息。下午在农田体验农耕活动，随后在梅溪草堂了解草堂历史和状元故事，感悟状元勤奋精神，珍惜当下学习条件。最后来到荷园观光，欣赏美景后结束研学活动。

③历史文化与升学之旅

线路：耕读传家主题民宿—农耕体验（田园综合体）—状元宴—耕读传家主题民宿—梅溪草堂—王十朋纪念馆—梅园—农家乐—王十朋古墓—左原王氏文化楼

第一天到达后，入住耕读传家主题民宿，随后到农事体验区体会劳动的乐趣。劳作结束后，在农家乐品尝梅溪特色美食。晚上在主题民宿休息。

第二天开始随着王十朋的脚步，来感受状元的历史文化。首先前往梅溪草堂，吟诵状元诗词，了解草堂历史和状元故事，体会状元勤奋学习品质。之后前往王十朋纪念馆，体会状元的廉洁、坚韧、勤奋等品质，中午品尝寄予美好祝愿的状元宴。下午前往王十朋古墓，缅怀先人，最后前往左原王氏文化楼，感受王氏家族文化，结束两天一夜的文化之旅。

8.6 村庄乡村性与地域旅游系统营造

8.6.1 打造乡村性

目前梅溪村存在居民建筑现代化、风格化，农业的观赏性、规模性不足的村庄都市化问题。打造梅溪村在景观、文化上的乡村意象，是梅溪村旅游产业发展的必经之路。

在乡村景观上，针对聚落建筑现代化明显、风格多样的现状，统一村庄民居外立面风格，设计农耕文明、状元文化墙绘；在新农村建设中，坚持垃圾分类、环境治理的步伐，鼓励村民建设美丽庭院，在房前屋后种花植树，绿化村容村貌，打造聚落景观的乡村性。通过田园综合体的规划建设，优化村庄农业发展，利用山水田园景观，发展农产品采摘、溪畔垂钓等休闲农业，强化梅溪村田园风光的观赏性、体验性、规模性，建设乡村田园景观；保护梅溪村现有的凤凰山等自然生态景观，以及荷博园、梅园等与状元文化相融合的生态植被，并赋予自然景观新的内涵，营造梅溪村特有的乡村景观。

在乡村文化上，鼓动村民开展生产生活展演，开放农田、展示农耕，打造乡村农耕文化氛围。继承梅溪村的“谷雨祭”“拉大旗、打大猫”等传统节事活动，展示乡村特色民风民俗，打造梅溪村乡村文化意象。通过乡村民宿的经营，在民宿布置、民宿服务等方面，融入梅溪村状元文化，打造家的意象，贴合游客住宿、餐饮、生活的需求。在游客的情感交流、生活环境上给予温情关怀与宾至如归之仪。

通过梅溪村乡村田园景观、乡村特色文化以及家的意象的营造，打造梅溪村乡村性，加强村民与游客的地方认同，促进乡村产业活化，唤醒乡贤能人的乡愁，吸引人才返乡，为乡村建设、乡村振兴注入源源不断的内生性血脉。

8.6.2　完善地域旅游系统

(1)游乐设施

围绕梅溪村“状元”主题，融入国学元素，建设日常游乐设施。公共休闲设置运动象棋，石制象棋需要用力才能搬动，既强调象棋的智力运动，又有乡村的劳动精神。洗砚池附近道路上，设置一个诗词临摹，运用大毛笔进行撰写，强调展演性和书写性。环村步道，间隔 500 米设置长椅，放置音乐广播，播放古筝等古典名曲，以供休憩。定期在梅溪草堂举办国画展，吸引艺术家挥毫泼墨，现场展演。

(2)公共停车场

梅溪作为历史文化名村，营造慢生活的古村氛围，原则上拒绝车辆进村。因此规划村口前闲置田地作为公共停车场。采用绿化草坪砖，以灌木为隔离线，用高大乔木和藤蔓植物遮阴，强调海绵性、生态性。景区的停车场也应成为景观，避免采用使大面积车辆曝晒的硬化停车场。停车场内布设停车线、停车分区，总设计面积根据接待游客的数量确定，能同时停放轿车和大巴车，方便游客和村民车辆停靠。停车场免费使用，其维护保养费用由村集体出资。

考虑到村民自家车辆停放问题，为避免与游客车辆在旺季产生抢车位的矛盾，规划游客公共停车场周边空地为村民停车场，车位实名制，一车一位。

(3)游客中心

主要是为旅游者提供有关梅溪村村内景点、住宿、餐饮、交通、购物、娱乐等全方位公益性的文化旅游问询服务。改良原有游客服务中心，在咨询点内设中、英、日、韩 4 种语言版本电子触摸屏，供旅客查询梅溪食、住、行、游、购、娱的相关资讯；免费提供文化活动宣传手册、中英文版的梅溪(淡溪)概况、手绘地图等旅游宣传资料，以及免费提供 Wi-Fi、雨伞借用、药箱等便民服务。

(4)旅游解说系统

当前，梅溪村村内专业导游人员不足，导游整体素质不高，旅游解说没有形成统一、完整、形象、生动的系统。建议培养能够胜任乡村旅游解说的专业导游人才;组织专门人员,编写能够反映梅溪"状元"主题旅游的特色解说词。

运用智慧旅游为乡村旅游赋能,在景点标识牌上放置二维码,游客扫码就可以听到景点解说,身临其境,体验感和文化感更强。

(5)旅游标识系统

进一步完善梅溪村旅游标识系统。村内现有旅游标识系统对游客的实际指引作用很低,游客体验感弱,规划在村内增加更为详细的景区介绍标识牌、人物介绍标识牌、农业景观介绍标识牌、文化遗产介绍标识牌、服务设施解说标识牌、导向标识牌、环境管理牌等。如在道路上每隔百米设置一个王十朋事迹介绍牌。除此之外还有对村中原有指示牌的提升,如指路牌可以采用王十朋形象进行设计;环境指示牌则用诗句来提醒游客保护环境。

8.7 村庄的营销策划

8.7.1 创新营销

创造梅溪村新型旅游产品,实施多样化市场营销战略:体验营销、关系营销、网络营销、品牌营销等模式,引领"体验旅游"、"文化旅游"和"智慧旅游"等现代化消费模式。

(1)"状元"文化体验营销

梅溪村乡村旅游根据自身文化资源特点,结合自然资源和社会资源实际情况,针对客源市场需求,开发富有趣味性、参与性,同时文化内涵丰富的旅游项目。每年邀请乐清市中高考前3名参与"吃状元菜"、"穿状元衣"、"住状元民宿"、"行状元路"、"吟状元诗"等状元文化主题活动。邀请当年温州市考上清华、北大的学子,暑假免费旅游:"住状元民宿一晚"、"吃状元宴"(12个菜)。对于普通学子,通过"状元"文化体验,"吃状元宴"、"住状元民宿"等,勉励自我,寄托美好期望,从而提升状元民宿、状元宴的现代内涵。

(2)团建、研学等关系营销

每年秋分,由梅溪村委会或淡溪镇政府主办农产品的评鉴会和以文化、生态旅游为重点的介绍会,为期三天,在乐清市宣传,邀请市民前来品鉴各类农产品。

每年4月、10月与单位合作进行党建、团建活动,安排住"党建团建主题民宿",品味当地特色"状元宴",游荷博园、梅园,进行耕作体验,让员工感受学习王十朋廉洁奉公、正直做人、为国为民奉献才能的精神品质，在共同劳动的过程中相互学习，增进感情和默契，激励其奋发精神。

与学校共建研学基地，开展“格物致知，勤学笃行”勤学主题研学活动。通过景点介绍了解状元生平故事，让学生体会状元的勤奋、坚韧等品质。让学生体验耕读活动，体会古人学习耕作的不易，从而更加珍惜现有的学习条件，更加努力学习，先苦后甜，而后品尝寄予美好祝愿的状元宴。研学过程中评选出一名表现最好的同学，奖励状元文具一套。

与婚纱影楼共建琴瑟和鸣之旅，安排邀请金婚夫妻免费体验“住爱情主题民宿”、“住状元婚房”、“手植情树”、“婚纱摄影”等活动，银婚夫妻享5折优惠。享受优惠的客人要求留下美好祝愿、爱情故事及记录美好回忆相片。

与旅行社合作共建状元文化之旅、运动和生态休闲之旅。登记手机号，安排抽奖活动，每半年抽取一名幸运儿享受免费吃住一次。

(3)网络、媒体营销

建立梅溪村旅游网站，设计logo形象，在各大旅游网站上做宣传、不断丰富更新信息，完善网站功能，充分发挥网络营销优势。将该网站与淡溪镇、乐清市旅游局，农业农村局网站和淡溪镇、乐清市人民政府网站及当地主要旅游企业网站友情链接。在搜索引擎中提前排名，加强与主流旅游门户网站合作，利用微信、微博、抖音等，发布旅游体验相关信息，上传荷、梅的开放胜景、直播诗词吟诵活动、线上诗词创作比赛赢奖品等，对梅溪进行宣传，网民在浏览时可在线咨询，提高大众互动参与度，提升景区知名度。

(4)村庄品牌营销

发展大型剧本杀，利用梅溪村巷道交错和景点分散的特点，让玩家使用地图寻找任务，增加旅游趣味性。模拟王十朋公堂断案，还原王十朋古时讲学，让游客回顾历史场景，发挥自己才智，实现古今对话。

重点推介路线设置游览路线图标和旅游标志牌，为自驾游和背包客提供帮助，全力打造“状元文化村”品牌形象。

设计理念：梅溪村依山傍水，以“廉洁”的荷作为状元帽主体，山为帽翅，梅花代表王十朋，象征着王十朋遗世独立的高雅品格(见图8-11)。

图8-11　Logo设计

8.7.2 节庆营销

策划梅溪旅游节庆活动,让游客和村民参与其中,亲自体验梅溪村特色乡土文化与民俗风味,更能融入其中,运用节庆活动集聚人气,推动村庄快速发展。

谷雨祭:梅溪村“谷雨祭”传承数百年,影响广泛。选择谷雨节气举行祭祖活动,不仅表达王氏后裔对先祖王十朋崇敬,还因“雨生百谷”,包含乡人祈求风调雨顺、物阜年丰的愿望。

“拉大旗、打大猫”:梅溪村特色民俗活动,已经流传了 850 多年,是温州市非物质文化遗产,体现了当地老百姓崇尚真善美、祈福人间太平的美好祝愿。

“梅溪杯”象棋赛:运用乐清是象棋之乡的优势。联合乐清象棋协会、温州象棋协会每年在梅溪草堂举办象棋赛,以棋会友,精彩对弈,楚河汉界,君王挥指定江山;两军对垒,针锋相对勇者胜。每学期举办中小学开展象棋比赛,积蓄区域能量,提高村庄知名度。有条件积极举办省或国家级象棋比赛,集聚人气。

荷花节:每年 6~9 月举办荷花节。与婚纱摄影公司合作,开展以荷为媒的主题爱情摄影。把荷博园打造成集休闲赏花、农业采摘、美丽爱情为一体的综合绿色生态农业基地。在荷花盛开之时,游客可前来观赏荷花,品尝荷花植物类食品,观赏综合文娱游乐活动。

汉服秀:“有服章之美谓之华,礼仪之大故称夏,是谓华夏”,悠悠华夏久文化,汉服之美醉千年,依托梅溪草堂、梅园、荷园等场地,开展汉服秀活动。游客还可参与汉服秀相关的主题活动,游玩镖局投壶、御婚绣球等,体验一次难忘的“穿越”之旅。

梅花节:梅园梅花盛开举办“梅花节”。以“梅”为主题,举办三行诗、摄影竞赛等,以花为媒,以“梅”会友,传承中华优秀传统文化。吸引美院教授入住,建立画梅工作室,举办梅花书画展览。

第9章 “唐韵染钱塘·以诗画前峰”：大都市郊区村农业创意与文化规划策略

9.1 基本情况

9.1.1 前峰村概况

前峰村位于浙江省杭州市钱塘新区北部，隶属前进街道。前进街道西临义蓬街道、靖江街道，东临临江街道，南边和新湾街道接壤，与海宁市钱塘江镇、丁桥镇、盐官镇隔江相望。前峰村下辖14个村民小组，包括本地1545人（其中468名为老年人）（见图9-1），外来3500人，老龄化现象严重。共有300套住宅，居住区面积1.36平方公里。

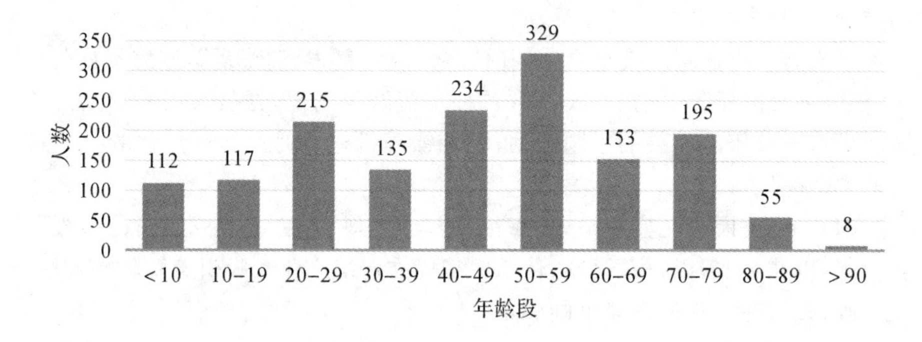

图9-1 前峰村人口年龄结构

村内主要产业为农业，农业用地面积为1351亩，占全村面积的66%。主要农作物为水稻、玉米，粮食作物，平均每亩收入500～600元；经济作物主要为丝瓜、毛豆，平均每亩收入1000～3000元。居住用地487.5亩，占总面积41%。村内有诚信企业月华油厂，部分村集体形成化纤纺织，机械五金行业。

村周边五百强企业林立，包括吉利大江东基地、顾家家居、苏泊尔南洋药业等公司。村企之间联系紧密，具有良好的“科产城人”融合发展的基础，周边住着近五万的产业园区职工，村内租房经济发达（见图 9-2）。

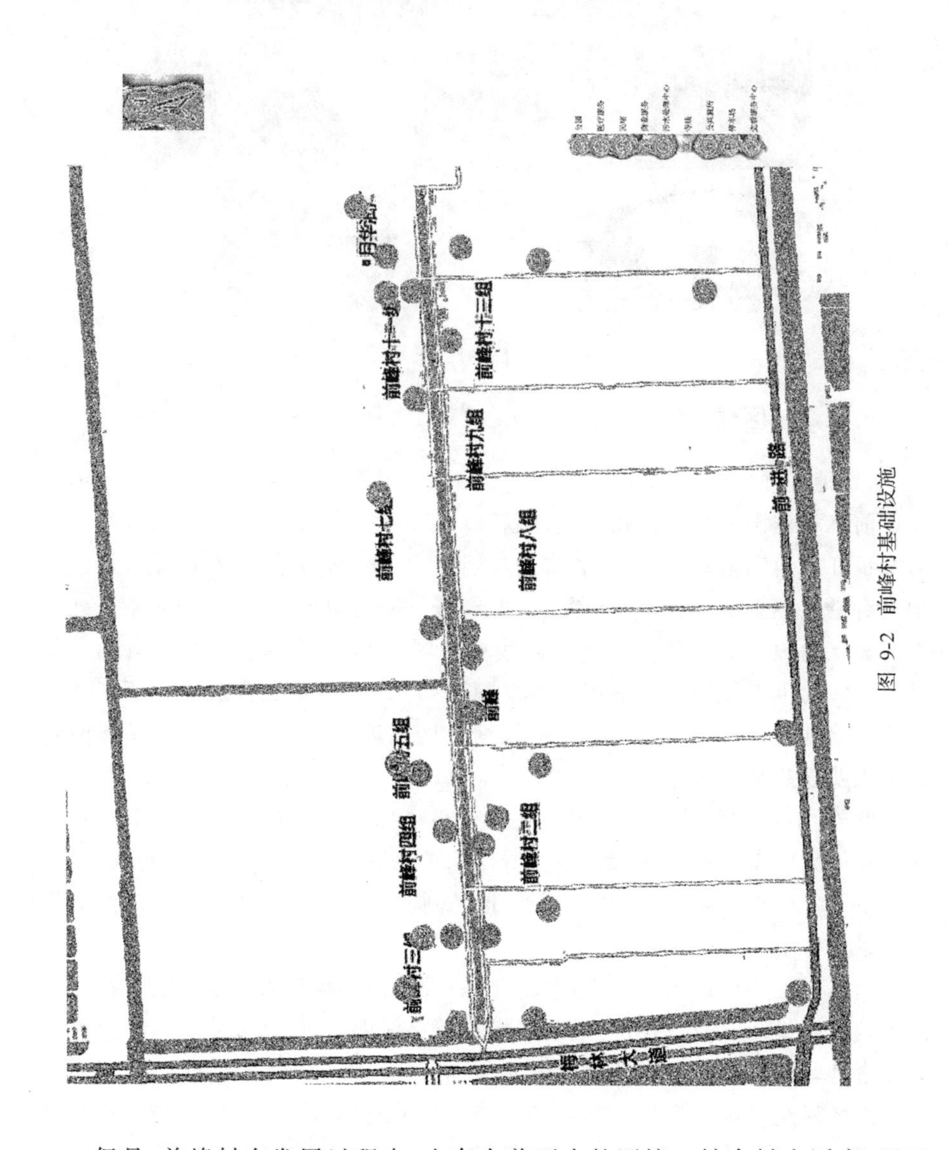

图 9-2 前峰村基础设施

但是，前峰村在发展过程中，也存在着不小的困境。结合村内诉求，展开了追根溯源式的实地调研，调研发现前峰村内部面临文化底蕴不足、经济发展滞后等困境（见图 9-3）。

图 9-3　前峰村发展困境

9.1.2　区位分析

(1)地理环境

前峰村位于浙江省杭州市钱塘新区(见图 9-4)。杭州市地处最具经济活力的长江三角洲南翼，是浙江省省会与经济、文化、科教中心，在国家大局建设中具有举足轻重的地位，拥有深而广的经济发展的腹地空间，能源源不断地吸引次长三角地区的客源与资金。而钱塘新区于 2019 年 4 月设立，目标定位是打造成为世界级智能制造产业集群、长三角地区产城融合发展示范区和标志性战略性改革开放大平台。目前钱塘新区发展具有人口增长快、发展前景佳两大明显趋势。

此外，前峰村北邻的大江东工业区是一个拥有产业集聚区与国家高新区两个发展大引擎的集聚区，是杭州"城市东扩、旅游西进、沿江开发、跨江发展"战略下开发建设主要区块，由此可见，前峰村具有优越的地理区位与广阔的发展前景。

前峰村位于前进街道中部，北临江东一路，西界梅林大道，东临新湾街道，位于四联闸横河以南，村级河道前峰横直河穿村而过，向北 6 公里可至前进街道办事处，路网四通八达，公路运输便利。

前峰村交通区位良好，能够借助"一小时半经济圈"，以公路、铁路、水路等交通运输方式迅速地与绍兴、嘉兴、湖州、宁波等市进行高效通达衔接。

前峰村距离杭州萧山国际机场 29 公里，约 50 分钟车程，位于杭州萧山机场一小时直达区；距离杭州东站 38 公里，约 1 小时车程，距离地铁 8 号线新湾

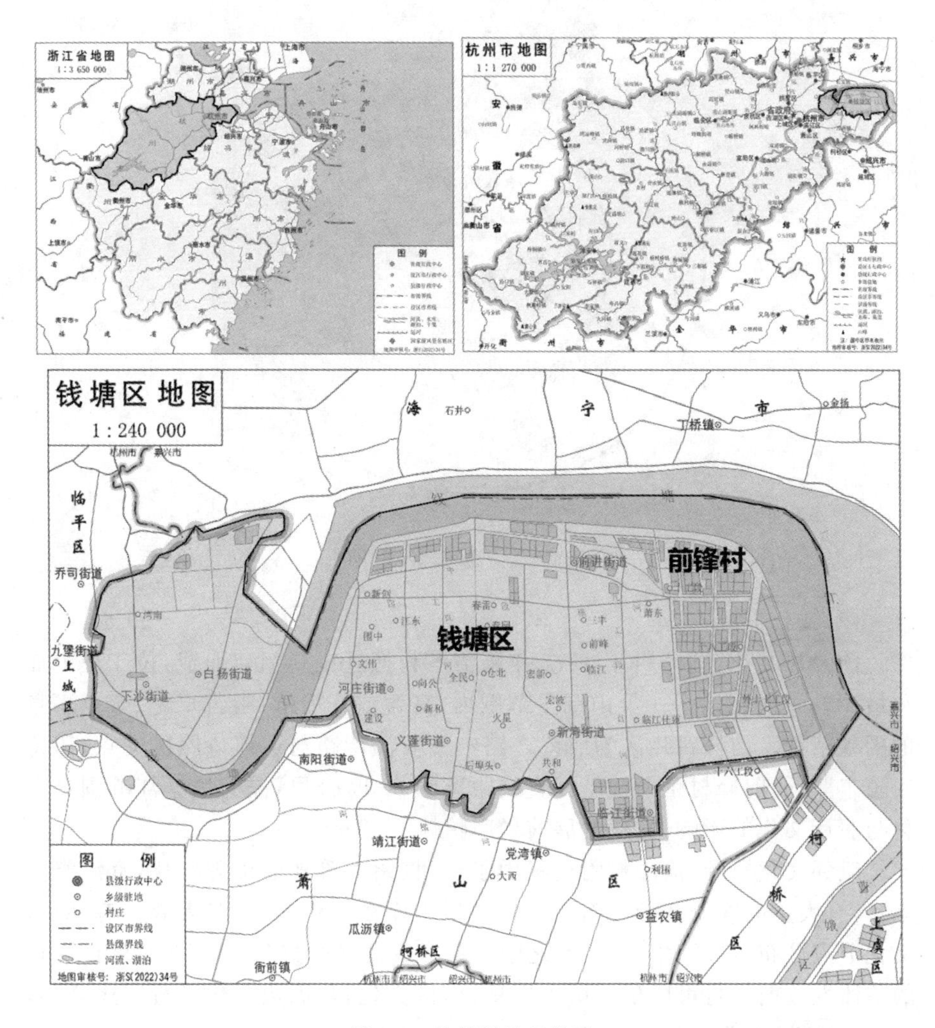

图 9-4 前峰村地理位置

路站 3.7 公里。苏台高速通过江东大道与杭州绕城高速衔接,前峰村距离苏台高速前进收费站 7.6 公里,约 10 分钟车程;距离苏台高速新湾收费站 4.7 公里,约 5 分钟车程,周围城市自驾游十分便捷。前峰村周边 1 公里范围内拥有 7 个公交站点,共 8 条线路可到达,最近的公交站前峰村站距离前峰村 533 米,步行至前峰村仅需 9 分钟,交通区位优势明显(见图 9-5)。

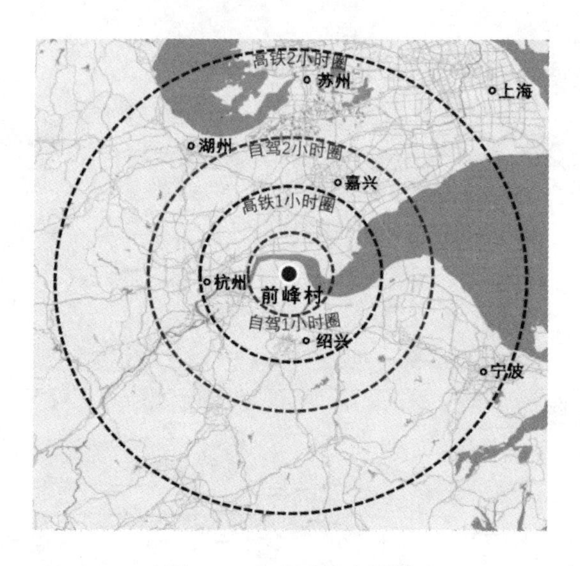

图 9-5　交通可达小时圈

(2)文化资源

前峰村文化:前峰村于 1977 年新湾各村搬迁围垦组建而成,位于史上面积最大的一次围涂——萧山围垦范围内,富含前仆后继、艰苦卓绝、奔竞不息的围垦精神。前峰村片区为唐诗之路中钱塘江诗路与运河诗路的交点,唐诗底蕴丰厚,而前峰村距离钱塘江直线距离约 6.39 公里,深受钱塘江畔围垦文化与唐诗文化的影响,文化发展前景广阔。

毗邻文化资源:前峰村附近集中了杭州、绍兴等地的优秀文化,资源类型丰富,有大量的客群基础。附近文化类型主要在历史故事、名人效应有亮点,文化节点分布较为密集,但相互之间未能形成良好的交互,难以体现浙江文化的整体性。前峰村可以依托历史围垦、唐诗文化,与周边文化进行有序联动,进一步推动"文化强省"的建设。

(3)自然环境

前峰村发展农业条件好,自然基础优良。气候:属于亚热带季风气候,温暖湿润,冬夏长、春秋短,光照充足,雨量充沛,有利于农作物生长,水稻熟制为一年两熟。地形:地处钱塘江冲积平原,地势低洼,农田平坦开阔,利于水稻种植。土壤:由钱塘江水冲击泥沙形成滩涂,后经人民围垦形成如今的地形地貌。多盐碱地和围垦地,适宜开垦农田、鱼塘,种植一些耐碱经济林木。前峰村直河呈 T 字形穿村而过,农田边有充足的灌溉水网。农业用地 1351 亩、居住用地 487.5 亩、建设用地 40.5 亩。

9.2 发展基础

9.2.1 乡村振兴政策

“三农”问题是关系国计民生的根本性问题,解决好“三农”问题是中国政府重中之重的工作。2018年中共中央、国务院出台《关于实施乡村振兴战略的意见》对乡村振兴战略进行了全面部署。随后浙江省出台了关于乡村振兴的文件和农业与文化旅游混合发展文件,杭州市、萧山区、钱塘新区出台了产业振兴与田园乡村建设方面的文件。这些重点政策文件关注乡村振兴中文化振兴、产业振兴的融合和独具特色的乡村旅游业发展路径(见表9-1)。

表9-1 乡村振兴相关政策文件

发布主体	文件全称	发布时间	关注重点
中华人民共和国农业农村部	《关于大力实施乡村振兴战略加快推进农业转型升级的意见》	2018/2/28	农业升级转型,多产业融合发展
中华人民共和国国家发展和改革委员会	《促进乡村旅游发展提质升级行动方案》	2018/10/15	全国乡村旅游文化建设
浙江省文化和旅游厅	《关于推进文化和旅游深度融合发展的意见》	2020/12/22	农文旅融合发展
浙江省人民代表大会常务委员会	《浙江省乡村振兴促进条例》	2021/7/30	产业兴旺、乡风文明、数字乡村
浙江省人民政府农业农村部	《高质量创建乡村振兴示范省推进共同富裕示范区建设行动方案》	2021/8/17	延长产业链、建设美丽乡村
杭州市萧山区农业农村局	《2020年工作总结及2021年工作思路》	2021/2/7	产业振兴为关键抓手
钱塘新区人民政府	《杭州钱塘新区规划纲要(战略规划)》	2019/9/25	田园乡村建设

9.2.2 唐诗之路文化的机遇

(1)文化振兴促进产业振兴

2021年浙江省政府印发《浙江省重大建设项目“十四五”规划》,文化旅游分类别中强调以杭州为重要节点的“浙东唐诗之路国家文化公园创建项目”与“钱塘江诗路”。当然，杭州具有广阔的经济文化腹地与客源市场，具有较好“钱塘诗路”发展基础，但是仍乏唐诗文化的关注、挖掘与集中活化利用。

本项目将唐诗之路文化与杭州前峰村结合，不仅要发展文化，更要兴旺产业，深度挖掘诗路文化，打造唐诗景观，落地诗路产业，充分发挥唐诗文化资源效用，为浙江人民创造更好的美好生活条件；将浙江诗路从文化概念向文化品牌转换，借助文化赋能打造杭州市乃至浙江省诗路文化地标。

(2)唐诗文化助推乡村振兴

唐诗文化是中华民族优秀传统文化，浙江省绍兴新昌县横板桥村与陕西省西安杜曲镇已开始挖掘探索唐诗文化，用唐诗文化引路，写乡村振兴篇章(见表 9-2)。

表 9-2 唐诗文化助推乡村振兴案例

	绍兴新昌县横板桥村	西安杜曲镇
发展思路	利用天姥山、天姥寺资源打造诗路古驿	利用长安文化遗存，建设诗圣杜甫唐诗文化园
吸引点	举办茶叶节、樱花节、骑行节、唐诗文化节等节庆活动	以杜甫为代表的唐诗文化亮点，供国内外游客休闲游览、旅游度假
成果	乡村发展，农民增收	带动乡村振兴，为落实乡村振兴战略作出示范

(3)唐诗之路文化助力前峰村全面发展

2019 年 6 月 17 日，在“做优诗路文章，助推大花园建设”浙江文化产业发展主题活动启动仪式上，浙江发布了“四条诗路”。四条诗路贯穿浙江全域，既是历史留给浙江的宝贵财富，也是浙江人民生生不息的精神动力。

其中，前峰村所在片区位于钱塘江诗路与浙东诗路的交会之处和浙东唐诗之路的起始点，与钱塘江唐诗之路和浙东唐诗之路息息相关。唐诗之路作为中华文明的一颗灿烂瑰宝，至今仍有较高的研究、发展价值。

9.2.3 前峰村的机遇与挑战

经过分析，前峰村存在明显的优势与劣势，综合乡村振兴政策与唐诗之路契机，对前锋村的优势分析如下(见图 9-6)：

内部分析 外部分析	优势S 1.村庄区位优势明显 4.生态环境优越 2.交通优势突出 5.农田优质，面积广阔 3.村内部布局规整 6.与周围文化联动发展潜力大	劣势W 1.人口老龄化严重 3.资金投入不足 2.乡村文化底蕴缺失 4.产业发展意识薄弱
机遇O 1.政策机遇 2.后疫情时代国内乡村旅游的机遇 3.大江东工业园发展机遇	SO战略 发挥优势，利用机会 1.利用村庄优势，在政策背景下依靠文化引领发展 2.休闲农业带动旅游业，一产带动三产 3.利用周围工业园发展契机，吸引高端人才入驻 4.依托区位、交通等资源优势，三产反作用带动一产	WO战略 利用机会，克服劣势 1.依托“乡村振兴”、“文化强省”等政策背景，引入资金，发展乡村文化，带动产业发展 2.依托钱塘新区、大江东工业区的腾飞，引入年轻劳动力，优化人口结构
挑战T 1.疫情时代经济发展受阻 2.争夺周边文化资源市场 3.开发建设与生态环境保护 4.乡村发展面临“同质化”严重的基本现状	ST战略 利用优势，回避挑战 1.依托位于“唐诗之路”辐射带的区位优势，打造首例独具特色的唐诗文化引领的田园综合体 2.充分重视和发挥自然生态资源，避免过渡开发 3.依托优势，打造一二三产上的“前峰品牌”	WT战略 减少劣势，避开挑战 1.在规划文化的过程中，以前峰村现实资源为基础，形成“前峰特色”，避免“同质化” 2.在资金有限的基础上，尽可能避免大拆大建，通过增添绿化，打造村庄生态环境

图 9-6　前峰村 SWOT 分析

9.3　设计策划

产业是推动乡村发展的基本动力因素，在习近平总书记提出的以产业振兴为重点的乡村振兴下，乡村发展结合自身资源优势，优化产业结构、提升产业造血能力，针对前峰村这一类农业优势明显的乡村，结合前峰村的实际情况，在挖掘资源的同时，真正切实地将文化资源与自然优势变现，转化为发展的动力，打造农、文、旅深度融合下的经济产业链，为发展助力、为经济赋能。

9.3.1　策划原则

以人为本：农民是乡村振兴的主体，前锋村周边市民是乡村旅游客源。乡村振兴应以人为本，充分服务本村农民和周边地区市民。

生态优先：必须践行绿水青山就是金山银山理念，坚持节约集约利用土地资源的基本国策，保护农田生态系统。倡导低碳绿色旅游，践行人与自然和谐共生的唐诗生态田园理念。

以诗为魂：前峰村位于唐诗之路重要节点，以唐诗为主题塑造前锋诗意休闲农业综合体各节点与功能区，有利于提升前锋文化及其杭州影响力。

文化重塑：整合前峰村农耕文化、围垦文化于唐诗文化之中，营造当代极具生命力的诗意创意农业园，传承优秀唐诗文化，以文化凝聚前峰人气，以文化引领产业创意发展（见图 9-7）。

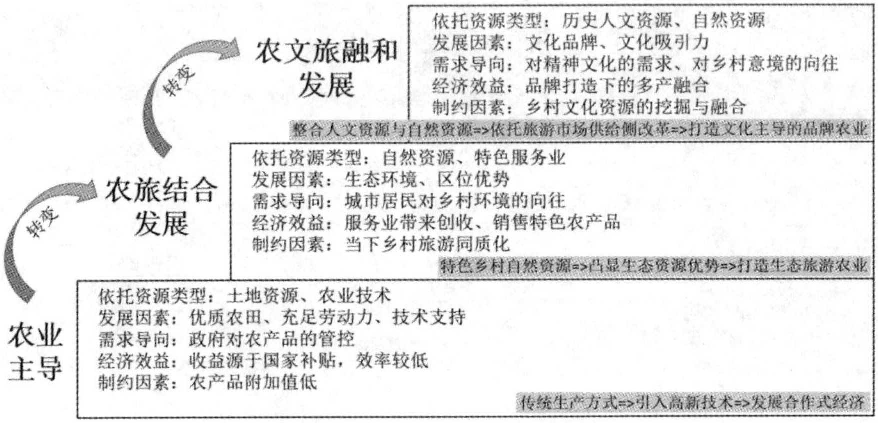

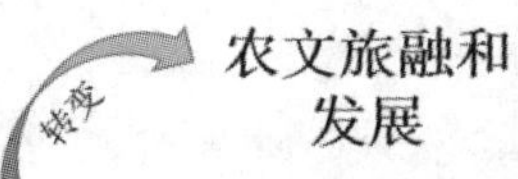

图 9-7　农田资源型乡村产业振兴发展分析框架图

9.3.2　发展定位

综合前峰村自身农耕资源优势与大都市近郊区位优势，整合周边文化优势，以前峰村自身农田优势出发，探索乡村文化指引乡村振兴产业的出路，以唐诗文化为魂，打造大都市近郊诗意田园综合体（见图 9-8）。

唐诗引领
再现诗歌、诗歌运用、文化景观
都市近郊
利用优势、吸引客群、分类打造
田园综合体
亲近自然、农耕研学、沉浸体验
发展定位

图 9-8　发展定位

9.3.3 设计思路(见图 9-9)

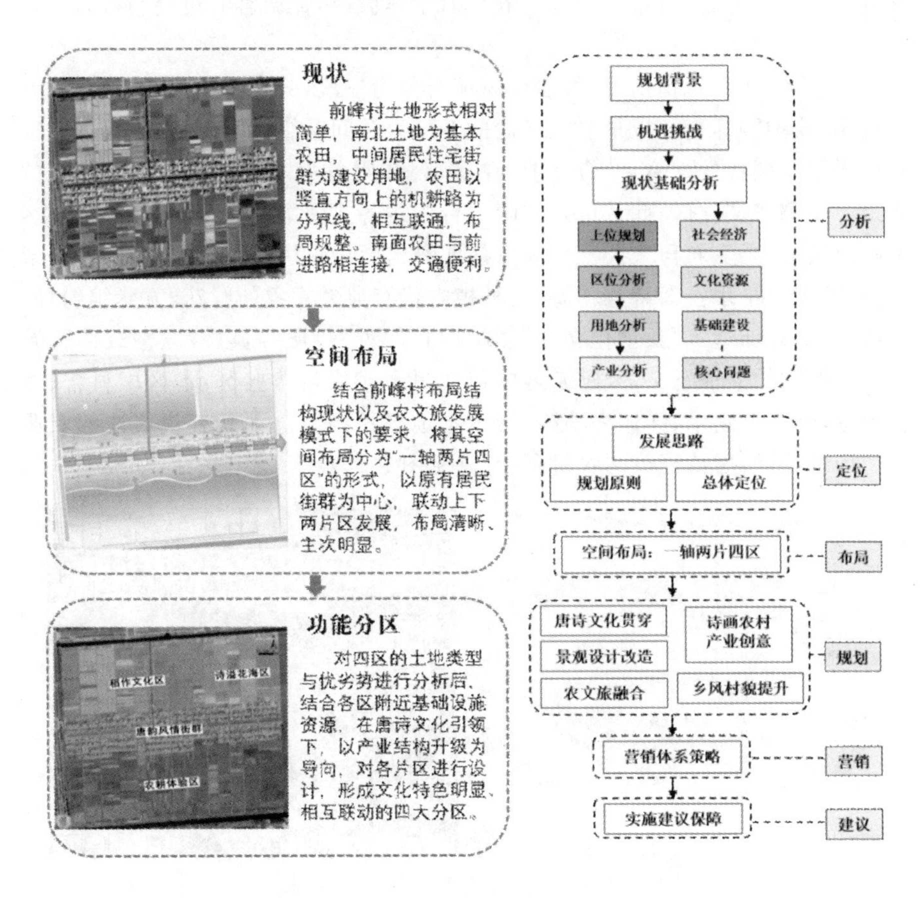

图 9-9 策划逻辑与规划技术路线

9.4 农文旅项目体系

9.4.1 空间布局

一轴:中部沿横湾打造的唐韵风情街,跨越早、中、晚唐三个时间尺度展示唐诗之路的场景和丰富意蕴,同时起到与上下两片进行联动的作用。

两片:教学观光片和农耕体验片。北部打造大规模的彩色稻田和花海景观，辅之以古代生产工具和制度的展览科普与体验；诗歌场景的再现。南部以交互式体验为主题，打造大范围的农耕研学体验区，让游客有机会与大自然亲密交流。

四区：①唐韵风情街群：将唐韵风情街分为三段，分别是春江花月街、开元美食街、淡泊颐养街。以早、中、晚唐的变迁为时间脉络，使得游客在漫步过程中感受整个朝代的兴衰，结合商业，住宿，公共服务为一体的具有唐诗特色的街道。②稻作文化区：此区可以在瞭望台俯瞰各式图案的五彩稻，让城市游客近距离接触、感受农田之美。稻间实体博物馆展出有历代主要农具，供游客亲身体验，寓教于乐。③诗意花海区：种植古代有典型意象的鲜花，五彩缤纷，同时提供"室外课堂"、"数字化交互"、"陪同式解说"等服务，以诗歌为载体为游客科普植物的象征意义，鼓励游客吟诗作赋。④农耕体验区：本区以科普、体验为主，辅之以娱乐、强体之功能，展示本地区不同节气下具有代表性的农业生产场景，重绘唐诗记载的农耕画卷。（见图 9-10）

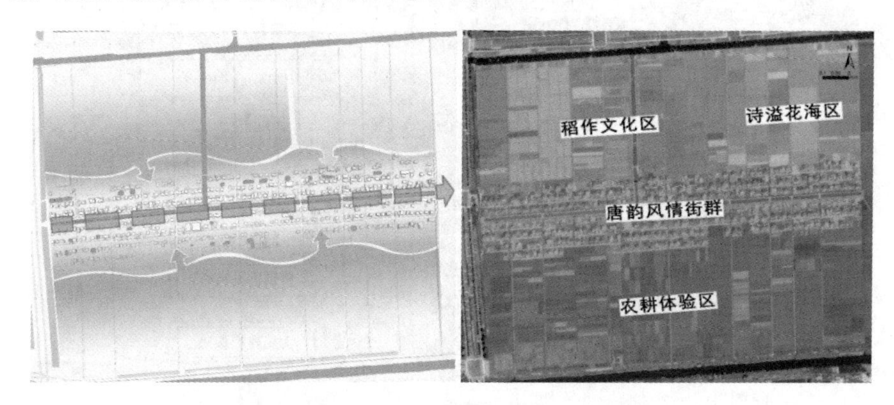

图 9-10　空间布局与功能分区

9.4.2　功能分区设计

结合各大片区特点进行节点设计，在兼顾合理性与统一性的基础上充分考虑到了对村内村组的公平性（见表 9-3）。节点分布既符合各年龄段游客对乡村文化旅游体验的期待，又确保村民的利益分配协调（见图 9-11）。

表 9-3　功能分区:项目与节点

	A 唐韵风情街群	B 教学观光区	C 农耕体验区
项目布局	唐韵风情街、加工片区、民宿片区	稻作文化区、诗意花海区	研学区、蔬果采摘区、菜篮子农业区
重要节点	A1 春江花月街(初唐民俗乐园、文创产品售卖、传统节日再现、员工定时巡演唐诗故事) A2 开元美食街(唐诗之路沿线杭州、绍兴、台州的特色美食、休憩听书亭) A3 淡泊颐养街(书画馆、康养主题银发游、摄影馆) A4 研学加工片区(水稻、玉米、蔬果手工 DIY) A5 特色诗意民宿片区(住宿休憩、烧饭)	B1 彩色稻田(俯瞰大地艺术) B2 农具博物馆(中国历代农具展示及体验、历史科普教育、体会农耕及围垦精神) B3 童趣花海区(种花、以花为原料制作食物) B4 采摘花海区(采摘鲜花、制作干花、插花)	C1 研学区(不同节气不同活动、农作物知识竞赛、数字化农耕教学、驻扎露营) C2 蔬果采摘区(再现唐诗农耕风光、亲子体验、共享厨房) C3 菜篮子农业区(对接城市居民需求)

(1)稻作文化区

通过彩稻的种植来“绘制”农田图案,使游览者于瞭望台处俯瞰彩稻田,观赏大地艺术;按照游览路线顺序,游览者行走在架空于稻田之上的木栈道,漫步于稻田之间,近距离接触水稻,置身于稻海之中,田间木栈道与田边机耕路相连接,田边机耕路及直河河道两侧设置共 7 个节点,在节点处操作农具,使游览者认识自夏商周至围垦年代的农具变迁历史,通过虚拟现实三维建模技术,再现典型耕作方式的耕种场景,结合视频、音频和交互技术展示农具的相关知识,既能以虚拟现实手段模拟生动形象的耕作场景,又能够与参观者产生互动,以逼真的效果向观众介绍耕作文化,播放相关的农耕知识及诗句,同时,结合诗歌中的文字进行了解,仿佛诗人在耳边吟诵,穿越回古代耕作时的场景。

在农具博物馆,可分别在七处节点了解不同时期的农具(见表 9-4)。

第一处节点展示夏商周时期农具。夏商周标志着中国历史的最前端,可展示如承接石器时代的石铲、骨铲、石刀、石镰等农具,以及标志青铜农具登上历史舞台的锸、蠼、铲、犁、镰等农具。

第二处节点可体验春秋战国时期农具。可体验春秋末期出现铁制农具及战国末期出现耒、铺、铧、镢、铲、锄、镰等农田作业工具,如用于灌溉的桔槔、粮食加工的石制园磨。

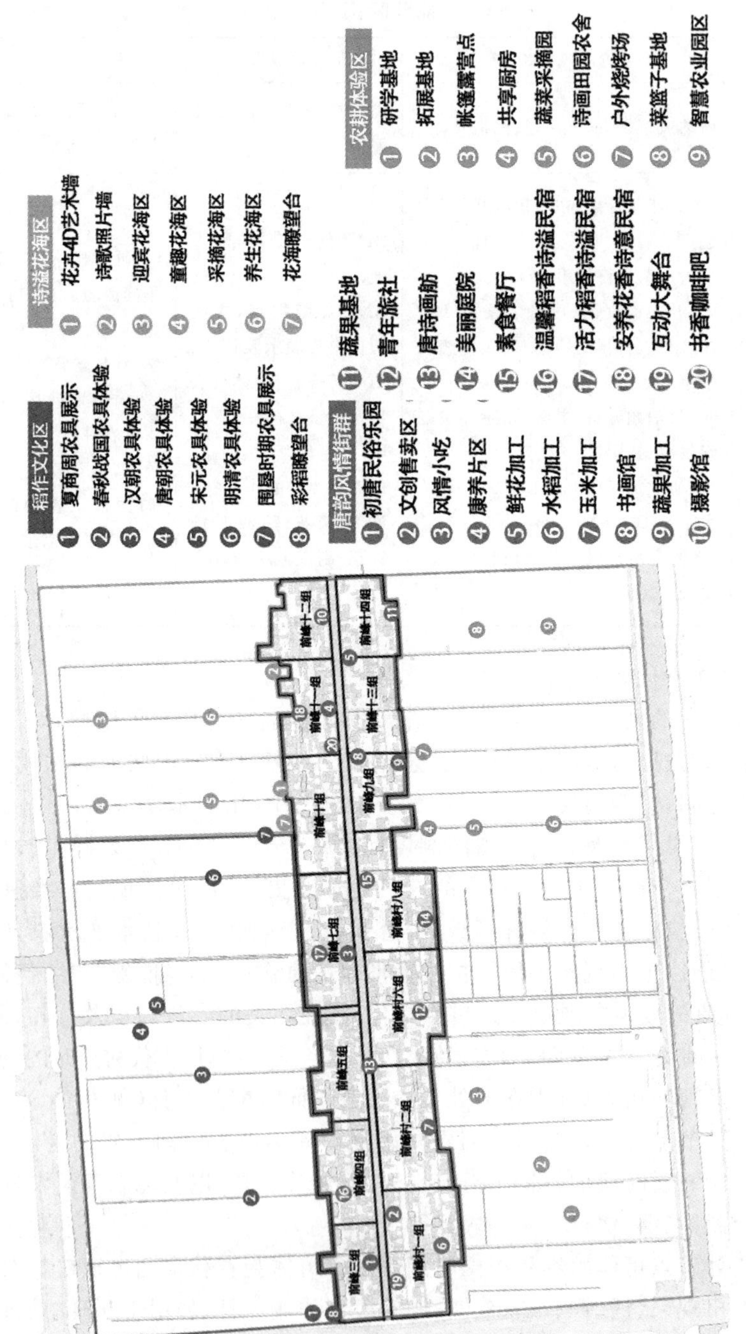

稻作文化区
1 夏商周农具展示
2 春秋战国农具体验
3 汉朝农具体验
4 唐朝农具体验
5 宋元农具体验
6 明清农具体验
7 民国时期农具展示
8 彩稻瞭望台
诗溢花海区
1 花卉4D艺术墙
2 诗歌照片墙
3 迎宾花海区
4 童趣花海区
5 采摘花海区
6 养生花海区
7 花海瞭望台
唐韵风情街群
1 初唐民俗乐园
2 文创售卖区
3 风情小吃
4 康养片区
5 鲜花加工
6 水稻加工
7 玉米加工
8 书画馆
9 蔬果加工
10 摄影馆
11 蔬果基地
12 青年旅社
13 唐诗画舫
14 美丽庭院
15 素食餐厅
16 温馨稻香诗溢民宿
17 活力稻香诗溢民宿
18 安养花香诗意民宿
19 互动大舞台
20 书香咖啡吧
农耕体验区
1 研学基地
2 拓展基地
3 帐篷露营点
4 共享厨房
5 蔬菜采摘园
6 诗画田园农舍
7 户外烧烤场
8 菜篮子基地
9 智慧农业园区

图 9-11 节点设计

第三处节点可体验汉朝农具。汉朝我国农业已进入犁耕阶段,可体验铁制耕犁——耦犁,古代畜力播种机——三脚楼、加工粮米的水碓以及引水灌溉的翻车。

第四处节点可体验唐朝农具。体验节点位于直河西岸,可体验唐朝代表性农具筒车,游览者可通过踏水车学习水车灌溉农田的原理;也可在水磨中放置谷物,体验唐朝碾磨谷物的过程。

第五处节点可体验宋元时期农具。宋元农具体验节点位于直河东岸,可体验宋元时期典型的农事工具,如:比唐朝更为先进的牛转翻车、水转连磨、戽斗等。

第六处节点可体验明清时期农具。明、清两代的农具较之元代没有太大变化,发展比较缓慢,但某些农具仍有改进,可体验如露锄、虫梳等农具。

第七处节点展示围垦时期农具。围垦为前峰村所处地区的人民上世纪 60 年代独具特色的“向潮水夺地”开发利用钱塘江滩涂资源的方式。可展示具有围垦特色的农具,如填江用的船只,沙地特色住宅——“草舍”及现代传统农具。

表 9-4　历代农具及农具诗

朝代	展示/体验农具	相应描述诗句
夏商周	石铲、骨铲、石刀、石镰、铚、馒、犁	“腰镰八九月,俱在束薪中。” “纵有健妇把锄犁,禾生陇亩无东西。”
春秋战国	耒、铺、铧、镢、铲、锄、镰、桔槔、石制园磨	“锄禾日当午,汗滴禾下土。” “沟塍落花尽,耒耜度云回。”
汉朝	三脚楼、水碓、翻车	“耕者忘其犁,锄者忘其锄。” “良马不回鞍,转车不转毂。”
唐朝	筒车、水磨	“水车踏水上宫城,寝殿檐头滴滴鸣。” “玉集胡沙割,犀留圣水磨。”
宋元	牛转翻车、水转连磨、戽斗	“黄昏见客合家喜,月下取鱼戽塘水。” “既如车轮转,又若川虹饮。”
明清	露锄、虫梳	“芒种才过雪不霁,伊犁河外草初肥。”
围垦时期	船只、草舍、现代传统农具	“万里筑坝福地宽,顷刻沧海变良田。沙洲又绿花一片,围垦增收硕果灿。” “伐山凿石倏有声,畚锸纷纷集如蚁。新堤万丈与城延,怒浪狂波争不得。” “辞居草屋住新楼,犹在梦乡修地球。筑坝挑泥醒来后,自身还作老黄牛。”

(2)诗意花海区

功能:诗歌教学、观赏、拍摄、亲近大自然

创意点:将古诗中描写植物的意境呈现在游客面前,在现实与诗歌交织中感受到一花一木的灵气,在诗意中拥抱大自然。同时,花卉具有多种用途,除观赏外,还可提供种植、采摘、制造等服务,形成产业结构转型升级,为游客带来更优的体验感(见表 9-5)。

表 9-5 意向植物一览

品种	象征品质	代表诗人	代表诗句
牡丹花	富贵、国色天香	刘禹锡、罗隐	“唯有牡丹真国色,花开时节动京城”
菊花	品格坚强、气质淡泊	陶渊明、元稹	“不是花中偏爱菊,此花开尽更无花”
莲花	高洁、清雅	周敦颐、温庭筠	“应为洛神波上袜,至今莲蕊有香尘”
杜鹃花	志士报国、意志坚定	白居易、杨万里	“故园三度群花谢,曼倩天涯犹未归”
芍药花	勤劳、淡泊	韩愈、王维	“醉对数丛红芍药,渴尝一盌绿昌明”
蔷薇花	坚韧不屈、积极向上	李商隐、杜牧	“水晶帘动微风起,满架蔷薇一院香”

花卉 4D 艺术墙:在花海右东侧的墙壁上进行花卉诗歌主题的艺术创作,更好地体现花海艺术的结晶与文化。

诗画摄影墙:征集游客于唐诗之路节点上拍摄的还原唐诗意境的摄影作品,以诗歌加照片的形式呈现,展现真实的“诗画浙江”。

迎宾花海区:迎宾花海区通过条状曲线的肌理塑造花海形态,烘托热烈的入口氛围。植物颜色丰富,具有设计感。花海色彩多样,层次丰富。为满足节日等气氛,采用盆栽苗,可举办郁金香展、菊花展、国庆花草展等季节性强、观赏性高的花海展览。

童趣花海区:童趣花海区是专为儿童提供从事园艺植物栽培和装饰活动的场地,让儿童亲手种植花卉园地,如向日葵、芝麻、油菜花等,体验到植物从种植到收获的完整过程,满足儿童的好奇心,体会种植的乐趣。可在童趣花海区开设园艺课程,指导小朋友建造自己的花园,同时可用花朵制作夏日冰激凌,体会吃花、吃冰、吃香草的乐趣。

采摘花海区:采摘花海区提供采摘的空间,选择自播繁衍能力强、花朵鲜艳、保存时间长的鲜花品种可以减少成本,或者也可以制作干花的花卉为主。利用鲜花或者干花为游客提供花艺体验。开发轮作茶田,可以在维护土壤肥力的同时,使人们通过采茶活动体会收获的喜悦。同时玫瑰、茉莉等可制作成花茶,游客可亲自采摘制作。

养生花海区:养生花海区是利用植物的杀菌作用,增强人体免疫能力的功能,当人们在此区域进行呼吸活动时,能够起到辅助治疗的作用。例如,玫瑰、藿香、萱草等,此类植物以蓝色居多,能产生一种静谧安逸的休憩氛围。

花海瞭望台:高约15m,可从高处将两侧的稻田风景尽收眼底,一侧是彩色稻田,另一侧是诗意花海,登上瞭望台,仿佛置身于绚丽的彩虹之上。

(3)唐韵风情街群

“九重宫阙晨霜冷,十里楼台落月明”早中晚唐生活实景再现。唐韵风情街群是规划空间的重要构成要素,也是联动教学观光区和农耕体验区的重要纽带。唐韵风情街群依托特定的诗路文化、农耕文化、围垦文化背景,根据唐代发展阶段——初唐、盛唐和晚唐将主轴商业街分为春江花月街、开元美食街和淡泊颐养街,突出展现文化、旅游、商业服务职能,此外设有加工片区和民宿片区,为游客提供DIY机会与诗香安逸的住宿环境。

春江花月街:功能聚焦民俗体验、商业服务、观看演出,创意点围绕唐代贞观后经济逐渐复苏,百姓安居乐业,民俗娱乐活动丰富繁多。旨在重塑唐代社会风貌,使现代从小有电子产品陪伴的小朋友们重新回到自然怀抱,体会最原始的乐趣。①初唐民俗乐园:采取流动或固定摊铺或就地利用广场的形式,主要面向青少年群体提供初唐趣味民俗体验活动(见表9-6)。②文创售卖区:采取可带、可搭、可用、可看和可想的原则,售卖唐诗明信片、唐诗拼图模型、唐诗标识胶带、唐诗绘本和唐诗纪念笔记本,并且结合附近水稻加工厂制作的水稻编织品,确保价钱合理适中,既能使游客带回心仪的纪念品,又能使当地居民创收。唐诗文创产品,让唐诗文化走出村庄。③互动大舞台:每天定时由员工扮演著名唐代诗人,演出如《慈母吟》(亲情)、《将进酒》(友情)《题都城南庄》(爱情)等经典唐诗故事,帮助游客切身感受唐诗背景故事,增长知识。此外,在节日庆典聘请专业团队演出有代表意义的节目。

表9-6 初唐民俗乐园

名称	面向人群	内容介绍
投壶	儿童青年	胜者可得文创产品或免费纸鸢制作体验
斗草	所有年龄	就地采用落叶、草梗,追寻简单的快乐
荡秋千	儿童青年	既是传统习俗,又深受当今儿童喜爱
镂鸡子	青年成人	于鸡蛋上雕饰花纹,有指导人员教导
赋诗	所有年龄	设置诗歌墙展览优秀作品,定期举行评比
纸鸢乐	亲子家庭	体验纸鸢制作与放飞

开元美食街：功能定位旅游公共服务、商贸娱乐、餐饮休闲；创意点利用沿街改造的店铺，设有浙东唐诗之路沿线特色小吃美食，以大范围的杭州一绍兴一台州美食为主（见表9-7）。盛唐经济繁荣，美食街的热闹场景能够与盛唐相呼应，也与游客放松、饮食需求相衔接。①素食餐厅：突出前峰村蔬菜生产的特色，通过多食用蔬菜、豆制品等素食，倡导健康均衡饮食。②唐诗画舫：在穿过街道的河道中央摆放一支底部固定的画舫，内部以唐代古韵为风格进行设计，两壁挂以琳琅书画供游客观赏。

表9-7　开元美食街项目布局

<table>
<tr><th>活动名称</th><th>具体内容</th><th>用地空间</th><th>配套设施</th><th>管理方式</th></tr>
<tr><td rowspan="3">休闲小吃</td><td>杭州（片儿川、定胜糕、酥油饼、龙井店、茶饮料，可设茶馆）</td><td rowspan="3">原房改造</td><td rowspan="3">空调、油烟机、外立面改造</td><td rowspan="3">商家管理</td></tr>
<tr><td>绍兴（绍兴臭豆腐、茴香豆、新昌芋饺、新昌春饼、嵊州小笼包、嵊州炒年糕、嵊州鸡柳年糕薯条、黄酒奶茶）</td></tr>
<tr><td>台州（泡虾、食饼筒、核桃调蛋、糟羹、温岭嵌糕、桃浆）</td></tr>
<tr><td>凉亭</td><td>饮食休憩，配有免费说书先生</td><td>空地新建</td><td>棚、椅子、水雾喷洒</td><td>村集体管理</td></tr>
<tr><td>公厕</td><td>结合内部唐诗装饰，传播文化风情</td><td>原有利用和新建</td><td>管道系统</td><td>村集体管理</td></tr>
</table>

淡泊颐养街：功能定位康养服务、休闲娱乐，创意点利用沿街改造的店铺，将安居乐业和轻松娱乐的氛围相结合，打造成能让人的身体、心智和精神上都达到自然和谐的状态的一条颐养街，展现"世外桃源"的氛围和唐代诗人司空图诗中"从此当歌唯痛饮，不须经世为闲人"的淡泊心境。创意设计包括书香咖啡吧、康养片区、书画馆，摄影馆，蔬果采摘与体验制酱美丽庭院。①书香咖啡吧：打造书香和咖啡香的氛围，提供安静舒适的优质阅读环境、学习环境以及工作环境。②康养片区：建设太极馆、瑜伽馆、按摩馆、针灸馆、冥想馆和健康饮食馆康养建筑群，通过养颜健体、营养膳食、修身养性、亲近自然等手段，使人在身体、心智和精神上都达到自然和谐的优良状态，成为周边工业园区以及城市中工作族以及老年人的康养圣地。③书画馆：用书画馆来提升此片区的书香浓墨气息，通过展览唐代书法作品和唐代画作，来吸引中小学生以及唐代书画作品爱好者，通过专业老师的教学来辅导体验书画过程，并且展览的书

画可售卖。④摄影馆:通过摄影馆来展现花卉田海之美,可吸引未曾前往观光区的游客,同时可提供约拍写真和婚纱的服务,打造成为展现前峰村各处之美的小型展览馆。在摄影馆开辟摄影墙。首先可以征集在前峰村内拍摄的优秀作品进行展示并给予作者一定奖品,提高前峰村知名度。其次可以征集记录唐诗之路沿线秀美风景的摄影作品,并与相关的唐诗描绘场景对应,体现宣传唐诗之路文化的初衷。⑤蔬果采摘与体验制酱美丽庭院:创意设计聚焦可供游客亲自采摘蔬果并体验制酱过程,如番茄—番茄酱、辣椒—辣椒酱;提供蔬果付费采摘活动;“菜篮子”区直接与附近高薪人才或城市对接,进行蔬果短线销售,提供短时运输服务,打造前峰村优质有机蔬果品牌;剩余蔬果可直接售卖。

(4)农耕体验区

定位“农家早起忙田土,福体耕耘减肉身”唐诗农耕场景再现,主要由研学区、蔬果采摘区、菜篮子农业区组成。

研学区:创意点以诗歌文化和围垦文化相交融之下的农耕文化为时代背景,以诗为骨,以农为体,选取可以充分展示本地区不同节气下具有代表性的农业生产场景(见表9-8)。该区以科普、体验为主,辅以娱乐、强体之功能,力求展示农耕文明的真实画卷及多个时代田园风光的鲜活图景。①研学基地:主要开展时令节气专题研学活动,继承传统文化,体验不同节气下不同的农耕画卷。通过参与播种与收获,增加对农业与农事相关知识的了解,体验施肥、灌溉等劳作活动。同时有村民、导游带领进行相关情景跟讲、作物介绍等环节,并设置二维码均匀分布在旅游线路上,研学区二维码内容为农耕教学,加强互动式体验。其中不同节气可体验的活动如表9-8。②拓展基地:在拓展基地中设置有鱼稻共生园、小型平台、帐篷等构筑物建成的小型手工屋等。孩子们在此处可以体验抓鱼、谷物画、农作物知识竞赛、版画雕刻、纸鸢制作、放纸鸢等丰富的活动,增加知识储备,培养动手能力。③帐篷露营点:在稻田中设置有帐篷,让游客在稻香中、星空下体验别样的田园乐趣。

表9-8 主要节气活动

主要节气	活动
春季(春分、清明、谷雨)	平整田地,稻秆制作,认识秧苗,播种,育苗等
夏季(立夏、芒种、小暑)	灌溉,施肥,病虫害防治,修剪等
秋季(白露、秋分、寒露)	采摘,收割,食品制作,扎稻草人等
冬季(立冬、大寒)	晒干、冷冻、腌制农产品,培育水稻等

蔬果采摘区：功能定位休闲游憩、自然教育，创意点围绕蔬菜采摘区着力打造亲子体验与田园生活相结合，基于古代浙江书画中对田园风光的描摹，以古风古韵为特色，让游客置身前朝，体验农耕田园的生活。针对不同人群的需求类型设计了不同的活动：城市"农夫"：对种菜劳作情结需求——租种菜地，下地亲自种菜；中小学生：自然教育需求"科技示范要求"——示范基地，农业科普；日常游客："农耕体验情结"——农事体验，乡土民俗体验；城市有机健康人群："绿色健康情结"——租地来种，园区管理，成熟配送，延长产业链。蔬果采摘区创意设计是蔬菜采摘园中种植有应季绿色无污染的蔬菜，可供前来体验田园生活的游客自主采摘。游客还能在园内参加蔬菜运动会、品尝时蔬串串烧、鲜果汇等蔬菜新吃法，感受原汁原味的生态菜园范儿。①诗画田园农舍：采用农田认种的模式，其中农田用于租赁给市民，让市民能体验种菜，除草，浇水，采摘等等农民生活，收获新鲜的有机蔬菜，满足城市"农夫"的劳作需求。②共享厨房：进行蔬果采摘的游客可以租赁"共享厨房"，在共享厨房中将新鲜的蔬果进行烹饪，自己下厨，从蔬菜采摘到食物的加工制作一条线贯通。③户外烧烤场：设置共享厨房的东侧，提供自助式户外烧烤，同时位置上的临近性也能加强两块区域的联动。

菜篮子农业区：功能定位在水果蔬菜生产及生态农业观光。创意点围绕菜篮子农业区在景观设计上注重生态，多种植当季蔬果，在一定程度上和周围的农田，房屋的景观协调，充分体现诗歌画卷特征。创意设计包括菜篮子基地、智慧农业园两部分。①菜篮子基地：菜篮子基地面向周围居民、工业区的劳动者以及杭州城区的居民，种植的蔬菜与市民的需求相接轨，以当地居民承包的方式，在满足生计需求的同时尽量满足杭州市民对绿色蔬果的需求。②智慧农业园：用智能温室控制技术、先进的无土栽培种植技术及设备、节水灌溉设施、农业机械设备、自动导航无人驾驶田间管理直升机、采摘机器人等新技术、新机械打造智慧农业园区。

(5)功能分区的产业衍生创意联动逻辑

各分区通过还原唐诗意境、推进唐诗走向大众化的同时，对突破前峰村发展困境发挥着关键作用(见表9-9)，以唐诗文化为主导下，各个分区内部联动，共同推进前峰村产业发展；改善内部基础设施；以及提升当地村风村貌。

表9-9 功能分区总结

功能分区		基础设施	产业发展	村容村貌
观赏游览性生态景观	诗意花海区	改善农地设施、拓展与外界联系路径	多业态农业、副产品加工业、付费知识讲解	丰富村内植被风貌、增添色彩感
教育体验类生产性景观	稻作文化区	提升机械化程度	康养食品品牌打造、手工制作业	传播稻作农耕文化、凝聚村风
	农耕区(研学区)	改善农田肥力、机耕路的修缮	加工制造业联动、扩展农产品品牌影响力	促进与城市游客深度交流、提高村民素质
农业生产类生产景观	农耕区(菜篮子工程)	提升机械化水平	发展有机农业、低碳农业	改善农田风貌、提高村民收入
连接轴	唐韵风情街群	完善当地配套设施建设	发展旅游服务业、优化产业结构	优化街道景观设计、文化活动提高村民文化素养

9.4.3 游览路线设计

两条综合型的线路规划循序整体规划原则,在充分考虑游客行程的协调性,贯穿三大分区。线路中体验与观赏交替,“视、听、嗅、触觉”上多方位感受乡间生态之美与相关诗歌中体现的文化之韵。同时,通过文化的连贯性和其层次的渐进性为游客带来最优体验感。一条以观赏为主的线路更好地体现前峰村特色生态之美,同时在此过程中与诗歌联动,配合相应的诗歌教学或点播讲解,在感受过程中身临其境地品味唐诗之韵,体会自然之美。

(1)稻香文化路线

路线:稻田农具博物馆→水稻/玉米加工→研学基地→拓展基地→帐篷露营点

介绍:以村内原有主要作物水稻为主题,将课堂转移到田园,在彩色水稻的种植中感受大地的艺术,在农事器具的体验中感受农业历史的变迁,在水稻玉米的加工中感受农作物不同于餐桌上的另一面,在水稻与玉米的研学与拓展活动中了解自然和植物生长的规律,思一粥一饭来之不易。

(2)蔬果花香文化路线

路线:诗意花海→鲜花加工区→蔬果加工区→蔬菜采摘区→诗化田园农舍

介绍:基于对景观与区域之间的有机协调与统一,从花卉意境到蔬菜的采摘与加工,在诗歌文化的引导下,首先在身临其境中感受植物的意境与智慧,再到蔬菜采摘体会"田园之乐"。从感受大自然生机、韵律到动手体验;从品味诗歌到"感古人之感",进而实现知行合一。

(3)唐诗品味休闲路线

路线:稻田农具博物馆→诗意花海→樱花跑道→诗韵大唐街

介绍:路线设计在北面的农田,穿过稻田农具博物馆与诗意花海,漫步在栈道中感受乡间别样的缤纷。同时,观光过程中的节点设计与数字化相结合,以二维码、智能播报等形式进行对应意境的诗歌讲解,使得游客在观光过程身临其境地感受唐诗中的韵味。观光过后,游客可经樱花跑道到达唐韵风情街,以时代的角度品味再次品读诗歌。

9.4.4 入口与功能节点创意改造设计

在自然化、生态化的基础上融入唐诗文化内涵,使得景观的呈现更好地展现乡村面貌与文化内涵。此外,根据景观所在的位置对客流、客群需求、功能定位以及与前峰村整体的统一性等多维度角度进行设计与规划,在"以人为本"的前提下实现文化传播、娱乐休闲的最优化。

(1)入口景观设计

入口是呈现给游客的第一印象,通过精心设计打好初次相逢的"基础分"。乡村设计偏向原始化、自然化,在区域范围内本身没有"内"与"外"之分,但经过有意识地组织与设计,通过衔接村外与内部空间,实现场景的过渡与达到缓冲的效果,有助于游客心理的转变。

主入口正门改造:在原有的基础上进行外立面的修饰与设计,牌匾上加入唐诗文化的介绍,使得一开始便在游客心中将前峰村与唐诗文化进行联系、捆绑。

主入口走廊:原有的文化长廊因文化传播效果不佳,成了露天的"地摊菜市场"。在此基础上对其进行改造,融入唐诗故事,汇成一面图文并茂的诗画墙,或是唐诗故事雕塑,以引人入胜的故事引导游客入村,同时引发游客对文化的好奇与探索的热情。

主入口活动设计:在正门入口处进行奏放礼乐,进行表演欢迎宾客。可通过展现竹林七贤、刻画初唐四杰、诗圣、诗仙、诗魔的故事形象，将各诗人的个人特色栩栩如生展示出来，同时有穿汉服的小姐姐配舞，与游客进行沉浸式的演出互动，使游客在入口处就得到视觉、心灵的震撼，对此行印象深刻，难以忘怀。

(2)街道景观设计

街道还原了早、中、晚唐三个时代的风貌，通过景观的打造，体现唐代不同时代的特色，最大程度使游客有清晰、真实的文化体验感，还原真切的唐韵风情。

唐韵风情街景观设计：针对中间部分的唐韵风情街，将以文化为切入点。文化可以展示街道的精神风貌，将唐代文化推陈出新，应用到现代街道景观设计中。对于当地居民，可以提高生活空间质量；对于游客，可以增添景观趣味，带来视觉与情感上的享受。

雕塑群落设计：寓意早唐、中唐街雕塑具有为人熟知的主题，易引起游客共鸣；晚唐街可以向游客科普唐代宗教、天文、医学、数学的伟大成就。雕塑群落与凉亭、广场结合，功能以休憩、观赏为主。早唐街：聚焦初唐四杰、唐代书画大家。中唐街：聚焦趣味唐诗故事、水能载舟亦能覆舟、丝绸之路、仕女雕塑。晚唐街：聚焦唐代四大高僧、关于天文学、医学、数学的雕塑。

街道铺装：街道人性道路主要以米色花岗岩为主，局部采用唐代典型莲花花纹镂刻的石板；雕刻有万国来朝、隋唐运河、开元盛世等历史景观，增加地面的趣味性与观赏性。

河水整治：清洁河水，在河里种满荷花莲花，放几尾小鱼，打造“鱼戏莲叶中”的美丽效果。在河边种植垂柳、梨花等树木，与清澈水面的倒影相映照，打造镜子照衣冠、鉴得失的文化底蕴。

建筑物景观设计：拟对原有街道进行翻修，在尊重现有建筑的基础上增加庄严豪迈的斗拱与飞檐结构，体现出唐代建筑的简洁古朴、庄重大方。园区内建筑物以灰色、土黄色、赭石色为主要色调，对唐风分为起着渲染作用。按街区不同划分为：①早唐——墙体以白色、红色为主要基调，屋顶灰瓦与淡青色瓦片结合。②盛唐——墙体以橙色、红色为主要基调，屋顶灰瓦鎏金，尽显盛唐恢宏气势。③晚唐——灰瓦、白墙、青砖、赭红色门窗与木柱，体现晚唐朴素之意，与康养、医疗、世外桃源结合。

标识导览牌：以赭红、土黄色调为主，与园区色调统一呼应，上面印有莲花、祥云等图案。

9.5 以诗画钱塘前峰产业创意设计

9.5.1 产业链结构设计

依托上述前峰村功能布局，在前峰村原有的一产基础上，发展文旅下的三产，实现农文旅深层次融合。三产旅游服务业为导向，以“吃住行游学购”为导向，延伸产业链价值的同时，吸引、汇集客流。在农文旅融合的基础上，通过唐诗文化内涵提升品牌价值，打造一条以提高农产品价值为主线的核心产业链（见图 9-12）。

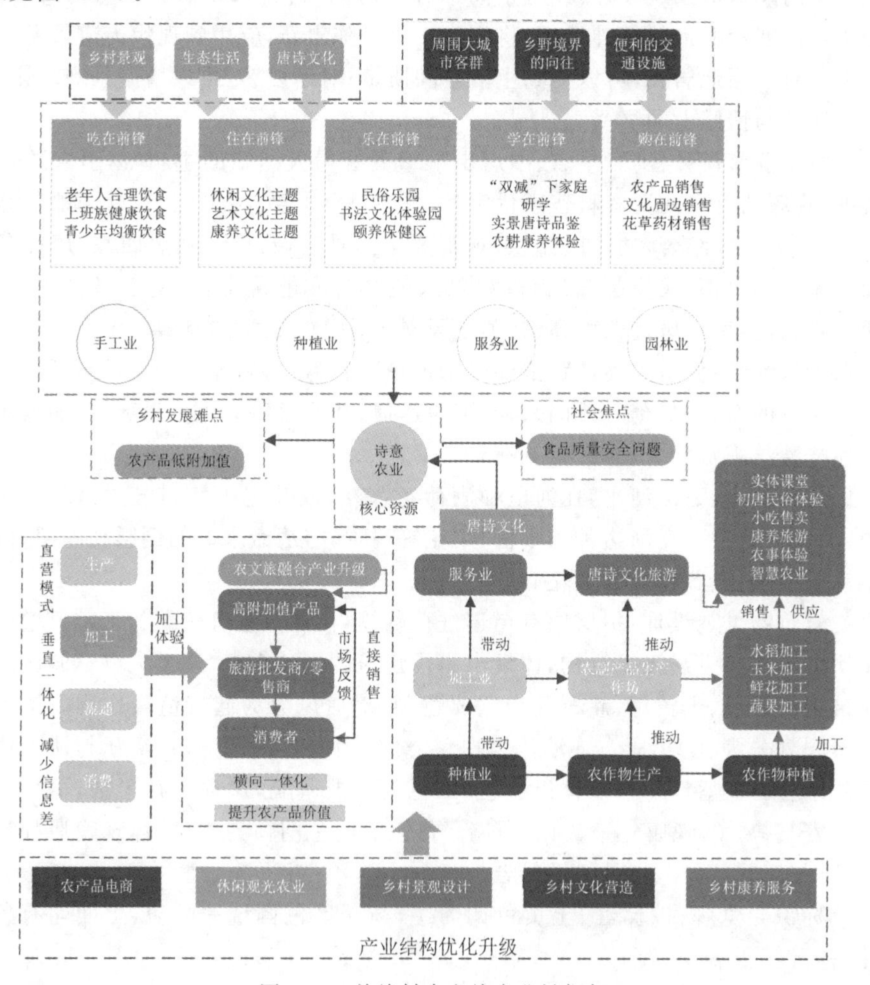

图 9-12 前峰村农文旅产业链框架

9.5.2 关键环节

在产业链结构中,可通过一些重要抓手,为整体赋能。其中以体验式民宿与“月光经济”为产业链中的关键环节,发挥作用的同时更好地强化产业链整体性,打通一条拥有自主造血能力的产业链(见图 9-13)。

(1)体验式精品民宿

以安心休憩为原则,以诗歌为基调,以景观为基础,打造差异化、特色化民宿,提升诗意氛围,同时令游客饱览田海美景。结合“体验式”中强调的个性化服务,民宿打造将针对不同人群类型进行分类:家庭亲子游、青年体验游、老年遁世游,并在此基础上融合环境相关性,结合街道呈现唐代的时代变迁,将分别在对应片区的北部住宅区打造与主题相对应的民宿区(见图 9-14)。

(2)乡村“月光经济”

发展乡村月光经济,将乡村月光经济与唐诗古诗、声光表演和独具特色的农村农田景观相结合,还原古代的田园风光、生活场景和生活氛围,丰富夜间旅游,点亮乡村的夜空,推出乡村夜游新产品、新体验、新场景(见图 9-15)。

文化演绎:利用灯光、音效、投影、巡游等手段,形成独具特色的唐诗故事沉浸式表演、光影秀、花车巡游表演、茶馆讲书等活动项目,让游客在光影效果中观看精彩绝伦的故事、历史表演,收获奇妙的沉浸式文化体验。

旅游观光:乡村所带来的差异化旅游观光体验,独具特色,不同于城市中的夜生活业态,例如夜景横河、唐诗画舫、星空露营(搭帐篷,看星星月亮,听虫鸣鸟语)、焰火秀,使得生活在城市中的居民有机会在璀璨夜光中听取蛙声一片。

9.6 实施建议

新冠肺炎疫情来势汹涌,为旅游业带来不便的同时也提供了不少机遇,前峰村结合自身特点将疫情导致的“天堑”变“通途”。

为迎接“数字化时代”,激活数据要素潜能,浙江省大力推进网络强省建设,组织构建“天空地”一体化数据采数据集系统,打造智慧农业云平台,形成覆盖全省、上下联动、业务协同、信息共享的“三农”大体系,为浙江省农村赋能,全面打造数字经济领军型、创新型地区。前峰村应积极响应号召,发展数字化农业与服务业,与时代同步,在信息高速上驰骋。利用数字化方式营销,

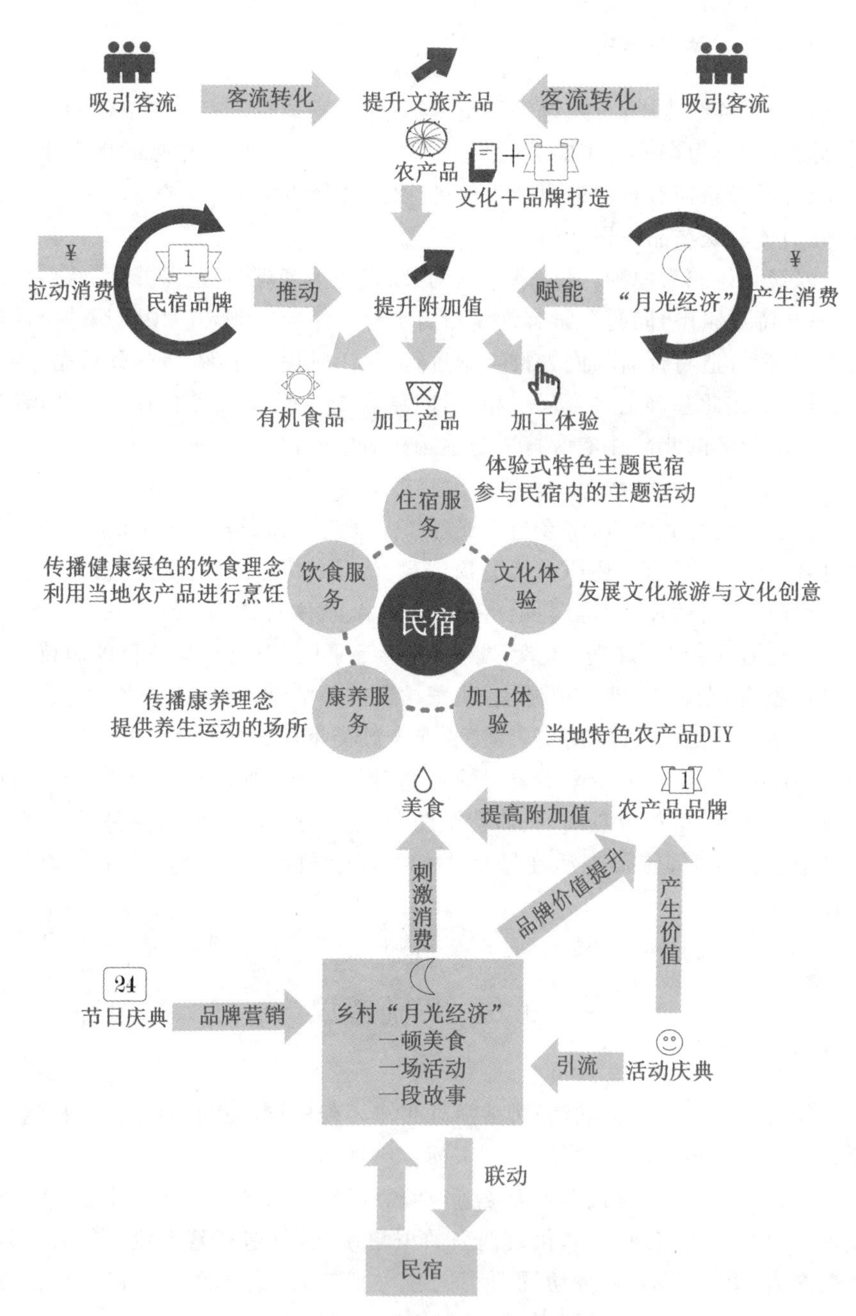

图 9-13　产业链关键环节逻辑构思

- √ 民宿内涵、外观与街群主题一致
- √ 游客可购买、变换不同乡村情境体验

民宿同周边主题一致

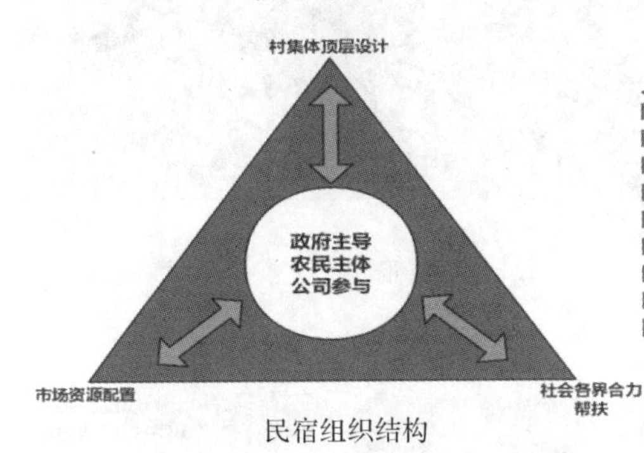

- √ 解决当地危房问题
- √ 改善当地贫困户居住条件
- √ 主客之间人性化互动推进城乡融合发展
- √ 为当地村民带来创收

民宿组织结构

- √ 引入饮食概念，通过味蕾+理念留住游客
- √ 迎合当下社会热点
- √ 发展成乡村旅游亮点
- √ 强化农产品品牌

民宿与饮食相结合

图 9-14　体验式精品民宿设计思路

提升知名度从而吸引游客。

“数字化”营销方式：通过创新生产及建立智慧营销体系的新媒体营销方式，将前峰村推销出去，助力乡村旅游产品的营销。

“数字化”体验产品：在游览过程中，利用“数字化”获得旅游产品的最佳体验，为游客提供便利的同时减少资源的浪费（见图 9-16）。

“数字化”运营整治，通过积累游客数据和旅游产品消费数据，逐步形成自身的移动媒体营销平台，有效疏通并解决由于旅游信息不对称带来的游客进入障碍（见图 9-17）。

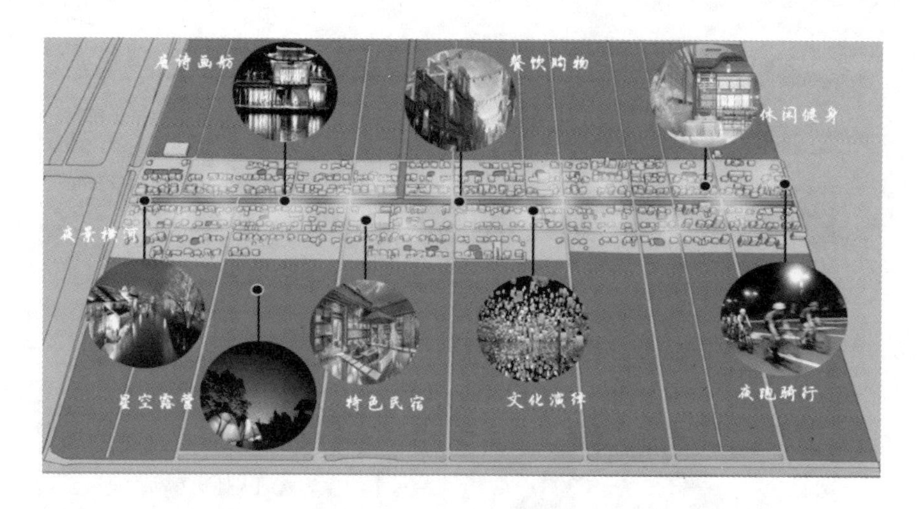

图 9-15 “月光经济”整体布局

图 9-16 数字化体验产品

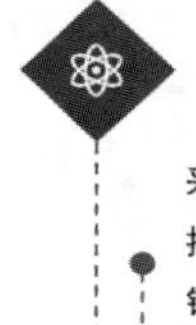

图 9-17 数字化运营整治

前峰村长期的发展必将需要经久不衰的模式及不断创新的成果，结合当下“乡村振兴”的背景及农文旅融合中文化持久的吸引力，牢牢抓住客源市场，实现长久发展。

(1)“乡村振兴”顺时代。浙江省乡村振兴战略的规划方向以城乡融合发展为主线，以建造新时代美丽乡村为目标，努力率先实现农业农村现代化。在乡村振兴政策的推动下，前峰村发展前途一片光明。

（2）“农文旅融合”抓契机。“农文旅融合”为乡村旅游的升级转型提供了契机。通过重拾文化记忆，打造乡村特色文化空间来提高乡村文化辨识度，建立乡村文化创新驱动成了发展乡村旅游的重点。在农文旅融合发展的背景下，前峰村可利用当地资源优势，搭上时代发展的顺风车。

以“农”为本：前峰村农业资源丰富，坐拥大面积农业用地，农业用地规整，边界明晰。基于农文旅融合的发展机遇，可充分发挥当地农业资源最大优势，助力当地经济的发展。

以“文”为轴：前峰村在规划中整合自身资源，抓住机遇，瞄准远、近客源市场，针对不同客群需求，以唐诗文化为主轴贯穿整体规划，打造唐诗文化引导的、灵活顺应时代需求的现代化村庄，打造一条适合前峰村、顺应时代发展的乡村振兴之路。

以“旅”为路：前峰村在规划中融合农耕背景与唐诗文化，利用科技，找寻适合本村发展的特色旅游道路。

（3）“节日庆典模式”梦回大唐，民俗节日是人类文明进化发展的产物，传统节日是中华民族悠久的历史文化的一个重要组成部分，能够延续历史，增强民族凝聚力。规划拟在园区定期举办古代较为重要的特色传统节日，结合诗歌，在现代重绘诗歌中节日庆典热闹风貌，再现其宝贵丰富的文化内涵，在不同层次上展现诗歌文化、凸显前峰特色。同时以节日庆典的活动形式实现多个功能区的有机联动，多方位、高品质地展现前峰村作为文化田园综合体这一特色品牌（见表 9-10）。

表 9-10　节日庆典模式

<table>
<tr><th>节日</th><th>时间</th><th>食物</th><th>活动</th></tr>
<tr><td rowspan="2">元日</td><td>公历 1 月 1 日</td><td>饺子、年糕、鸡蛋、汤饼、糍粑</td><td>燃爆竹、贴桃符、拜年、乞愿</td></tr>
<tr><td colspan="3">爆竹声中一岁除，春风送暖入屠苏。千门万户曈曈日，总把新桃换旧符。</td></tr>
<tr><td rowspan="2">元宵节</td><td>农历正月十五</td><td>元宵，汤圆，饺子，枣糕，油茶</td><td>吃元宵、观灯、猜灯谜、舞狮子、踩高跷</td></tr>
<tr><td colspan="3">去年元夜时，花市灯如昼。月上柳梢头，人约黄昏后。</td></tr>
</table>

续表

节日	时间	食物	活动
天穿节	农历正月二十	饺子、煎饼、西葫芦饼、甜饭	煎饼“补天穿”、甜粄扎针、射箭
	只有人间闲妇女，一枚煎饼补天穿。		
花朝节	农历二月十二	花糕	赏红、庙会、游春扑蝶、挖野菜、灯会
	百花生日是良辰，未到花朝一半春。万紫千红披锦绣，尚劳点缀贺花神。		
春社、秋社	春分、秋分前后	社肉、社饭、社糕、社果	庙会、赛神表演
	鹅湖山下稻粱肥，豚栅鸡栖半掩扉。桑柘影斜春社散，家家扶得醉人归。		
寒食	清明前后	饴糖、寒食粥、青团	禁火、插柳、植树、赏花、咏诗
	春城无处不飞花，寒食东风御柳斜。日暮汉宫传蜡烛，轻烟散入五侯家。		
芒种节	农历四月底	莙荙菜、青梅、鸡蛋、茶	送花神、煮梅、安苗
	水国芒种后，梅天风雨凉。露蚕开晚簇，江燕绕危樯。		
端午节	农历五月初五	粽子、雄黄酒、五黄、打糕	赛龙舟、采草药、挂艾草、斗草、放纸鸢、拴五色丝线辟邪、跳钟馗
	节分端午自谁言，万古传闻为屈原。堪笑楚江空渺渺，不能洗得直臣冤。		
七夕节	农历七月初七	巧果、酥糖、巧巧饭、瓜果	斗巧、祈求姻缘、拜织女、乞巧求艺、看牵牛织女星
	天阶夜色凉如水，卧看牵牛织女星。		
中秋节	农历八月十五	月饼、桂花糕、糍粑、柿子、螃蟹	赏月吟诗、观潮、猜谜、赏桂花、吃月饼、玩花灯、舞火龙
	但愿人长久，千里共婵娟。		
重阳节	农历九月初九	重阳糕、菊花酒	敬老、放纸鸢、赏菊、佩茱萸
	独在异乡为异客，每逢佳节倍思亲。遥知兄弟登高处，遍插茱萸少一人。		
冬至节	公历12月21日至23日	汤圆、饺子、羊肉、红豆糯米饭	祭祖、宴饮、冬酿酒、九九消寒、放鞭炮
	邯郸驿里逢冬至，抱膝灯前影伴身。想得家中夜深坐，还应说着远行人。		

(4)优化前峰村内部治理。前峰村内老龄人口较多，年轻人多外出打工，商户经营点较为分散地分布在村内，针对村庄内部尚可利用的人力资源，解决当地就业的同时发展村庄经济(见图9-18)。

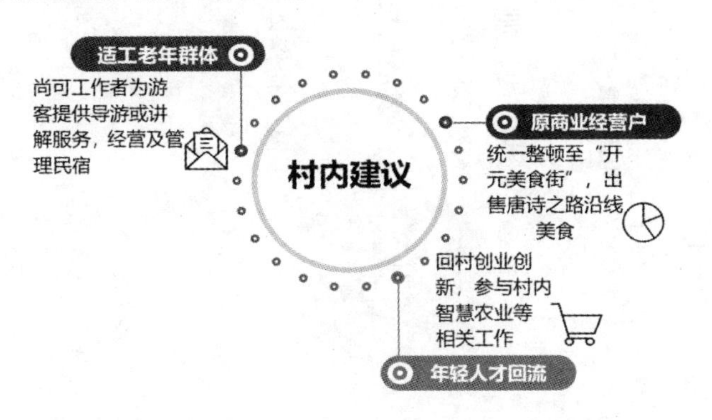

图9-18 内部资源整合发展逻辑

(5)积极争取外部资源。前峰村位于杭州市大江东工业园区中心，省市区级政府已出台各项政策支持“工业旅游”发展。前峰村附近有长安福特、吉利、华东医药、苏泊尔南洋药业、顾家家居、航空航天万亩千亿平台等工业企业及园区，杭州大江东作为杭州老牌工业园区，已积累一定声誉，可谓杭州工业旅游发展的必选之地，若有效整合利用前峰村周边工业资源，与各大工业企业进行联动，可在吸引客源的同时丰富旅游产品。通过政府、企业、协会、旅游公司和驻外机构的推荐活动、进行服务宣传。由前进街道办主办一些与绿色生态、诗歌文化旅游为重点的介绍会，如政府的公众号或者其他进行农业诗歌文化的宣传。与旅行社进行合作，实行套票出售，导购等活动。前峰村和周边景区间要构建共享关联，以上述渠道为媒介，游客要提高双向的流动性，彼此增强互动与体验。合作的模式可以有联合促销，套票销售，战略联盟等(见图9-19)。

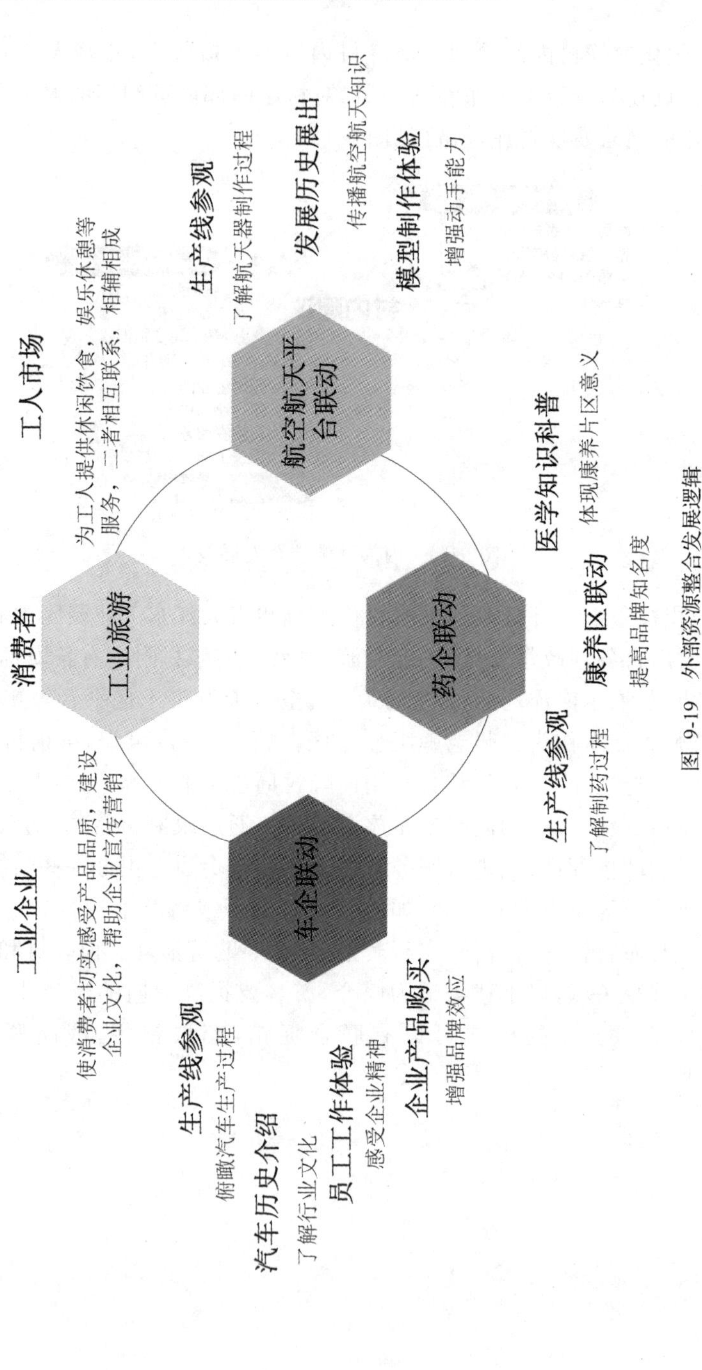

图 9-19 外部资源整合发展逻辑

第 10 章 “山腰胜景·世外桃源”：下外山村民宿产业规划

党的十九大报告把乡村振兴战略列为党和国家未来发展的“七大战略”之一，乡村振兴关系到中国是否能从根本上解决城乡差别、乡村发展不平衡、不充分的问题，也关系到中国整体发展是否均衡，是否能实现城乡统筹、农业一体的可持续发展的问题。在实地调研中剖析乡村发展问题，用热情、智力和技能给出解决方案，助力乡村产业发展，是当代大学生深入社会服务、充分实现自我价值的重要方式。

研究样地选在了台州市临海市括苍镇下外山村，在临海市西部郊区 35 公里处，距甬台温高速公路 20 公里；它位于浙东南第一高峰括苍山的半山腰，海拔 420 米，属中亚热带季风区，昼夜温差大、冬暖夏凉。全村共有三片自然村落形成 7 个村民小组，183 户、578 人，老年人占比 75%以上；全村土地面积约 1280 亩，其中耕地 171 亩、林地面积 1099 亩；下外山村以桃、竹、养蜂、家畜饲养为主要收入来源，伴随地方政府政策扶持，民宿业逐渐成长为村域新兴产业，但是发展过程存在诸多问题亟待解决。

10.1 下外山村基本概况

10.1.1 区位条件

下外山村位于浙东南第一高峰括苍山的半山腰（海拔 420 米）、临海市西部郊区 35 公里处，距括苍山主峰米筛浪（海拔 1382 米）约 30 分钟车程、距甬台温高速公路 20 公里（见图 10-1）。

村口位于前往主峰的张米线（双车道），张米线连接括苍镇与米筛浪。外地游客均可乘坐动车至临海站，转乘 211 路公交车至临海市区，再在客运中心或洪池路口换乘公共汽车到括苍镇前往下外山村。

台州市地图
1∶1 210 000
绍兴市
宁波市
金华市
丽水市
温州市
临海市
下外山村
台州市
黄岩区
椒江区
路桥区
温岭市
玉环市
天台
仙居
三门
东矶列岛
台州列岛
台州湾
图例
临海市地图
1∶510 000
天台县
三门县
仙居县
黄岩区
椒江区
路桥区
临海市
下外山村
括苍镇
白水洋镇
永丰镇
河头镇
汇溪镇
东塍镇
大田街道
古城街道
江南街道
大洋街道
邵家渡街道
汛桥镇
尤溪镇
沿江镇
涌泉镇
小芝镇
杜桥镇
上盘镇
桃渚镇
花桥镇
浦坝港镇
东矶列岛
1∶704 000
图例

图 10-1　下外山村区位

省内自驾游客通常来自三个方向:(1)杭州方向:常台高速(G15W、上三高速)—天台出口下—国道104线(天台-临海)—省道35线(临海-仙居)—在永丰镇根据路标行驶—括苍镇;(2)温州方向:沈海高速(G15、甬台温高速)—临海北出口下—临海大道—临海市区—国道104线(天台-临海)—省道35线(临海-仙居)—在永丰镇根据路标行驶—括苍镇;(3)金华、衢州方向:台金高速(S28)—临海白水洋出口下—括苍镇。

10.1.2 自然资源与社会经济现状

(1)自然资源

下外山村位于台州,属中亚热带季风区,四季分明,夏少酷热,冬无严寒,气候温和湿润。括苍山为灵江水系与瓯江水系分水岭,在临海市与仙居县交界处蟠结成主峰米筛浪,海拔1382.6米,为浙东第一高峰。下外山村位于括苍山山腰的南北走向的山谷西坡,独特地形给下外山村创造了冬暖夏凉的宜人气候,下外山村村口向北开敞,与通往括苍山顶的张米线相邻,给前往括苍山顶的游客创设了自然村落休憩场所(见图10-2)。

下外山村主要经济活动为桃树种植与采摘,栽培桃林400～500亩;其次,下外山村拥有千余亩竹林,除了偶尔挖取毛竹笋外未进行利用。受生态环境保护政策影响,下外山村仅有零星洋葱、蔬菜种植供村民自用。

(2)社会经济

下外山村有187户、人口578人,村民经济收入来源是:(1)水电站分红,下外山村范围建有山塘水电站,每年每户村民有5万左右的水电站分红;(2)高山蜜桃售卖,下外山村有桃园400～500亩,每亩可产2000多斤桃子,主要销售方式为网上销售、村民自发售卖和外来人员收购,其中外来收购在桃子未成熟时1.5元/斤,成熟时5～6元/斤;(3)其他(民宿、蜂蜜、毛竹笋),毛竹笋零售价较低,有十多户村民养殖并出售蜂蜜,零售价80元/斤,年收入约3万元。

10.1.3 下外山村民宿开发现状

下外山村于2017年开始创建民宿村,建有游客接待中心,现有特色民宿13家,可同时接待游客134人,并提供300余个餐位,设施配备较好(见表10-1)。

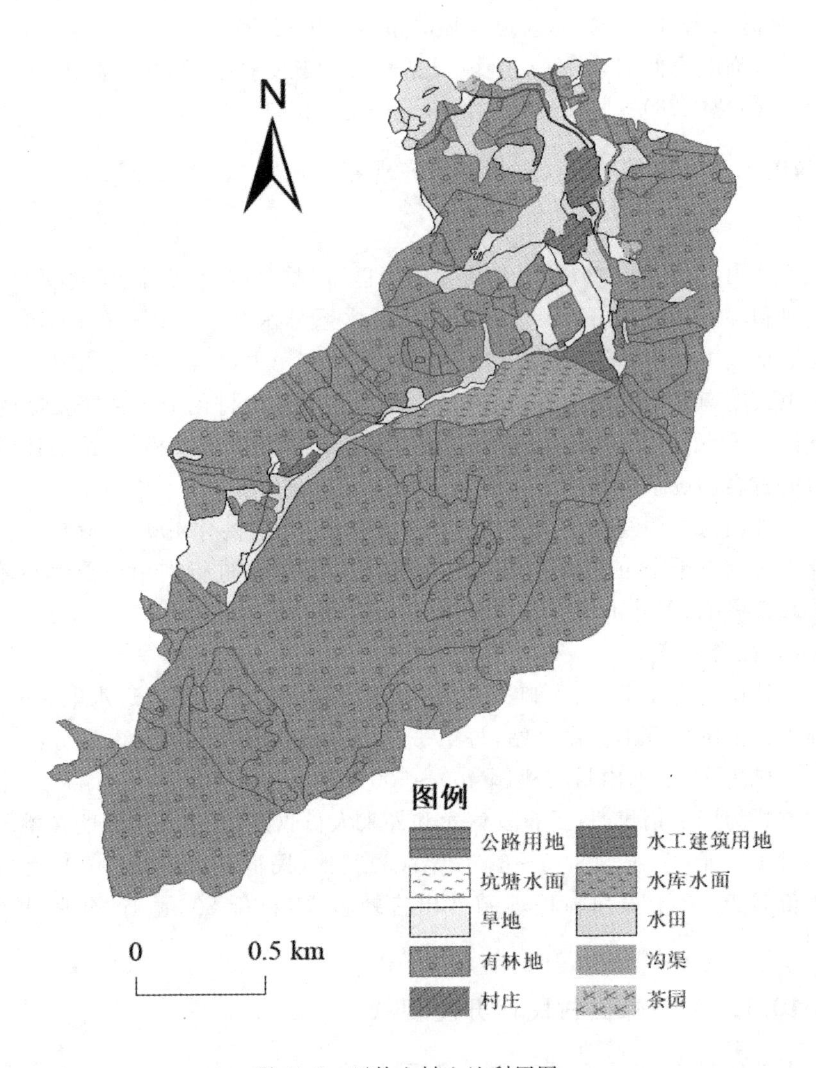

图 10-2　下外山村土地利用图

表 10-1 下外山村民宿现状

民宿编号	民宿名称	设施与服务					
括苍山居 1	松豆小院	201	202	203	301	302	含棋牌、洗衣机、主机游戏服务，三楼公共阳台
		大床房	双人标间	套间	双人标间	套间	
括苍山居 2	山山来迟	101	201	202	203	204	含棋牌、洗衣机服务
		双人标间	双人标间	双人标间	双人标间	双人标间	
括苍山居 3	途家民宿	/	/	/	/	/	/
		/	/	/	/	/	
括苍山居 4	德来民宿	/	/	/	/	/	/
		/	/	/	/	/	
括苍山居 5	顺程民宿	101	102	201	202	203	含棋牌、付费洗衣机服务
		双人标间	双人标间	双人标间	双人标间	双人标间	
括苍山居 6	云景人家	201	202	203	205	206	二楼公共阳台，庭院双人秋千，洗衣机、冰柜、棋牌服务，附早餐
		大床房	家庭房	大床房	双人间	双人间	
		301	302	303	304	305	
		大床房	家庭房	大床房	双人间	双人间	
括苍山居 7	益养民宿	101	201	202	203	204	含棋牌服务，附早餐
		双人间	双人标间	双人标间	双人标间	双人标间	
括苍山居 8	云上人家	101	201	202	203	204	含棋牌服务，附早餐
		双人间	双人间	双人间	双人间	双人间	
括苍山居 9	乡聚民宿	201	202	301	302	303	含洗衣机、烘干机及棋牌服务
		大床房	家庭房	家庭房	家庭房	双人标间	
括苍山居 10	桃玉民宿	101	201	202	203	204	含棋牌、洗衣机服务
		双人标间	双人标间	双人标间	双人标间	双人标间	
括苍山居 11	陌野小院	/	/	/	/	/	/
		/	/	/	/	/	
括苍山居 12	樟树小院	201	202	203	301	302	含棋牌、洗衣机、微波炉服务，三楼公共阳台
		双人标间	双人间	双人间	大床房	大床房 *	
括苍山居 13	三荣民宿	101	102	201	202	203	含棋牌服务
		双人标间	双人标间	双人标间	双人标间	双人间	

村口位于贯穿括苍山的张米线，建有小型停车场(30个车位)，交通便利；村口农家乐提供丰富的当地土菜，主要道路都安装了路灯，互联网络全面覆盖。下外山村保有岩门石头拱桥、古庙及石质房屋，400多亩的高山蜜露桃园，纳入临海市括苍山蜜露桃果蔬采摘旅游基地；后山存在大量天然毛竹林，负氧离子含量高、空气质量好、生态环境优越。

10.2 下外山村民宿发展基础

10.2.1 下外山村发展民宿旅游SWOT分析

(1)下外山村发展民宿旅游的优势

从整体价格水平上看，下外山村民宿符合大众的收费标准，简单地道的食宿满足顾客接待的任务。独特的民宿样式，即下外山村民宿具有特色的石质外墙，民宿建筑同当地景色相辅相成、融合一体，游客可体验当地的真实生活。民宿经营者具有亲和力，经营者为当地村民，多为自家房屋改建而成，对房间的布置具有人文舒适的特色。同时，民宿经营者有足够的精力同游客沟通交流，充当导游介绍自然人文景观和风土人情。下外山村民宿以特有产业为基础，例如高山蜜露桃生产销售的产业链成为吸引游客的一大特色，直接推进下外山村民宿的建设。中转站点，下外山村位于括苍山的半山腰(海拔420米)，括苍镇至米筛浪的中段，具有一定的位置优势。

(2)下外山村发展民宿旅游的劣势

资本难以投入，下外山村民宿价格偏低，以平价民宿和自然风光为卖点，开发难度较大，现利润难以吸引大笔投资的入驻。民宿房间数量限制，民宿以村民房屋改建，多数的容纳人数在10人左右，且各个民宿位置较为分散，难以与旅游团协调沟通达成长期合作。基础产业过多，下外山村产业包含水电站、高山蜜桃、蜂蜜、毛竹笋，在适应性上比起专精某一产业的竞争对手存在劣势。周边项目缺乏，吸引力较低，正因位于括苍山中段，游客通常选择山下括苍镇或是山顶日出，下外山村客源较少。

(3)下外山村发展民宿旅游的机会

浙江省、台州市的政策支持，包括但不限于浙江全省范围内“农家乐”及民宿星级的评选、《台州市2015年“农家乐”休闲旅游业工作方案》、台州市“农家乐”特色村5年倍增计划、《浙江省旅游条例》、《台州市2018年“农家乐”提升发展工作实施意见》等。政策鼓励利用自有住宅或者其他条件兴办民宿贴合下外山村实情，有利于利用政策快速发展。

(4)下外山村发展民宿旅游的威胁

竞争压力的增大，越来越多的特色村的建立会在很大程度上分去大量的客源；高档类的民宿所具有的竞争力会打压同类型平价民宿的生存空间。逐渐完善的民宿法律体系限制，台州市政府大力发展民宿经济，在全国统一的法律法规之下通过地方立法初步建立民宿立法体系。通过合理的方式和实际情况，制定符合民宿行业发展市场标准的规范性文件，树立民宿行业发展的依据。使得下外山村的各类开发项目的周期延长，成本上升。

10.2.2 发展民宿旅游的基本原则

(1)传统民居再利用

调研发现，下外山村传统石建民居保存程度较为完好，部分建筑内部装修现代化，但依然保留着石头外墙、木门等传统山村民居显著特征，与周围自然环境的融合度极高，且生动地反映了下外山村的人地关系，具有比较高的保护及再利用价值，可改造成民宿进行再利用。但由于建造历史悠久，一些石建民居存在一定安全隐患，只有经过一定程度的修缮才能接待游客；此外，经济条件较好、不经常性居住在村里、观念较为开放的村民才有可能加入到民宿产业中，经济条件有限、住房紧张、传统意识较强的村民很难将自己家的民居用作民宿。

(2)合理规划土地资源

下外山村的 80%土地都为农业用地，其中耕地和林地占比最大，在一定程度上限制了村内道路的宽度和发展民宿所需基础设施的建设。受当地耕地保护制度和生态保护原则影响，耕地面积难以发生较大改动，但竹林地占比过大，且经济价值不高，可在不破坏耕地的基础上，将一部分林地转为建设用地，用作民宿用地，如建设停车场、用作网络基建和民宿特色活动场所等。

(3)优化农业结构

下外山村依旧保留着传统经济结构，大部分村民从事农业，其中桃树种植业是村内的支柱产业，是下外山村村民经济收入的重要来源之一，此外还存在养蜂业、家禽饲养业如饲养鸡鸭鹅等副业。村民的农事活动几乎全是围绕种植桃树展开的，因此可以在桃树种植业的基础上，将“桃”作为本村特色，打造桃品牌、桃文化，以此带动相关产业发展，如赏桃花、鲜果采摘、成品加工(桃蜜、桃花酒、桃胶等)、“桃”主题旅游等。而林业由于毛竹林产出的林产品较为单调，仅毛竹笋一样，因此可以适当削弱林业。

10.2.3 旅游资源与客源市场

(1)旅游资源

下外山村距离括苍山主峰米筛浪（海拔1382米），车程约30分钟左右。海拔420米，昼夜温差大，冬暖夏凉。山林秀美，峭壁林立，瀑布淙淙，竹林和果园漫山遍野，四季气候宜人，山高林茂，不仅具有夏无酷暑，凉爽宜人的森林小气候，高大葱郁的树林和林中的植物精气更使公园成为了空气清新、环境清幽的洗肺静心之地。目前村内缺乏具有特色的旅游景点，难以吸引游客。

村庄所在的括苍山是浙江名山之一，山势雄拔陡绝，峰峦叠嶂。山上长年云雾缭绕，盘山公路自白云深处旋绕而下，胜似锦带飘舞与碧海、蓝天相映，正是"身缠丝绢半遮脸，娇娜异常惹人爱"的一派山海奇观。括苍山建有中国四大风电场之一的括苍山风电场，错落有致的风机，绚丽的自然景观交相辉映，形成一道壮观亮丽的风景线。因相对海拔高度居世界各风电场之首而闻名。边上的九台沟风景，有鬼斧神工之美，两岸悬崖峭壁，奇峰挺拔、瀑布飞扬，涧深水清。

运用原国家旅游局（文化与旅游部）制定的《旅游资源分类、调查与评价》（GB/T 18972－2003），从地文景观、水域风光、生物景观、天象与气候景观、遗址遗迹、建筑与设施、旅游商品、人文活动这8个角度对括苍山景区的主要景点进行梳理，分为8大类，16个亚类（见表10-2）。

表10-2 括苍山主要景点梳理

主类	亚类	景点
A地文景观	AA综合自然旅游地	九台沟、绝顶览胜
	AB沉积与构造	插剑岩、九台岩石群、渔叟岩、帆岩
	AC地质地貌过程形迹	象鼻山、象鼻岩、象鼻洞
B水域风光	BA河段	永安溪风光
	BB天然湖泊与池沼	象鼻潭、石盖龙潭
C生物景观	CA树木	森林公园
D天象与气候景观	DA光现象	跑马坪
	DB天气与气候现象	米筛浪
E遗址遗迹	EB社会经济文化活动遗址遗迹	仙人基、道场基、道人寮、九洞之谜

续表

F建筑与设施	FA综合人文旅游地	高山风力发电场、世纪坛、曙光碑、王字古街、古宅、黄石坦
	FC景观建筑与附属型建筑	摩崖石刻
	FE归葬地	王士琦墓
	FG水工建筑	谷溪岙水库、方溪水库
G旅游商品	GA地方旅游商品	高山蜜露桃、刀具
H人文活动	HC民间习俗	柴古唐斯括苍越野赛
	HD现代节庆	桃花节

总体上,括苍山景区旅游资源丰富,但位于括苍山山腰的下外山村旅游资源仍缺乏开发,缺乏自己特色的民宿旅游休闲产业。目前下外山村以村庄全域景区化为目标,大力发展特色农业,精品民食民宿,美丽乡村旅游等产业,打造名副其实的“桃之乡”。

(2)目标客源市场

基础市场:以临海市及周边县市区客源为基础市场。

一级目标市场:台州及其周边县市区客源为一级客源市场。

二级目标市场:以杭州、宁波、温州、金华等地区为主的浙江省内核心客源市场和以上海、苏州、无锡、南京等地区为主的长三角地区重点客源市场。

三级目标市场:以福建、江西、安徽、广东等邻近的省份为主的国内拓展市场。

近期以基础、一级目标市场为主,不断增强一级市场,大力开拓二级市场,发展重点为本省和长三角地区及邻近各省的大中城市;远期在一、二级市场占有的基础上发展三级目标市场。

(3)客源市场人群定位

城市休闲健身人群:以临海市及周边县市居民休闲健身为主要客源市场。

家庭自助旅游客群:节假日以自驾车方式出行的近程家庭亲子旅游市场。以台州市周边区域为主的家庭周末度假为主要客源市场。

青少年学生:以15～30岁为主的学生、社会青年到大自然中去探寻和体验的科普市场,以台州市为主及其周边地区为主要客源市场。

户外运动爱好者:以浙江省,上海、苏州、无锡、南京等长三角地区为主的户外运动爱好者为主要客源市场。

疗休养人群：以浙江省内休闲、疗养为目的的疗休养人群作为主要客源市场。

10.2.4 发展民宿的问题与难点

(1)缺乏配套基础设施

下外山村民宿周边的基础设施十分落后，民宿周围道路狭窄且杂乱，以石头路为主，私家车或大巴难以进入；停车等公共设施建设缺乏，仅村口存在一个公共停车场，且停车位有限；网络覆盖范围有限，网络信号较弱且不稳定；公共厕所及垃圾桶数量少；消防设施如火灾自动报警系统及室内消火栓等较为缺乏，存在很大的消防、治安等不安全、不稳定隐患。

民宿作为一个集群性非常强的产业，本应在同一区域共享基础设施，降低民宿经营成本和消费单价。但是下外山村的民宿配套公共设施不健全，个体民宿配套基础设施水平参差不齐。

(2)经营者自身经营水平不高

下外山村的大多数民宿是将自家闲置民房装修好未经过统一培训便开门迎客，经营知识和能力有限，在民宿经营中暴露出许多问题，如民宿定价模糊，未设定标准价位；民宿基本处于"无监管"状态，房主大多居住在山下的括苍镇上，只有客人入住时才会上山，未设置前台、咨询处等设施，缺少住宿登记等规范手续，且服务意识薄弱，客人大多需自行解决用餐、驱蚊等入住后可能产生的问题，民宿居住舒适度体验感较差；大多数民宿经营靠的是通过干部电话联系接收客人，鲜少入驻网上民宿平台，缺乏经营自主性、积极性。

(3)缺乏规范化、统一化管理

与国内大多数乡村旅游民宿相同，下外山村民宿管理也存在主管部门缺失和相关法律法规尚未落实的问题，民宿产品发展难以进行有效监管，民宿的服务质量也就难以得到保证。且村内民宿几乎都是村民自立门户经营，在定价、外观形态、装修风格、配套基础设施、服务质量等各方面均存在差异，而一家民宿最多提供十个床位，各家接待能力有限但合作意识薄弱，经营松散，民宿数量的不断增长也导致各家入住率和收益率都出现下降，彼此间存在恶性竞争关系，统一化管理面临阻碍，难以形成规模效应。

(4)同质化现象严重，缺乏地方特色

自政策下达以后，下外山村民跟风装修改造民房用作民宿的现象比较常见，但由于装修经费有限、房主审美意识不够、缺乏独特经营理念等各种主客观原因,导致了下外山村的民宿具有感觉类似、无明显地方特色的共同特征,同质化现象严重,整体太过于普通,缺少创新性和区域整体民宿规划设计,未有效结合下外山村的自然环境与人文历史等。且民宿的市场定位模糊,没有针对老年人、年轻游客等不同年龄层段的消费群体进行市场细分来制定民宿内部每个房间的装修风格以及因地制宜地去规划房屋建筑、创意活动等,所有民宿都存在食宿简单、缺乏乡村特色与文化内涵的弊病,核心吸引力缺失。

(5)游客需求有限,民宿市场狭小

下外山村处在括苍山上三分之一处的位置,大部分游客会选择越过下外山村,直接去知名度更高的括苍山顶观景,少有人会选择在中途停留休憩,因此下外山村除举办“高山蜜桃节”、桃花盛开的特殊时节能够接收一定数量的游客以外,整体数量稀少,有的民宿甚至在装修以后从来没开过张,整体市场较为惨淡,甚至面临亏损、关闭的窘境。

(6)村内桃园未经过统一化旅游开发

下外山村的桃园和竹林没有经过系统的开发,桃园的田坎没有专门化地为游客考虑,无法支持游客在桃园驻足旅游观光;下外山村的竹林只有稀疏小路供村民采摘竹笋时行走,没有建立游览观光通道,行走不便。

10.3 村域民宿总体规划

10.3.1 基本理念

坚持“绿水青山就是金山银山”根本发展理念,以“两美”浙江为总体战略方针,按照美丽乡村建设“四美、三宜”具体要求,积极对接台州市实施乡村振兴战略的第一个五年规划,深入挖掘村庄特色资源,以全新的资源观、时空观、产业观为核心理念,将地域内自然人文资源整理、整合、重建,赋予空间以地方情怀,全力打造下外山村民宿旅游体系,塑造山地养生休闲娱乐型特色民宿游特色村落。深入实施乡村振兴战略,着力打造生产美、生态美、精神美、治理美、生活美的“五美乡村”。

突出桃园特色原则:下外山村发展应充分发挥自身优势,顺山姿,依水势,深层次地挖掘当地的文化资源,开发特色线路和项目,使其具有地方特色,与周边不同类型的景区形成互补关系。下外山村全村用地面积 1270 亩,其中耕地面积 171 亩,山林面积 1099 亩,森林覆盖率 86%,种有 400 多亩的高山蜜露桃，利用桃林景观与民宿相结合，打造“桃花源”休闲特色民宿，促进农业产业链延伸带动村民增收与农村发展。

加强周边联动原则：打破地域定式思维，将下外山村当前单调的旅游景点与括苍山其他景点相互串联、相互协作，打造一条下外山村特色民宿旅游路线，实现共享客源、共享市场、互动发展。

挖掘资源潜力原则：深度挖掘下外山村山林资源、水域资源、田园风貌、乡风民俗等生产、生态、生活景观。充分利用乡村建设用地、闲置宅基地、闲置农房资源，开发建设乡村特色民宿。实现旅游者对观光、休闲、度假、康养、研学、文化体验等多样化需求。

坚持可持续发展原则：下外山村发展应以自然景观为基础，保护当地自然生态环境、自然物种、水体资源及文化景观等，保证居民原有的自然生活环境不受到较大的干扰，及保持游客优质的游憩体验。要坚持科学发展观，要以保护自然资源为前提，把开发活动严格控制在生态承载力范围内，进行适度开发，把对生态环境的影响减少到最低程度，使村庄实现真正的可持续发展。

10.3.2 主题目标定位

通过对下外山村的桃园推广、竹林开发和民宿改造，致力把下外山村打造成一个以“亲子×休闲×游学”为主题的民宿旅游村(见图 10-3)。

亲子：下外山村位于浙东南第一高峰括苍山米筛浪的半山腰，有着良好的附近景区带动优势和客源地辐射作用，潜在客源丰富。下外山村拥有特色桃林产业，通过统筹开发等手段，实现“桃林×亲子”等特色旅游产业的形成，完成“经济作物桃林”和“休闲娱乐桃林”分割，扩大下外山村本身具有的“桃林”优势带来的效益，形成新的“亲子旅游区”。

休闲：下外山村位于括苍山腰的山谷区，气候冬暖夏凉适合休闲度假。且下外山村拥有大面积的未开发竹林，通过旅游策划可以开发以“竹林养生休闲”为主题的特色民宿，实现“返璞竹林，休闲清心”的对民宿特色的塑造；通过在休闲娱乐方面的开发，扩大下外山村的定位，使其从“依托桃林”发展为“以桃林为核心，各方特色并行发展”，打造出新型的品牌效应，吸引更多的游客。

游学：下外山村大面积的桃林可以通过开发引导，与山下学校合作，开发“桃花源记游学”活动，让学生在村中感受陶渊明文中那种世外桃源的风景，并且通过这种方式扩大宣传，打响下外山村的品牌。

10.3.3 功能分区

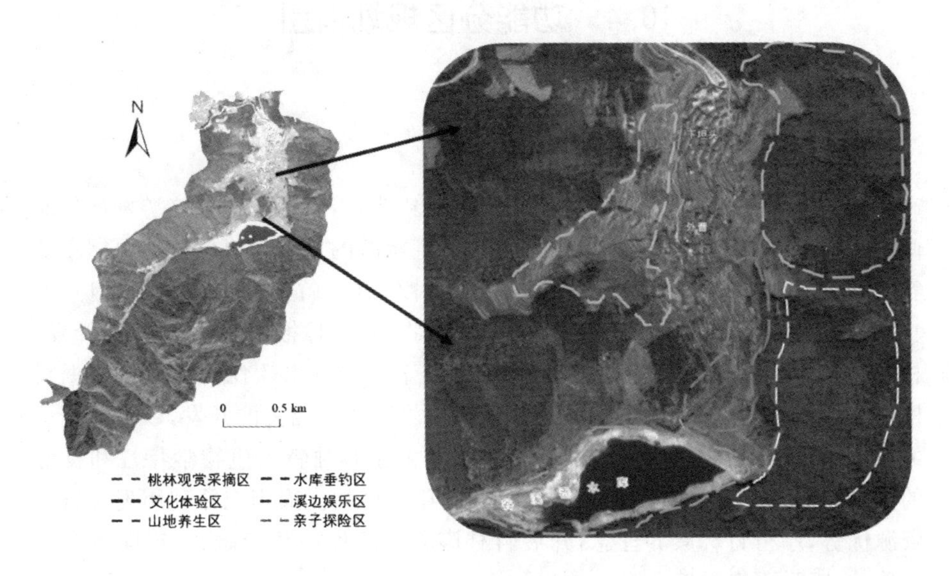

图 10-3 下外山村功能分区

10.3.4 分区指引

下外山村民宿发展与开发应该充分利用自然生态条件与社会人文条件。多角度开发可以使下外山村的优势从不同方面发挥,达到自然与人文相融合又相分离的特点,而优势面广更有利于吸引不同游客受体,满足不同人所需要的消费产品,扩大消费人群。

因此以对下外山村的特色合理布局为目的,将下外山村以不同特色元素进行空间布局,将它划分为六个模块。分别为:山地养生区、亲子探险区、溪边娱乐区、桃林观赏采摘区、文化体验区、水库垂钓区。六个模块相分离,但也有相互交错的地方,共同组成下外山村这个民宿旅游村,构建起不同文化相融合的风采。

10.4 功能分区规划指引

10.4.1 山地养生区

现状：养生旅游作为旅游发展中的一种新业态，已成为世界旅游发展的时尚潮流与新趋势。山地养生旅游是中国养生旅游的重要组成部分。根据小队实际调研发现，在下外山村的东侧，有一大片竹林。竹林占地面积大，但是毛竹价格较低，若进行砍伐需耗费巨大的人力物力，而且报酬极低；若进行开发，村委会尚未有明确的开发策略，因此一直处于未开发未砍伐的状态。根据村民意愿的调查，大部分村民同意对其进行与旅游产业相关的开发，以获得更多的收入。竹类植物是重要的森林植物资源，由于其独特的生物学特性和良好的生态效益，被誉为21世纪最具潜力和希望的植物。应当充分利用现有竹林资源优势，厚植竹林康养理念，开展竹林康养环境保健功能研究，定向培育康养竹林，吸引更多游客。

功能定位：修身养性、陶冶情操、平静内心、疗养自身、感受竹林慢生活。

发展策略：当前竹林以大众观光旅游为主，旅游产品陈旧单一，带动作用有限。将竹林旅游转型寄托于生态养生概念，充分利用下外山村的竹林资源，可实现观光旅游向休闲、度假、养生旅游的转变。其特点以竹生态环境为本底、为依托，以生态物质和生态服务为消费对象，开发生态旅游的多种形式，科学合理地规划管理竹林资源，促进当地竹产业、养生旅游业的发展。

养生文化与旅游资源禀赋是山地养生旅游发展的源动力。括苍山为道教名山，森林公园同时还拥有"天险西关障，峰峦气象雄"的仙人基、道场基、仙人潭等道教历史遗迹，著名道教思想家、药物学家陶弘景，曾于括苍山腹地黄家寮村大楼旗结庐炼丹、采药著书，他当年栖息过的"灯坛观"遗迹，院基残垣及炼丹台犹存，葛洪、徐来勤、王方平等道教名宿均曾驻足括苍山。森林公园内流传着大量和道教文化有关的传说，道教文化源远流长。古朴幽深的云峰证道寺拥有2600多年的历史，历史悠久，钟灵毓秀，有王士性、陈函辉等历史名人。在森林公园内留下了王士性古道、陈函辉墓等人文历史遗迹。森林公园人文历史璀璨，受修行修心养生及道家"道法自然"修道养生思想的延续与渗透影响，再与高远宽阔、幽静清秀与雄奇妩媚的竹林山地旅游环境相嵌合，不但能有效提升山地养生旅游的内涵、趣味、生机和活力，而且自然也能吸引包括香客、信徒在内的众多养生旅游者,同时对弘扬生态文化、推进生态文明具有重要的宣传和教育意义。

下外山村将对东侧闲置的竹林山进行开发,按照计划规划出不同的区域,在各个区域中设置相对应的养生活动项目,并且建造一些相对应的设施。游客可以自主选择自己喜欢的活动进行参加,可以在竹林中禅修抄经书使自己的内心平静下来,也可以进行茶艺下棋瑜伽等休闲活动,还可以进行一些药浴按摩等理疗活动,从而满足游客的精神需求,达到修身养性、疗养自身的目的。

(1)竹文化景观资源

食笋、竹制日常生活器物、竹制生产工具、竹建筑、竹制交通设施和工具、竹制书写用具、竹制工艺品、竹制乐器等是中国竹文化景观的八个方面,这些均可与养生项目结合。

例如,笋在中国自古被当作“菜中珍品”,中医认为笋味甘、微寒,无毒,具有低脂肪、低糖、多纤维的特点,食用笋不仅能促进肠道蠕动,帮助消化,并有预防大肠癌的功效。养生学家认为,竹林丛生之地的人们多长寿,且极少患高血压,这与经常吃笋有一定关系。

据下外山村村民介绍下外山村的毛竹笋味道鲜美,价格实惠,但由于没有统一的标准和出售条件,再加上挖笋会消耗大量的劳动力,导致下外山村竹林的竹笋开发并不乐观。计划通过整体规划开发,把“笋”当作下外山村本地菜的一大特色,还可以开发出冬季组织游客挖冬笋的活动。

(2)竹文化符号资源

竹文化符号作为养生资源,是将这些符号与心理养生相结合,感染熏陶游客,灵魂净化和提升。竹宗教、竹文学、竹绘画、竹人格是中国竹文化符号的四大组成部分。历代文人墨客常以竹来象征与表现虚心、高洁、耿直、坚贞、思念等情志和思想。中国的画竹艺术始于唐朝,从北宋文同、苏轼到清朝郑板桥均为画竹大家,至今竹绘画作品仍层出不穷。在此基础上,在山地养生区可以展开临摹书帖,书画创作等项目:下外山村负责收集大量诗词作品的摹本,出售毛笔等工具由游客来临摹;也可以参考“DIY 工作室”的形式,提供画具由游客自主发挥,进行创作。将整个竹林规划分为禅修区、休闲区、理疗区。

禅修区的主要活动有竹林修禅、竹林抄经书以及竹林太极拳,在这个区域可以建造一些亭子或者玻璃房屋,放置一些蒲团,用以禅修;还可以建造一些林中高台,在俯瞰竹林的同时修炼太极拳,营造出意境。

休闲区的主要活动有茶艺、下棋、瑜伽,在这个区域可以建造一些亭子,摆上桌子,让游客体验茶艺文化,也可以下下象棋,练练瑜伽,在安静的竹林中陶冶情操。

理疗区的主要活动有山泉药浴、理疗按摩等活动，在这个区域可以建造一些药浴理疗房或者室外露天药浴池，配合林中静谧的氛围，可以平静人的内心，让自己的生活慢下来，好好享受当下。此外，建造人工湖、人工河流，将此地打造成一个集竹、林、山、水于一体的户外养生区。

10.4.2 亲子探险区

现状：下外山村周边有较多自然旅游资源，如括苍山、香炉岩、天柱岩等，北面即为括苍镇城区，交通极为便利，可以说处于括苍镇旅游经济发展中心位置。丰富的旅游资源、临海市的文化底蕴、便利的交通都是下外山村吸引力的关键组成。但是目前下外山村尚未发展亲子探险项目，更多的是散客康养或旅游团住宿，村内旅游资源处于初步开发阶段，尚待投资方和村干部的决策规划。

功能定位：优美的农牧业、林业环境为户外提供了舒适的场所，下外山村是最适合营建户外项目的地点。因此划分亲子探险区，为亲子市场、户外探险市场提供充分供应，打造环境宜人、体验丰富的乡村运动旅游地。同时建设台州地区最大的真人CS基地，为长期缺乏运动的都市游客提供可以探索自我，挖掘自然的机会。

发展策略：亲子探险区位于下外山村的东南方向，以杜家山、下外山水库作为支撑点，适合开发亲子探险项目。选择原生态自然条件较好、绿色景观优美的地块作为亲子探险主题的开发用地，对宅基和部分山体进行适度改造，结合乡土植物的设计，充分满足家庭观光、休闲、娱乐的多重需求。有自然气息十足的动物交互，有适合团建的真人CS，也有观光效果良好的亲水观景平台。家庭游客可以休息与娱乐相结合，田园教室将游客与大自然交汇在一起，实现人与自然的和谐相处。

(1)萌宠乐园

农业养殖与休闲娱乐相结合，开发萌宠乐园，萌宠乐园主要以牛、羊、猪、马、鸡等动物为代表，既生态环保可持续，又能给游客带来田园野趣。用木质的结构来设计一些饲养小动物的屋舍，如猪舍、鸭舍、羊舍等，游客可以亲自参与喂食，与动物亲近，参与到农村的生产生活中，体验农业生产的乐趣。

(2)水库垂钓

在下外山水库设置景观河水岸。水岸上种植草坪进行绿化，铺设石材，增加行走的空间。水岸两侧设计亲水栈道，使水岸不仅可以满足停靠船只的功能，还可以方便游客行走游玩，欣赏风景。充分利用村子的地形地貌，设计出高低起伏的水岸变化，并设置景观节点，设计悬挑出水面的亲水平台，加入休闲与休息功能，并添加休息平台与景观座椅，方便游客在游玩和垂钓的过程中休息和交谈。

(3)迷宫探险

建造儿童探险乐园，以设置关卡过关的方式运行。首先穿过一排长长的树洞，在松树之间打造多个森林小木屋。更为精彩的是边上的一片树林，可以称为探险区，设置各种难度、各种高度的探险路线，都是架设在树与树之间。最低的有 1.5 米左右，高的 4 米以上。

最低难度的是黄色区域路线，供 1.2 米以下孩子单独过，以培养孩子勇于挑战的勇气和信心，训练孩子独立面对困难，解决问题的能力，并增强手脚协调能力。有穿过圆筒的，有穿过木板的，还有各种各样秋千。蓝色的线路则为亲子线，适合父母中的一员和孩子共同完成，适合 1.2 米以上人群。这个难度比黄色区域的难度要大一些。

粉红色区域是巅峰线，适合身高 1.5 米以上的人群，高空挑战，巅峰体验。离地的高度 3 米左右，各种挡起来连贯的设施之间距离更长，更考验胆量。难度最高的是红色区域，一块牌子上说明，适合 1.6 米以上高度的男子，挑战自身的胆量、勇气以及身体协调能力，要求具备足够的体力和耐力，在户外拓展基地中锤炼自己的意志力。

10.4.3 溪边娱乐区

现状：下外山村整村被小溪贯穿，溪水从水库发源，水深较浅，水质清澈，顺着山势蜿蜒而下，且岸边溪石遍布，与溪上古桥一起构成古朴山村风光。但沿溪旅游资源暂未得到开发利用，尚未成立溪边娱乐区，故不能满足下外山村民宿旅游发展的需要。

功能定位：根据括苍山风景区和下外山村的实际情况，规划将该区打造为以休闲娱乐度假为主要功能的溪边娱乐区，是人们体验户外生活、享受乡村山水风光、休闲娱乐的极佳生态旅游地。

发展策略：区内地域特征、休闲娱乐功能定位，本区功能分区确定为野外趣“食”、野外趣“住”两个方面。

(1)野外趣“食”

提供地方特色野炊食材或让游客自带食材，通过自行搭建石灶台、拾柴、自助烧烤等活动，体验生火、做饭等一系列野外烹饪的乐趣。

(2)野外趣“住”

在溪边地势稍高且平坦处设置“推荐露营点”指示牌,提供户外露营设施、指导服务,设置几个固定露营点或让游客自行搭建帐篷,体验户外野营的乐趣。

10.4.4 桃林观赏采摘区

现状分析:下外山村位于采摘观光农业的初级阶段,当地农户没有明显的市场意识,只是对前来采摘的游客随机接待,其主要收入依靠农产品外出销售获得。活动场地限于农田,在空间上呈分散状态;没有过多的市场拓展行为,靠口头宣传或在地头、路边竖立招牌进行宣传,仅从2019年开始尝试使用直播进行线上推广;缺少配套的接待服务,接待者仅限于土地经营者,村内仅有村口一家农家乐,少量低端民宿;收费方式灵活多变;在配套设备方面仅限于提供采摘工具;常在每年6～7月开展采摘旅游活动采摘品种仅为高山蜜露桃,趣味性弱。此外,可到达性问题、卫生问题、环境问题、景点信息不足问题、标准化食宿、游乐设施不健全问题等等,都极大地影响着游览活动的质量、出游率、重游率。

功能定位:以农民所拥有的桃园、农田等自然资源为特色,让游客在园内摘果、赏花,享受田园乐趣,同时以满足城市居民追求绿色,缓解压力,放松心情为目的,给游客以奇、异、野、土、尝、购等吸引力,并拥有观赏、参与、科考、休闲、健身、求知等多种旅游功能。

(1)完善产品模式,促进多元发展

更新生产技术设施:村内桃树等农作物需要完善各种生产技术设施,引进科技含量较高的生产技术。合理施用农药与化肥,监控病虫害,推广生物防治等无害化技术,打造绿色品牌。

建立健全的栽培管理体系:对村内的瓜果品种进行季节性规划,特别是在“五一”、“十一”等重要假期,都应有相应的瓜果品种成熟供游客采摘。在3月份重点打造桃花节,赏桃花,品美酒;在7月初重点打造“高山蜜露桃节”,吸引临海市、台州市、宁波市等地居民前来采摘新鲜蜜桃。此外,每个季度可设立采摘主题,根据当季的种植规模与其作物特色命名,打造自身特色。

(2)完善基础设施,提升服务品质

完善交通设施:针对现阶段交通通达性弱等问题,与政府合作,成立临海市区一括苍山顶的摆渡车,下外山村为中间停靠站点,既解决村内交通不便利问题,又可吸引外来游客。在村内扩建停车场。现阶段村内泊位仅有二十余个,且位于村口。泊位少,旅游热季停车难,扩建停车位是村内当前迫切需要解决的问题。

观赏采摘集团化:随着采摘游客数量的增加,当地农户应逐渐树立并强化市场意识,增强接待游客的主动性。与投资商合作,进一步完善观赏采摘的活动内容、接待服务、市场营销及配套设施等。当地政府机构作为引导者,应重视当地交通、水、电、排污等配套设施建设,作为目的地营销组织外出宣传,进行旅游资源整合方面的合作谈判,以促进当地经济整体发展。

(3)联合其余规划项目,丰富采摘旅游内涵

联合村内的山地养生区、亲子探险区、溪边娱乐区、文化体验区,打造下外山村旅游综合体,丰富旅游项目,深化旅游体验。

(4)多渠道宣传推广,形成品牌效应

举办采摘节活动:举办采摘节等活动,通过公众媒体进行多角度的宣传。“季季有活动,月月有主题”吸引更多外市游客前来游玩。

互联网+采摘旅游的模式:通过村内自行组建微信公众号,按作物成熟时间对其进行推广采摘;通过短视频方式,将蜜露桃从开花到采摘过程予以展示,体现绿色无公害种植过程,提高作物知名度;同时,通过直播带货,将高山蜜露桃以销售到更远的地方,扩大品牌知名度。

与旅行社合作开发采摘旅游线路:当基础设施完善成为采摘观光综合体后,可与临海的旅游商共同开发旅游线路,借助旅行社资源,打通一条新的推广路径。

与旅行社合作开展研学旅游:研学旅游是近几年来热门的旅游模式,采摘园与旅行社设计研学旅游线路,带动采摘旅游的发展。

10.5 民宿内部提升及周边优化策略

10.5.1 民宿类型目标定位

下外山村民俗的目标定位为休闲漫游型民宿,依托括苍山,打造集户外休闲、观光游览功能于一体的生态休闲旅游区。

(1)多主题民宿

功能定位:以中高端游客为主要服务目标。下外山村住宿区由竹林休闲主题民宿、亲子主题民宿等不同主题的独立院落式住宅构成,并配以基本的服

务设施,区域内进行统一的景观规划,将住客区与过客区相分开,保证私密性与安全性。

(2)精品民宿

功能定位:服务功能以住宿为主,主要服务于广域客源地游客。保留场地特色,突出自然野趣。内部装饰既要突出传统的乡土性和趣味性,有自己的特色又要满足现代居住的舒适感。

10.5.2 策划内容

(1)自助式农家乐设计

现状:根据小队实地调研发现,下外山村现有营业农家乐仅一家,位于下外山村口,途家民宿楼下,经营者为顺呈民宿的老板。因村内大部分民宿经营者现已不居住于村庄内,所以不能提供餐饮服务,给民宿旅游游客带来了较大的麻烦。据调查询问得知该农家乐的食材获取大部分均来自村内种植的作物和饲养的动物。

功能定位:感受田园生活、解决餐饮问题

规划思路:民宿推出"春种、夏耕、秋收、钓鱼、喂养、果园采摘"等活动,让游客感受"住农家院、吃农家饭、品农家情、干农家活"的生活体验。从村内谷溪岙水库及民宿主人的菜园、果园获得食物来源,自己烹饪食物,感受田园生活乐趣。全部人性化的自助式农家乐能让一家都欢乐地共同寓乐于做饭,享受慢节奏生活,回归家庭,让年轻人在玩乐中锻炼了自我的生活能力。

规划内容:民宿经营者需要提供全套的厨具以及烹饪佐料,同时还需要准备相关的饲料及渔具,在菜园中尽量种植不同的作物,使得游客在大部分时间段内均可以在菜园内获得所需的绿色食材。准备相关的种植打理工具,让游客体验田园种植生活,丰富生活能力。且需要对民宿所有的果园和菜园定时打理,为旅游提供一个优质的采摘体验环境。若经营者已不居住于村中,可在上山清洁民宿时顺便对果园、菜园进行打理或直接雇佣相关工作人员进行管理。

(2)农家乐环境设施优化

规划思路:对农家乐的大环境景观的规划要符合文化原则、功能原则、经济原则、美观原则、可持续发展原则。

文化原则:农家乐内部环境应当符合当地文化特征,具有"桃源"文化特点,使农家乐让游客体验到不一样的风土人情,感受浓郁的农家文化。加强农家乐的文化打造,有利于传承、发展地方特色文化与提高乡村的社会价值。

功能原则:农家乐应具备两方面功能:解决游客就餐问题和让游客感受美丽的自然或田园风光,从而获得身心放松、愉悦精神。所以,农家乐食品的口感、游客的喜爱程度和农家乐周围及内部环境就十分重要,需要给游客一种舒适感。

经济原则:因为农家乐经营者也为村内居民,在经济方面不能提供较大的支持,所以大环境的改造应尽可能减少不必要的成本,提高资源的利用率。

美观原则:美丽优越的就餐环境能给游客一种特殊的享受,提高就餐欲望,所以农家乐大环境改造需要创造其美学价值,通过打造空间的视觉效果来表达空间的意境,满足人们对于精神思想层面的需求。

可持续发展原则:美丽的自然风光是农家乐的优势,良好的乡村生态环境是农家乐可持续发展的首要条件。对农家乐的大环境改造需要遵循可持续发展原则,保护村内及整个括苍山的生态环境,通过设计将农家乐同自然环境之间建立起合理的生态联系。

规划内容:因为下外山村民宿规划以“世外桃源”休闲为主题,所以农家乐大环境景观也需要符合“桃源”主题。可从植物景观元素、水景文化元素、建筑景观元素、基础设施景观元素对农家乐的大环境景观进行改造。

植物景观元素:因为下外山村民宿为“桃源”主题,所以可以在农家乐外围放置一些桃元素作物,来营造氛围,种植方式以自然式种植为主,丰富植物层次,并在室外餐饮空间中点植景观树;在农家乐内部也可以放置一些假树,美化农家乐用餐环境,提高游客的舒适度。

水景文化元素:在合理的占用空间资源的情况下,在农家乐内外部均可购置一些假山和小型水利观赏设施,结合农家传统取水方式或传统农具等文化元素进行设计。跌水可营造声音景观,营造小桥流水人家的氛围。

建筑景观元素:农家乐的房屋可在保留当地特色建筑的基础上进行创新,室内可将风景好的方向进行漏景,拓宽视野,室外可做视线无阻碍的开敞空间或部分围合的半开敞空间。室内外色彩应与灯光相协调。同时,也可在原有建筑的基础上,增加一些古色古香的田园建筑风格,室外的水泥墙可用古墙来装饰,展现特殊的古典风格。

基础设施景观元素:垃圾桶、用餐的桌椅等设施是体现文化主题必不可少的媒介,具有能体现出“古代桃源”的风格,垃圾桶、用餐的桌椅等可采用古典的木制样式,突出原始的古典风格,在室内餐桌周边的屏风可改用具有文化元素的古墙隔开。

10.5.3 民宿基础设施完善

民宿内部基础设施完善：通过对下外山村13家民宿进行调查后发现，大多民宿基础设施较为落后，例如洗衣机等日常家用电器缺失，缺乏一些必要的娱乐设施。民宿经营者需要加大一些投入，完善民宿内部的基础设施和娱乐设施，让游客在民宿居住时感受到便利性和愉悦感，增加内部装修的美观感，提升游客的舒适度。

交通线路完善：首先，村内道路硬化、美化应摆在首位，城市人来乡村选择民宿住宿追求的是高质量地贴近自然的生活，规划在原有道路的基础上进行精细化、专门化改造，将村内未规划改造的泥泞路改造为鹅卵石路，保证道路能顺利通到经营民宿的每家每户，形成特色旅游观光线路，并且在通往水库路径的两边木制增添篱笆护栏，增加道路的安全性和观赏性，村内未经硬化的土路和泥泞路必定会影响顾客的行车体验，进而影响整体消费体验和再次入住的概率；其次，对于村外的张米线道路（现有入村道路），村集体可向上级申请审批专项贷款或拨款，在离村不远的一段道路上进行特色开发，可在离村更近的位置安排专门的游客咨询点；在政府允许的情况下，可在镇内沿线路灯上悬挂本村民宿的宣传海报。

道路标识的完善：下外山村路标较少，游客在村内游玩时难以寻找到具体方向。规划在村内主要路口布局各个民宿和具体旅游景点的指向标，方便游客寻找路线。

夜间灯光完善：下外山村村内路灯较少，全村到夜晚基本是一片漆黑，无法给游客足够的安全感，游客在夜间无法外出玩耍。规划在下外山村主要道路上安装路灯，可在水库、竹林等休闲路线上的植物或护栏上安装装饰彩灯，美化道路景观，也可在靠近村内的部分桃林桃树上安装彩灯修饰，修饰下外山村夜间景色，增加游客夜间游玩的兴趣。

卫生环境完善：在下外山村民宿旅游仍处于参与阶段，村内民宿旅游逐渐变得有规律，本地居民开始为游客提供一些简便的设施。虽然村内环境较好，空气清新，但污染略微有些严重。下外山村民宿经营者缺乏环境保护意识，在环境建设方面也并不是特别注重，虽然当地政府提供了较多的垃圾桶等垃圾处理设施，但由于群众素质不高，政府部门监管不到位等因素，民宿经营者并不主动对生活垃圾进行及时正确地处理，村内生活垃圾随处丢放的现象随处可见。可规划在下外山村主要交通线上增加木制垃圾桶的数量，实行分包制，让村民主动承包距离自己家比较近的垃圾桶，定期或随时清理，村里给予相应的补助。同时提高村民素质,养成环保意识,减少垃圾产生量,少用塑料袋,这些塑料垃圾在农村占了很大比例。

消防设施完善:消防设施也是下外山村民宿的一大问题。下外山村民宿大部分均是在原有居民的旧房屋的基础上进行内部装修改造的房屋,有较多房屋内部装饰以木制为主,存在较大的消防安全隐患。虽然大部分民宿都符合政策要求配备了家用灭火器,但数量不能达到一间一个的水平,同时相关机构对民宿的消防措施的检查力度不足和民宿经营者消防意识不足也导致其在消防安全方面存在较大弊端。应对消防安全问题,需要对民宿经营者进行消防安全知识培训,对各家民宿进行消防安全检查,排除一些危险设备,增加民宿内灭火器等消防设施的数量。

10.5.4 民宿农产品购物体系

下外山村目前的主要经济收入为水电站分红和高山蜜露桃售卖。通过对民宿的开发,预计把民宿收入扩大为下外山村的主要收入,再通过民宿发展的连带发展作用推销下外山村高山蜜露桃、桃胶、蜂蜜等特色资源,并实现特色产品拓展。

(1)桃花酿

桃花酿有活血行瘀,润燥滑肠,祛斑美容以及提高个人免疫力、防衰老、抗风湿的功效。下外山村的漫山遍野的桃花可以进行充分利用,因为桃花酿在市场上并不常见,以此为吸睛点可以扩展自己的品牌内容,增大除民宿之外所涉及的领域,增加经济收入。多层次相辅相成确保民宿行业平稳发展。

(2)桃花

桃花在药用上也有极大价值,可以泻下通便,利水消肿。用于水肿,腹水,便秘及干燥。其次桃花非常美观,可以制成标本、发卡、书签,用处极多,可作下外山村旅游的纪念品。

(3)蜂蜜博物馆

下外山村居民较多户拥有自己的蜂窝,可以考虑整合统一所有的村民,大家集体养蜂,统一管理,并在此基础上发展养蜂、酿蜜参观基地、土蜜订制等活动,在村文化礼堂旁建立蜂蜜博物馆,给游客参观、介绍并售卖蜂蜜。

10.6 民宿营销策略

10.6.1 营销策略

(1)体验式营销

体验营销需要站在消费者的感官、情感、思考、行动、关联等五个方面,重新定义、设计销售方式。按照传统的民宿营销理念,民宿经营者主张强调“民宿产品”,但只是这样消费者不一定会感到满意;因此现代的民宿营销理念强调经营者的“服务性”,通过令人满意的服务来增加游客黏性,但是就算如此也有可能只能博得游客的好评而缺少回头游客。在未来的民宿开发中,通过优良的“体验”,给游客留下难忘的印象,让他打破心中“理性”的界限感受到这次民宿体验的“好”,使其不管在何处都会回忆起自己在这个民宿的经历,才能够更好地获得游客的“回头率”,使得一个民宿更长远地发展。

(2)关系营销

关系营销是把营销活动看成是一个企业与消费者、供应商、分销商、竞争者、政府机构及其他公众发生互动作用的过程,民宿营销活动的核心是建立并发展这些与公众的良好关系。下外山村位于括苍山地半山腰,离市中心 1 小时车程,距离适中,可以和临海市中小学联系,开展亲子社会实践活动;还可开展摘桃子、种菜、磨豆浆等活动,成为中小学生社会实践基地。关系营销主要关注点在于和其他机构互动宣传的过程,因此可以和当地旅行社、政府机构合作,开展对下外山村高山蜜露桃、竹海等特色的宣传,来扩大影响力。

(3)品牌营销

品牌是一种错综复杂的象征,它是品牌属性、名称、包装、价格、历史声誉、广告方式的总和。在市场中,游客往往会选择名气较大的、评价较高的民宿,这些差异会给一个民宿的运营带来极大影响,品牌效应将会为产品发展带来巨大商机。

(4)网络营销/数据库营销

如今跨入互联网时代,民宿的网络预订已经成了人民的习惯,把民宿搬入互联网宣传营销已经成为一个民宿发展的重要环节。最基本的网络营销方式就是通过微信、QQ 宣传以及制作微信公众号等方式,加上如今抖音快手盛行,可以在建立抖音账号直播宣传民宿风景;更进一步可以在各旅游网站投放民宿的基本信息、特色、价位等方便游客阅览；为了更好地宣传还可以专门制作属于自己的网页，可以更全面地介绍自己民宿。通过网络还可以对客户相关数据整理、分析，找出目标消费对象，了解游客的游览住宿体验，从而扩大市场占有率与客户占有率，增加客户满意度与忠诚度。

（5）文化营销

文化营销强调民宿的理念、宗旨、目标、价值观、组织力量、品牌个性等文化元素。下外山村民宿发展要着眼于自己的独特文化，优秀的内部文化不仅能够增强民宿工作人员的使命感、归属感、荣誉感、责任感、成就感，潜移默化中提高工作人员的素质和工作态度，这样一份文化氛围还会感染来游玩住宿的游客，让他们感受到一个和谐舒适的住宿氛围，提升游客对于下外山村的住宿体验。下外山村的民宿文化建立也要因地制宜，文化选择要充分考虑自己目前拥有的特色，与环境相结合，不要因为选择文化而与自己拥有的桃园竹林等特色相冲突。

10.6.2 节事活动

春季：下外山村以桃花为主题发展特色（桃花节）

下外山桃花观赏区位于括苍山半山腰张米线 9 公里处，受海拔影响，山上的桃花姗姗来迟，最佳观赏期为每年 4 月初，掐指一算，桃花的盛花期不过短短 7～10 天，绝对要“且看且珍惜”。“花谢花飞花满天，红消香断有谁怜。”《红楼梦》中林黛玉一首《葬花吟》，至今被人牢记。那枝头雀跃的桃花，要的不是独自迎风盛开，而是需要有人去怜惜它们，正所谓，勿使桃花空灿烂，而后又做惜花词。

每年括苍镇都会举办“括苍山桃花观赏节”，截至 2020 年已经第十二届。因为新冠肺炎疫情原因，2020 年的桃花节通过网络直播的形式让广大市民足不出户便能将万亩桃花林尽收眼底。

夏季：下外山村以采摘桃子为主题发展（高山蜜露桃采摘节）

括苍镇拥有 1300 多亩海拔千米以上的高山蜜露桃林，年产量约 130 万公斤。高山栽培，日照充足，产出的桃子鲜嫩多汁、味甜个大，2020 年下外山村作为括苍山高山蜜露桃的主要产地之一也承办了首届高山蜜露桃节。

秋季：下外山村以水库垂钓、亲子竹林探险为主题（亲子活动月）

秋高气爽，水温适宜，为度过漫长的冬季做准备，鱼一般会大量进食，存储能量，因此一般秋季的鱼会比较好钓而且更加肥美。秋季鱼儿四处觅食，小水域作钓上鱼率更高。小水域里的食物相较大水域更加密集，因此秋季选择小水域作钓鱼获一定不会太差。如果想钓大鱼,水库是一个不错的选择,去水库垂钓的话,也要选择与大水面连接的小水域。同样的道理,小水域里食物丰富,大鱼同样也会选择来到小水域觅食。下外山村旁的临海市谷溪岙水库属于小型水库,总库容量 174 万立方米,正常库容量 147 万立方米,适合垂钓休闲。

冬季:下外山村以挖冬笋为主题

冬笋是立冬前后由毛竹(楠竹)的地下茎侧芽发育而成的笋芽,笋质幼嫩,味甘、性微寒,归胃;肺经;具有滋阴凉血、和中润肠、清热化痰等多种功效。

合理挖取冬笋不仅不会妨碍竹林正常的繁殖,还可以增加经济收入。下外山村有大面积竹林,在冬季通过旅游规划等手段开发出一片竹林来给游客体验亲自挖竹笋的乐趣,既满足了游客动手运动的心理,还销售了冬笋这种产品,也可以在游客挖取冬笋后直接帮助游客烹饪,让游客体验劳动后享受自己劳动果实的快感。

第11章 “古榕·雁居·云养”：陈岙村田园式旅居养老创意策划

随着人口老龄化的发展、老年群体消费能力的提高和健康养老理念的深入，传统的基本保障型养老模式已无法满足多样化的养老需求，优质养老产品供给不足。2019年初发布的《关于金融服务乡村振兴的指导意见》提出“充分发掘地方特色资源，支持探索农业与旅游、养老、健康等产业融合发展的有效模式。”以田园综合体为依托发展的“旅居养老”，具有整合资源、优势互补、相互促进的天然优势。田园式旅居养老将田园综合体建设和养老产业融合在一起，形成特色养老产业链，是可培育的新经济增长点，既能满足城镇老人休闲、旅游式养老需求，又能带动农村养老服务结构升级。

旅居养老是一种强调旅游与居住融合的高端养老，旅居养老和旅游相结合的特殊性决定了不同类型的服务对象、建设标准、资源依托的差异性。田园式“旅居养老”是大力发展富有乡村特色养生养老基地的重要模式，融合乡村农业和休闲度假为一体，前景广阔。但该模式仍处于探索阶段，发展碎片化、不成熟，旅游功能或养老功能不足，业态单一，难以形成经济集聚效应。田园式旅居养老模式在发展过程中需要整合医、养、农、旅等产业链，高度融合乡村旅游资源与养老资源，形成集农业特色产业区、农业特色文化景观区、休闲聚集区、公共服务区为一体的“多元化”功能区域。

本项目综合考虑国家政策背景和中华文化的基础上，结合陈岙村乡村旅游资源，提出了“古榕·雁居·云养”田园式旅居养老的策划设计理念，构建集生活居住、休闲聚集、综合服务为一体的新型养老模式。本调研在文献资料收集、村镇调查基础上，综合运用体验经济理论、产业融合理论和文化创意等理论，打造陈岙村田园式旅居养老产业多元化发展模式。通过对陈岙村全域旅居养老的创意主题设计、体验活动设计、感官形象设计、系统有效的展现陈岙村魅力，提升陈岙村田园式旅居养老产业知名度，实现乡村旅居养老可持续发展。

本次旅居养老创意策划设计工作可分为前期准备、走访调研、资料收集、汇总讨论、写作绘图、修改润色和定稿成文。在前期准备阶段，小组成员在项目申报书的基础上，结合相关文献资料，设计了村领导、干部访谈提纲和村民、游客调查问卷；并搜集陈岙村相关新闻报道、游记攻略、乡村介绍等，对陈岙村的基本情况进行了解。实地调研阶段于 7 月 27 日—31 日，共持续 5 天。入住陈岙村后，小组成员一起行动，深入当地、挨家挨户、调研典型，当晚组织对白天的调查内容进行深入探讨，并电脑录入，尽量做到摸清家底。

11.1 基本情况

11.1.1 陈岙村概况

陈岙村位于浙江省瑞安市塘下镇东北隅(见图 11-1)，大罗山南麓山坳，东邻温州龙湾区海城街道东溪村，西连西岙村，南邻埭头村，距瑞安市区大约 20 公里，交通便利。陈岙村总面积 2.2 平方千米，其中山丘 2800 亩、土地 630 亩，现有常住居民 200 余户、1000 多人，外来临时住民 3000 多人。2014 年，陈岙村内满 60 周岁老人，占比全村人口的 22%，高出全国老龄比例 6 个多点。

陈岙村属于亚热带季风气候，地形呈不规则三角形，依山面垟，山水资源丰富。陈岙村属于国家 AAA 级旅游景区，古树参天，花草簇拥，小桥流水，空气清新，非常适合老年人居住。近几年，陈岙村村集体经济实现从赤字到资产超 1.2 亿元的转变，且人均收入超万元。陈岙村曾获得中国美丽乡村百佳范例、浙江省全面小康建设示范村、“温州市十佳示范文明村”、浙江省文明村、浙江魅力新农村等几十项荣誉。10 多年来，陈岙村倚靠陈岙溪和大罗山发展休闲旅游产业，在保护绿色环境的同时，成功创成了国家 AAA 级景区，带动村民致富、村集体增收。随着村庄经济发展，村集体每年拨付 50 万元到 80 万元用于养老建设，为老年人提供文化娱乐、体育健身、健康问诊等服务。村内各类基础设施完善，设有卫生院，还有体育广场、老年活动室、图书阅览室等公共设施。

11.1.2 区位分析

(1)交通区位

陈岙村东邻温州龙湾区海城街道东溪村，西连西岙村，南邻埭头村，距瑞安市区大约 15 公里，罗(凤)梅(头)公路从村前穿过，交通便捷。陈岙村居民

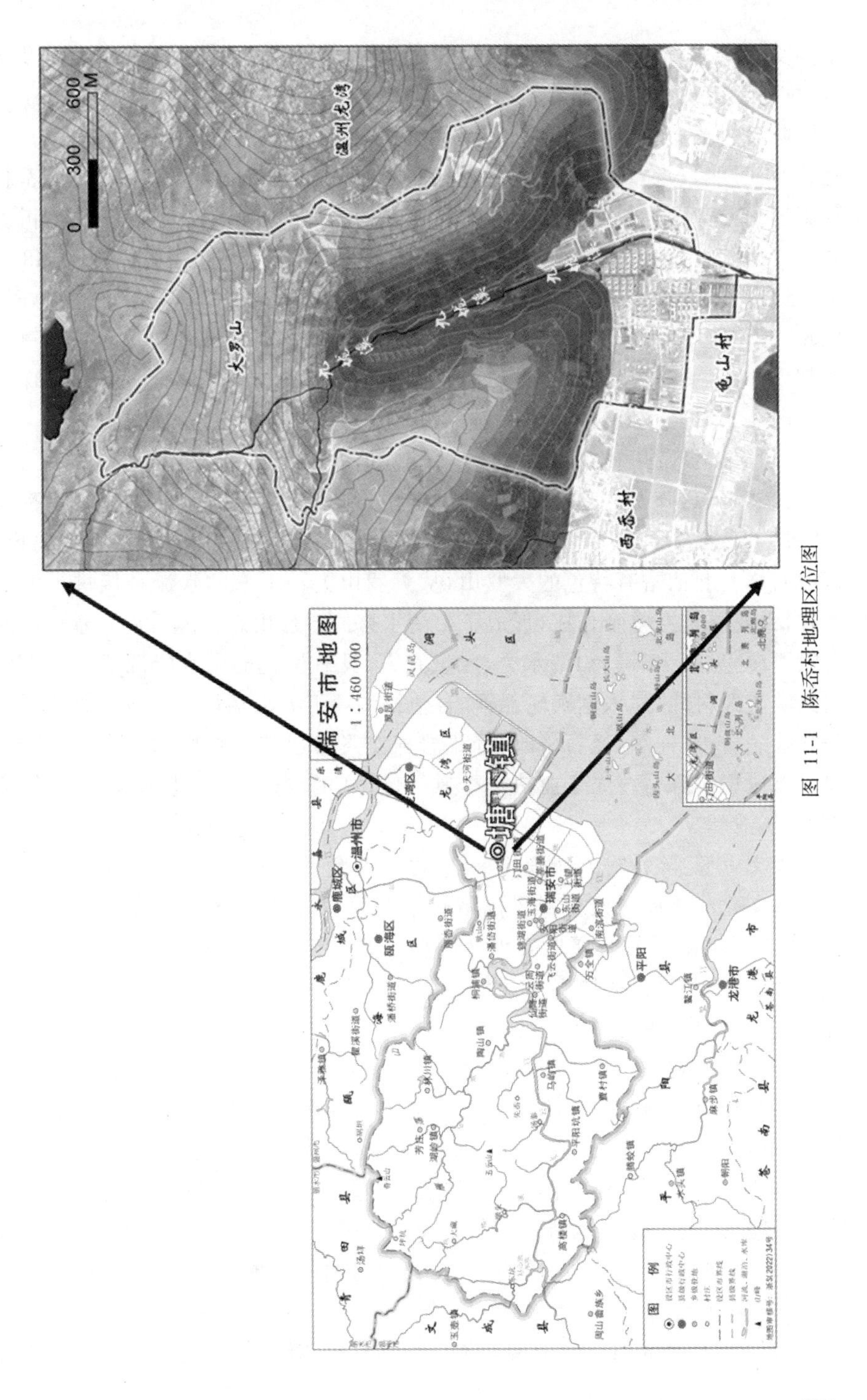

图 11-1 陈岙村地理区位图

主要交通方式多样，辐射范围广，可以连接陈岙村通往瑞安市、温州市以及宁波、杭州和上海等沿海城市。

陈岙村分布有205路和106路两条公交路线，分别通往银岱和瑞安市，距轻轨S1号线较近，周边有一条高速、三条省道和四条国道环绕。此外，陈岙村距离温州龙湾国际机场仅有20千米，驾车约为34分钟。南北向G1523甬莞高速贯通陈岙，使陈岙村与瑞安市车程约32分钟，与温州市中心车程约38分钟。通过温州南站、瑞安站和温州龙湾国际机场，陈岙村进入"宁波3小时，杭州、苏州4小时交通圈。在"时空压缩"背景下，陈岙村成为长三角地区重要的都市休闲后花园。向北可链接长三角地区3小时经济圈，向南可链接珠三角地区4小时经济圈，最远可辐射福州、深圳、广州等地区(见图11-2)。

(2)旅游资源区位

自然资源：陈岙村位于大罗山南麓山坳，属近海平原水网地带，总面积2.2平方千米，其中山丘2800亩、土地630亩。陈岙村地形呈不规则三角形，依山面垟。北依富有特色的大罗山，从大罗山上冲下来的水流直接进入九龙峡谷，九龙溪贯穿整个村庄，形成了山清水秀的自然生态。陈岙村有着良好的自然资源(见图11-3)，山清水秀，风景宜人，具有优良的山水资源优势。大罗山南源流经村北，注入塘梅轮船河，合他村沟渎汇入温瑞塘河。村北九垅溪谷山势陡峭，裸岩连绵，怪石嶙峋，峰雄岩异。飞瀑碧潭相映成趣，给人以乐趣，启人以遐思。陈岙村属于亚热带季风气候，这里古树参天，花草簇拥，小桥流水，空气清新。

人文资源：陈岙村人文资源丰富，每年都会举办水上文化节、邻里文化节和宗祠文化节活动。该村乡风民俗热情开放，村庄"内涵"坚实，极具文明细胞。2003年，陈岙村获评瑞安市文明村，2007年成为温州市文明村，2009年荣获浙江省文明村，2017年在北京召开的全国精神文明建设表彰大会上，陈岙村获评全国文明村。

A 水上文化

参照全国文明村创建的高要求，陈岙村不断完善基础设施工作。在"五水共治"背景下，该村对长达3公里的陈岙溪小流域两侧用块石驳岸8300平方米，并投资3000多万元对两岸进行生态化景观改造，达到显山露水的效果。陈岙村经历治水、蓄水、卖水，赚到了"第一桶金"，并继续以水做文章，在休闲区开辟了由水而生的皮划艇俱乐部、九龙水上乐园、九龙峡谷激情漂流、九龙生态垂钓中心等项目。

2020年8月30日晚，由瑞安市文化和广电旅游体育局、塘下镇人民政府

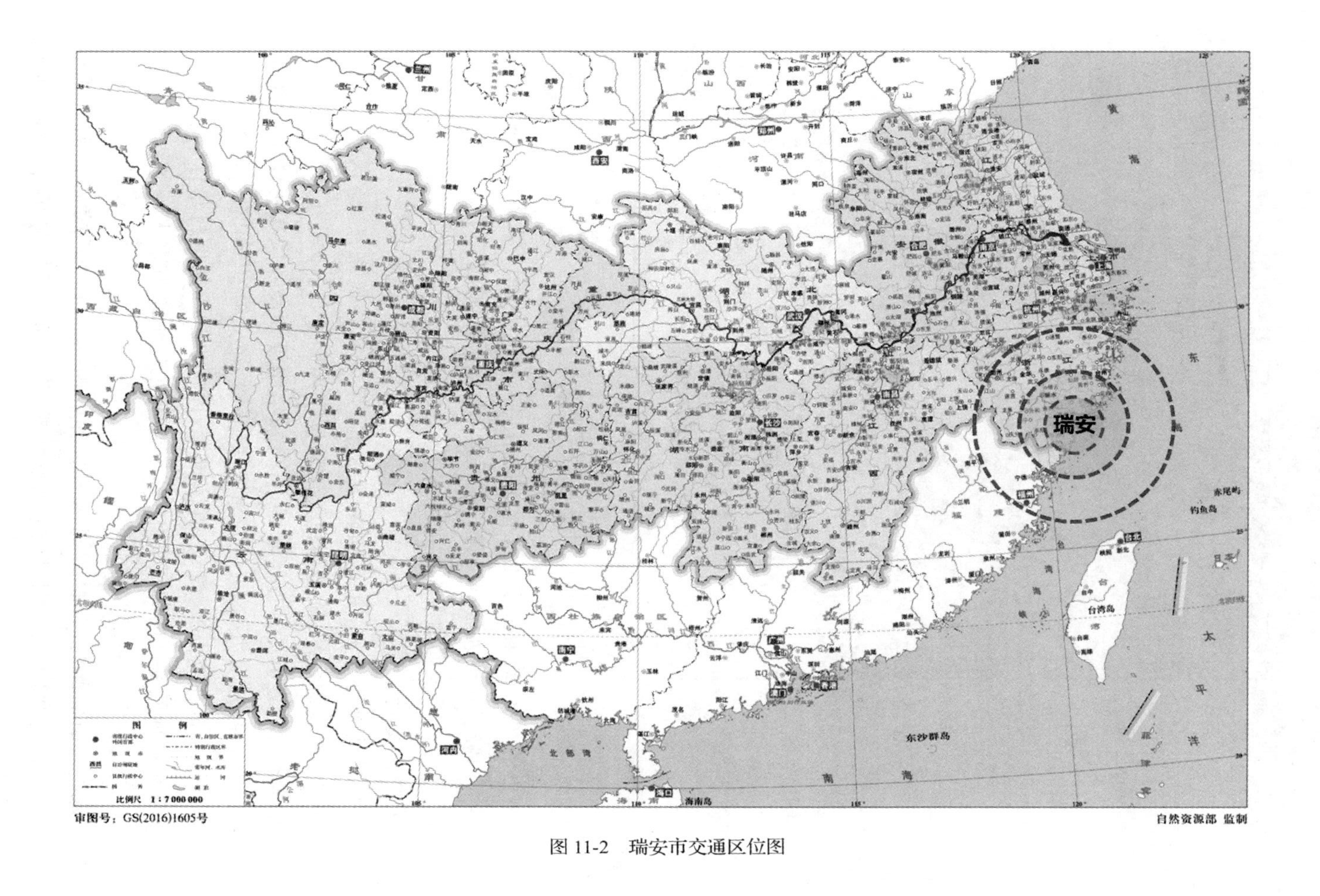

图 11-2　瑞安市交通区位图

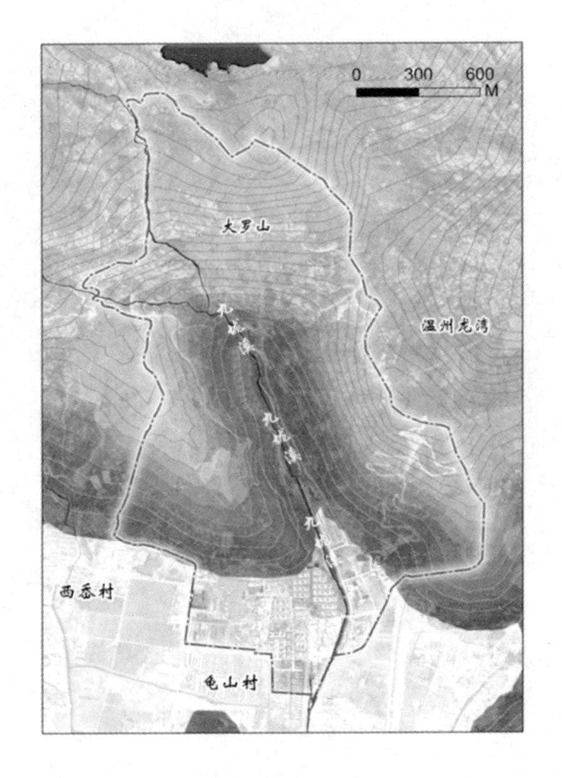

图 11-3　自然资源图

联合主办的 2020 瑞安市水上文化旅游节启动仪式在塘下镇陈岙生态旅游区隆重举行，吸引省内外旅行商客代表、旅游协会会员、旅游爱好者及当地村民、新居民等五六千人参加观看。

B 邻里文化

“每日见面问声好，邻里和睦无价宝，互谅互让风格高，小区居民乐陶陶……”陈岙村制定的《陈岙邻里公约》，读来朗朗上口，印刷着这份公约的条幅，在陈岙村随处可见。近年来，陈岙村每年积极开展乡风文明评议活动，评选十星级文明户、身边好人、最好邻居、好公婆、好少年等。出台标准条件予以公布，让群众自荐或由老、青、妇群团推荐，评选出的人选由村集体表彰宣传。2017 年中秋期间举办的邻里文化节，参与规模达到 2200 多人。

C 宗祠文化

陈岙村历史悠久，建村时间达 800 余年，主要由钱、陈、董、叶、戴姓氏居住。近年来，村两委利用旧村改造有利契机，将分布在村里的五大宗祠和多个宗教活动场所全部迁移到统一地块上集体投资 300 余万元建设了“陈岙宗祠文化园”,不仅腾出土地支持旧村改造,还成为村内营造和谐共处氛围的一处阵地。连续六年,陈岙村在宗祠文化园举办宗祠文化节、邻里文化节等,除了本村村民悉数参加,还吸引了周边村社的群众,丰富了群众文化生活。

11.1.3 发展规划定位

在浙江省委、省政府印发的《全面实施乡村振兴战略高水平推进农业农村现代化行动计划》(2018—2022)中提出“高举乡村振兴大旗,全面开启新时代‘三农’发展新征程。要加强村庄规划设计,完善具有浙江特色的‘村庄布点规划—村庄规划—村庄设计—农房设计’规划设计层级体系,推进多规融合在村一级落地实施”。陈岙村是振兴乡村、规划设计的重点对象。

在《2018 中国旅居养老发展蓝皮书》中提出“旅游+养老”的新消费模式逐渐兴起,旅居养老正在成为一种新型养老方式,特别是对于生活能够自理、经济能力较好的活力老年人,旅居养老意愿更加强烈。旅居养老市场提质增速,活力老龄人口的消费能力在日益攀升,为我国旅居养老市场提供了巨大的发展空间。老年人可自由支配收入也在不断增加,相应的旅居支付能力日益增强。目前,我国养老形式和内容发生了巨大变化,一些新型的旅居养老组织方式、旅游产品、旅游业态将不断涌现。陈岙村的定位是以田园式“旅游+养老”为方向,围绕“古榕·雁居·云养”的特色主题发展旅居养老。

11.2 发展基础

11.2.1 乡村建设基础

“绿水青山就是金山银山”,2002 年起在村支书陈众芳的带领下,陈岙村对陈岙溪小流域进行了治理,建成自来水厂有偿向外供水,并从“千百工程”入手,通过“三改一拆”,建成村属标准厂房用于租赁等多元化创收,使村集体每年收入达 500 多万元。多年以来,陈岙村把生态文明建设作为抓手,率先实施农村生活垃圾分类处理,建成垃圾资源化利用中心,始终坚持“一张蓝图画到底”的原则,在美丽陈岙建设的同时,以根治劣 V 类水质为目的,率先在全省开展水环境综合治理。2011 年以来,陈岙村相继投入资金 5000 多万元,对陈岙溪流域 4 公里范围内的 80 多家企业进行搬迁,拆除违法建筑 60000 余平方米，对两岸的景观进行综合提升，达到了“五水共治”战略要求和效果。水质改善后，陈岙村还成功推出了游泳、漂流、皮划艇运动等水上项目，实现了可观的经济效益和解决富余劳动力出路的社会效益，为产业“退二进三”转型升级闯出了一条新路子。深入开展美丽乡村建设以来，陈岙村先后获得了“浙江省全面小康建设示范村”“浙江省首届魅力新农村”“浙江省文明村”等荣誉(见表 11-1)。

表 11-1　陈岙村省级以上荣誉表

年份	荣誉称号	授予单位
2004 年	浙江省全面小康建设示范村	中共浙江省委省政府
2006 年	浙江省首届魅力新农村	浙江省委农办
2006 年	浙江省绿化示范村	省绿化委员会省林业厅
2008 年	浙江省先进基层党组织	中共浙江省委
2008 年	浙江省文明村	中共浙江省委省政府
2010 年	全国十佳文明奋进乡村	全国乡村文明组委会
2016 年	省级农家乐特色村	省委农办
2017 年	全国文明村	全国精神文明建设指导委员会
2017 年	国家 AAA 级旅游景区	文化和旅游局
2018 年	省级示范型放心景区	旅游局
2018 年	浙江省生态文化基地	林业和草原局
2018 年	省级一村万树示范村	林业和草原局
2019 年	浙江省 3A 级景区村庄	温州市文化广电旅游局

11.2.2　乡村资源基础

2017 年国务院印发了《“十三五”国家老龄事业发展和养老体系建设规划》，2018 年，中国常青藤旅居养老联盟撰写了《2018 中国旅居养老发展蓝皮书》，2020 年，温州市出台了《温州市养老服务高质量发展三年行动计划 2020—2022》提出了实施养老服务高质量发展五大工程，共 16 条政策举措，为温州打造“浙南养老服务高地”“全省养老服务标杆区”打下了坚实基础。依据相关政策，陈岙村实施“青山白化”治理，迁移村域范围内 2000 余座坟墓，通过土地整理开发出 75 亩土地，经招牌挂为集体得到 2.43 亿元资金后，相继投入资金建成科普文化公园、文体活动中心、村民活动中心、图书阅览室和老人公寓等公共设施，并免费开放，同时向全村老年人免费提供居家养老照料服务。

表 11-2对陈岙村旅居养老的旅游、气候、交通、人文活动、公共服务等资源进行了梳理。陈岙村资源丰富,但也表现出受集体经济约束、分布散、不成熟、不规范等问题。整合陈岙村的相关产业,形成以旅居中心为大核心,特色景观区、智慧医疗区、休闲交流空间、综合服务区为小核心的智慧社群,是陈岙村发展旅居养老的突破点。

表 11-2 陈岙村旅居养老资源整合表

旅游资源	陈岙村省级大罗山登山健身步道、生态游船、九龙游泳中心、森林氧吧、皮划艇、摄影基地、生态垂钓、温泉度假山庄
人文特色	文化艺术基地、孝文化馆、村史展示馆、姓氏文化馆、宗祠文化节、邻里文化节、水上文化节
旅游资源	陈岙村省级大罗山登山健身步道、生态游船、九龙游泳中心、森林氧吧、皮划艇、摄影基地、生态垂钓、温泉度假山庄
特色农业	生态农业观光园、休闲采摘园区、农耕园、四季果园(杨梅、瓯柑、蜜桃、木瓜)、花卉园
公共服务	社区服务中心、休闲健身中心、村卫生院
寺庙	极乐寺、法云寺、佛台阁

11.2.3 旅居养老市场需求

旅居养老是“候鸟式养老”和“度假式养老”的融合体,指老人们会在不同季节,辗转多个地方,一边旅游一边养老的方式。与普通旅游的走马观花、行色匆匆不同,选择旅居养老的老人一般会在一个地方居住较长时间,慢游细品,以达到既健康养生、又开阔视野的目的;这是一种有利于老年人身心健康的积极养老的方式。旅居养老方式可分为候鸟式旅居养老模式、疗养式旅居养老模式、文艺鉴赏式旅居养老模式、田园式旅居养老模式及社区式旅居养老模式。而中国,是全球人口老龄化最为严重的国家之一,老龄化形势十分严峻,按照国家人口统计局最新统计,2019 年底,我国 65 岁及以上人口数为 1.76亿,占总人口的 12.57%,比 2018 年上涨 0.63%,预计到 2020 年底,全国 60 岁以上老年人口将增加到 2.55 亿人,占总人口比重提升到17.8%。基于老年人庞大的基数,“旅居养老”的行业规模将不断扩大。而随着我国经济社会的发展及老龄化速度的加快,老年人对旅居养老的需求也将更为迫切。

11.2.4 发展旅居养老的难点

(1)地区产业整合难度高

与传统养老模式相较,旅居养老要求对基础设施、医疗、旅游、交通等资源的高度整合,而陈岙村受地理位置、资源价值等方面的限制,医疗服务相对落后,村内卫生院医疗水平较低,设施较为落后,村庄距离温州医科大学附属第一医院约19公里。此外,生态游船、摄影基地、文化园、健身步道等适合老年人活动的景点相距较远,暂无专门的老年人出行路线。

(2)管理、服务人员缺乏专业性知识

2012年起,陈岙村实行集中家庭养老、社区居家养老、村办养老院相结合的养老模式,但管理人员没有经过系统培训,文化水平较低,缺乏专门管理经验。老人公寓服务人员大多为当地妇女,没有经过专门的养老护理知识和技能培训,缺乏专业素养与职业规范。转型为"旅居养老"后,景点服务人员的主要顾客类型也发生了变化,加强景区员工养护素质的培养也是重中之重。

(3)市场竞争力小,难以形成品牌效应

温州市内乡村由于地域相近、文化同源,人文、地貌景观大同小异,"旅居养老"产业同质化严重,陈岙村旅居养老基地的功能与大部分田园式养老基地类似。其次,旅居养老的主要顾客趋同,陈岙村"旅居养老"产业主要面向消费能力强、身体较为健康、休闲时间充足、向往乡村生活的周边大中城市老年人,客户群体有限。此外,由于老年人获取信息渠道较窄,"旅居养老"品牌在老年人中的宣传推广较为困难。

(4)相关政策不完善,缺少社会资本的引入

旅居养老作为一项发展中的产业,相关政策仍需完善,如异地医保问题。大部分老人对异地医保政策了解不多,外地老人在陈岙村旅居时容易受到异地医保报销比例低等问题困扰,增加老人就医时的不便。此外,由于旅居养老相关体系尚未完善,产业投入—产出周期长,投资风险较大。陈岙村现有养老服务体系主要由政府构建,相关服务也由政府提供,社会资本引入有限,难以提供高端服务,吸引大量客户,形成良性循环。

(5)淡、旺季明显,易造成资源浪费

来陈岙村旅居的候鸟老人有明显的季节特征,陈岙村有溪水穿村而过,古榕遮日,夏季较为凉爽,7、8月来到陈岙纳凉的老人、游客较多,民宿往往一床难求。而冬季养老院入住率低,众多床位闲置,造成资源浪费。

典型案例:武汉君安养老院连亏多年

君安养老院于 2010 年投资 300 余万元建成,租赁场地 5500 平方米,建筑面积 2500 平方米,绿化率达到 63%,生活设施及运动器材较为齐全。养老院生活区有客房 64 间,100 张床位;疗养区有看护病房 4 套,床位 70 张。

该养老院 2010 年开始运转后,前几年基本亏损,经调查,亏损原因主要有三:一是补贴政策不完善,房子租金每年上涨 10%～15%,而补贴依旧是一张床位每月 100 元,自 2010 年后多年没有增加过;二是专业的管理、陪护人员难请,养老院用工短缺现象时常出现;三是医疗体系不够完善,没有完整的监测体系,容易出现老人摔倒或生病不能及时救助的问题,带来纠纷进而引起亏损。该养老院亏损多年后在专业人员配备、医疗服务等方面进行了改进,情况稍有好转。

11.3 设计策划

11.3.1 设计理念

以“两美”浙江为总体战略部署,依照旅游与居住养老联动发展的理念,按照美丽乡村建设“四美、三宜”具体要求,积极建设陈岙村旅游养老产业。依据《2018 中国旅居养老发展蓝皮书》,对于旅居养老相关描述:“旅游＋养老的新消费模式逐渐兴起,旅居养老正在成为一种新型养老方式,特别是对于生活能够自理、经济能力较好的活力老年人,旅居养老意愿更加强烈。旅居养老市场提质增速,活力老龄人口的消费能力在日益攀升,为我国旅居养老市场提供了巨大的发展空间。”田园式旅居养老在我国具有重大市场。而陈岙村旅游产业发展蓬勃,自然环境优美,人文景观丰富,村内基础设施完善。依据陈岙村现有的丰富资源,积极发展旅居养老产业,打造旅游＋养老的联动产业。

11.3.2 设计原则

突出生态宜居原则:生态宜居小镇,是高质量发展背景下我国特色小镇建设的创新形态,也是落实生态文明战略的应有之意。塘下镇是全国小城镇综合改革试点镇,也是浙江省教育强镇、体育强镇和温州市三星级文明镇。通过发展景区旅居、融合产业,开发农业农村生态资源和乡村民俗文化,促进农业产业链延伸,提升价值链水平,带动农民增收、产业升级、农村发展。

注重联动发展原则：基于塘下镇产业现状、老年人口消费水平、基础设施建设、自然资源等现状，开发旅居养老。从区域城乡规划和村未来养老产业发展规划的角度出发，精准定位塘下镇旅居养老体系，促进村土地资源高效利用，带动周边旅游产业发展，突出塘下镇独有的新型养老模式。

智慧服务体系原则：制定塘下镇陈岙村养老智慧化建设实施方案，创建智慧养老机构、智慧养老服务项目、智慧养老综合数据中心和应用平台。与温州市内各大医院联合，建立网上问诊、健康测评等平台，为老年人的健康提供保障。

11.3.3 目标定位

通过整合当地旅游资源、老人公寓、互联网大数据平台，实现旅、居、养融合，打造“古榕·雁居·云养”为主题的老人旅居度假特色村庄(见图11-4)。

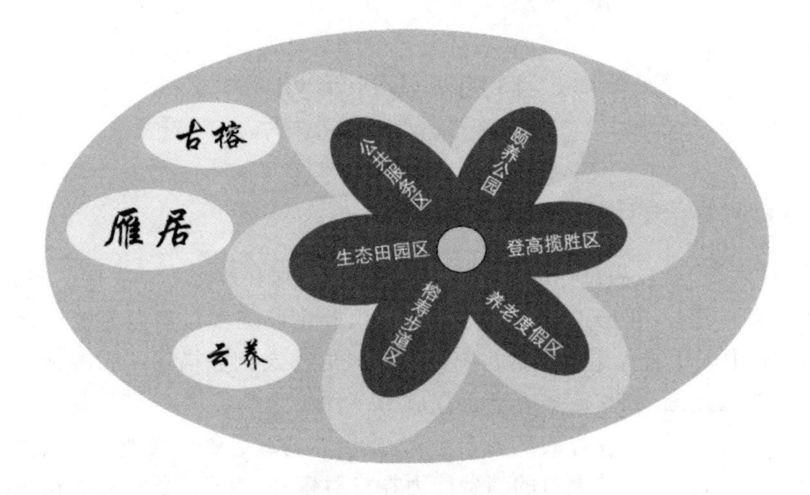

图11-4 “生态农业、休闲聚集、公共服务”一体化

古榕：陈岙村内有8棵古榕树，古榕是陈岙村的特色树种，并且对于陈岙村的发展转变具有重要意义。因为部分古榕树的死亡，村民认识到了保护生态环境的重要性，也因此走上了生态治理之路。古榕，作为陈岙村的特色，承载了陈岙村的百年历史，见证了陈岙村的发展变化，是陈岙村必不可少的标志之一。

雁居：陈岙村依靠天地恩赐的山水资源发展以文化、康养、度假为主题的生态休闲型旅游产品，旅游业与当地的养老产业联动结合，打造旅居式的养老产业，即“雁居”，老人在一边享受养老服务的同时，一边旅游观光，既满足老人的健康需求也满足老人的娱乐需求。

云养:构建智慧康复养老,打造独特的养老产业特色:互联网+智慧养老。通过互联网对老人的衣食住行、医疗保健等信息进行收集、分析,更好地为老人的养老生活服务。

11.4 田园式旅居养老项目体系

以生态田园为核心,把“古榕、雁居、云养”作为设计理念,将陈岙村划分为公共服务区、养老度假区、榕寿步道区、生态田园区、颐养公园、登高览胜区等六大区域(见图 11-5),着力打造“游、养”结合的旅居养老新模式。

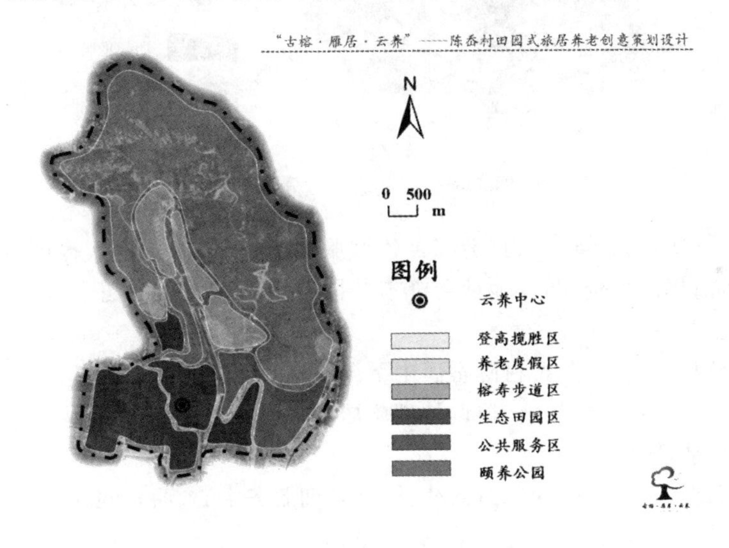

图 11-5 田园式旅居养老分区图

11.4.1 公共服务区

区划范围:公共服务区主要位于陈岙溪中下游沿岸,是陈岙村村委会和居民区所在地(见图 11-6)。

主导功能:医疗服务 综合咨询服务

发展思路:准确定位旅居养老模式,充分利用陈岙村核心区的商贸、交通优势,依托互联网信息技术打造公共服务区。与周边医疗机构合作构建数字

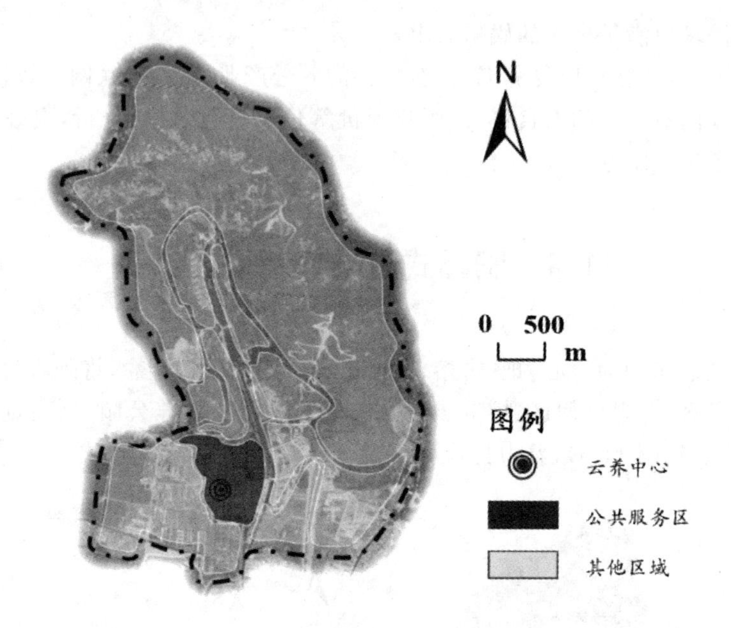

图 11-6　公共服务区分布范围

医疗体系，实现云养医疗；打造综合咨询服务中心，为旅居老人提供最舒适的居住环境；招商引资，与其他社会资本共同建设高品质生活超市，满足老人生活需求。

区域特色：位于陈岙村陈岙溪中下游沿岸，交通便利，各项基础设施完善，适合作为一个综合性场所，协调处理旅居老人的各项养老需求，为老人营造最舒适的生活环境。

创意设计：云养医疗健康系统、综合咨询服务中心、商贸购物中心。

(1)云养医疗健康系统

信息技术的日益成熟，推动着养老模式的革新，改善了传统养老服务模式。云养医疗健康系统利用大数据及互联网技术，联合陈岙村周边的医疗机构，将医疗系统数字化，实现智慧养老健康管理功能。以建立网上数据库、线上服务平台、线下服务站点的方式，为老年人提供更方便、有效、舒适的医疗服务。即建立专门的医疗服务系统，收集老年人相关信息资料，组建老年人基础信息库、健康养老服务需求信息库和健康养老资源共享数据库等，并为每一位入住的旅居老人建立电子健康档案，录入个人身份信息和身体各项指标状况，以便为老人提供及时、全面的健康服务。在老人居住的房间配备智能家居产品，有效保证老人日常生活的安全性；为老人提供智能医疗手环等智能可穿戴设备,以便实时检测老人各项身体数据变化,反馈老人健康指数。当健康数据变化较大和健康采集趋于危险值时,医疗系统会推送预警提醒到服务对象本人及其子女,线下服务站点的工作人员会与老人及其子女联系,商定时间安排医护人员进行线上远程会诊、线下上门诊治、陪护等。

同时为旅居老人设置了专门的医护空间,配备标准的医用床位,做到在护理信息化建设过程中实现对数据的智能化分析。老人入住医护空间,医疗服务系统将会根据数据库内对应的病程记录、医嘱信息、护理记录等信息,进行护理风险评估,并为老人配备护工,提供特殊服务、精神护理、日常护理等医护服务。

并且,为更好地解决护理人员专业度不够、护理不到位的现象,采取在医疗系统内录入护理信息,老人为服务人员评价打分的方式,公开服务信息,严格规范护理人员专业素养与职业道德。

(2)综合咨询服务中心

充分利用公共服务区的地理区位优势,打造综合咨询服务中心,为旅居老人免费提供有关陈岙村的主要旅游资源、景区、旅游产品、交通线路信息及餐饮场所的介绍,接待旅居老人对村内各类机构或事件的咨询或投诉。

考虑到入住老人的年龄层次、健康状况存在差异,部分老人生活自理能力较强,但有些老人由于身体原因日常自理存在问题,服务中心会为旅居老人提供自主卫生清洁服务、饮食服务等。有这些需求的老人可以通过综合咨询服务中心联系家政人员上门服务。同时为解决家政人员清扫不到位,专业性不够的问题,服务中心制定了统一的清扫标准,并会定期对老人房间内的床褥被套进行集中消毒清洗。此外,为老人开设类似于医护服务打分的制度,老人可以匿名对家政员工进行打分评价,公开公正。

对于部分出行不便的老人,服务中心会安排专门的医护人员,在老人想出门的时间点,协助老人出门散步,并且提供复健服务,帮助老人健身以改善他们的肢体功能。综合咨询中心还会负责协调处理老人的各项养老需求,调解旅居老人邻里间关系,并且与旅居老人的子女保持联系,定期向家属汇报老人的生活近况,为老人提供最温馨最便捷的服务。

(3)商贸购物中心

引进社会资本,打造商贸购物中心,开发高品质生活超市,为老人或游客提供各种生活用品。同时建立专门的老年信息服务平台,将超市系统与服务平台联动——老人将自己的饮食需求、衣物需求等多方面的需求反馈至平台,超市根据平台的反馈对货物进行进货调整,并为老人提供平台下单、送货上门等服务，满足旅居老人的日常生活需求。

11.4.2 养老度假区

范围：养老度假区主要位于陈岙村中部，紧邻大罗山，从南到北依次为：娱养居园、逸养居园和安养居园(见图 11-7)。

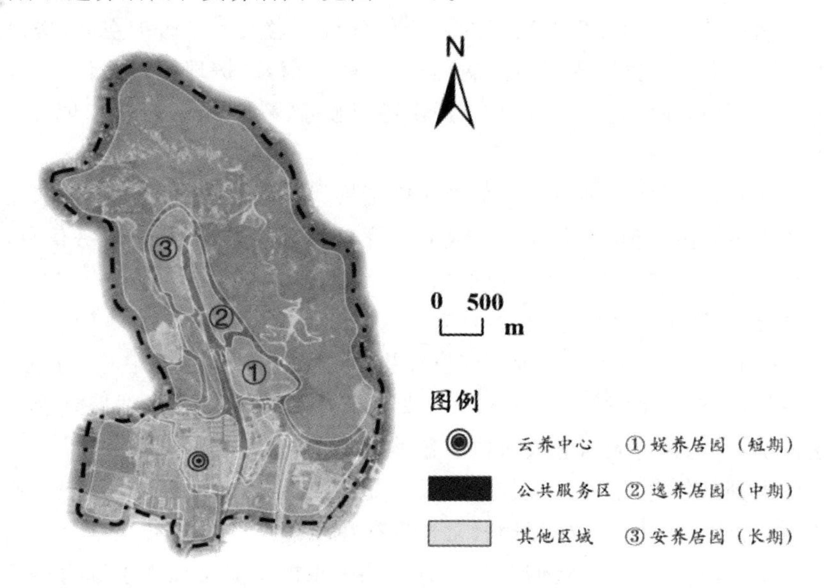

图 11-7 养老度假区分布范围

功能：养老居住，休闲放松，旅居休憩。

总体发展思路："合理利用现有资源，适当改造已有建筑，满足不同养老需求"。陈岙村旅游业蓬勃发展，因而具有良好的基础设施体系。又因为当前中国养老市场上对于养老的需求不同，故考虑依靠陈岙村原有的基础设施建设规划"短期养老区""中期养老区"和"长期养老区"，以满足老人对于旅居养老居住的不同需求。

创意设计：多种类型休憩居所，如短期养老区——娱养居园、中期养老区——逸养居园、长期养老区——安养居园。

(1)短期养老区——娱养居园

目标人群定位：旅居养老的短期需求人群(少于一月)，以体验当地风俗文化，观赏当地自然景观，体验当地旅游特色为主要目的的养老需求人群。其旅居养老的侧重点更靠近"娱"乐。

养老区特点和建设思路:以接待短期的旅居人群为主,建设于此地考虑到以下因素:1)靠近整体的“公共服务区”,公共服务区的主要功能为医疗、购物和咨询服务。对于短期旅居养老的人群来说,其居住时间偏短,基本生活物资更偏向于从旅居地短期租赁和购买,基础设施和基本服务便捷的地区能够满足他们短期旅居养老的基本生活需求。2)交通便捷,短期旅居养老人群的侧重点更靠近“娱”,他们居住的主要目的更偏向于在较短的时间内感受当地自然景观和风土文化,简而言之,他们的旅居模式更偏向于“游客式”。因此,便捷的交通更便于他们的入住、搬出以及景点的短期游玩观赏。3)靠近养生活动中心,养生活动中心主要功能为参佛祈福,对于短期居住的旅居养老人群来说,浓厚的宗祠宗教文化能让他们更好地感受当地的人文环境和风俗文化,更加突出“娱”的特点,同时周围的水上乐园等当地特色的娱乐项目也能为老人提供充足的娱乐游玩体验。

(2)中期养老区——逸养居园

目标人群定位:旅居养老的中期需求人群(超过一月,少于一年),以养老体验和旅游观光为主,希望细致地体验陈岙村的养老服务、自然风光、人文景观,能够有一段中期的养老体验,但不打算在陈岙村长期居住或定居的养老需求人群。其旅居养老特点更侧重于“闲逸”的娱乐和养老生活。

养老区特点和建设思路:1)向北靠近户外露营区,背山面水,就环境而言,东有山林围绕,比娱养区更加恬静适宜;向东南靠近榕寿步道区,环境宜人,还可以感受当地特有的榕树历史文化,其周围的整体环境更加宜居。2)逸养居园的总体布局位于陈岙村中部,向北可达陈岙村的一系列景观景点,龙须瀑、飞来石、狮子口和九楼等等,还有系列健身步道,满足了养老健身需求;向南可到达公共服务区,以及一系列人文景观景区和娱乐设施项目,满足了“闲逸”的养老娱乐需求。总体来说,“逸养园区”的区位布局较好地兼顾了旅居养老中期需求人群对于居住养老和休闲娱乐的双方面需求。

(3)长期养老区——安养居园

目标人群定位:旅居养老的长期需求人群(一年以上长期居住或者定居),以养老健身、养老安居、定居康养为主要目的的养老需求人群。其旅居养老特点更侧重于“安居”康养。

养老区特点和建设思路:1)整体环境枕山环水,远离陈岙村南部的村居建筑,居室环境静谧,自然氛围浓厚,四周的山岭树木为养老居住提供了清新的空气和绿色宜人的环境。对于想要长期居住的老年人来说,优良的环境对于他们的安居颐养具有重要作用,安养居园的老人主要以康养为主,宜人的环境可以更好地帮助老人康养恢复，清新的环境有利于康养老人的身心健康。2）安养居园的整体布局靠近陈岙村的北部，远离南部热闹的村居建筑，安居康养老人喜静，静谧的自然环境可以舒畅老人的身心，也减少了陌生游客或其他陌生人员的打扰。3）靠近主要步道和次要步道，步道环绕，老年人群在安居的同时还可以漫游步道，进行身体锻炼，适当的锻炼有利于老年人的身心健康，也符合安养的特色。

11.4.3 榕寿步道

范围：榕寿步道北邻陈岙村公共服务区，北邻养生居住区，东临九龙溪（见图 11-8）。

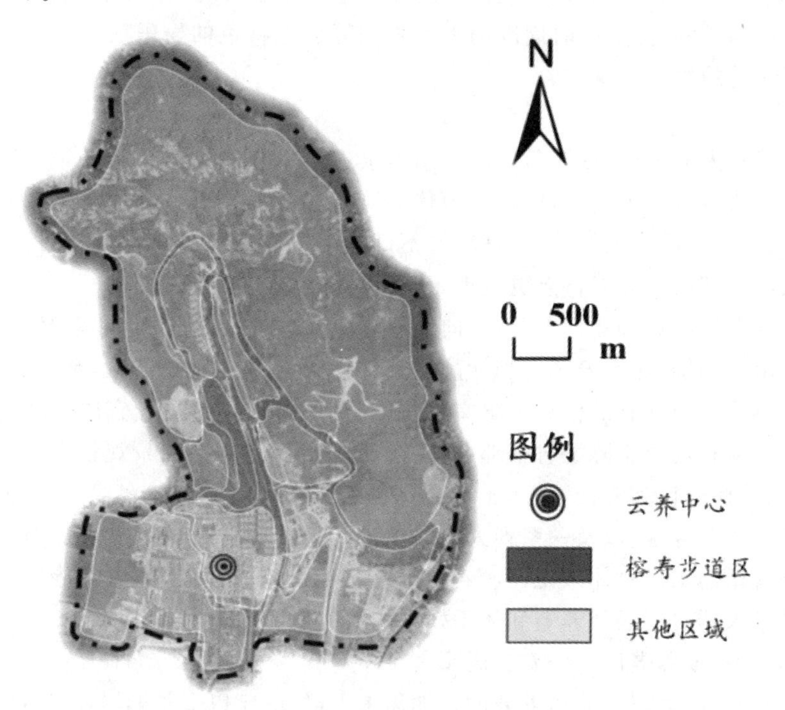

图 11-8 榕寿步道示意图

功能：休闲养生、摄影下棋。

发展思路：打造榕寿步道，宣扬“榕树文化”。以古榕为核心，打造榕寿步道综合体，开展“榕树下”系列活动，让老年人在享受榕树绿荫、感受榕树文化的同时，进行摄影、下棋、太极等活动，增加旅居老人的多元体验。

当地特色:“水泥路最长,汽车最洋,山水最甜,榕树下最凉”。陈岙村的孩子,从小就会念这首诗。村里的九棵百年古榕,枝繁叶茂,苍劲挺拔,古朴稳健,在河边村头霸踞一方,久经台风暴雨而不屈不挠,庇护着一代代人的成长。榕树,已经成为一代代人陈岙人心中的文化符号,逢年过节或有红白之事,人们有喝榕树水以求长寿的,有撒榕树叶以求吉祥的,有挂榕树枝在门楣上以求辟邪的,更有在老榕树前举行结婚仪式的。而每逢夏日的傍晚,老人们便喜欢打着一把竹扇子,三三两两地在榕树下纳凉、谈天,伴着渐合的暮色,为一天的生活再添一抹绿意。节假日里,各类文艺体育爱好者队伍也会聚在一起,强身健体、分享经验,村民也会在古榕下进行业余太极拳剑活动,形成陈岙村独有的一景。

《七绝·题阳朔古榕树》写道:傍水依山紫气岚,日魂月魄吮千年。成林原本跟茁壮,护佑游人福寿延。榕树的气根千丝万缕,似长髯随风飘拂,又有垂柳的婆娑多姿。它如藤蔓一样同根生长、脉络相连,呈现出“连体生长”的景象,是木本植物世界中最为独特的景观,也造就了独树成林的“榕荫遮半天”的宏大奇景,自古以来,榕树也一直被视为是吉祥长寿的象征。

创意设计:榕树下·摄影、榕树下·太极、榕树下·下棋。

(1)榕树下·摄影

榕树周边原有九龙、青青、竹韵三家摄影工作室,能提供各种服装摄影,支持摄影工作室提供“榕树古意”摄影服务,为旅居老人提供古风服饰并以古榕为景进行拍摄;鼓励原有摄影工作室联合,设计“老年、农夫、古榕”的特色摄影场景,供旅居老人及摄影爱好者拍摄;开设古榕摄影小课堂,并请摄影师为旅居老人做摄影指导;每月开展一次以“古榕”为主题的摄影活动,让老人进行摄影实践体验;在榕寿步道旁设置相片展示区,供人欣赏榕树之美的同时,也为爱好摄影的旅居老人提供交流摄影技术的空间。

(2)榕树下·太极

榕寿步道上古榕苍绿,步道沿河而设,空气清新、风景优美。村中原有众多爱好太极的老年人。太极拳结合了传统导引、吐纳的方法,注重练身、练气、练意三者之间的紧密协调。对内脏加以按摩锻炼,达到强身健体的作用。榕树下·太极设计可聘请太极教练、开设太极课堂,为老人提供学习太极的机会;在古榕下设置太极活动区,每日清晨开展太极活动,增加旅居老人的锻炼方式。达到既可以增强老年人体魄,又可以增进老年人间感情的目的。

(3)榕树下·下棋

榕树四季常青,簇绿的古榕之下,与世无争的村夫野老不免一枰相对,消此永昼;闹市茶寮之中,常有有闲阶级的人士下棋消遣。

在榕树下摆放一个个石桌、一条一条石凳,石桌上设置棋盘,闲暇之时,旅居老人便可以在绿茵下手谈一局、交流经验,成为老人们打发时光的好去处。散步时累了,老人们也可以在棋盘边的石凳上坐下休憩,一边观赏河边美景、一边体味古榕之意,欣赏田园独特的风景,也可以打着竹扇,在棋盘旁"观战",一同享受悠闲、愉悦的光阴。

11.4.4 生态田园区

范围:生态田园区主要位于陈岙村西北区,分为农业生态观光园、休闲采摘和中草药种植园三个部分(见图 11-9)。

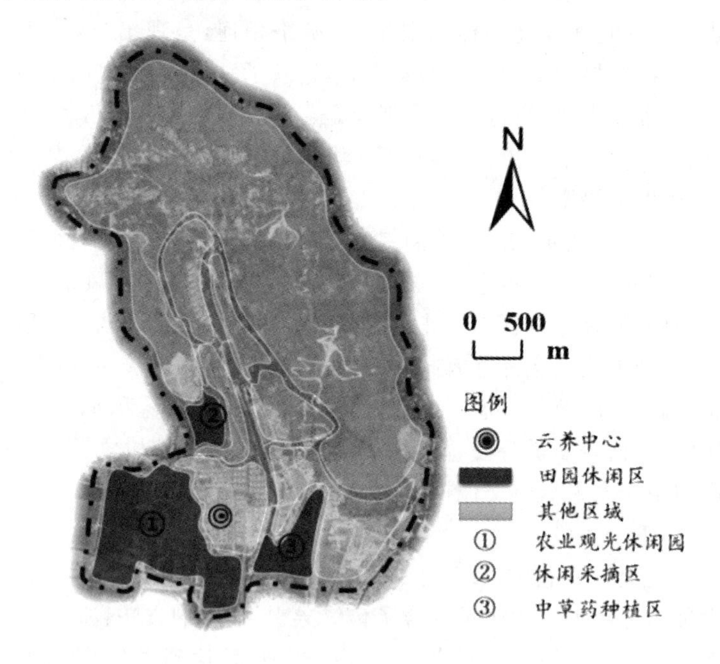

图 11-9 生态田园区范围图

主导功能:农耕体验、蔬果采摘、生态观光游览和中草药种植。

发展思路:依托陈岙村现有的资源优势,引入生态农业相关技术,将空余农田合理规划成生态农业观光园;利用原有山坡,种植当地特色果树,形成蔬果采摘园,水果成熟季节可为游客提供采摘活动;对本村目前闲置的农田进行综合整治,引入相关设备和技术人才,进行中草药的栽培。

创意设计:农业生态观光园、服务中心、花卉展览区、热带植物园、农业种植园、休闲垂钓区、休闲采摘区、中草药种植区。

(1)农业生态观光园

本项目利用农业景观资源和当地自然资源,因地制宜,注重农业景观开发,发展集农业种植、生态养殖和休闲观光于一体的生态农业示范园。以观光农业为核心,采用生态园模式进行园内农业的布局和生产,以生态农业作为农业观光的基础,体现“整体、循环、协调、再生”原则和“生态文化”内涵。科学规划生态观光园,引入相关技术,发挥生态园已有的生产优势,采用有机农业栽培和种植模式进行无公害蔬菜的生产,同时进行生态养殖,体现农业高科技的应用前景,形成产品特色,营造“绿色、安全、生态”的主题形象。

(2)服务中心

主要设置接待中心、办公室、餐厅、停车场等,同时设置医疗急救中心,配备完整医疗设施,以应对老年人在游览中的突发情况。

(3)花卉展览区

主要进行经济花卉种植,分为两部分,一部分为大棚区,另一部分为露天游览区。主要种植绿色盆栽、各类苗木和观赏价值较高、受老年人欢迎的花卉。将花卉按照特定形状种植,修剪各类苗木形成独特造型,带来一场视觉盛宴。

(4)热带植物园

建立大室内观赏区,全区设定恒温,设计种植观赏价值高的热带苗木,营造热带森林氛围,让老年人不出远门也能欣赏热带自然景观。

(5)农业种植园

规划种植绿色蔬菜、草莓和瓜果等经济作物。区内分三区进行规划种植,一个种植大棚区,一个体验种植大棚区和一个采摘大棚区。初步规划绿色蔬菜及瓜果选择适合当地种植的品种,如西瓜、草莓、花菜、茄子、番薯等。配套建设灌溉设施和棚间道路,满足农业种植需求。在农业种植区,不仅能看到如何生态种植各种瓜果蔬菜,还能体验种植的过程并采摘果实。

(6)休闲垂钓区

依靠水渠引水,设置垂钓区,在鱼塘内放养鲫鱼、草鱼、观赏鱼,供游客垂钓、观赏,垂钓区边建设亲水平台和水中亭,提供一个宜人的亲水空间。垂钓是一项休闲运动,能够修身养性,忘却烦恼,心身融入大自然中,其乐无穷,是非常适合老年人的休闲项目。

(7)休闲采摘区

地处大罗山南麓的陈岙村,依托大罗山拥有丰富的坡地资源。合理有效利用空余坡地资源,在尽量不破坏原有生态环境的前提下,选择成熟季节不同且具有当地特色的果树进行种植,规划形成休闲采摘园。依据生态学和可持续发展原理,对采摘园里的果树进行生态培养。在果树园中修建必要的石路,有利于人员对果树的培育和成熟季节时的采摘。选择种植当地特色且成熟月份不同的杨梅和蜜橘进行种植。杨梅的成熟季节在夏季,蜜橘的成熟季节在秋季,根据水果成熟季节的不同,在夏季举办杨梅采摘节,秋季组织蜜橘采摘节,组织在此地旅居的老年人一起上山采摘水果,重新体验过去的田园生活,回忆过去美好的生活。通过采摘活动,旅居老人通过自己的劳动收获时令水果,体验丰收的喜悦之情,为老年生活增添了趣味。

(8)中草药种植区

陈岙村留有多余农田,充分利用广阔的山区丘陵、优良的生态环境、适宜的土质,统一整理规划种植中草药,并聘请相关专业人员进行中草药的栽培。中草药种植区营造出浓厚的田园农耕生活氛围,满足老年群体回归田园生活的向往。此外,老年群体对养生这一话题十分关注,渴望健康长寿,可借此开展一系列有关中草药健康养生的讲座和科普,使旅居老人在旅居同时了解养生知识。中药种植区应根据老年人养生的需要种植相关养生中草药,并组织老年人了解学习如何种植中草药,体验农耕生活。计划种植白术、铁皮石斛、黄芪、板蓝根、丹参等适合在该区域的气候条件下种植的中草药。板蓝根适应性较强,能耐寒,喜温暖,怕水涝。春、秋季节温度适宜时,有清热解毒、凉血、利咽的功效。丹参味苦,微寒,具有活血祛瘀、通经止痛、清心除烦、凉血消痈之功效。白术种植以排水良好、土层深厚的微酸、碱及轻黏土为好,味苦,甘,性温,归脾、胃经,健脾益气,燥湿利水。铁皮石斛喜温暖湿润,味甘,性微寒,生津养胃,滋阴清热,润肺益肾,明目强腰。黄芪味甘,性微温,具有提高人体免疫力、强心降压、生肌、加强毛细血管抵抗力、延缓衰老的功效。这些中草药在养生方面有很大的作用,容易引起老年人的兴趣。

11.4.5 颐养公园

范围:颐养公园主要位于陈岙村东南方向,公园内分布有法云寺、宗祠文化馆等建筑。(见图 11-10)

功能:参佛祈福、参与文化活动。

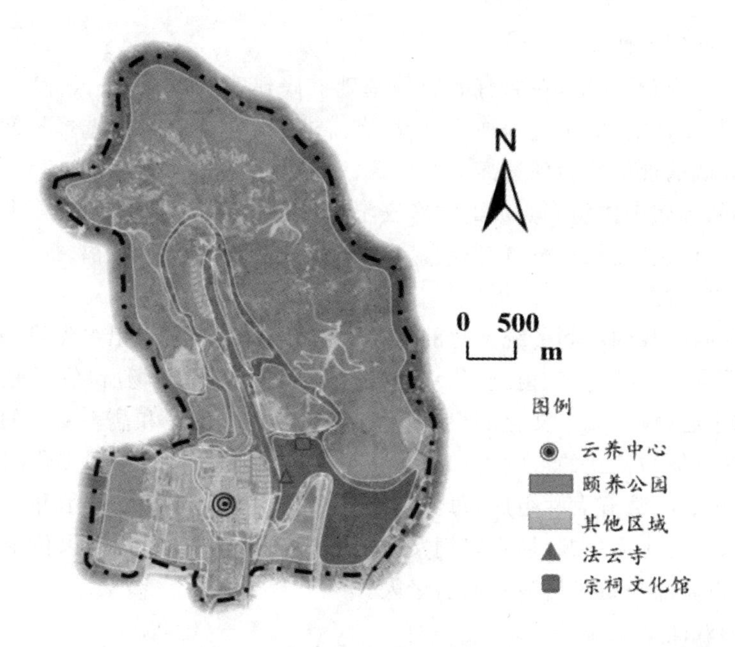

图 11-10 颐养公园范围示意图

发展思路:瞄准大量有宗教信仰、精神文化需求的旅居老人,为旅居老人提供参佛祈福、参与特色文化活动的活动中心。让老人深度体验远离世俗纷扰、修身养性的禅修生活,同时深入挖掘陈岙村文化特色,使老年人获得更加多元的精神文化体验。

当地特色:陈岙村法云寺初建于清光绪年间,民国十年重建五间两厢,“文革”期间寺宇化为废墟,当地善仕偕同管氏筹谋集资重建于 1973 年。后陆续修缮并扩建至现状,现占地面积 10000 平方米,建筑面积 6000 平方米,由大雄宝殿,天王殿,观音大殿,东、西厢廊阁附鼓楼及放生池等组成,建筑雄伟壮观、环境优美、空气清新,常年善男信女、香客络绎不绝,出现一派欣欣向荣景象。此外,陈岙村内还有佛光阁、极乐寺等可供上香祈福。

陈岙村文化底蕴深厚,有举办宗祠文化节、邻里文化节的习俗,村民作陈岙村歌《富在青山绿水间》,越剧新唱《美丽村庄数陈岙》,逢年过节,除了本村村民悉数参加,还会有周边村社的群众前来参加,在“民间大神”们表演特色文艺节目的同时,也会在节日里对评议出来的文明户、好人好事等进行隆重表彰。

创意设计:深度禅修、追古溯源、戏曲文化。

(1)深度禅修

突出“禅意”主题,在原有寺庙的基础上修建客房,打造法云寺“礼佛—素斋—游览—住宿”的全过程禅修体验,有需求的旅居老人可以选择长期住在寺中,用较低的价格体验到远离繁杂市区、过午不食、诵经祷告的真正寺庙生活,在古朴的寺庙中体验到心灵的清净安宁,体味到“禅意”的真谛;为短期体验的旅居老人提供“礼佛—游览”路线,欣赏法云寺的宏伟,上香祈福。

(2)追古溯源

宗祠,是我国民间传统文化的重要组成部分,是族人祭祀祖先或先贤的堂宇,也是家族议事、供奉祖先、传承礼德、团结族人的重要场所,它既是家族的象征和中心,也是乡土文化的根,作为中华民族悠久历史和儒教文化的象征与标志,具有无与伦比的影响力和历史价值。陈岙村独有的宗祠文化园主要由钱、陈、董、叶、戴五大姓组成,每年还会举办宗祠文化节。以传承和弘扬孝道文化、邻里文化为主题,加强宗祠文化园和姓氏文化馆的建设,以传统的文化及古色古香的建筑风格吸引旅居老人。

(3)戏曲文化

越剧发源于浙江绍兴,有第二国剧之称,又被称为是“流传最广的地方剧种”,先后在杭州和上海发展壮大起来,并流行于全国。越剧长于抒情,以唱为主,声音优美动听,表演真切动人,唯美典雅,极具江南灵秀之气。陈岙村的越剧剧团曾以越剧形式新唱《美丽村庄数陈岙》。支持陈岙村原有的戏曲活动队伍进行戏曲活动,并在养生活动中心内提供戏曲活动场地,每月举办一次戏曲展示活动,吸引有戏曲爱好的旅居老人参与,也为旅居老人提供听戏娱乐的场所。

11.4.6 登高览胜区

范围:在陈岙村东部以及北部,包括登高观光点,森林氧吧,九楼、大潭、狮子口三个景点以及户外露营地(见图 11-11)。

功能:休闲观光、登山健身。

发展思路:利用陈岙村地形优势以及优美自然风光,以东部和北部的丘陵地带为依托,形成了一条长约 9 千米的大罗山登山步道,该游步道从陈岙村东南部山脚出发,经过三个登高观光点,九楼、大潭、狮子口三个景点以及游客服务中心,为老年人打造一条轻松舒适的旅游观光路线,并且考虑到部分老年人的体力以及精力有限,另外打造三条由山脚直通登高观光点的次要游步道,助力老年人开启“观光、休闲、健身”多元结合的自然之旅。

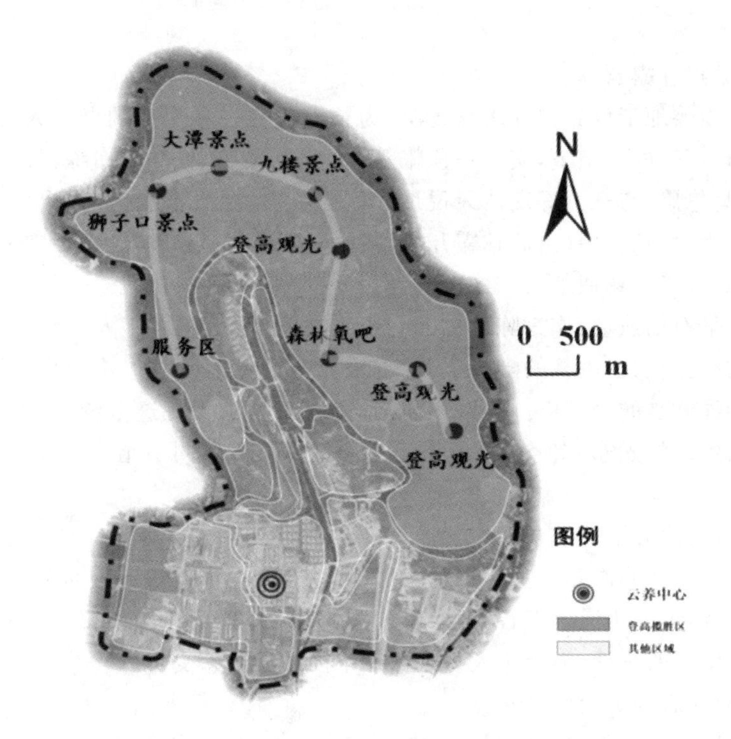

图 11-11 陈岙村登高揽胜区位图

创意设计:登高观光、森林氧吧、户外露营、古采石场遗址、石阶大道、横岩洞观景台、大潭水库、古亭、杨梅林、龙须瀑、狮子口观景台、飞来石。

(1)登高观光

三个登高观光点位于陈岙村东部,由主要游步道连接,并且有三条次要游步道可以直达,健康咨询师根据老年人的身体状况以及锻炼需求,为其提供合适的健康发展路线。游步道均建设在坡度较缓的山谷处,由居住区出发直通登高观光点,沿途地区均为植被覆盖区,让老年人在锻炼身体的同时,也能呼吸新鲜的空气,感受到来自自然的美好。登高观光点设置休息区,安置舒适的观光座位,老年人在休息的同时也能一览山下胜状。

(2)森林氧吧

以健康、疗养为理念,于游步道附近建设森林氧吧。陈岙村三面环山,尤其是东部山丘,植被覆盖条件良好,以森林、山石、溪涧为基点,以高含量的对人体健康极为有益的森林空气负氧离子和植物精气等生态因子为特色,辅以与周围环境相应的游憩设施,为老年人在登山过程中提供一个休憩调整的处所。

(3)户外露营

于山腰地带设置户外露营场所，为长期居住在楼房中的老年人带来全新体验，在夜晚的星空下，支上一顶帐篷，尽享星光如织、月光如练，且听蛙声阵阵、蝉鸣悠悠，与三五好友谈天说地、享受人生。翌日清晨，整顿出发，来到山顶的观光台，感受“日出而林霏开，云归而岩穴暝”的魅力。

(4)古采石场遗址

古采石场遗址，作为陈岙村的一个人文景观，带领老年人感受历史、感受这里的石文化，在山林的幽静里，聆听来自几百年前叮当作响的采石锤声，石工们雄浑激越的号子声。几百年前，千万个采石工人在这里劳动、生活，绽放着自己生命的光彩，如今，只留下这些石墙石柱，如同一道道无字墓碑或纪念碑。

(5)石阶大道

陈岙村目前修建了一条石阶大道，宽达3米多的石阶道延伸至山顶，跟步道相结合，走完步道再走石阶，绿树成列，光影斑驳，轻轻踏上石阶，感受石头上历史留下的纹理，为老年人提供与众不同的锻炼感受。

(6)横岩洞观景台

一块巨大屏幕似的岩石耸立在一座小山上，巨岩的下部是一个黑黝黝的大洞，那就是横岩洞。岩洞外侧有一观景台，放眼望北，雄浑巍峨的仙岩与嵯峨挺拔的石笋山峰比肩而立，与周围那绵延不断的青山构成了一幅壮美的图画。老年人在游玩途中，可于此地暂歇，感受岩洞魅力，眺望远处风景。

(7)大潭水库

大潭水库，位于陈岙村北部山丘之上，作为陈岙村唯一的水库，在陈岙村的地位不言而喻。“风乍起，吹皱一池春水”，身处其境，心中的湖泊也荡起涟漪，感受自然与人文的美妙结合。

(8)古亭

亭尖深沉的枣红；亭柱古老的墨绿；石桌、石椅幻想的灰白，组成一幅幅美丽的图画。亭旁绿树掩映，流水潺潺，蜂歌蝶舞，清风拂面，老年人可于亭中小憩，静思、谈天，凉风拂过，吹散一身的疲惫。

(9)杨梅林

杨梅作为浙江地区的特色作物，陈岙村依托地域优势以及适宜的气候条件，与大潭景点培育杨梅林，让老年人在登山的途中，可以体验采摘的乐趣，品味杨梅的甘甜，感受“游人过此尝一颗，满嘴酸甜不思归”的魅力。

(10)龙须瀑

龙须瀑,因瀑布飘洒而下形似龙须而得名。瀑布犹如龙口中垂下的龙须,因风作态,冉冉飞动,极其奇特。瀑布两侧翠峰高耸,宽约 2 米。谷底冲刷成壕,银链悬挂,白素翻飞,天女散花,泻入碧潭,银蛇飞舞,小桥流水,天上人间。

(11)狮子口观景台

狮子口观景台位于龙须瀑顶部,视野开阔,是观赏瀑布的绝佳位置。登上观景台,俯视瀑布,承受冲击的岩石已经凹了下去,沸腾着白色的泡沫,在水柱强烈的冲击下反弹出来,阳光斜射在瀑布上,银幕高悬,彩龙飞舞,妙趣横生。

(12)飞来石

陈岙的山上岩石裸露,在千百年风雕雨琢、鬼斧神工之后,更是象形附会,惟妙惟肖。在众多奇山异石之中:巨鲸出水、神龟入海、王母仙桃等奇景都是神来之笔!活灵活现,绝世无双。

11.5 田园式旅居养老产品体系

以“雁居”“云养”为核心,依托陈岙村丰富的旅游资源和良好的基础设施,打造陈岙村田园式特色养老产业体系:以“云养”为核心的智慧养老康复中心和以“雁居”为核心的旅游养老。

智慧康复养老中心:依托陈岙村已经较为完善的基础设施建设,对陈岙村内已有的民宿酒店建筑及部分建筑进行相应改造,构建一个集康养医院、康养数据中心、养老居住为一体的康复养老中心。

康养医院:功能设备齐全,引进健康科技 HRA 健康风险评估系统、PMR 微循环修复系统以及 ADTS 记忆力障碍训练系统,满足多层次个性化养老服务需求,不但为新入住的老人提供疾病早期筛查服务,做到早知道、早预防、早治疗;而且还为居住的老人提供特色健康管理服务以及动态慢病管理服务,为当地居民健康谋福祉。

康养数据中心:充分利用互联网+、云计算、物联网等信息技术,建立健康管理平台,收集老人随声佩戴的智能手环和康养医院等机构对老人定期的身体检测数据,利用互联网云计算对老人的身体健康情况进行评估,及时反馈给家人、医生和康养中心,医生可以就此对老人进行健康干预和指导;家人也可以实时了解老人的健康状况,给予老人及时的关爱和帮助(见图 11-12)。

田园式旅游养老:陈岙村拥有得天独厚的旅游资源,陈岙村拥有国家级

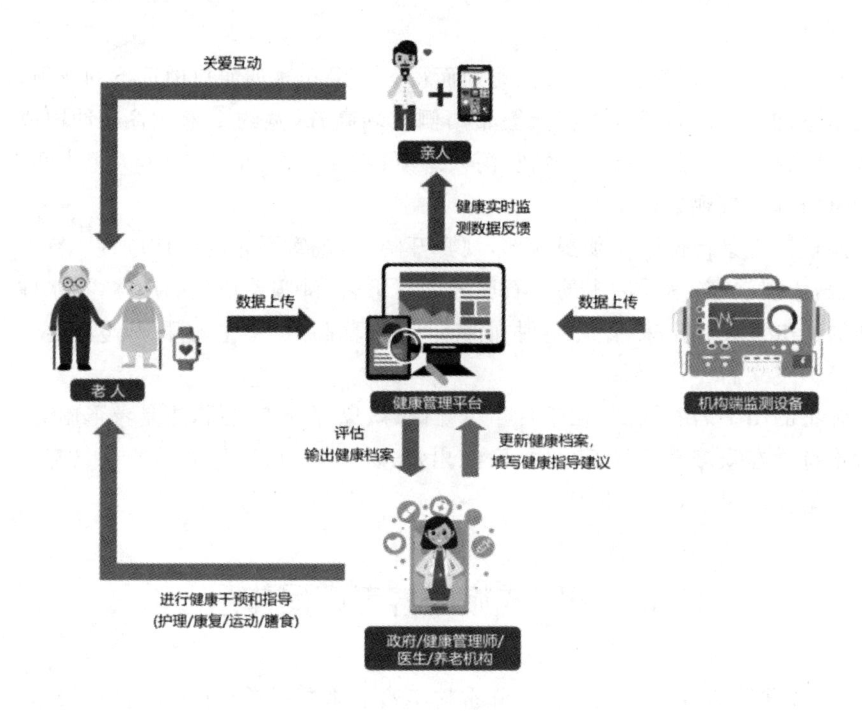

图 11-12　智慧养老模式

AAA级旅游景区,紧依富有特色的大罗山,山清水秀,风景宜人。其良好的山水资源,优美的生态环境,不仅适宜旅游业的发展也为旅居式的养老产业发展奠定了基础(见表 11-3)。

表 11-3　田园式旅居养老产品体系

项目/内容	体验内容	活动描述
休闲采摘	农耕体验 生态观光	在当地的规划的农耕体验观光区体验蔬菜等农作物的采摘种植
悠闲垂钓	渔家体验 滨水游玩	垂钓游玩,了解当地文化,放松身心,修身养性
参佛祈福	宗教文化 宗祠文化	在法云寺参拜祈福 观光法云寺东侧的陈岙宗祠文化园,了解村内钱、陈、董、戴、叶五姓宗族,体验宗祠文化

续表

项目/内容	体验内容	活动描述
登山健身	户外运动 健身游玩	大罗山国家级登山步道,呈双环线分布,全程 9 公里,大概需要步行一个半小时。步道沿途有九楼采石场遗址、叮咚泉、狮子口、十八档等自然人文景观,风景优美,可以在锻炼的同时享受山上沿途的风光。
摄影基地	摄影艺术	在村内的九龙、青青、竹韵三家摄影工作室进行摄影拍照,为旅居生活留下美好回忆。
生态游船	水岸慢行 水漾休闲	集运动、休闲等功能于一体,游船造型美观,驾控潇洒自如,如履平地,令人流连忘返,深受旅游者的喜爱,且无污染,是真正的绿色环保运动型水上游乐设施。

11.6 田园式旅居养老服务要素体系

11.6.1 田园式旅居养老综合服务体系

(1)田园式旅居养老智慧疗养体系

在旅居养老健康服务体系的建设中,以方便、快捷、全面为目标,统筹规划布局,强化规范管理,结合大数据的优势,在公共服务区内建设老年人健康智慧疗养中心,并给每位老年人配备智能健康手环,实时监测老年人的身体健康,采用实时更新的模式,在总体上管控老年人的身体健康状况,以便及时应对突发情况,保证老年人的健康。

老年人康养数据中心拥有健康管理平台,通过机构端检测设备采集老年人的健康数据,上传到该平台,由医疗服务人员对老年人的健康档案进行更新或者补充,并且提出健康指导建议,提出疗养方案。健康管理平台可对老年人的健康状态进行有效的评估,及时地输出健康档案、做出疾病预测,反馈给老年人的家人,并且由当地医疗服务人员及健康管理师对老年人进行健康干预和指导,根据其身体状况的不同为其制定健康康复疗养计划,包括护理、康复、运动、膳食等方面,为老年人的健康安全提供最为完备的守护(见图 11-13)。

(2)田园式旅居养老休闲娱乐体系

在旅居养老休闲娱乐体系建设方面,完善陈岙村的娱乐休闲配套设施(见图 11-14),重点打造适合老年人的休闲旅游项目。陈岙村拥有陈岙生态休闲

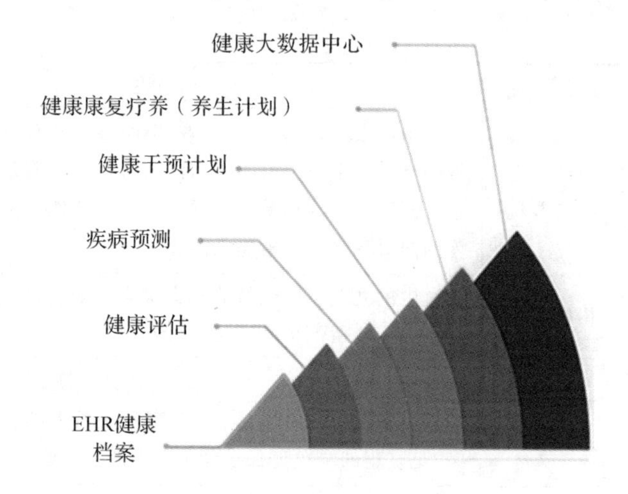

图 11-13　健康管理系统示意图

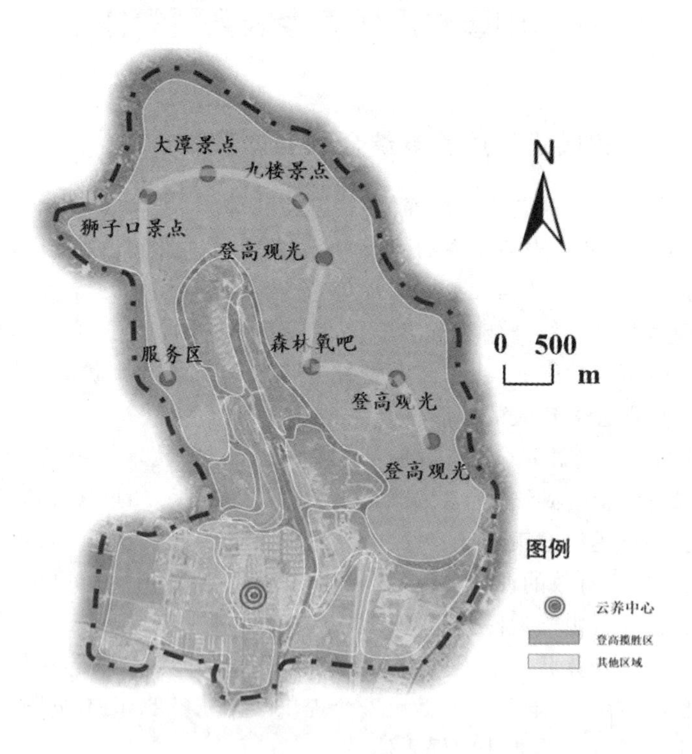

图 11-14　陈岙村休闲娱乐景点分布图

旅游区,占地面积 3000 余亩。紧依富有特色的大罗山,有着天地恩赐的自然资源,山清水秀,风景宜人,是远近闻名的美丽乡村建设典范村。依托山水资源优势,陈岙村发展以文化、康养、度假为主题的生态休闲型旅游产品,为旅居疗养的老年人设计合适有趣旅游项目,包括休闲采摘、中草药种植、登高观光、休闲垂钓、户外露营等活动,构建旅居养老休闲娱乐体系。旅居养老休闲娱乐体系主要包括登高览胜区、养老度假区、榕寿步道区、田园休闲区、颐养公园五个区块,为老年人提供丰富的旅居体验,尝试以前并未尝试过的项目,享受田园式旅居养老。

11.6.2 田园式旅居养老公共服务体系

在旅居养老公共服务体系中,通过沿途的电子信息提示牌以及健康服务站点的咨询服务,为老年人提供明确有效的信息,打造快捷、便利的服务。完善旅游集散地+信息咨询+旅游厕所+医疗中心+公共休息区(见表 11-4)。

表 11-4 陈岙村田园式旅居养老公共服务体系

公共服务体系	布局
旅居交通服务体系	设置老年人专属旅游交通通道,如休闲步道、无障碍通道、公共交通路线等,增设旅游交通换乘站点以及老年人休息站点,完善旅游标识系统,并且提供紧急呼叫服务功能。
旅居咨询服务体系	陈岙村核心服务区为陈岙村一级旅游咨询服务中心,在另外的五大分区分别设置二级服务中心,为老年人提供交通引导、景区解说等服务内容,并且增设电子地图、智能导游等智慧旅游服务,对接“旅游+互联网”计划。
旅居安保服务体系	注重老年人在食宿和娱乐方面的安全性,在确保老年人自身健康的同时,也保证其周边环境的安全性,设置安全标识与灭火器、安全锤等安全急救器械,并且对老年人进行安全自救知识的普及,建立安全应急预案。
旅居服务培训体系	规范旅居养老行业相关评定标准,建立旅居养老服务从业者教育培训服务基地,以提高服务者的专业素养和职业规范。
旅居便民惠民体系	对当地老年人或者多次前往的老年人提供优惠政策,并且可以办理年卡业务,便利旅居老人也增强了项目的可持续性。

11.7 田园式旅居养老实施建议

陈岙村作为以旅游经济为主的乡村，其乡村旅居养老养生产品侧重于智慧疗养型创意旅居产品，开发应紧紧围绕“古榕·雁居·云养”这个主题，结合陈岙村以古榕树为特色的优美自然景观、先进的旅居文化创意产业和大数据时代的优势，设计出适合老年人疗养休闲的特色旅居方案，推动陈岙村旅居养老产业的可持续发展。

11.7.1 加大市场营销，树立品牌形象

和而不同，求同存异。设立旅游宣传专项资金，多层次进行陈岙宣传工作。在多级电视媒体以及互联网新媒体上投放“古榕·雁居·云养”陈岙的广告，特别需要重点关注浙江省内尤其是城市区域内的电视台。对核心客源市场温州、宁波、杭州等地区报纸上定期做陈岙推介工作。制作陈岙旅居网页，在各大旅游网站上进行推介，全力打造品牌形象，形成市场竞争优势。

由于地域相近、文化同源，为了吸引基础人群，保留和温州市内乡村大同小异的人文、地貌景观；同时，为了在同质化严重的“旅居养老”市场中大放异彩，要结合最新时代背景，紧跟社会潮流，挖掘陈岙村旅居养老基地的特色功能，打造品牌活动，扩大“旅居养老”产业面向群体。

11.7.2 政府主导发展，引入社会资本

宏观调控，社会共助。发展陈岙村乡村旅居离不开政府的支持和引导，政府制定旅游管理服务规范和标准，对养生养老服务中心的卫生标准进行统一策划引导，推动民宿等产业升级。招商引资，吸引资本下乡，解决资本下乡难的问题。动用全社会力量来解决落地难的问题，完善公共服务和旅游服务设施，增强公共服务功能。

直面“旅居养老”产业发展中遇到的问题，完善相关政策如异地医保问题，减少消息本就闭塞且寻求舒适养老环境的老人就医时的麻烦。此外，完善旅居养老相关体系，减短产业投入—产出周期，降低投资风险，引入社会资本，提供高端服务，吸引更多客户，形成良性循环。

11.7.3 提供专业培训,提高服务水平

养老之业,素质先行。制定现代旅游职业标准体系和人才评价制度,培养理论基础扎实、实践经验丰富的旅游业以及养老企业人才,来助力陈岙村的田园式旅居养老模式。一方面“请进来”,聘用专家来陈岙村对旅游和养老从业人员进行培训;另一方面“走出去”,派遣人员到旅游发达地区以及智慧养老发展较为完备地区学习相关经验;与高校的旅游学院进行定向合作,培育出更多的高层次管理人才进行旅居管理,建立与高校联系的实习基地,提升旅居服务品质。

对陈岙村实行的集中家庭养老、社区居家养老、村办养老院相结合的养老模式的管理人员进行系统培训,提高就业人员的学历门槛,优先培养有专门管理经验的人,再辐射开来。扩大老人公寓服务人员的招募范围,对合适的应聘者进行专门的养老护理知识和技能培训,提升他们的专业素养与职业规范。增加“旅居养老式”景点服务人员养护素质考核,通过测试方可上岗。

11.7.4 打造养老经济,提高营运质量

寻求共性,美美与共。要提高整个陈岙村田园式旅居养老产业的发展,实现共同富裕,单靠一个人或者一个产业是远远不够的,要让所有村民树立共荣共享的意识,积极投入到村组织以及当地田园式旅居养老产业的建设中来,村民们积极交流经验,互帮互助,实现村集体内的互相学习借鉴,提高田园式旅居养老产业的运营能力,以促进该产业的健康发展。并且需要形成内部的约束机制,避免出现恶性竞争。

陈岙村的基础设施、医疗、旅游、交通等资源并不落后,需要改进的是各方面资源的联动发展。针对地理位置、资源价值等方面的限制,可以扩大开放,增加与外界联系,既减少地理限制也使资源价值利用最大化,针对当地的医疗服务条件和水平,可以依托大数据技术打造“云养”智慧养老系统。针对养老基地与相关活动景点相距较远的问题,制定专门的老年人出行路线。

第12章 “智汇橘香”：涌泉镇延恩村柑橘产业数字农业创意策划

党的十八大以来，我国数字农业农村建设取得明显成效。当前及“十四五”时期是推进农业农村数字化的重要战略机遇期，应顺应时代趋势，把握发展机遇，加快数字技术推广应用，大力提升数字化生产力，抢占数字农业农村制高点，推动农业高质量发展和乡村全面振兴，让广大农民共享数字经济发展红利。明确了新时期数字农业农村建设的思路，要求以产业数字化、数字产业化为发展主线，着力建设基础数据资源体系，加强数字生产能力建设，加快农业农村生产经营、管理服务数字化改造，强化关键技术装备创新和重大工程设施建设，全面提升农业农村生产智能化、经营网络化、管理高效化、服务便捷化水平，以数字化引领驱动农业农村现代化，为实现乡村全面振兴提供有力支撑。

《涌泉镇2020年工作总结和2021年工作计划》中提到2021年是开启全面建设社会主义现代化国家新征程之年，也是“十四五”规划开局之年，更是中国共产党建党100周年，做好今年的经济工作尤为重要。《计划》建议涌泉镇经济社会发展的主要预期指标为：实现工商税收2亿元，增长5%以上；规上工业产值23亿元，增长10%以上；自营出口4.5亿元，增长15%以上；工业性投资1亿元。

本项目综合考虑国家政策背景的基础上，结合延恩村当地自然和人文资源，提出了“智汇橘香”涌泉镇延恩村柑橘产业智慧农业的策划设计理念，构建实现农业智慧转型，打造蜜橘产业品牌的模式。本调研在文献资料收集、村镇调查基础上，综合运用体验经济理论、产业融合理论和文化创意等理论，打造柑橘产业智慧农业多元化发展模式。通过对延恩村数字农业和柑橘品牌形象设计，系统有效的构建智慧产业的模式，优化柑橘产业的结构，实现乡村数字农业的可持续发展。本项目构建了涌泉镇延恩村柑橘产业的数字农业模式：一是推进设施要素全面升级。蜜橘从播种、施肥、生长、采摘、存储到后期销售都可利用数字化技术。山地、大棚内橘林水肥一体化，推广无人机农药精准喷洒;借助智能监控、物联网技术对田地情况、病虫害问题实时监测;利用云平台对数据进行处理,农户实现对田地远程操控;依托大型机器实现田间橘林的机械化、简易化采摘;通过新媒体技术,直播带货、电商平台等途径实现蜜橘收益最大化。二是推进农旅融合发展。做好“旅游+农业”产业融合发展文章,促进旅游与美丽乡村建设有效衔接,开发兰田民俗村、柑橘采摘游、长乐大山康养基地等乡村旅游产品,发展集种植加工、休闲观光、旅游购物于一体的农村休闲旅游线路。三是扩大宣传推介影响力。立足涌泉本土文化,继续举办好无核蜜橘节、橘花节等涌泉特色主题活动,充分利用三微一端等新媒体平台,形成多形式、广覆盖、立体化的宣传叠加效应,提高蜜橘知名度,进一步打造涌泉蜜橘产业品牌。

12.1 村镇基本情况

12.1.1 村镇基本概况

(1)涌泉镇概况

涌泉镇位于临海市东南部,东临椒江区,南濒灵江、北连牛头山水库、西与邵家渡接壤,是台州市的“后花园”,是市级农业示范乡镇(见图 12-1)。镇政府驻地距临海市中心 26 公里,离台州市政府和海门港约 7 公里。独特的地理风貌形成背山、面江、腹平原,是最适合人口居住的地方之一。镇区三面环山,桐峙山、九支山、望海尖山,绵延起伏,林木葱茏。南面平原河流交织成网,灵江和 83 省道似两条“彩练”从镇区前穿过。

全镇面积 112 平方千米,辖 4 个工作区,39 个行政村,人口 49260 人(2017 年),陆路与水路配套、交通运输十分便捷。涌泉镇地处浙江第三大水系的灵江下游北岸、水路与椒江相接、经台州湾出海、可通达沪、甬等地,以灵江为主航道,沿江设有人渡码头 5 座、大型客货轮码头 1 座,能活水停靠万吨级船舶,经台州湾出海;陆路有沿江 83 省道绕镇而过,还有台金高速公路东延线、甬台温铁路、甬台温高速公路等穿镇而过。镇区距椒江大桥仅 6 公里,离海门湾 7 公里,距甬台温高速公路入口 25 公里,区位优势明显。涌泉镇以第一产业为主导,其中又以柑橘作为全镇农业的主导产业。工业以船舶修造、医药化工、机械制造、绣衣等为主导产业,2017 年工业总产值 38.37 亿元。全镇拥有大小企业 150 家,规模上企业 22 家,工业产值以每年 13%以上的速度实

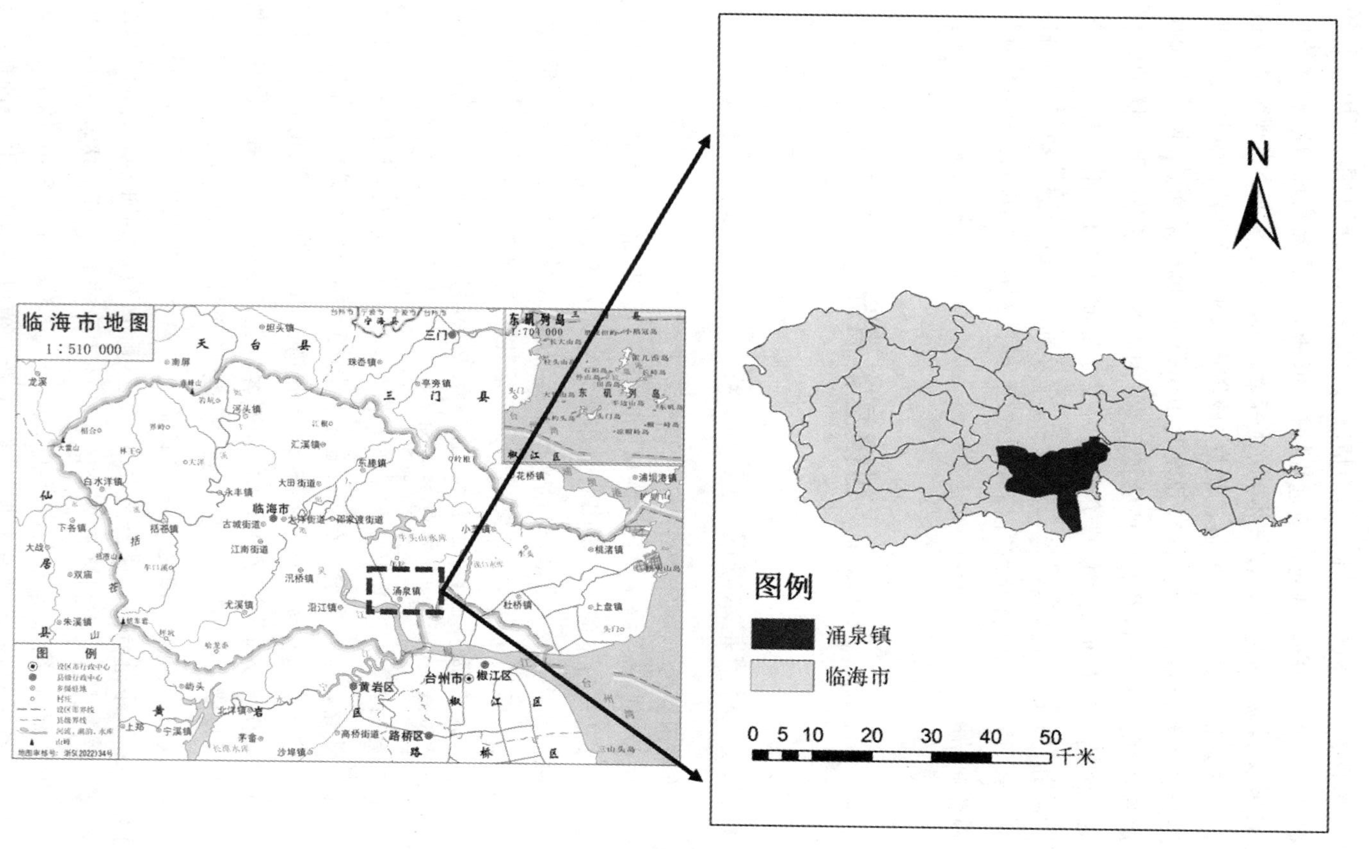

图 12-1 村镇地理区位图

现平稳增长。人文荟萃,造就了涌泉从古到今的人文古迹。涌泉主要景区有延恩寺、南屏山、兰田山。古寺古院和山水风光交相辉映,人文与自然并存,推动着涌泉旅游业的蓬勃发展。全镇基本上形成了以柑橘为主的特色农业、以造船、医化、机械制造为主的现代工业。以生态旅游为主的新兴旅游业。以农带工,以农养工,使涌泉经济繁荣,结构合理,工业快速发展。涌泉是中国无核蜜橘之乡主产地,工业则以船舶修造、医药化工、机械制造、绣衣等为主导产业。2007 年被评为浙江省级生态镇、省体育强镇、省小康型老年体育镇、省农业特色优势产业强镇、台州市新农村建设先进集体等。

(2)延恩村概况

延恩村东枕南屏山(见图 12-2),西邻千年古刹延恩寺,“延恩”两字源于咸通八年,唐朝懿宗皇帝赐名晋代古刹延恩,故 2018 年 8 月,外岙、联合新等二村合并取名为延恩村。全村共有 34 个村民小组,681 户,2335 人,党员 95 人。涌泉高品质柑橘种植基地以延恩村为代表,柑橘收入占当地农民收入的 70%。全村共有柑橘种植面积 3500 余亩,延恩村人均年收入约 3 万元,村集体经济年收入约 100 万元。延恩村两委共有 18 人,其中党支部有 11 人,村务工作领导小组有 9 人,交叉兼职 2 人。近年来,该村以“净化、硬化、亮化、绿化、美化”为抓手,因地制宜推进宜居环境建设,建成“景美业兴民富”诗画乡村。并曾先后获得全国绿色小康村、省兴林富民示范村、省级美丽乡村、省级农家乐特色村、省精品项目村、台州市全面小康示范村、台州市生态村等荣誉称号。

12.1.2 村庄发展困境及解决措施

(1)村庄发展困境

从业人员老龄化:根据调查结果发现,延恩村青壮年劳动力大量流失,空心化严重,从业人口结构单一,以中老年为主,依赖经验种植,年轻劳动力的大量流失导致延恩村劳动力老龄化严重、蜜橘产业发展受阻而年轻劳动力流失的原因有:

蜜橘种植地分散:在调研中了解到延恩村橘林大多数为家庭传承,种植地分散。

山地肥料、灌溉需人力:延恩村蜜橘林大多分布在山地中,水肥运输过度依赖人力,运输不便。

无人机喷洒不全面:植保无人机多数是从柑橘树上部施药,往往只照顾到树体外围叶片,特别是柑橘一些顽固性害虫,比如柑橘红蜘蛛,它们多数是潜伏在叶背,安装传统喷头的植保无人机对柑橘类果树实际作业效果欠佳,难以实现对果树病虫全面预防和消杀。

(2)相应解决措施

①增加数字农业覆盖率,吸引年轻人回乡种橘

通过蜜橘种植经验数字化、种植简易化、技术先进化,更好地吸引年轻人回乡种橘,为蜜橘事业注入新活力,实现动态双循环,拉动当地经济发展。

大力发展特色、现代农业,提高经济收益:目前,伴随经济发展,农业追求转型升级,由传统的人耕农业发展到数字农业。将先进技术运用于现代农业,利用大型机器完成播种、施肥、采摘、存储、销售等步骤,在降低人工成本的同时收获较高的经济效益。就现今延恩村蜜橘种植业而言,整体科技水平含量低,人工依赖性大,且青壮年劳动力流失严重,如何提高山区农业生产效率、减轻果农的劳动强度、解决山区年劳力不足迫在眉睫。因此,应当积极发展数字农业,使得蜜橘的播种、培育、管理智能化,实现低消耗、高效益,以此来吸引更多的年轻劳动力回乡发展(见图 12-2)。

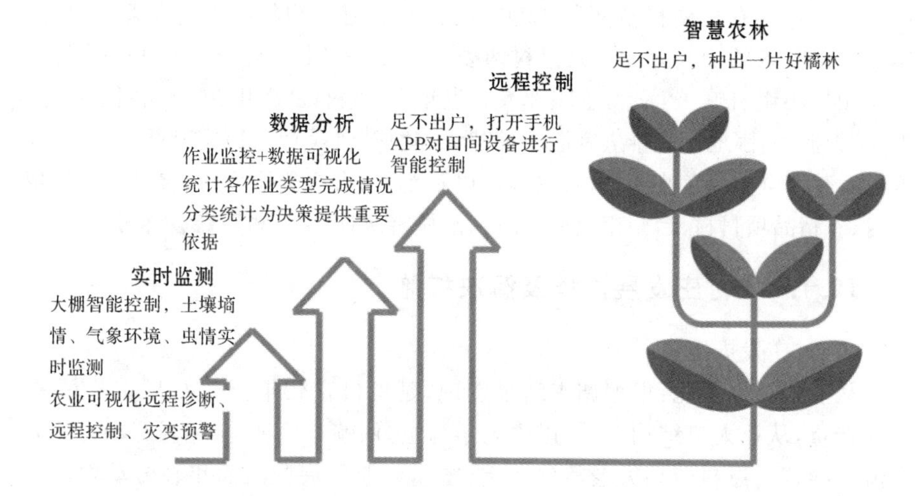

图 12-2　现代农业技术

完善相关政策,鼓励和支持大学生到农村创业:现代农业的发展离不开高素质人才,大学生文化知识丰富思维活跃,国家应进一步完善相关政策鼓励和支持大学生到农村创业,以此补充农村的年轻劳动力,进而推动我国现代农业的发展。国家提出的乡村振兴发展战略,让更多大学生走进农村、建设农村,发展当地特色农业,积极推进乡村旅游,增加乡村经济效益,进而吸引更多的高素质人才返乡建设。

不断完善农村的基础物质文化设施,丰富业余生活:农村由于基础文化设施的缺乏,娱乐活动少,网络建设落后,使得农民的精神文化生活单调。因此想要吸引年轻劳动力,需不断完善网络建设,实现网络信号村村覆盖、户户覆盖,使年轻人不仅能轻松地通过网络获得信息,也能利用网络平台发展贸易、宣传等;不断丰富农村的精神文化生活,并不断结合当地实际开展各种形式的文化建设活动。

②建立橘林大数据,给每一片橘林建立身份证

对延恩村蜜橘种植地进行全方位的数字采集包括橘林空间分布、面积、权属、限制及利用状况等信息,对每家所属的橘林进行明确定位,制定专属身份信息,方便查找和监测。

③利用自动化补充水肥技术

利用蜜橘自动化补充水肥技术,建立水肥一体化自动控制系统,该系统可以帮助生产者实现自动水肥一体化管理。该系统会按照农户设定的配方、灌溉过程参数自动控制灌溉量、吸肥量、肥液浓度、酸碱度等水肥过程的重要参数,实现对灌溉、施肥的定时、定量控制,充分提高水肥利用率,实现节水、节肥,改善土壤环境,提高蜜橘品质的目的。农户可用电脑、手机远程监管,突破时空限制。

④更换农药喷洒喷头,提高农药利用率

离心雾化喷头在不同植保机械上使用,在同等防治效果下,用水量减少85%左右,节约能源,而且雾滴细小分布均匀、雾滴密度大、农药喷洒的覆盖面更全面,提高了农药的利用率,由于施药高度降低,减少了药液飘逸对环境造成的污染。

12.1.3　总体目标

初期目标:实现产业数字化全覆盖,深入各大生鲜市场。

中期目标:打造以智慧农业、科创种橘、涌泉蜜橘为主题的专营实体店。

远期目标:为产品特色服务,开展集应季采摘、休闲度假、体验智慧农园为一体的生态旅游;有效延长围绕柑橘的产业链,实现柑橘价值最大化。

12.2 市场分析

12.2.1 市场现状

中国作为柑橘的重要原产地之一，资源丰富，优良品种繁多，有4000多年的栽培历史。经过长期栽培、选择，柑橘成了人类的珍贵果品。柑橘，是橘、柑、橙、柚、枳等的总称。柑橘气味芬芳、味道鲜美且营养丰富、种植收益较高等特点，已成为中国栽培面积最大、产量最高和消费量最大的水果。同时中国柑橘种植面积也逐年攀升。根据国家统计局数据显示，2019年中国柑橘园面积达2617.3千公顷，同比上升5.3%。随着中国柑橘园面积不断上升，以及中国柑橘品种不断改善，中国柑橘产量不断上升。据统计，2011年中国柑橘产量仅为2864.12万吨，到2019年中国柑橘产量上升至4584.54万吨，2011—2019年中国柑橘产量上升幅度总体达到60.1%。2019年中国柑橘园面积最大的省为广西壮族自治区，浙江省柑橘产量位列全国第九，其中由于气候适合柑橘生长，并且种植技术不断改良精进，使得浙江省柑橘单位产量较为突出。

由于人民可支配收入的增加和对生活质量要求的提高，中国市场对于水果特别是柑橘的需求量不断提升。2019年中国柑橘市场需求量为4539.8万吨，较2018年增加446.7万吨。同时2011—2019年中国柑橘市场人均需求也稳健增长，2011年中国柑橘市场人均需求为20.69千克/人，2019年中国柑橘市场人均需求达到32.43千克/人。伴随人均收入水平进一步提高，未来柑橘市场的需求将会继续扩大。

12.2.2 中国柑橘产业未来发展趋势

(1)提质增效，着力普及标准化生产技术

从目前生产过程来看，一方面果农迫切需要高效、优质、省力、轻简的栽培技术，另一方面老旧橘园管理观念落后、综合基础配套设施薄弱、用肥用药失当现象严重、科学标准化技术措施落实滞后。因此，需要提高农业技术集成的精度、挖掘农业技术推广的深度、加大农业技术示范的力度、拓展农业技术研究广度、加快橘园转型升级的速度。

(2)适地适栽,着力优化品种结构布局

从目前市场消费来看,一方面柑橘产量供过于求,另一方面风味佳、品质好、果形奇、耐贮运、易丰产、价值高的柑橘品种仍然受到消费者热捧和经销商的青睐。因此,种植前需科学规划、合理布局,必须根据当地的气候环境和种植区域立地条件,结合品种的成熟期和经济价值,兼顾社会效益和生态效益,通过补植补栽、高接换种、老园更新换代、新建品种示范园等方式,以示范引领、以奖代补等措施,调整优化种植结构,均衡市场供应。

(3)培育主体,着力强化全产业链建设

从目前产业化生产来看,强势的产业主体,一方面可以带动集约化、标准化、规模化生产,另一方面会自觉地加强品牌维护和建设,提升产品质量和档次,加快软硬件建设,提高应对市场风险能力。因此,需要配套相应的激励机制,培育一批生产主体、营销主体、贮运加工主体,提高产业发展后劲。

12.2.3 智慧农业发展现状及实施必要性

智慧农业是中国农业全新的发展阶段,也是农业产业发展的高级形态。所谓智慧农业,是指充分运用云计算、大数据、物联网、人工智能等现代科学技术,以此来提高农业生产、管理效率,提高农产品市场竞争力,全面升级改造农业全产业链,进而实现农业的可持续发展。从广义来讲,除了精准感知、智能控制和经营预测决策技术体系外,农业电子商务、食品溯源防伪、农业休闲旅游、农业信息服务等方面也包含于智慧农业体系内容之中。

(1)智慧农业发展现状

①国家大力支持智慧农业发展

近年来,在国家政策的大力支持下,智慧农业发展迅速。以山东、河南等为代表的全国 18 个省市开展了整省建制的信息进村入户工程,全国 1/3 的行政村建立了益农信息社,农村信息综合服务能力不断提升;广东、浙江等 14 个省市开展了农业电子商务试点,在 428 个国家级贫困县开展电商精准扶贫试点。

②村镇基本实现信息化建设

我国已初步建成融合、绿色、安全的宽带网络环境,基本实现“农村宽带近乡入村”。据中国互联网络信息中心数据表明,目前我国互联网和 4G 村级覆盖率达 98%以上。2021 年,我国农村网民规模达 2.97 亿,农村地区互联网普及率为 59.2%,较 2020 年提升 3.3 个百分点,城乡互联网普及率差距进一步缩小。同时,我国农业新基建取得有效成效,各地相继建成省级农业大数据中心，为我国智慧农业发展提供基础保障。

③智慧农业技术不断发展

近年来，随着科技的提高，我国智慧农业技术取得长足进步。在农业种植领域，一般性环境类农业传感器基本实现国内生产；在农情监测、产量预估领域，农业遥感技术、“3S”技术已得到广泛运用；在农药、化肥喷洒领域，无人机应用技术达到国际领先地位；在果实采摘领域，大型机器自动化采摘技术被广泛普及应用。

(2)智慧农业实施必要性

发展智慧农业是全面升级改造农业全产业链的重要一步，也是实现现代化农业的关键。目前涌泉镇延恩村农业发展还处在传统农业阶段，存在蜜橘种植地分散、山地肥料、灌溉人力不足、化肥农药喷洒不全面等发展问题。因而，发展智慧农业，运用现代信息技术，解决村庄农业发展困境、完善柑橘产业链结构，对实现延恩村柑橘特色农业的可持续发展是至关重要的。

①解决村庄农业发展困境

根据调研结果，目前延恩村柑橘农业存在蜜橘种植地分散、山地肥料、灌溉人力不足、化肥农药喷洒不全面等发展问题。针对上述问题，发展智慧农业能有效将其改善。运用遥感技术、通过分析处理遥感数据，可以得到蜜橘种植地的相关信息，例如生长状况、有无病虫害等，轻松解决由于种植地分散而造成工作量大、照顾不暇等问题；运用低空遥感无人机技术，实现自动化播撒化肥农药，还能够实时监测田间蜜橘生长状况。

②完善蜜橘产业链结构

发展智慧农业，运用互联网技术，实现蜜橘播种、施肥、生长、采摘、存储、销售完整产业链结构。设计以遥感、云平台、大数据技术为核心的智能柑橘种植体系、以网络新媒体、新型营销手段为核心的智慧柑橘营销体系，在延恩村目前农业产业链的基础上改造升级，实现柑橘农业的可持续发展。

12.2.4 拓展市场需解决的问题

(1)扩大生产规模，建立自主品牌

建立涌泉蜜橘地方品牌可以更好地向消费者传递信息，在消费者心目中树立涌泉蜜橘的独特性，减少消费者搜寻产品时间，更好地满足消费者需要，从而赢得大批忠诚顾客。树立涌泉蜜橘品牌特性，使竞争者无法替代，减小竞争压力。竞争者可以模仿涌泉蜜橘的产品，但却难以模仿消费者对涌泉蜜橘品牌的感觉评价。一方面由于这种消费者的认知构建需要很长时间，另一方面消费者往往不愿接受雷同的品牌定位。率先占领消费者大脑位置的企业往往能取得“第一”的优势。这种优势后来者很难夺去。

(2)开发涌泉蜜橘的附加值,开创独特的营销模式

营销模式是指人们在营销过程中采取不同的方式方法,是企业开展业务的特定方式。成功的营销模式是对成功经验的复制延续,使得复杂的市场环境下的营销活动有规律可循,最大限度地节约营销成本。涌泉蜜橘通过不断总结以往营销活动,可以完善营销模式,保证今后营销活动更加有效,营销战略实施更加充分,开发涌泉蜜橘的附加值,开创独特的营销模式。

12.2.5 竞争力量分析

(1)自然环境因素

气候:涌泉镇位于台州临海市东南角,是临海蜜橘的重点产区。北靠667米的兰田山,南部濒临灵江,三面环山,有着平原的腹地。独特的小气候和亚热带海洋性季风气候使得这里冬无严寒,光照充足,雨量充沛,独占柑橘生长的气候优势。年均气温在17.1℃的涌泉在全国柑橘生态区划中属于宽皮柑橘栽培的适宜期。春夏之交的果实膨大期“雨热同期”,秋季果实成熟期“光温互补”。

土壤:涌泉镇的山地柑橘园土壤为沙质黄壤土,平原橘园为冲积沙壤土,土壤适于优质果栽培,土壤质地疏松,结构良好,有利于柑橘根系生长较高含氧量的需求。且土壤土层深厚,达到60cm以上;pH值在5.5～76.5之间,有机质含量为2%～3%,土壤肥沃;山地果园坡度较缓,坡度低于25°且集中成片。

品种优势:涌泉种植的柑橘品种以温州蜜柑为主,约占98%以上,其中早熟宫川温州蜜柑占73%左右,其品质在当地种植后表现非常优秀,柑橘界有学者认为涌泉已将宫川的高品质发挥到了极致,其优秀品质极大地满足了国内外消费者的需求。同时,涌泉柑橘种植面积已达到4万亩,各等级柑橘果品都有一定数量规模,适于市场营销和大型贩销队伍的运作,更利于优质精品果的供应与品牌建设形成规模优势。

(2)人文环境因素

交通:陆路与水路配套,交通运输十分便捷,涌泉镇已实现交通全覆盖,位于自驾游2小时、4小时交通圈内,地处浙江第三大水系的灵江下游北岸,水路与椒江相接,经台州湾出海,可通达沪、甬等地,陆路有沿江83省道绕镇而过。镇区距椒江大桥仅6公里,离海门湾7公里,距甬台温高速公路入口25公里,且周边分布有较多大型生鲜市场,为柑橘的销售提供了有利环境,区位

优势明显。南面平原河流交织成网，水陆交通并进，货物运输方便。水路以灵江为主航道，沿江设有人渡码头 5 座、大型客货轮码头 1 座(见图 12-3)。

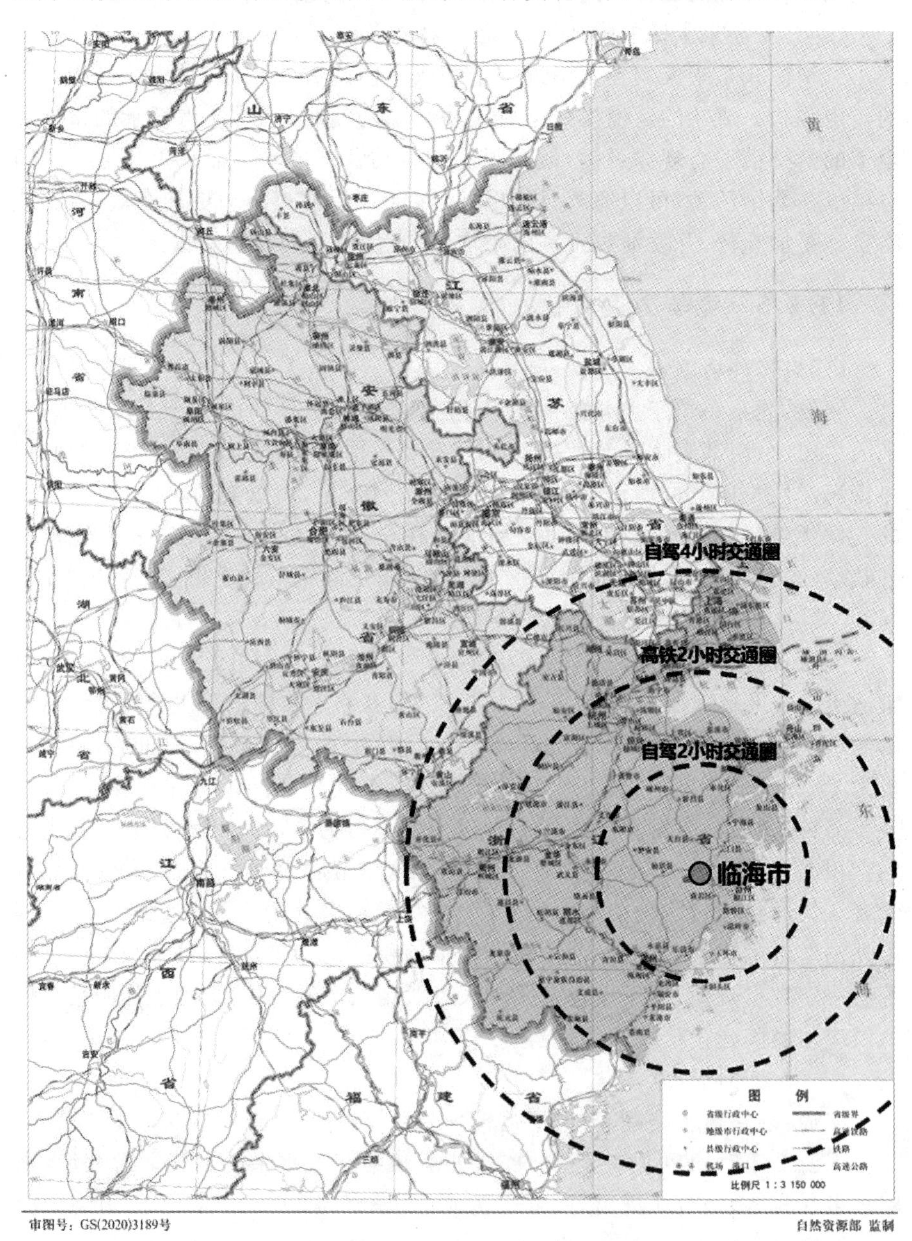

图 12-3　交通示意图

历史种植经验:临海蜜橘的栽种历史可以追溯到1700年前。三国吴·沈莹在《临海水土异物志》中说:“鸡橘子,大如指,永宁界中有之”。据林昉《柑子记》中记载:“高宗宅钱塘,始供台柑”。可见,在唐宋时期,台州柑橘栽培已经盛行。在20世纪70年代,临海就是全国柑橘生产县,临海涌泉一代的农民有着丰富的种植柑橘的经验,并沿着海涂和灵江建立了百里橘带。2000年前后,在政府的主导下,临海申报了临海蜜橘的地理标志。

现代科学生产技术及基地建设优势:涌泉镇是国内最早实施优质精品果生产技术的地区之一,自1997年提出优质品牌工程建设以来,先后实施以完熟采收为核心的优质柑橘栽培技术,并应用与推广高接换种进行品种改造、大枝修剪进行树冠结构调整、优化防治进行无公害生产。同时,是最早建设的示范园区和引智成果示范基地等示范工程建设,使橘农们看到技术改造和优质高效生产技术所带来的高产和高效益,积极主动的接受并实施优质高效的生产新技术,促使涌泉柑橘生产技术始终走在国内先端。果园坚持科学种植,与浙江省柑橘研究所和华中农业大学合作,并在橘子园里种植了印度豆,以减少药物使用,降低病虫害,保持水土健康。

临海蜜橘在栽培技术上主要采取“5改”:一改普通品种为优质品种,推广早熟宫川品种;二改精细修剪为大枝修剪;三改多次施肥为配方施肥;四改常规用药为优化用药,实施综合防治;五改早采为完熟采收。这些技术的推广普及大大提高了临海蜜橘的品质。

其次,关于当地基地种植优势,当地曾经建立过反季节大棚用于种植品牌蜜橘以及青年科技示范园地。延恩村所种植的橘子大多在11月份上市,部分品种可以延长销售至1月份,而冬春橘会在12月陆续上市,至1月份沃柑以及较为知名的柑橘品种也相继投入市场,对于消费者来说,自是再好不过,但对于种植柑橘的农户而言,柑橘市场的阶段性过饱和直接导致了柑橘价格的断崖式下跌,所以,错峰上市是保证柑橘高收益的一个重要举措,而建立反季节大棚正是实现这一想法的重要举措。延恩村单独开辟了一处园地用于反季节大棚的实验,令人遗憾的是,大棚内实现了柑橘的错季种植及延后上市,但由于前期投入过大,实际收益不足以使资金回笼,也最终导致了反季节种植柑橘在延恩村普及计划的搁浅。但不可否认的是,错峰上市的确使得品牌蜜橘的身价翻倍,甚至出现供不应求的现象。从上述案例了解到,除了考虑反季节上市带来的收益外,更应该对大棚的管理进行合理的安排布局,尽可能地降低科技生产成本,以获得最佳效益。

地区政策:针对临海蜜橘品牌建设问题,多年来台州市积极围绕“注册一件证明商标，带动一个产业，富裕一方百姓”的思想，通过发展区域品牌，推动区域产业提升。“临海蜜橘”通过驰（著）名商标、名牌产品认定，增强了品牌保护。通过参展上海、浙江等农产品展销会，举办柑橘节、名牌推荐会等形式，进一步提高涌泉柑橘的知名度。目前台州市已申请将临海市列入农业农村部绿色高质高效示范区建设，同时市农业农村局已着手进行省级现代农业园区建设的规划准备工作，将以涌泉镇、沿江镇、邵家渡街道为主优质柑橘主产区打造成集一、二、三产业为一体的省级现代农业示范园区，园区内包括柑橘种植、销售、初深加工；柑橘产业的生态休闲旅游、产业文化观光；种养殖结合等一系列现代农业产业链。（见图 12-4）

图 12-4　竞争分析

12.3　设计策划

12.3.1　设计理念

坚持智慧农业助力乡村振兴，以“数字”浙江为总体战略部署，依照互联网＋、大数据、物联网等与农业联动发展的理念，按照美丽乡村建设“四美、三宜”具体要求，构建实现农业智慧转型、打造农旅综合产业、树立蜜橘产业品牌，实现从“靠天吃饭”到“数字种田”。深入挖掘、整合、重建村庄特色资源，引入数字化技术和数字农业平台，延长柑橘全产业链，发展“数字＋农业”、“旅游＋农业”和“品牌＋农业”，打造独特的“智汇橘香”涌泉镇延恩村柑橘产业数字农业。

12.3.2 设计原则

(1)突出智慧农业原则

智慧型农业是农业发展的方向和必经之路,也是实施“质量兴农”战略的客观要求和种植户及消费者的现实需求,本项目综合考虑国家相关政策背景,结合延恩村柑橘农业资源,提出“智汇橘香”涌泉镇延恩村柑橘产业智慧农业的策划设计理念,并综合运用产业融合理论等,打造柑橘产业智慧农业多元化发展模式。

(2)加强信息共享原则

大数据是发展智慧农业的重要基础,在种植体系中建立基础数据库,便于资源分配和实时监控,在营销体系中搭建信息共享平台,利于良性竞争和迅速调整。深化延恩村与涌泉镇柑橘产业的协作,打造涌泉蜜橘品牌形象,实现共享客源、共享市场、互动发展。利用交通区位优势和历史经验,通过信息共享渗入国际市场,占据先机。

(3)强调农旅联动原则

深入挖掘延恩村的地方特质,充分利用其现有自然资源和人文资源。延恩村坐拥柑橘万亩、西邻千年古刹,可以推动“旅游+农业”产业融合发展,促进旅游与美丽乡村建设有效衔接,将延恩村的农业资源和旅游业发展相融合,同时以人文资源为依托,推动三产协调发展,开发兰田民俗村、柑橘采摘游、长乐大山康养基地等乡村旅游产品,发展集种植加工、休闲观光、旅游购物于一体的农村休闲旅游线路,打造具有延恩特色的农旅发展道路。

(4)注重品牌形象原则

通过设计延恩村柑橘品牌形象,扩大宣传推介影响力,实现乡村数字农业的可持续发展。立足涌泉本土文化,举办好无核蜜橘节、橘花节等特色主题活动,充分利用三微一端等新媒体平台,引入电商和物联网,采用线上+线下双结合的销售方式,拓宽农产品的销售渠道和销售市场,形成多形式、广覆盖、立体化的宣传叠加效应,提高蜜橘知名度,同时加强对延恩村农副产业的宣传,进一步打造涌泉蜜橘产业品牌,增强农业发展的韧性和种植户的经济收入,助力延恩村振兴。

12.3.3 目标定位

通过以智慧农业为核心的涌泉镇延恩村柑橘产业设计,建设美丽乡村景观、引入数字农业绿色发展、延长农产品全产业链、对接农业资源和旅游趋势、刻画涌泉蜜橘品牌形象，实现现代农业和休闲旅游的融合，设定前、中、后期营销策略，整合村庄产业资源，全面覆盖资源信息，打造先进且独特的“智汇橘香”涌泉镇延恩村柑橘产业数字农业。

（1）智慧农业：引入大数据技术，构建包括农业自然资源、重要农业种质资源、农村集体资产以及农村宅基地、农户和新型农业经营主体等大数据在内的基础数据资源体系；进行数字化改造，搭建蜜橘种植信息化、种业数字化、物流数据化的生产经营平台；完善数字防控体系，健全重要农产品全产业链监测预警体系，监测作物生长并预估产量。

（2）乡村农旅：延恩村主要依托开发智慧农园观光、娱乐型农业旅游园来拉动旅游产业发展，通过花、果、林季节性游览，体验智慧农业一体化简易操作，研学基地建设，DIY活动等措施，基于橘林带动当地第三产业的发展。

（3）涌泉蜜橘：企业运营必须具备强烈品牌意识，将涌泉蜜橘打造成为真正意义上的品牌水果。涌泉蜜橘必须找到市场空白点，树立独特的品牌形象，抢占市场先机，占有市场份额，努力实现自产全销，开扩市场，使蜜橘品牌成为乡镇文化标志。

12.3.4 技术路线与突破点(见图12-5)

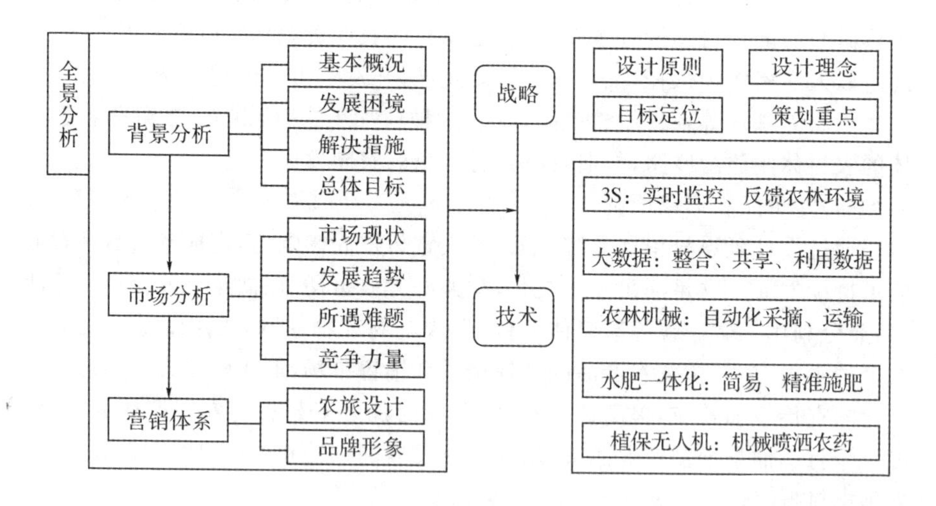

图12-5 技术路线与突破点

12.4 延恩村智慧农业体系升级及农旅开发

12.4.1 延恩村智慧农业体系升级

目前,涌泉镇延恩村柑橘产业结构已有初步基础,本团队根据调研结果,深入分析,在此基础上对延恩村柑橘产业链体系进行改造升级。

(1)完善柑橘产业链结构

柑橘全产业链主要包含:上游产业,即苗木育种业和柑橘种植业;下游产业,即制造业、批发零售业、住宿餐饮业、商业服务业以及文化娱乐业;部分关联产业,即科研、金融等相关产业。目前村镇下游产业以及关联产业发展不完全,柑橘销售主要以零售批发为主,其他服务行业的发展较弱,智慧农业转型也在起步阶段。因而延恩村柑橘产业要不断完善产业链结构,增加住宿、餐饮、文旅、加工制造等后续产业。

(2)提高上、中、下游产业的发展

首先,智慧农业产业链产前主要是由信息采集技术以及无线传感网络共同建立“智慧农业”物联网的感知层。信息采集技术包括,遥感技术、卫星系统、无人机技术等,主要是通过影像数据对橘园环境、橘树长势等情况进行宏观数据采集。无线传感网络是通过无线传感器实时采集作物生产场所的光照、温湿度、二氧化碳浓度等参数,同时还通过视频远程监控农作物的生长状况,并将采集到的参数及信息进行数字化处理后上传到相关农业智能管理系统,系统据此遥控农业设施,进行智能施肥、无人机农药喷洒等。延恩村柑橘种植业虽已在采摘、运输等方面采用机器操作,但是其他种植环节还是处于传统农业的人工模式,因而要不断提高柑橘种植技术,实现智慧农业的转型,运用无人机、遥感、大数据云平台等相关技术,提高柑橘种植效率和质量。

其次,努力发展柑橘制造业,如食品加工,柑橘干、橘皮酱、橘饼、蜜饯等;饮料制造,如柑橘汁、橘皮粥、橘皮茶等;药酒制造,如橘子酒、柑橘皮中药等;实现柑橘利益最大化。积极开展旅游、文化、餐饮、娱乐服务。开办柑橘青年民宿、主题餐厅、会展中心、狂欢节、吃橘大赛等项目,打造农业、旅游、休闲于一体的特色产业链。

(3)加强其他配套产业的联系

柑橘的销售离不开物流配送、网络宣传等工作,因而加强与它们的联系是至关重要的。村镇要与相关物流公司取得长期合作，确保柑橘流通顺利。考虑到运输过程中不可避免地存在颠簸，以及进而造成的农产品碰撞、磨损等物流损耗情况，农户应采取特定包装工具或者包装填充物进行处理。以此减少蜜橘因运输造成的损耗。另外充分利用网络新媒体，扩大柑橘宣传力度，打造柑橘产业品牌。

12.4.2 村内基础设施建设及挖掘客源市场

交通：对通村道路进行美化升级，包括但不限于：铺设统一柏油道路，沿路绿化带设计，沿路路灯灯箱橘园文化 IP 宣传。加强田间通道建设，铺设游步道，追求整洁美观的同时激发游客进入田间地头采摘的欲望。开展山地橘林作业活动，改变单一化采摘模式，增加采摘乐趣，例如可以打造橘花音乐节、山间音乐节等活动，打造台州式“向往的生活”。

橘园管理：划定观赏性橘田示范区用作旅游观赏，加强对分散橘园的管理，增加观赏性橘园的美观性。

住宿：在原有农家乐基础上进行升级。实现从无地方特色的农家乐到个性鲜明的高品质民宿的转变，重点突出当地人文环境特色，保留“石头房”、“橘海民宿”等具有鲜明的本土化的建筑特色并与当下较为火热的其他多元素进行有机融合，构造例如“被橘子包围的法式石头民宿”“藏在山野里的禅宗隐世生活”等名号吸引追求山野中的浪漫、喜好凸显独特风格的目标用户人群——城市中产阶级。修建开放落地观景窗，构建“山景”“橘香”“老台州风俗”等主题。

通过挖掘市场增加客源，再通过对村内原有基础设施的优化改造和针对全年龄段游客开展的多元旅游主题设计来实现对客源的稳固。

涌泉镇已实现交通全覆盖，位于自驾游 2 小时、4 小时交通圈内，客源潜力大，可达性高，农旅可开发性强。基于本地的智慧农业优势，发展云平台直播，实时发送橘园不间断环境监测、山地巡回式施肥、根据预测模型防范虫害、机械化自动采摘的作业视频，并以此作为吸引点，季节性面向游客开放橘林以及提供部分智慧设备以供其参观体验。

基于云计算、大数据、物联网等技术，借助大数据云平台监控系统，橘农们可以通过各大直播平台进行在线直播，向全国各地的观众实时展示蜜橘的种植、采摘、分拣等过程，以此招揽游客。

12.4.3 紧抓双减政策,开展研学观赏旅游

如今教育“双减”政策下,学龄孩子周末补课时间减少,家长带孩子周末进行探索自然科学的周边游欲望增加,可以抓住此机遇,打造台州周边科教探索自然旅游。辅助初小学生教材内“物候”、“花果实种子”科学小知识开展亲子旅游。

由于果树随四季的更替而出现周期性的变化,从春天的抽枝展叶到冬季的白雪覆于其上,构成了具有时间序列的园林景观,故可以基于季节性景观开展特色限定游览,赏春之橘花、抚夏之绿林、品秋之硕果、览冬之皑皑。

结合农业现有的自然环境和田园风光(见图 12-6),建立具有农村特色的旅游产业品牌,加大对农业旅游的宣传力度,将智慧农业和大数据云平台作为主要参观内容,向学生传达现代农耕文化,开展潜移默化的生态教育,让家长和孩子体验 5G 时代大数据引领下的现代化橘林种植以及管理,切实感受科技带给农业的巨大改变。

图 12-6 延恩村农业观光园分布

开展生态绿色旅游活动,引领广大消费者参观当地的科技生态农场,这是新时代文旅产业对接世界的重要抓手,浓缩了文旅融合的精髓与实质。拓展

对于生态绿色旅游活动发展的认知,能有效弥合传统旅游活动范式断层,促进旅游模式转型升级。为此,要强化绿色旅游活动理念,建立绿色文旅关系,拓展绿色旅游活动模式,提升消费者旅游体验。

面向各年龄层学校积极宣传、接纳研学旅游。以丰富的智慧农业设备以及监测遥感平台为依托,推动基于数字设备应用于现代化种植的研学活动,有利于进一步扩大省市范围内的知名度并有效促进当地服务业发展。

12.4.4 沉浸式佛学文化旅游

延恩村久经佛教文化浸润,村内的延恩寺作为千年古刹,在台州市内享有颇高的知名度,并且每月特定日期成百上千佛教信徒会被吸引前来听高僧讲经。因此在延恩村蜜橘淡季时,可以将佛文化作为除柑橘之外的另一张地方名片。以延恩寺作为讲学基地,加大与周边不同地区佛文化的交流,定期邀请一些高僧前来互参佛法,并将讲经日期从每月 2 天增加到每月 4 天甚至更久。立足延恩寺佛教文化,定期开办佛学体验班,讲经静心,让游客有机会沉浸式体验禅宗文化。

12.4.5 文创用品设计

2012 年以来至 2018 年,中国文化产业总产值从不到 4 万亿元攀升到 10 万亿元,高速发展态势良好,文化产业欣欣向荣。互联网给中国的文化生产方式和运营模式带来了巨大变化,培育了大量原创 IP,塑造了一批文化符号。而构建一个好的文化 IP 对于产业的发展至关重要,随着越来越多的互联网企业参与到主流文化建设,一大批社会效益、经济效益俱佳的文化产品已经诞生,其中佼佼者当属故宫文创,它创造性地将故宫元素融入人们的学习、生活用品中,并以此吸引了一大批具有文化情结的受众,而延恩村也可以将借助涌泉蜜橘这一文化 logo,并以其为核心理念,设计开发特色周边文创以及旅游纪念品,促进当地手工业发展。

12.5 智汇橘香柑橘种植体系

12.5.1 构建基础数据资源体系

数据是精准农业开展一切作业的前提。构建基础数据资源体系的重点是:建设农业自然资源大数据;建设重要农业种质资源大数据;建设农村集体资产大数据;建设农村宅基地大数据;健全农户和新型农业经营主体大数据。

(1)建立农业自然资源大数据

利用农村土地承包经营权确权登记、永久基本农田划定、高标准农田上图入库、耕地质量调查监测、蜜橘生产功能区及生产保护区划定、设施农用地备案等数据、建设耕地基本信息数据库,形成基本地块权属、面积、空间分布、质量、种植类型等大数据。

(2)建立重要农业种植资源大数据

依托全国统一的国家种业大数据平台,构建当地主要蜜橘种质资源数据库,绘制当地农业种质资源分布底图,推进种质资源的数字化动态监测、信息化监督管理。开展植物表型和基因型精准鉴定评价,深度发掘优异种质、优异基因,构建分子指纹图谱库,为品种选育、产业发展、行业监督提供大数据支持(见图 12-7)。

图 12-7 农业大数据

(3)建立农村集体资产以及农村宅基地大数据

建设农村集体资产大数据包括:集体资产管理电子台账、全国农村集体资产大数据。

集体资产管理电子台账包含集体资产登记、保管、使用、处置等管理电子台账;全国农村集体资产大数据是指采集所得的全国农村集体资产清产核资、产权制度改革、集体经济组织登记赋码、集体资产财务管理等数据。目前多个省市设有农村产权交易所,此外多个县(市、区)单位设有农村集体资产管理交易平台。农村集体资产管理交易平台是集体经济组织的财务服务中心,一般是指将集体的交易活动(租赁、抵押、拍卖等)纳入管理交易平台,实现资产处置信息公开、民主参与。农民在家上网,足不出户即可对集体资产处置、交易情况一目了然。农村产权交易所一般是指以农村生产要素流转交易为核心,提供交易全链条服务的专业化服务平台和服务性机构。通过这个平台,农民的土地承包经营权、集体建设用地等可以通过市场原则实现有序流转。

建设农村宅基地大数据包括(见图 12-8):全国农村宅基地数据库、宅基地信息化建设。全国农村宅基地数据库,通过利用第三次全国土地调查、卫星遥感等数据信息,结合房地一体的宅基地使用权确权登记颁证、农村宅基地和农房利用现状调查等资料,构建当地甚至全国的农村宅基地数据库,构建涵盖宅基地单元、空间分布、面积、权属、限制及利用状况等信息的农村宅基地数据库。宅基地信息化建设,是指针对宅基地分配、审批、流转、利用、监管、统计调查等信息及基础数据,进行及时完善和更新。

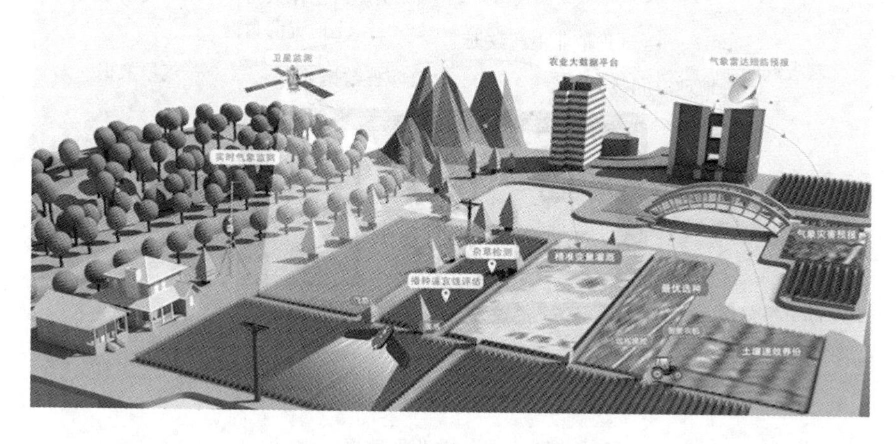

图 12-8　农村宅基地大数据

(4)健全农户和新型农业经营主体大数据

以农村土地承包经营权确权登记数据库为基础,结合农业补贴发放,投入品质监管、新型农业经营主体信息直报、家庭农产名录等系统,按照"部级统一部署、农业经营主体一次填报、多级多方共享利用"方式,完善经营主体身份、就业、生产管理、补贴发放、监管检查、投入品使用、培训营销等多种信息一体的基础数据,逐步实现农业经营主体全覆盖,生产信息动态监测。柑橘产业是浙江省农业主导产业之一,为进一步创造柑橘种植的新价值、提高柑橘生产能力,可以建立浙江省柑橘大数据标准化技术和数据交换机制体制,建成浙江省柑橘数据共享交换网络,建立柑橘种植数据标准规范与安全保障体系,推动浙江省柑橘数据管理智慧化、制度化。构建“1+N”的柑橘种植数据共享模式,即在涌泉镇建设1个柑橘种植大数据总中心,在浙江省其他柑橘种植地建立N个分数据服务中心、N个创新应用示范基地;打破浙江省柑橘种植领域的行业数据壁垒,实现浙江省柑橘种植内部、外部,横向、纵向的数据共享,让数据更好地为柑橘种植户服务。建设浙江省柑橘种植大数据应用示范基地,丰富浙江省柑橘生产、经营、管理、服务等方向的大数据创新应用。

12.5.2 加快生产经营数字化改造

加快生产经营数字化改造就要加快发展种植信息化与种业数字化,构建数字技术支撑的农业经营体系,促进数字技术与农产品生产、加工、物流、销售、服务等产业环节融合,实现农业产前、产中、产后环节短链化和农业产业治理结构优化。

(1)蜜橘种植信息化

加快发展数字农情,利用卫星遥感、航空遥感、地面物联网等手段,动态监测当地蜜橘的种植类型、种植面积、土壤墒情、作物长势、灾情虫情,及时发布预警信息,提升种植业生产管理信息化水平。加快建设农业病虫害测报监测网络和数字植保防御体系,实现重大病虫害智能化识别和数字化防控。建设数字田园,推动智能感知、智能分析、智能控制技术与装备在大棚种植和山地橘区的集成应用,建设环境控制、水肥药精准施用、精准种植、农机智能作业与调度监控、智能分析等决策系统,发展智能“车间农业”,推进种植业生产经营智能管理。

(2)种业数字化

加快种业大数据的研发与深度应用,建立信息抓取、多维度分析、智能评价模型,开展涵盖科研、生产、经营等种业全链条的智能数据挖掘和分析,建设智能服务平台。针对商业化动植物育种需求,研发推广动植物表型信息获取技术装备,实现海量表型性状数据高通量获取。加大资源开发鉴定力度,建立健全品种资源基因数据库和表型数据库,为基因深度挖掘提供支撑。结合数字化智能育种辅助平台,挖掘基因组学、蛋白组学、表型组学等数据,制定针对定向目标性状优化育种方案,加快“经验育种”向“精确育种”转变,逐步实现定制设计。

12.5.3 健全重要农产品全产业链监测预警体系

(1)加强对重要农产品的市场监测

加强重要农产品的生产和市场监测,强化生产数据实时采集监测引导鼓励田头市场、批发市场采用电子结算方式开展交易,推进农产品批发市场、商超、电商平台等关键市场交易环节信息实时采集、互联互通,构建交易主体、交易品种、交易量、交易价格一体化的农产品市场交易大数据。建设全球农业数据调查分析系统,开发利用全球农业生产和贸易等数据。完善企业对外农业投资、海外农产品交易等信息采集系统。强化农业信息监测预警,拓展和提升农产品市场价格(见图 12-9)。

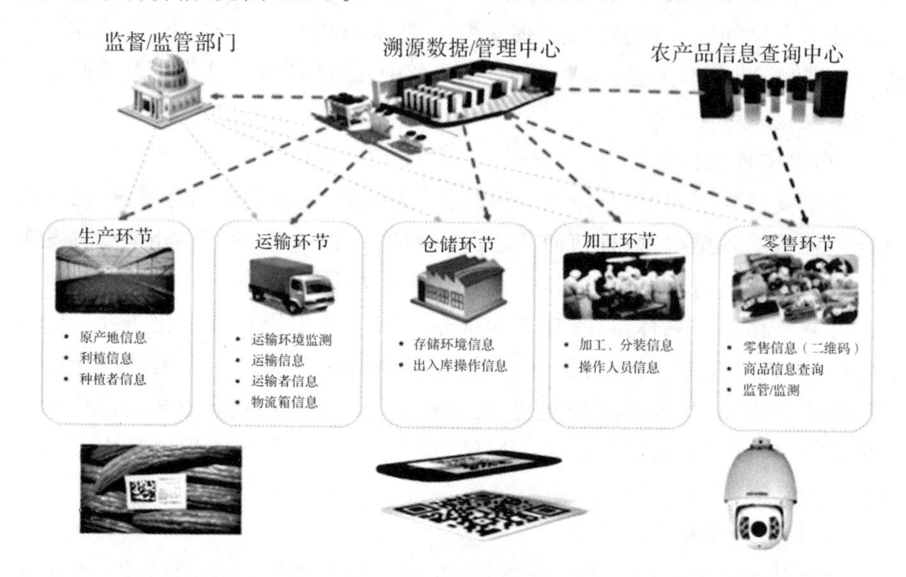

图 12-9 农产品生产各环节监测

由于涌泉蜜橘售价高,知名度高,在橘子收获季节存在大量橘贩将外地非涌泉产蜜橘外加以涌泉蜜橘的包装后以次充好的窜货行为,严重影响了涌泉蜜橘品牌形象与销售量。而针对此种现象,延恩村先前也采用了二维码防伪的一系列防伪措施,但是由于橘子采摘季节人手不够无法依次依箱贴上防伪二维码,再加上可通过盗印正版二维码、购买同源印刷厂印制二维码等导致二维码防伪失效。

本小组就此困境,针对延恩村涌泉蜜橘设计了品牌溯源机制,且筛选了几种较为可行的品牌溯源防伪技术。市面上目前较为常见标签防伪技术主要有工艺防伪和材料防伪,而工艺防伪又分为特种印刷方式防伪和电码防伪技术,材料防伪分为承印材料防伪和油墨防伪。各个防伪技术各有优缺点,因此根据“消费者易操作”、“橘产品包装可使用”、“技术应用高防伪”和“工艺造价可接受”这四个原则筛选出了几种可行性和安全性较高的防伪方案供选择,通过品牌溯源维护品牌声誉,护航蜜橘销售,助力延恩村乡村振兴。

①构建品牌溯源机制实现流程:品牌溯源机制主要通过在包装环节、流通环节和市场环节三个环节联动进行实现与管理。针对农忙时期人工贴标成本高以及劳动力不足的情况,在包装环节上可以采用及其贴标或是油墨/激光打码的方式。机器贴标启动工作后,贴标机会自动将产品标签贴到产品上;而油墨极光打码则通过激光技术将防伪油墨和电码喷绘在产品上。而在流通环节则通过仓库管理系统进行统一的管理调配工作,最后流入市场后消费者可以通过查询来进行产品真伪的辨别。

②防伪技术:射频识别技术(RFID)防伪追溯系统在每个标签上都有全球唯一的 ID 号码——UID(见图 12-10),无法修改,无法仿造,无机械磨损,防污损,读写器可保证其自身的安全性等性能,可以做到防止蜜橘的窜货。是对互联网、数据库、密码学、语音等相关技术的综合运用,给每个产品,每个生产环节都植入了互联网基因,不仅造价较低(平均到每单位产品造价约为 1 元左右),而且解决了窜货的问题,还可以使企业实现智能化营销,提高经济效益,维护权益。在设计上可以采用卷标、NFC 卡、钉标、扎带等多种形式放入产品的包装中,既可以减少人工成本也可以做到更加高效的防伪。

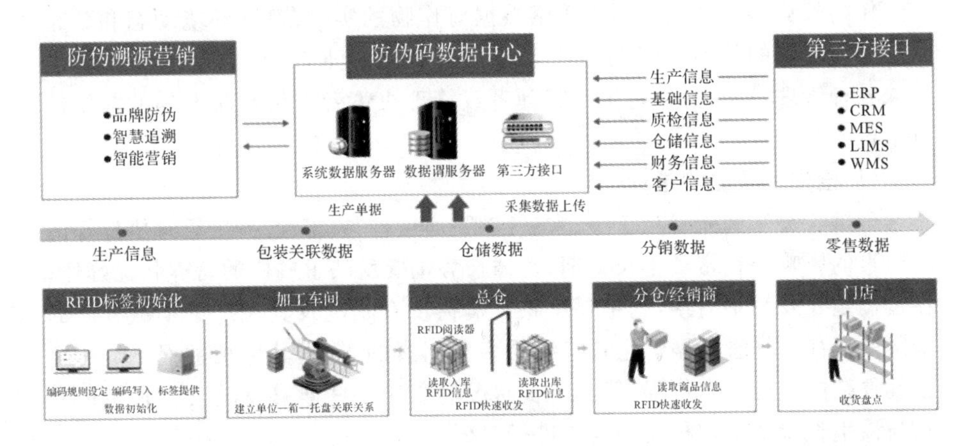

图 12-10 防伪追溯系统

(2)建立健全农业农村管理决策支持技术体系

依托农业农村基础数据资源体系,构建农业农村大数据平台,利用大数据分析、挖掘和可视化等技术,建立相关知识库、模型库,开发种植业、、监督管理、科技教育、资源环境、国际合作、政务管理、统计填报以及农村社会事业等功能模块,为市场预警、政策评估、监管执法、资源管理、舆情分析、乡村治理等决策提供支持服务,推进管理服务线上线下相结合,促进数据融合和业务协同,提高宏观管理的科学性。

(3)利用物联网技术实施农业环境监测

物联网涉及了 GIS、GPS、RFID、无线通信技术、云计算、嵌入式技术等技术,利用物联网的感知、网络和应用三层结构,把网络传输、WEB 服务、云计算、RS 和 GIS 等技术应用到农业生产的各环节。该物联网体系共有省级、县/市级二级监控中心利用多种服务器、客户端、大屏显示等方式对种植基地的情况进行实时监控,将数据实时传输到农户、管理者和其他用户的移动终端设备上(平板、台式机、笔记本等),以达成用户层、应用层、技术层、数据层、软硬件层各层面的多元统一,构建基于 3S 技术的智慧农业系统。

12.5.4 作物生长监测与产量预估

作物长势信息反映作物生长的状况和趋势,是农情信息的重要组成部分。遥感技术具有宏观、适时和动态的特点,利用遥感数据动态监测区域作物长势具有无可比拟的优势。

作物长势遥感监测是利用遥感数据对作物的实时苗情、环境动态和分布状况进行宏观的估测,及时了解作物的分布概况、生长状况、肥水行情等,便于采取各种管理措施,为作物生产管理者或管理决策者提供及时准确的数据信息平台。

(1)蜜橘长势监测指标

蜜橘长势受到光、温、土壤、水、气、肥、病虫害、灾害性天气、管理措施等诸多因素的影响。在蜜橘生长早期,蜜橘长势主要反映了橘树的营养状况好坏;在蜜橘生长发育中后期,则主要反映了橘树发育状况及其在产量丰歉方面的指定性特征。尽管蜜橘的生长状况受多种因素的影响,其生长过程又是一个极其复杂的生理生态过程,但其生长状况可以用一些能够反映其生长特征并且与该生长特征密切相关的因子进行表征。

对橘树遥感监测的原理是建立在其光谱特征基础之上的,即橘树在可见光部分(被叶绿素吸收)有较强的吸收峰,近红外波段(受叶片内部构造影响)

有强烈的反射率,形成突峰,这些敏感波段及其组合形成植被指数,可以反射橘树生长的空间信息。势遥感监测的基础是必须有可用遥感监测的生物学长势因子,以植被指数、叶面积指数等为代表的植被遥感参数是公认的能够反映作物长势的遥感监测指标。

叶面积指数(leaf area index,LAI)是指单位土地面积上植物叶片总面积占土地面积的倍数。即叶面积指数=叶片总面积/土地面积。实验发现,叶面积指数是与长势的个体特征和群体特征有关的综合指数。作物的叶面积指数是决定作物光合作用速率的重要因子,叶面积指数越大,光合作用越强,这是用叶面积指数监测长势的基础。

归一化植被指数(normalized difference vegetation index,NDVI)与橘树的 LAI 叶面积指数有很好的相关性,在橘树的长势监测中,已被作为反映其生长状况的良好指标。

(2)长势监测方法和技术

①实时监测:实时监测主要指利用实时 NDVI 图像的值,通过与去年或多年平均橘树生长状况比较,以及指定某一年的对比,反映实时的橘树生长差异,可以对差异值进行分级,统计和显示延恩村橘树的生长状况。

②过程监测:基于多光谱遥感的农作物长势监测,主要是通过时序 NDVI 图像来构建橘树生长过程,通过生长过程的年际间对比来反映其生长的状况,也有称随时间变化监测。在橘树生长期内,通过卫星绿度值随时间的变化,可动态的监测其长势。且随着卫星资料的积累,时间变化曲线可与历年的进行比较,如与历史上的高产年、平年和低产年,以及农业部门习惯的上一年等。通过比较寻找出当年与典型年曲线间的相似和差异,从而作出对当年橘树长势的评价。可以统计生长过程曲线的特征参数包括上升速率、下降速率、累计值等各种特征参数,借以反映橘树生长趋势上的差异,从而也可得到蜜橘单产的变化信息。

在现代化农业推广的进程中,遥感技术与无人机技术作为众多衍生产业中发展速度较快的行业,无人机载多光谱遥感作为二者合并的新技术,逐渐成为农情信息获取的有效手段。农作物长势异常会在表观出现明显的光谱特征变化,通过选择合适的波段进行组合筛选,即可完成橘树生长状态的判别。譬如,借助 RVI、RERVI 等比值植被指数对于作物不同健康状态的敏感性,可以评价同一地块、同一种植物的相对长势。

通过卫星,全天候地监测橘树的长势信息。同时,根据土壤和历史气候数据,并结合橘树生长模型评估其健康状况。卫星除了利用可见光,还可以利用红外、激光、雷达等实时扫描橘树的生长状态，做到全天候、多波段、无死角。

(3)蜜橘生长周期监测

生长周期反映了农作物生长季开始的早晚，生长高峰期的出现，生长季结束的迟早等。它是重要的农业信息，是农业生产、田间管理、计划决策等的重要依据。

利用无人机低空遥感技术监测蜜橘的生长状态，包括出苗率、种植密度、叶面发育、挂果率以及问题作物等，根据实时监控数据准确估算蜜橘所处的生长周期，为灌溉、施肥、植保、收割等农事活动提供优化方案，更好地实现蜜橘生产管理。

①无人机低空遥感技术

植物具有光谱特性，可吸收、反射、辐射不同的光谱。无人机低空遥感技术以植物的光谱特性为基础，不同波长的光对植物生长有不同的影响，利用无人机搭载图像传感器，如可见光相机、多光谱相机、高光谱相机与热成像相机，用于采集作物在不同波段下的图像，提取不同的特征，分析植物所处的生长周期。

②基于遥感技术预估生长周期步骤

田间数据采集；记录蜜橘品种，地理位置，播种、施肥、灌溉等管理方式，同时准确收集田间的大地数据，如土壤电导率值、产量值等。

利用无人机采集低空遥感图像。

利用商用软件进行数据预处理，得到农田全景影像。得到全景图像之后，需要将大地数据与图像数据匹配起来，即通过几何运算将收获时记录的 GPS 数据对应注册到图像中。

特征参数的提取：特征参数要能够明显、充分地体现蜜橘生长差异性的参数。

(4)蜜橘产量预估

遥感估产是建立作物光谱与产量之间联系的一种技术，它是通过光谱来获取作物的生长信息。在实际工作中，常常用绿度或植被指数(由多光谱数据，经线性或非线性组合构成的对植被有一定指示意义的各种数值)作为评价作物生长状况的标准。植被指数中包括了长势和面积两方面的信息，以及各种估产模式，尤其是光谱模式中植被指数是一个极为重要的参数。根据传感器从地物中获得的光谱特征进行估产具有宏观、快速、准确、动态的优点。

①蜜橘产量预估方法

航天遥感方法：包括卫星影像磁带数字图像处理方法、绿度—面积模式。

航空遥感方法:可进行总面积的测量、橘树分类及测算分类面积。

遥感与统计相结合的方法:由美国农业部统计局在原面积抽样统计估产的基础上发展起来的,其原理是利用遥感影像分层,再实行统计学方法抽样。

地理信息系统与遥感相结合方法:在地理信息系统的支持下,利用遥感信息对橘树的种植面积进行获取。

②蜜橘产量预估步骤

分析橘树冠层及其背景的放射光谱特征,引入和计算植被指数。

分析橘树冠层放射光谱特征和冠层状态参数之间的关系,并进一步确定植被指数与叶面指数 LAI 之间的关系,以及与橘树产量的关系。

确定植土比,并根据植土比分析遥感植被数与橘树种植面积的关系。

分析遥感植被指数与植土比和叶面指数的综合关系,并据此进行产量预估。

12.5.5 蜜橘种植数字化技术

(1)水肥一体化自动控制系统

系统由系统云平台、墒情数据采集终端、视频监控、施肥机、过滤系统、阀门控制器、电磁阀、田间管路等组成。水肥一体化自动控制系统可以帮助生产者通过客户端轻松完成棚内或山地橘林的浇水、施肥,相较于传统的人工作业,此类系统很大程度上节省了人力成本和时间成本,并且在高效的同时实现了精准作业,减少了农业水资源的浪费和一定程度上避免了因过度施肥造成的土壤退化(见图 12-11)。

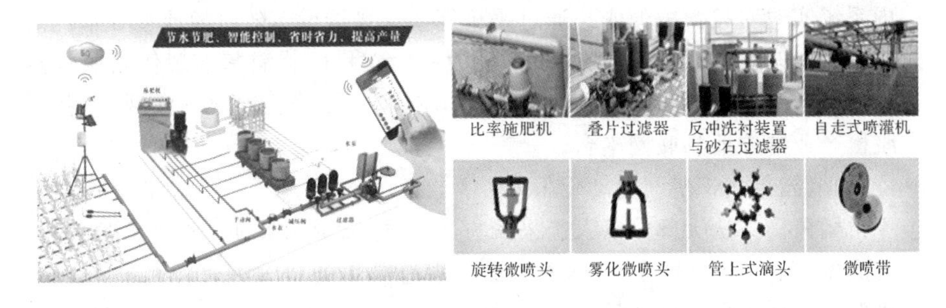

图 12-11 水肥一体化自动控制系统组成

整个系统可根据监测的土壤水分、橘树种类的需肥规律,设置周期性水肥计划实施轮灌。施肥机会按照农户设定的配方、灌溉过程参数自动控制灌溉量、吸肥量、肥液浓度、酸碱度等水肥过程的重要参数,实现对灌溉、施肥的定时、定量控制，充分提高水肥利用率，实现节水、节肥，改善土壤环境，提高蜜橘品质的目的。

系统使用后，由传感器数据提示橘树不同生长阶段，系统大数据分析整理，预警告知农户何时灌溉、施肥；系统能够智能配肥，农户可设置灌溉程序，自动进行不间断轮灌，实现24小时无人值守工作。农户可用电脑、手机远程监管，无时间、空间限制；系统能精准定时灌溉，自动设置，管理面积广，水肥资源利用充分；水肥均衡，吸收好，利用率高，节水节肥达50%～70%。

(2)大数据云平台实施监控反馈

①视频监控、随时随地查看蜜橘林区数据：蜜橘林区域内放置360°全方位红外球形摄像机，可清晰直观地实时查看种植区域橘树生长情况、设备远程控制执行情况等。蜜橘林区进行三维图综合管理，所有监控点直观显示，监测数据一目了然。铺设土壤传感器实时监测土壤数据；利用植物本体传感器能实时或阶段性地监测橘树茎秆粗细的变化、叶面的温度、茎流速率、果实增重与膨大速率、橘树的光合作用等本身的一些参数，能直观地向用户管理端反应橘树的生长状态，指导农户更加科学合理地调控生产环境，保证蜜橘质量并实现高产；建立无限田间气象站，可远程设置数据存储和发送时间间隔，无需现场操作，支持实时拍照并上传至平台，便于农户随时了解橘树生长情况，同时可配置土壤水分、土壤温度、空气温湿度、光照强度、降雨量、风速风向等17种气象参数。

②自动预报警、远程自动控制：农户设置橘树生长环境参数安全阈值，高于或低于阈值报警系统启动。田间状况实现与手机端、平板电脑端、PC电脑端内系统实时对接。方便农户通过手机等移动终端设备随时随地查看系统信息，远程操作相关设备。成功应用案例为萧山农科所临浦基地现代农业示范区；莫高现代高效农业节水示范园区；汶川农业与托普云农业物联网；春秋农庄脐橙产业链农业物联网平台。

(3)橘园果实识别与自动化采摘

柑橘采摘方法大部分以人工采摘方式为主，存在效率低、劳动强度大、劳动力成本高、安全性低等缺点，人工成本占总成本的47.71%。因此，利用采摘机器人实现柑橘采摘机械化、自动化的需求十分迫切。机器人水果采摘是果树智慧生产的前沿技术之一，准确识别成熟蜜橘是采摘机器人的关键步骤。Cai等提出了一种支持向量机(SVM)苹果果实识别方法，其原理是使用卷积神经网络(Convolutional Neural N etworks，CNN)提取苹果的大小、颜色、纹理和圆度作为苹果特征。同理，该方法也可以运用到蜜橘采摘时的机械识别中。根据江健生提出的用于苹果果实识别的一种四元数聚类算法,能有效地将蜜橘目标与图像背景区分开来,识别精度高,不仅能够识别成熟的蜜橘,也能分割识别青橘,可以在机械化采摘时有效的区分不同成熟度的蜜橘,避免出现大规模的无效采摘及浪费隐患。

机器视觉技术多用于蜜橘外观、色泽、大小的无损检测,这在苹果品质检测领域得到了广泛应用。但只对蜜橘外部品质开展检测不足以满足市场和产业要求。现在结合其他的现代感知技术(特别是光谱技术)和各种模型算法,拓展了蜜橘品质检测的项目和范围。特别是高光谱技术与现代机器学习算法相结合,在蜜橘检测领域取得了良好的检测效果。内部参数是蜜橘品质检测的重要指标。可以提取蜜橘样本特定波段的成像高光谱数据,利用多元散射校正(Multiple Scattering Correction,MSC)对原始光谱进行了预处理,处理后的光谱反射率数据分别与蜜橘样本的含糖量和硬度进行了回归分析,最后利用 BP(back propagation)神经网络建立蜜橘含糖量和硬度的预测模型。还可以利用蜜橘样本光谱数据,开展基于不同 ANN 混合模型和 PLSR 模型的岩鱼头蜜橘可滴定酸度(TA)和口味指数特性无损预测研究,结合机器学习算法开发一种基于可见—近红外光谱数据的无损检测方法。

同时,在实现柑橘采摘向机械化、智能化方面发展方面,预计设计一款欠驱动式柑橘采摘末端执行器。该执行器通过三指充分抓握与偏转的融合控制,实现对不同大小及椭圆度的柑橘的稳定采摘。针对不同尺寸柑橘采摘需求,设计了双连杆并联式手指,在抓握直径差异较大的柑橘时,手指能够自动进行抓取或捏取动作,并实现被动柔顺。指根能够旋转合适的角度使指面与柑橘表面紧密贴合,在防止手指棱边刮伤柑橘表皮的同时,增大接触面积、提高摩擦力。该末端执行器能够针对不同尺寸、不同形状的柑橘实现采摘功能,具有适应性强、抓取稳定、不损伤果实等优点。

在实际采摘过程中,为实现对不同尺寸柑橘的抓取,需要驱动杆和从动杆相互配合完成。当抓取直径较大柑橘时,手指的第三指节首先接触到柑橘表面并收到反作用力,从而第三指节运动受到限制,而后手指的第二指节在驱动连杆机构的作用下靠近柑橘,最终 3 个指节依次都与柑橘表面相接触,完成包络抓取。

当抓取直径较小柑橘时,如果第三指节与第二指节都没有与柑橘表面相接触,没有受到柑橘的反作用力的作用,此时第一指节就会因从动连杆机构与弹簧和机械限位的共同作用而垂直于安装轴线的平面,最终实现利用第一指节完成最较小尺寸柑橘的抓取。

(4)提高运果效率技术

①山地橘园链式循环货运索道:为了提高山区农业生产效率、减轻果农的劳动强度、解决山区青壮年劳力不足等问题,山地果园省力化机械与设施成为当前热点,其中运送机械成为首要解决的问题。目前,综合考虑山区的地形特点和生产成本等因素,工程索道以施工方便,对周围的环境破坏性较小等优势,成为山区主要的运输工具。

山地果园的特殊环境和条件,对货运索道提出了更高的要求。索道设计必须能适应不同地势远距离输送货物并且满足不同区域挂载果品和农资的要求;经济上要考虑果农的收入不高,索道建设的造价应适宜;安全问题也不容忽视。

②山地橘园遥控单轨运输机

果园运输机械是其他作业环节机械化发展的基础,解决果园生产中运输环节,才能实现喷药、施肥和采摘等的机械化作业。传统的轮式运输机械不适合山地农业运输的需要,只能依靠人力进行物品的搬运。而山地橘园遥控单轨运输机可以爬坡、转弯、前进、倒退及在某处停止、制动;山地运输机械遥控系统,通过遥控按键实现山地运输机械的上下运行和自动停止。满足无运输道路的山地橘园中蜜橘、农药和肥料的运输需要。该控制系统遥控距离可达300m,工作可靠,适合山地橘园作业。

③山地橘园遥控牵引式无轨运输机

为实现山地橘园运输自动化,采用无线电遥控实现了牵引式无轨运输机的遥控作业。该牵引式无轨运输机主要由驱动装置、拖车、遥控器、远程控制装置、钢丝绳、导向轮、钢丝绳托辊、行程开关、安全装置和避障装置等组成。该控制系统遥控距离大于300m,满足山地橘园的运输需要。

12.5.6 数字农业平台对各类灾害的监测及防治

(1)数字农业平台在病虫害上的应用

浙东南地区农作物病虫害种类多、影响大、并且时常爆发成灾,其发生范围和严重程度对农业生产会造成重大损失,集成了主要作物的病虫害预报模型,可以根据实时的气候、地块温度和湿度,预报未来数周主要农作物病虫害的发生概率。为更好地开展植保提供作物病虫害数据,通过比较不同时期卫星成像的作物生长状态以及气象监测条件,实地评估作物健康,并且做出植保建议,包括作物病虫害类型、针对性植保方案、特效农药等,针对不同作物在不同生长期的问题给出成套的植保解决方案。

①所在村病虫害类型:病虫害对柑橘生产影响极大,经过调研以及对浙江

一代柑橘病虫害发生情况的调研,小组了解到对本区域产生主要影响的病虫害有黄龙病、疮痂病、溃疡病、炭疽病等病害以及柑橘红蜘蛛、锈蜘蛛、粉虱、潜叶蛾、蚧壳虫等(见图 12-12)。

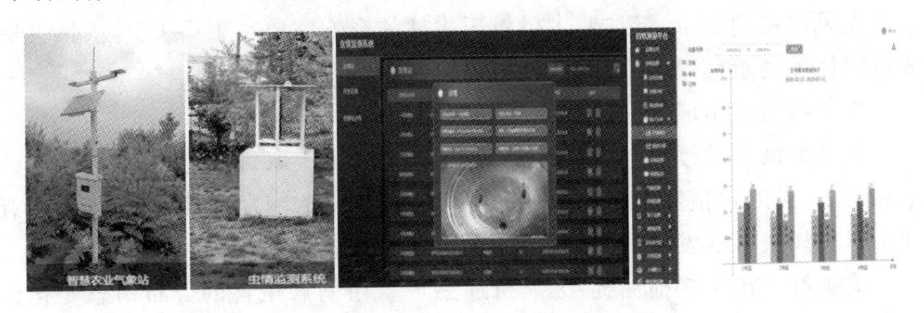

图 12-12 病虫害防治设施

②气象条件对柑橘病虫害影响分析:根据前期调查显示,柑橘病虫害主要受到气象条件、外界环境、人为管理方法的影响,但并不全是一一对应的关系而且由于管理方法的差异,相同气象条件下病虫害的情况差异也较大。因此本小组预计采用前人利用计算机编程设计的等级预报系统,在云平台上自动读取气象台发布的气候资料,利用预测模型对各个气象因子进行分析判断,确定出最有助于、一般有助于、较不利、最不利于柑橘病虫害发生的温度降水等气象因子组合,以期达到进行病虫害预测的效果。

温度对病虫害影响:不同温度对不同病症的影响不同。根据收集到的资料分析,可以得出不同病虫害可发生的温度范围如下图。柑橘虫害一般冬季害虫活动少,虫卵藏于落叶、泥土、枝干内,待来年温度上升时形成幼虫,危害嫩叶(见表 12-1)。

表 12-1 不同温度对不同病症的影响

病虫害类型	溃疡病	疮痂病	炭疽病	黄龙病	树脂病	青霉病	绿霉病	红蜘蛛	锈蜘蛛	黄蜘蛛	吹棉蚧	潜叶蝶
可发生温度范围/℃	4—39	−3—31	5—65	5—45	−6—40	−1—41	−1—41	5—44	5—44	4—50	10—45	5—55
适宜病虫害发生范围/℃	20—29	20—26	21—30	25—35	19—30	15—26	26—30	16—25	16—30	10—30	22—28	22—30

湿度、降水对柑橘病虫害影响：一般在湿度较高时柑橘的发病率比较高，在温度适宜时格外明显。而降水量在20～150mm之间春季梅雨期间的发病率最高。

大风对柑橘病虫害影响：大风对于柑橘的影响主要在于病害上，大风会造成柑橘枝干大量伤口，病菌随风传播，进入伤口更有利于传播。

③预报系统组成部分

天气数据自动读取：平台将会从市气象台自动读取每日的前15天已有数据和后15天的预报数据，作为原始数据，进行初步的判别，判断此天气是否有利于柑橘病虫害的发生，并且给出病虫害发生的等级数。

遥感红外镜头扫描捕捉：无人机遥感可将柑橘病虫害的分布动态变化情况通过热红外波段的实时监测反映出来。一般在健康条件下蒸腾作用是通过气孔来调节的，而在发生病变时病原体影响植物的蒸腾作用，而导致受感染部分温度升降。一般在受到病虫害影响后的植物气孔开度失调，导致致病区域蒸腾作用较高，而后导致致病区域的温度明显下降，叶片温差大于健康叶片温差。因此通过健康植株温差始终低于叶片表面温度的原理可以通过遥测数据实时监测作物病虫害变化趋势。

利用多旋无人机（如大疆 M600 PRO）为遥感平台，搭建高光谱成像仪（S185），以经过 ENVI 提取平均光谱后的采集到的柑橘支柱冠层的高光谱遥感图像为原始数据。在通过数据清洗、预处理等操作规范数据。后利用连续投影算法提取特征波长，基于全波段的 BP 神经网络算法、XgBoost 算法和基于特征波段的逻辑回归算法和支持向量机算法建立了健康柑橘植株与患病植株的分类模型对受灾植株进行分类，为延恩村柑橘种植园提供病虫害监测和精准防治。

（2）数字农业平台在冻害上的应用

延恩村位于浙江东南部，冬季气温变化大，会在某些年份出现阶段性的低温天气，从而使得柑橘发生大面积冻伤死亡，对柑橘的生产造成了严重的影响。本小组基于数字农业，依据每天的气象监测资料和未来72小时天气预报，通过在平台上建立积冻数字模型并且确定冻害临界温度（－1.6℃），利用发生冻害期间同步观测气象观测数据计算冬季积冻指数，从而建立基于积冻指数的3级冻害指标。而当达到监测预警指标时，服务信息通过数字农业平台智能服务网站、手机APP对用户实现自动、精准推送，最后给出相对应的措施建议例如熏烟、覆膜等方法，改善小气候环境，降低柑橘冻害发生概率、减少经济损失。

(3)数字农业平台在旱灾上的应用

旱灾也是威胁延恩村柑橘产量的一个重要因素,根据调查了解到,由于厄尔尼诺和其他干旱天气的影响,导致早熟蜜橘受灾严重。而高温干旱同时还会导致柑橘红蜘蛛病、炭疽病和疮痂病等病害的加重,产生叶片凋萎、果实变小、枝条枯死、异常落果等现象。

①柑橘干旱的表现形式

土壤干旱:是指在较长时间内无雨或少雨,又无水可灌溉的情况下,柑橘园土壤中所含有的有效水分消耗殆尽,破坏了对植株正常的水分供应,而导致旱害。

大气大旱:是指由于空气干燥,加之高温,有时还伴有一定的风力,空气中相对湿度小,因而引起柑橘植株水分平衡失调现象的发生,致使叶、梢因失水而出现卷曲枯萎现象。

生理干旱:也称冷旱或涝旱。是指由于低温或水涝而造成的水分平衡失调现象。通常因土温低,根系活动微弱,限制了对水分的吸收。或因水涝,土壤中氧气严重不足,致使根系大量死亡,使柑橘植株的蒸腾耗水得不到补充所致。而柑橘干旱则是由这三种干旱共同作用导致的。

②柑橘干旱的预防

根据调研了解到,农民判断旱灾多半是依靠自己往常经验,例如观察叶片、查看树基、检查土团和监测果径。而在数字农业的基础下,可以依靠大疆精灵4proUAV信息采集系统,搭载Parrot Sequoia传感器获取多光谱数据获取田间样点的土壤水分数据。而后构建出农田土壤水分反演模型,从而实现大范围农田土壤水分快速监测,为柑橘合理灌溉提供建议。

(4)数字农业平台在洪涝、台风上的应用

延恩村位于浙江东部,受季风和台风影响严重。根据访谈得知,在2019年和2021年的台风中,由于位于山前洪积扇处,集中的降水和独特的地形汇集了大量的洪水,大片柑橘田被淹没,短时间内过湿腐烂脱落,而海水飞沫使得柑橘叶片呼吸增强,细胞坏死,柑橘损失惨重。

对于台风天气、洪涝的主要防治措施有:①营造橘园防护林。实行生槽栽培,修筑江堤。延恩村的洪水主要是暴雨引起的山洪与海水带来的潮水。有意识的栽培防护林实行深槽栽培有利于保持水土、防风。而由于靠近灵江,应及时疏通江河,加固堤坝,在洪水来临时做到迅速排水,防止海水入侵。②清理沟渠。棚内修好防洪沟和保水沟。③摘果急救。在台风后,应当适当摘除被水淹没的果实,来确保果树成活,适当剪去部分枝条,防治枯枝死树。

12.6 智汇橘香市场营销体系

12.6.1 智汇橘香品牌形象拟人化

(1)IP 活化建设

所谓拟人化,是指将产品或者品牌的某个特点以人格化的方式表现,或者将产品或者品牌直接比拟成人,即具有传播生命力的 IP 化建设。

建设品牌,首先是战略,再是产品,然后是品牌定位和广告规划甚至是媒体投放和传播,最后形成认知。这种流程是静态的、是固化的,消费者是在被动接受。而 IP 化建设,是认知在最前面,然后再是产品、定位及传播,这是完整的 C2B 的建设逻辑。IP 化建设能够与消费者产生持续的互动,通过微信、微博、直播此类个性化的社交网络触达消费者,让消费者对品牌产生更多元的认知以及更深层次的情感共振。

当下,品牌拟人化主要体现在文案上,拟人化文案能够将原本冷冰冰在消费者面前呈现的产品变得有血有肉。为结合柑橘产业智慧农业特点,本策划计划设计涌泉蜜橘电子形象,将涌泉蜜橘品牌拟人化,更加生动形象地向中老年消费者群体展示产品、并吸引数量庞大的青少年消费者群体。不同于普通蜜橘品牌仅与消费者产生购买行为,拟人化的涌泉蜜橘通过语言、表情、动作与消费者互动,在心理上产生联系,从而在众多蜜橘品牌中脱颖而出,避免同质化。

如图(见图 12-13),"涌泉蜜橘"摇身一变成为俏皮可爱的少女,耳戴蜜橘首饰,身着橙色旗袍,手上、身旁、背后点缀的皆为当地特色农产品蜜橘,周围还有延恩寺、岩鱼头、橘园等标志性场所。活力的橙搭配清透的绿,充分展现涌泉镇延恩村的农旅特色,使涌泉蜜橘品牌形象深入人心的同时吸引游客纷至沓来。

(2)拟人化形象用途

设计出涌泉蜜橘电子形象后,需要建立一个拥有丰富语言、表情、动作的拟人化形象库,用于贯穿下游产业链的各个部分,为农旅产业注入新的活力。具体分为以下三种方式。

线上。当前中国电子商务已迈入 3.0 时代,重社交化和移动化,用户的购物体验越来越受到重视。用一种大众易于接受的拟人化形象代替简单的"涌泉蜜橘"四个字或者"一种好吃的橘子"此类评价,既能够给消费者带来视觉冲

图 12-13 涌泉蜜橘拟人化形象(原创)

击留下深刻印象,也能在以市场领导型为主的时代占据有利地位。

线下。拟人化形象可以不局限于电子形式,将 IP 化建设发挥到最大程度,就是让 IP 存在于每一个看得见的地方。拥有完备的拟人化形象库后,可以根据需要,将最适宜的蜜橘少女印刷在相关文创产品或者联名商品上,也可以结合场景和情境,制作三维立体的蜜橘少女放置在相应位置如延恩村内、各门店内,起到良好宣传效果。

特色招牌。据调研发现,延恩村当地具有旗袍产业链,可以结合涌泉蜜橘拟人化形象,打造特色招牌,设计带有蜜橘元素的旗袍款式或由蜜橘少女试穿展示当地特色旗袍样式。以前期蜜橘少女积累的粉丝基础带动旗袍产业发展,又由当地特色旗袍反哺蜜橘少女市场流量,达到双向良性循环。

12.6.2 智汇橘香品牌宣传

涌泉蜜橘品牌要形成良好的知名度和美誉度,不仅要在蜜橘品质上下功夫,还要重视蜜橘品牌的宣传推广,要让消费者从认识产品到认识品牌、记住品牌,成为品牌的忠实拥护者。

(1)柑橘产业的市场规划

前期:通过运营涌泉蜜橘专营店,以优质口感和特色营销模式为涌泉蜜橘抢占市场份额,为柑橘产业的产业链发展奠定基础。前期主要在江浙地区发展，之后逐步选择外地市场推广。在线上购买蜜橘只能看到蜜橘的图片，这使得消费者在网上购买蜜橘时候会对其品质产生较多顾虑，担心蜜橘图片与真正买到的蜜橘之间有很大差距，而实体店就可以避免这类问题。除此之外，在实体店中和消费者的交流是面对面的，消费者的所有问题都可以当场处理。在线下销售的同时也可以在实体店内进行线上销售的宣传。消费者在实体店内购买蜜橘之后，对于蜜橘的品质有了直观的了解，涌泉蜜橘网络销售就建立了一定的受众群。

中期：发展柑橘附加值产业，加强推广柑橘进一步的食品加工，拉动当地再就业，延长销售季，多批次实现创收。深度开发柑橘的利用价值，如可食用价值、药用价值、护肤价值等，借鉴已有的成功案例，建立村镇的独有品牌，有效延长围绕柑橘的产业链。

后期：进行产业链的延伸，开办柑橘专项农家乐酒店，为想逃避喧嚣城市生活的高端消费人群提供享受世外橘源的平台。建设度假山庄，度假山庄是柑橘产业链的一个缩影，内设小型模拟柑橘基地供消费者体验种植乐趣，养生服务和天然美味柑橘类食品。确保让消费者全身体验纯天然的绿色休闲享受。

(2)互联网＋农业

顾名思义，这是一种利用网络环境为品牌打开市场的营销策略。品牌形象传播讲求广覆盖、大阵势，在强大的宣传阵势下迅速提升品牌知名度。因此，市场营销需要建立在人群聚集的环境之中，而当下几乎全覆盖的网络环境和数量可观的网民恰好满足这一需求。网络环境下企业不仅能够更精确地了解用户信息和个性需求，通过庞大的数据分析还能迅速地找到市场需求及变化情况。因此，互联网营销是品牌宣传最有利的突破口。

在泛品牌化时代，互联网营销必须强调个性化，注重消费者对品牌的体验，如建立 IP 活化形象，提升品牌内涵。此外，建立起自己的电子商务网站或者参与第三方电子商务平台，以此获得更加广泛的客户群体。结合延恩村本地农产品涌泉蜜橘发展电子商务，让消费者在网络上挑选购买原产地的生鲜果蔬成为可能，让原产地与消费者直接交易成为可能，改善原本由于生鲜流通环节过多导致坏果率高、物流周转时间长、层层加价等情况。

(3)节事活动策划

积极响应“乡村旅游年”主题，大力实施项目带动战略，为做大做强我区农旅产业，可以从以下几个角度入手：①举办“春华掠影”延恩村文艺汇演，以丰富的表演形式吸引周边城市旅游群体；②联动周边村镇建立蜜橘长廊，提供采摘、品尝一体化服务;③依托柑橘文化节举办“橘王争霸赛”,由大众评选年度优质蜜橘并授予奖章;④定期开展“山水育橘”主题摄影比赛,扩大地区知名度。

(4)设立涌泉蜜橘专营店并开展网络配送服务

顾客既可以去涌泉蜜橘专营店购物亲身体验专营店打造的清新娱乐休闲放松的购物环境,也可以享受依托快递业务的加盟店模式,由总公司建立行之有效的物流信息系统,加强与第三方物流公司的合作,在各个配送中点统一进行配送管理。通过手机 APP、小程序或者指定第三方平台,支持网络下单,官方平台收到订单后通过总公司的物流信息系统将信息反馈给离顾客最近的门店进行送货上门。

12.6.3　拓宽农旅市场

农业观光旅游是推进我国“农业＋旅游”转型升级的战略化发展路径,是快速推进农业升级转型的重要路径。涌泉镇农旅资源丰富,坐拥柑橘万亩、西邻千年古刹,有 37 家农家乐,可以此为基础,依托开发智慧农园观光、娱乐型农业旅游园等项目,推动“旅游＋农业”产业融合发展。除了重要的旅游资源之外,涌泉镇已做到交通全覆盖,其 2 小时、4 小时自驾游交通圈内的客源潜力大,农旅可开发性强。

本组设计的智汇橘香品牌形象拟人化形象,更加形象地向广大消费者展现涌泉镇延恩村的农旅特色,为农旅产业注入新的活力。此后,可以依托拟人化形象制作延恩蜜橘旅游宣传网页,在各大旅游 AAP 上进行推介,设计延恩农业旅游宣传手册,制定旅游路线,加大对农旅的宣传力度,促进旅游与美丽乡村建设有效衔接,开发兰田民俗村、柑橘采摘游、长乐大山康养基地等乡村旅游产品,打造具有延恩特色的农旅发展道路。

12.6.4　物流运输改进

我国地域辽阔,各地农产品具有明显的区域性和季节性特点,这提高了对农产品运输的要求。生鲜农产品质量直接影响消费者的感知价值,继而影响购买意愿。农产品物流耗时较长、耗损大,直接导致了农产品的成本提升,影响农产品的整体价格。因其流通效率较低,农产品物流逐渐成为限制农业发展的重要因素。目前延恩村当地物流已经无法满足其占据的蜜橘市场的具体需求,特别是暴力物流带来的损耗和由此而产生的品牌名誉损失,涌泉蜜橘物流系统的改革是其产业发展的必经之路。

(1)制定相应的规章制度

规章制度是确保涌泉蜜橘物流系统改革与发展的重要保证。第一,政府部门需要结合生鲜农产品的基本监督法律内容,深入我国生鲜农产品交易市场情况,完善现有的生鲜农产品法律体系,确保生鲜农产品相关企业能够严格按照法律流程开展工作。第二,将监管机制纳入市场管理体系中,对我国的农产品物流环境进行监督管理,为生鲜农产品物流系统的发展创造良好的发展氛围,使生鲜农产品电商物流平台在制度的监管下开展市场活动。根据以上两点确保物流行业的工作人员有明确性的工作指标,减少由于人为暴力运输而带来的不必要损耗。

(2)提升物流从业人员的专业水平

随着农业物流行业信息化的深入推广,从业人员的知识技能与操作技术也需要不断的提升。物流从业人员应通过不断地学习、提升专业水平,根据农业物流服务的具体需求结合企业自身情况对企业内部进行调整,逐渐形成匹配市场需求的服务系统。学校应及时培养物流专业的人才,而物流企业提高培养专业物流人员的积极性,使物流人才的人才规模、培养速度更好地满足行业发展需求。高校中的物流专业可与物流企业充分协作,实现教育资源与企业资源的精准对接与共享利用,探索培养理论与实践并重、知识与能力兼顾的物流人才,全面提高物流从业人员的专业水平。

(3)改善基础设施环境

我国在农业物流方面的基础设施尚不完善,整体技术水平略微落后,发达国家的果蔬损失率能够有效控制在6%以下,我国平均每年却超过21%的食物消耗在存储和运输的过程中。其中一些农产品在采摘、运输以及存储的过程中损失率超过38%。所以,构建完善的生鲜农产品的道路交通网络,可以为蜜橘的运输创造更好的运输条件,也为蜜橘的对接、配送缩短时间,有效保持涌泉蜜橘的质量。

基础设施的建设可由政府与电子商务平台合作,投入资金建设专属的物流线路,通过GIS技术来完善运输网络。注重公路路面的实际情况,提升高速公路的建设量与深度和能力,真正实现公路、航空以及铁路多联式运输系统的无缝衔接。为蜜橘的物流开辟绿色通道,改进蜜橘物流运输设备并引进国外先进的运输设备,加强运输设备的食品卫生标准、保险、冷藏等措施,为蜜橘配备完善冷链物流系统。

(4)多环节减少蜜橘在运输过程中产生的损耗

农产品在采摘后的流通过程中的损耗是影响农民增收和农业增效的主要

原因之一。蜜橘运输最重要的特点在于因时节不同进而运输时间和运输量也各不相同,丰收时节的运输量较大,其他时期的运输量则较小。而蜜橘如果不及时进行处理、存储、运输以及出售就会出现严重的损失。传统的农产品供应链起点是由分散的农户构成,整个供应链冗长,蜜橘的保鲜度、损耗和质量等都难以保障。正确的农业物流运输企业应当确保农业生产的连贯性,防止和降低蜜橘因运输而产生的消耗和损失。由专业的第三方农产品物流企业来支持涌泉蜜橘的运输过程,减少流转层次,尽量减少因多次的装卸搬运活动而带来双倍碰撞损耗和外观问题对蜜橘的影响。

考虑到运输过程中不可避免地存在颠簸,以及进而造成的农产品碰撞、磨损等物流损耗情况,农户应采取特定包装工具或者包装填充物进行处理。包装是保证蜜橘价值的基础,决定了蜜橘在后续的物理运动过程中的自身保护能力。因为蜜橘相对于其他水果而言,所含的水分较高,作为易破损、易腐烂的水果来说,蜜橘破损之后产生果汁的流量更大、流动性更强。因此在装箱之前,需要首先用塑料袋来包装蜜橘,这样即使在运输过程中发生破损,也不易波及箱中的其他蜜橘。除此之外,农户可以用秸秆进行填充,以此减少蜜橘在物流过程中的损耗;或者使用泡沫纸＋纸箱＋泡沫袋填充,每一层用纸板隔开,避免蜜橘有摇晃的空间,彼此受到挤压;如果蜜橘的运输过程较长,则可以用泡沫网套＋珍珠棉网格来固定蜜橘。首先在纸箱内侧铺一层气泡膜,然后再给蜜橘套上网套,在每个网格中放入一个蜜橘,保证蜜橘上下左右不会晃动,箱子外面也贴一层气泡膜,以此保证蜜橘在运输途中的安全。

(5)应用物流信息技术并发展基于 3S 技术的物流配送系统

目前我国使用的物流信息技术包含网络技术、计算机技术、信息分类编码技术、射频识别技术以及条码技术,蜜橘产业的物流在发展的过程中采用物流信息技术具有非常重要的作用。我国进入新时代后大力推动互联网技术发展,采用物流信息技术能够进一步推动农业物流的发展,物流企业应当对物流信息技术的应用有清晰的认识和较为完善的理解,采用科学的方法和应用措施来确保物流信息技术的广泛应用。物流信息技术的应用能够极大程度提升蜜橘物流的运营效率,最为重要的是物流信息技术融合性较强,运营过程中具有一定的开放性和互动性,能够在蜜橘物流系统发展的过程中提升其工作效率,降低蜜橘产业物流的运营成本,提升经济效益。

合理采用物流信息技术能够进一步对农业物流资源的体系进行优化,尤其是在农业物流资源配置方面能够充分发挥其多元化的作用与各项功能,如构建出智能农业物流体系,能够全方位地对物流资源进行整合,采用统一的平台来对农业物流进行运营和管理，让农业物流资源能够得到科学合理的充分利用。另外，物流信息技术也能够形成较为完善的运行机制和管理体系，让农业物流行业能够持续发展。通过建设云配送农业电子商务物流体系来对电子商务物流模式进行完善和优化，提升农业物流的整体运营水平，形成较为系统、科学的物流网络体系，推动农业物流运营的发展。

基于3S的物流配送系统具有平台独立、可实现分布式多源数据管理和集成的特点，充分发挥了网络资源优势，不仅能降低软硬件配置成本，而且简化了系统的操作和管理。用户可通过浏览器访问该系统，管理人员可以在电子地图上查询车辆信息、车辆位置及路况信息，极大地提高了物流管理水平（见图12-14）。

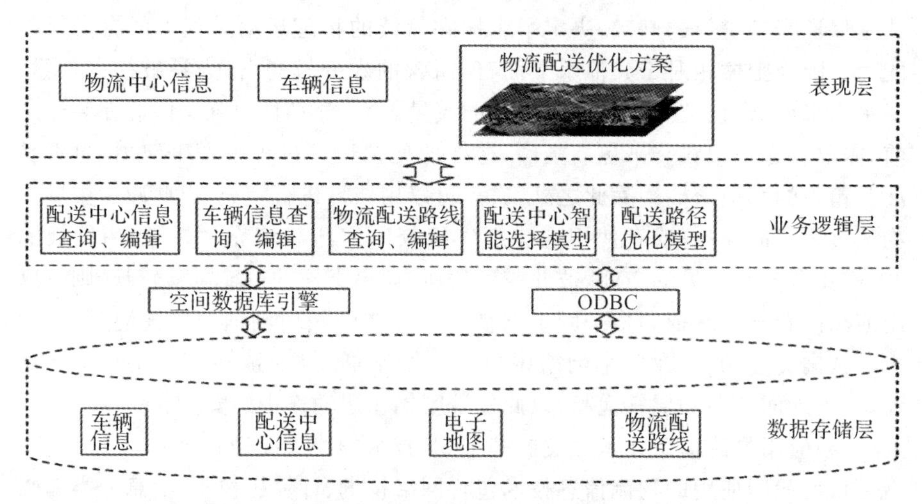

图12-14　基于3S技术的物流配送系统体系结构示意图

基于3S技术的物流配送系统主要有4项功能：①配送中心信息管理。管理和维护配送中心信息，可以查看、更新配送中心的货物信息、基础设施信息等。②配送中心智能选择。客户的地理位置和各自的发货量是已知或者可估算的，潜在的设施点位置已知，通过对运输费用、配送中心建造费用、商品的仓库保管费用、处理费用的最小化，求出资源点与配送中心、配送中心与用户的最佳运送路径，从P个候选点中选出若干个配送中心，从而完成选址问题的求解。③路径优化。根据经济合理的原则，在获得客户配送信息后，根据配送中心模块已经生成的配送中心，利用蚁群算法合理安排车辆行驶路线，使总运输距离最短，并将计算出来的最优路径显示在RS卫星图片以及电子地图上。

④数据存储。将基础数据统一存储在大型关系型数据库系统 SQL Server 2008 中,由 SQL Server 2008 统一管理车辆信息、配送中心信息、配送路线优化结果等数据。在该系统中使用 Google 公司的 GoogleMap 这一空间数据中间产品实现对电子地图和卫星图片信息的有效管理。

(6)加强服务质量,提高顾客体验

线上和线下的服务质量会左右消费者购买蜜橘的意愿,提升服务的质量才能够进一步提高消费者面对蜜橘的感知价值,促进消费者的购买行为。如在退换货方面,如果蜜橘产业可以做到支持无条件退货,则可以在一定程度上降低消费者对于货不对板的顾虑,从而使消费者产生持续购买的动力,提高顾客黏性。除此之外,还需培养相关的售后人员。当消费者咨询蜜橘运输情况,售后客服人员应第一时间对消费者进行安抚,查询蜜橘运输情况,与物流对接小组建立点对点融合群,在群内完成蜜橘发货单的申报、蜜橘订单物流配送反馈。客服查询订单物流单号,核对电商平台输入的单号准确性,继而查看物流进展情况。若物流发生多天未跟进的情况,要及时联系物流对接人员,获取详细原因,继而对消费者给出答复。

良好的线上服务能够及时处理消费者投诉,有效的安抚消费者,补救工作失误,从而保障消费者权益,有利于提升涌泉蜜橘的竞争力,帮助蜜橘在激烈的市场竞争中获得优势,提高品牌的影响力。同时。售后服务的质量也是目前消费者购买产品的主要参考因素之一,好的售后服务有利于维系顾客,发展"回头客",从而实现蜜橘的持续性销售。

12.7 乡村产业体系构建保障措施与实施建议

12.7.1 乡村产业体系构建保障措施

(1)国家政策支持,政府保障实施

十九大以来,习近平总书记对乡村振兴战略作出重要指示,强调把实施乡村振兴战略摆在优先位置,让乡村振兴成为全党、全社会的共同行动。在数字经济时代实施乡村振兴,需要促进农村产业数字化。《数字农业农村发展规划(2019—2025 年)》明确了新时期数字农业农村建设的思路,以产业数字化、数字产业化为发展主线,大力建设基础数据资源体系,数字生产能力;加快农业农村生产经营、管理服务数字化改造;全面提升农业生产智能化、经营网络化、管理高效化、服务便捷化水平，为实现乡村全面振兴提供有力支撑。

(2)自然条件优越，种植经验丰富

涌泉镇地处亚热带地区，有着天然的地理位置优势。涌泉地区多为沙质黄壤土和冲积沙壤土，土壤酸碱度 pH≈5.5，冬无严寒，光照充足，雨量充沛，这样的气候条件非常适宜柑橘种植和经营。此外，涌泉当地还存在小气候现象，特别是有很多三面环山的小型半盆地地形，处在这些地形中的村落多以“岙 ”为名，比如外岙村、梅岙村、西岙村等，直接为同一品种的柑橘成长提供了优越的自然条件。

柑橘种植是涌泉镇的主导产业。据记载，涌泉自三国时期就开始种植柑橘，隋唐以前被列为贡品。自 1984 年开始，涌泉柑橘生产向基地化、产业化、品牌化方向发展，在 1999 年上海农博会中，涌泉蜜橘以“临海一奇，吃橘带皮”的广告语一炮打响了这个品牌。涌泉蜜橘现已成为全市规模最大的无核蜜橘生产基地，柑橘面积达 3.82 万亩，并成立全国首家“优质柑橘生产技术引智成果示范基地”，国家“948”项目实施区等。

(3)产业基础稳固，可实施智慧农业

涌泉镇有一定数字农业基础，2012 年随着延恩村与中国农业科学院柑橘研究所、浙江省财政厅、浙江省农业厅共建的国家“863”项目——柑橘信息化示范基地建立，延恩村开启涌泉蜜橘产业现代化改革之路。延恩村在临海市委、市政府的建设下基础设施建设完善，修渠筑坝、建设村路、山中铺设单轨山地运输车。同时延恩村还有建立国家级、省级示范园区，与浙江省柑橘研究所和华中农业大学结为友好单位，成立技术人员服务队巡回指导。与延恩村书记的访谈中了解到，柑橘信息化示范基地已部分实施测土配方、节水滴灌，温度湿度监测等数字农业技术，且已投入使用过一段时间，具有一定数字农业基础。

延恩村产业上游产业基础。延恩村周围柑橘苗木育种业发达，柑橘种植业分布广泛，全涌泉镇柑橘种植面积约 4 万亩，且农户种植经验丰富。延恩村柑橘产业下游产业基础。延恩村周边 15 公里内有葆隆食品、黄岩第二罐头食品厂、黄岩龙潭饮料食品厂等 32 家包括食品制造、罐头软饮料制造业，有包括椒江水果批发市场、椒江副食品批发市场在内的等 3 个批发市场。5 千米内有 4 家可承载较大客流量的住宿业以及数十家餐饮业。距台州市最大的国际会展中心距离较近。目前，涌泉现有柑橘产业合作社 268 家，产业发展以专业合作社为平台，整合分散经营的单家独户，不仅便于标准化生产技术的推广和实施，同时让生产者形成合力，使涌泉柑橘产业在市场上更具竞争力。同时涌泉庞大的贩销队伍，常年在外闯市场，分布于全国各地，从事柑橘边贸和出口，把本地柑橘销往俄罗斯、哈萨克斯坦、加拿大等国，使涌泉柑橘在销售上占据极大营销优势。当地还有一定的物流基础，有 17 家物流企业在涌泉镇设立专门物流点，将涌泉蜜橘从小山区运到全国三十多个城市。本项目的物流改进方案可通过与这些物流公司的合作达成。

(4)农旅资源丰富，有一定品牌影响力

涌泉镇农旅资源丰富，有 37 家农家乐，每年 10 月底至 11 月，是采摘最甜、最新鲜的蜜橘的季节。满山的蜜橘，黄澄澄一片，点缀在绿海间，本身就已是风景。涌泉万亩柑橘观光园，有 1800 多年的栽培历史，这里北靠兰田山，南濒灵江，三面围山，园内还有晋代古刹延恩寺，在品尝甜美柑橘的同时，感受涌泉深厚文化底蕴和秀美风光。

同时，涌泉镇已经具有一定品牌基础，全镇现有橘果类注册商标 20 多个，“岩鱼头”牌蜜橘更以“临海一奇，吃橘带皮”的特色享誉四方，涌泉镇政府十分注重柑橘的品牌建设，通过参展上海、浙江等农产品展销会，举办柑橘节、名牌推荐会等形式，进一步提高涌泉柑橘的知名度，截至目前，该镇各类柑橘专业合作社及橘场共 409 家，拥有柑橘注册商标 268 个，其中中国驰名商标 1 件，浙江省著名商标 8 件，浙江省名牌产品 5 个，台州市著名商标 4 件，台州市名牌产品 3 个。2012 年被评为台州市柑橘专业商标品牌基地，2014 年被评为浙江省柑橘专业商标品牌基地。

12.7.2　智汇橘香产业体系构建实施建议

延恩村作为以农业经济为主的乡村，其乡村产业体系构建侧重于智慧农业创新型产业，开发应紧紧围绕“智汇橘香”的主题，结合延恩村特色柑橘业、先进的农旅文化以及数字技术的支持，设计出以数字技术、网络新媒体为核心的延恩村特色柑橘智慧农业，推动全村农业的可持续发展。

(1)打造村庄农业的集群经济，提高营运质量

构建延恩村蜜橘产业体系，促进乡村智慧农业发展。树立“集体好才是真的好”的意识，让橘农积极参与，相互交流学习，互帮互助，真正投入到智慧农业的建设中来，打造延恩村蜜橘产业的集体经济，提高运营质量并注意形成内部的约束机制，避免恶性竞争。

(2)政府主导发展，加强农业基础设施建设，提供资金、人才、技术支持

发展延恩村智慧农业离不开政府的支持和引导。招商引资，吸引资本下乡，解决资本下乡难的问题；积极推进乡村信息基础网络建设、大数据建设、综

合信息服务平台建设、数字化治理能力建设以及电商体系建设；加强农田水利建设，主要包括引水、蓄水、灌溉等方面；引进科技人才和科学技术，重点解决制约延恩智慧农业发展的重大科技问题；联合科研机构、大型农业企业和农户，建立完善农业大数据采集、共享、分析、使用机制。加快构建全省范围内的农业大数据统一管理平台，为有关部门和市场主体提供集展示、监测、预警、控制、管理等多功能于一体的综合物联网服务，助力延恩村智慧农业发展。

(3)加强农业人力资源开发，重视农业信息队伍建设

制定现代化农业人才评价制度，培养理论基础扎实、实践经验丰富的农业人才来助力延恩村智慧农业发展。鼓励大中专毕业生、科技人员从事农业生产、投资创办农业生产企业，扩大农业信息化技术推广队伍，完善现有的延恩村农业现代化科技服务体系。建立专门的农业信息化人才培训基地和培训网点，对种粮大户、家庭农场主、农民合作社带头人、院校毕业生、返乡农民工、退役军人等群体开展全产业链培训，着力提升农民综合素质和就业创业能力，加快培养有文化、懂技术、善经营、会管理的高素质农民。

(4)改进物流运输水平，提高运送效率和质量

制定相应规章制度，加强生鲜农产品的监管机制，创造良好的生鲜农产品物流系统，减少由于人为的暴力运输而带来的不必要的损耗；提升物流从业人员的专业水平，蜜橘运输最重要的特点在于因时节不同进而运输时间和运输量也各不相同，因此对于运输人员的要求也在不断提高；改善物流基础设施环境，构建完善的生鲜农产品的道路交通网络，加强运输设备的食品卫生标准、保险、冷藏等措施，为蜜橘配备完善冷链物流系统。

(5)加大市场营销及网络宣传力度，打造树立品牌形象

设立农业旅游宣传专项资金，多层次、全方位的进行延恩村宣传工作。在各级电视台或网络平台投放“智汇橘香”延恩的广告，特别注重长三角地区的广告宣传工作。对核心客源地上海、杭州、宁波等地区报纸杂志上定期做延恩推介工作。制作延恩蜜橘旅游宣传网页，在各大旅游 AAP 上进行推介，设计延恩农业旅游宣传手册，制定旅游路线，全力打造“智汇橘香”品牌形象。

第13章 总结与展望

2017年，党的十九大报告提出“农业农村农民问题是关系国计民生的根本性问题，必须始终把解决好‘三农’问题作为全党工作的重中之重，实施乡村振兴战略。”乡村是具有自然、社会、经济特征的地域综合体，兼具生产、生活、生态、文化等多重功能，与城镇互促互进、共生共存，共同构成人类活动的主要空间。乡村兴则国家兴，乡村衰则国家衰。

2019年中央一号文件明确提出“充分发挥乡村资源、生态和文化优势，发展适应城乡居民需要的休闲旅游、餐饮民俗、文化体验、健康养生、养老服务等产业。”近些年来，全国各地方政府、相关市场主体等都在积极探索乡村振兴的精准落地模式，其中“田园综合体模式”引起了各方的关注。田园综合体作为乡村振兴的发力平台，成功吸引城市资源向农村反流，互促互进，共同推动乡村发展。

2020年1月，农业农村部、中央网络安全和信息化委员会办公室印发《数字农业农村发展规划(2019—2025年)》，对新时期推进数字农业农村建设的总体思路、发展目标、重点任务作出明确部署，擘画了数字农业农村发展新蓝图。这是贯彻落实党中央关于建设网络强国、数字中国、智慧社会、数字乡村等系列战略部署的重要举措，是指导新时期数字农业农村建设的行动指南。

经济地理学强调经济活动的空间分布规律。近年来，随着经济地理学的不断发展，演化经济地理学(EEG)成为研究热点。演化经济地理学强调路径依赖与路径创造。乡村振兴是乡村产业、社会、经济、文化等多维度的振兴，其核心是基于乡村社会经济发展的现状、优势与趋势，探索能引领乡村社会经济发展的新路径和新模式。同时，乡村产业发展是乡村振兴的核心基础。乡村产业发展不仅强调第一产业的新发展路径，还强调第二产业、第三产业，以及第一、第二、第三产业的深度融合发展。从这点来看，经济地理学在乡村振兴领域具有较广阔的理论探索与实践应用价值。

浙江省的乡村发展与乡村振兴在全国具有一定的特色，尤其是通过实施乡村规划、美丽乡村、“千村整治、万村修复”、未来乡村等一系列空间规划与全域整治以来，浙江省乡村的社会经济、产业基础、生态环境、景观格局、文化建设等都实现了新的跨越，城乡社会经济的发展差距在不断减小。因此，浙江省的乡村发展为全国乡村振兴提供了新的政策与实践场域。与此同时，在浙江省推行乡村振兴创意大赛，这为广大学子走出校园、走向乡村田野实践提供了新的机会。尤其是地理科学(师范)、人文地理与城乡规划专业的学子，能通过较为系统的经济地理学等课程的训练，为其投身乡村现状调研、问题梳理与优化策略奠定良好的基础。

基于此，本书以近年来宁波大学地理科学(师范)、人文地理与城乡规划专业的大学生在乡村振兴大赛的实践为案例，推动经济地理学"专创融合"并在乡村领域开展初步探索与实践。总体上，通过在浙江省宁波市、杭州市、绍兴市等多个地区相关的实践，取得了较好的成果。首先，通过经济地理学产业发展的知识，结合各个地方乡村产业的发展基础，为推动产业跨越式发展以及不同产业之间的深度融合提供了建议；其次，从城乡一体化的角度，从多尺度的区位特征与区位联系，并且结合新时期空间规划与社会经济发展趋势，分析了不同乡村的区域优势与发展重点，提出了乡村国土空间发展的政策建议；再次，鉴于城乡基础设施与公共服务的差距，基础设施对乡村社会经济发展以及城乡要素流动的引领作用，重点从道路交通基础设施的角度，分析城乡交通的差距，并提出了城乡交通一体化的相关建议；此外，从乡村文化地域性的角度，提出了推动乡村文化内涵式建设与发展的相关建议。

经济地理学在乡村发展领域具有较强的理论探索与应用实践价值。当前，经济地理学相关思路与方法在乡村地域的研究与应用相对较少。为深入贯彻落实《中共中央、国务院关于支持浙江高质量发展建设共同富裕示范区的意见》，浙江省与农业农村部联合印发《高质量创建乡村振兴示范省推进共同富裕示范区建设行动方案(2021—2025年)》。同时指出，农业农村是推动共同富裕的"潜力股"。因此，要以率先实现城乡一体化发展为引领，以缩小城乡区域发展差距、促进农民共同富裕为主攻方向，通过政策倾斜探索破解城乡二元社会经济结构、健全城乡融合发展的体制机制，从产业、人才等多方面推进乡村振兴，不断增强农民群众的获得感、幸福感、安全感和认同感。

参考文献

[1] 李小建. 经济地理学发展审视与新构思[J]. 地理研究，2013，32(10)：1865-1877.

[2] 马海涛. 西方经济地理学关系范式与演化范式比较研究[J]. 地理科学进展，2012，31(4)：412-418.

[3] 沈建法，黄叶芳. 21世纪西方经济地理学的动向与问题[J]. 经济地理，2002(2)：249-252.

[4] 贺灿飞，郭琪，马妍，等. 西方经济地理学研究进展[J]. 地理学报，2014，69(8)：1207-1223.

[5] 范帅邦，郭琪，贺灿飞. 西方经济地理学的政策研究综述——基于CiteSpace的知识图谱分析[J]. 经济地理，2015，35(5)：15-24.

[6] 樊杰. 基于国家“十一五”规划解析经济地理学科建设的社会需求与新命题[J]. 经济地理，2006(4)：545-550.

[7] 樊杰. 我国经济地理学历史沿革、现状特征与发展策略[J]. 经济地理，2021，41(10)：10-15.

[8] 刘志高，王琛，李二玲，等. 中国经济地理研究进展[J]. 地理学报，2014，69(10)：1449-1458.

[9] 郑伟民，杨诗源. 高校地理学科经济地理学课程建设研究[J]. 高师理科学刊，2010，30(5)：109-113.

[10] 赵迎宪，虞影. 批判思维是创新思维的精髓——兼谈大学生创新能力之培养[J]. 当代教育论坛，2009(12)：88-89.

[11] 潘际銮. 实践是创新的源泉[J]. 实验室研究与探索，2009，28(1)：1-4.

[12] 钞小静. 城乡收入差距、劳动力质量与中国经济增长[J]. 经济研究，2014,49(6):30-43.